高等学校计算机专业核心课
名师精品·系列教材

U0597229

Modern Software
Engineering

现代
软件工程

在线实训版

毛新军◎编著

人民邮电出版社
北京

工信学术出版基金
Industry and Information Technology
Academic Publishing Fund

图书在版编目（CIP）数据

现代软件工程：在线实训版 / 毛新军编著.
北京：人民邮电出版社，2025. --（高等学校计算机专业核心课名师精品系列教材）. -- ISBN 978-7-115
-66719-9

Ⅰ. TP311.5

中国国家版本馆 CIP 数据核字第 2025EG7907 号

内 容 提 要

　　本书是面向软件工程入门者和实践者的基础性教材，针对软件工程的"工程化"特点和"实践性"要求，结合软件工程学科的发展以及软件产业界的实践，以实用性软件工程为主体，构建现代软件工程的知识体系。全书共 12 章，包括深入认识软件、走进软件工程、软件开发过程与方法、软件项目管理、软件需求获取、软件需求分析、软件体系结构设计、软件用户界面设计、软件详细设计、代码编写与部署、软件测试、软件维护等内容。

　　本书对业界广泛应用、实践检验有效的现代软件工程过程、方法和工具进行了详细的介绍，如面向对象软件工程、软件重用、软件质量保证、CASE 工具、敏捷开发、开源软件等，引入了软件工程的新技术、新方法和新工具，如 DevOps 方法、基于大模型的智能化软件开发技术、CodeArts 工具等。本书每章通过问题引入引发读者思考，以 Mini-12306 和 MiNotes 开源软件开发案例深入浅出地讲解软件工程的相关知识，通过思维导图对知识点进行归纳和总结，设计了"知识测验""工程实训""综合实践"3 个环节进行软件开发实践，帮助读者巩固所学知识并强化对 CASE 工具的掌握和应用。

　　本书提供了丰富的资源，包括 PPT 课件、教学视频、文档模板 、实践案例、线上实训、学习社区、问题解答、试卷等，可作为高校计算机大类专业软件工程课程的教材，也可作为软件工程师的参考书。

◆ 编　著　毛新军
　　责任编辑　许金霞
　　责任印制　胡　南
◆ 人民邮电出版社出版发行　　北京市丰台区成寿寺路 11 号
　　邮编　100164　电子邮件　315@ptpress.com.cn
　　网址　https://www.ptpress.com.cn
　　三河市中晟雅豪印务有限公司印刷
◆ 开本：787×1092　1/16
　　印张：17.75　　　　　　　　　2025 年 6 月第 1 版
　　字数：501 千字　　　　　　　2025 年 6 月河北第 1 次印刷

定价：69.80 元

读者服务热线：(010)81055256　印装质量热线：(010)81055316
反盗版热线：(010)81055315

软件工程自1968年提出以来已有五十多年的发展历史。在此过程中，软件工程一直致力于解决和缓解软件危机，出现了各种各样的软件开发过程、方法和工具，如软件开发过程模型、结构化软件开发方法、面向对象软件开发方法、敏捷开发方法，以及近年来在业界广泛应用的DevOps方法和基于大模型的智能化软件开发技术等。可以说，几乎每隔十年，软件工程就有一次实质性的进步和飞跃。

在软件工程进步的同时，软件系统也在不断发生变化，软件规模越来越大、复杂性越来越高、交付速度越来越快、持续运维能力越来越强。此外，软件系统的基本形态也在发生深刻的变化，越来越多的软件系统表现为人机物三元融合系统、超大规模系统、系统之系统、复杂生态系统等特点。尤其是，当前我们正处在软件定义的时代。软件已渗透到各个行业与领域（如农业、汽车、航空航天、国防军事等），并与社会、经济和生活等紧密地结合在一起，变得越来越重要，成为不可或缺的关键基础设施，对国家的全球竞争力、创新和安全至关重要。

在这样的背景下，软件工程需要与时俱进，以适应软件系统变化带来的挑战，并与更多的学科（如人工智能、社会学、控制学、复杂性科学、大数据等）进行交叉，从而为软件开发提供新理念、新方法和新工具。也正因为如此，越来越多的学科（如航空航天工程、机械工程、微电子科学与工程等）需要与软件工程学科进行交叉，越来越多行业和领域的专家需要学习软件工程知识，以推动其所在学科和领域中的软件系统开发及其生态建设。

近年来，以ChatGPT和DeepSeek为代表的大模型技术给软件工程带来了新的机遇和挑战，提供了新的"动能"。一方面，ChatGPT、DeepSeek、Copilot和Cursor等工具可作为助手帮助软件工程师完成需求导出、软件设计、代码编写、软件测试等工作，极大地提高了软件开发效率。从长远来看，大模型技术将成为软件工程变革的巨大推动力。拥抱大模型技术及相应工具成为软件工程领域的重要趋势。另一方面，既然ChatGPT、DeepSeek、Copilot等工具能够自动完成软件开发工作，人们自然会产生疑问：软件工程师的工作是否会被ChatGPT、DeepSeek、Copilot等工具取代？本质上，软件开发是一项创新性工作，尤其对大型复杂软件系统而言，有关需求构思、软件设计等创造性活动仍然是大模型工具难以取代的。此外，大模型所生成和推荐的软件制品（如代码、需求、测试用例等）的质量难以保证且缺失可信性判断，这就要求软件工程师具有更强的辨识和鉴别能力，以充分用好大模型工具。从这个角度来看，大模型的出现对软件工程师的知识、技能和素养提出了更高的要求。

软件工程既是课程的名称，也是专业和学科的名称，这意味着软件工程课程的知识体系具有涉及面广、内容多等特点，要做到面面俱到的教与学非常困难。软件工程课程具有"工程"的特点，这就要求加强学生的软件开发实践及能力培养。因此，软件工程课程教学需要在知识的"广度"和能力培养的"深度"之间进行平衡。基于上述考虑，本书具有以下特色和亮点。

（1）**内容实用，结合现代软件工程的新技术和新方法**

本书以实用性软件工程为主体，如面向对象软件工程、软件重用、CASE工具、开源软件等，同时引入近年来业界应用广泛的软件工程新技术和新方法，如敏捷开发方法、DevOps方法、智能化开发技术等。

（2）**强化工具，融合实用且先进的CASE工具**

本书介绍诸多实用性强和业界应用广泛的CASE工具，以帮助读者进行高效率、高质量的软件开发，如基于Git的分布式版本管理工具、华为公司提供的CodeArts软件开发平台和服务、Copilot智能化软件开发工具等。

（3）**案例突出，将理论与实践结合**

本书用两个软件开发案例来深入浅出地讲解软件工程知识点。一个是为大家所熟知的Mini-12306软件，旨在帮助读者理解需求分析、软件设计、编程实现及软件测试的过程和技术。另一个是小米便签（MiNotes）开源软件，旨在帮助读者掌握高质量软件设计和编程实现的方法。

（4）**注重实践，强化综合应用能力**

本书重视软件工程知识运用及软件开发实践，每章不仅有工程实训，用于帮助读者掌握使用CASE工具解决软件开发问题的能力，而且有两个形式不一的综合实践，一个是阅读、分析和维护开源软件，另一个是开发软件系统，培养读者在软件工程方面的综合能力。

（5）**资源丰富，助于"教"与"学"**

本书配备丰富的教学资源，以支持教师的"教"和学生的"学"，不但提供PPT课件、微课视频、文档模板、案例文档、试卷等教学资源，而且提供课程学习社区、在线实训和问题解答等学习资源，读者可访问人邮教育社区获取上述资源。

由于编者水平有限，书中难免会有不足之处，希望广大读者能够不吝赐教。电子邮箱：xjmao@nudt.edu.cn。

毛新军

2025年3月于长沙

目录

第6章
软件需求分析 122

第7章
软件体系结构设计 156

第 8 章
软件用户界面设计　187

第 9 章
软件详细设计　199

第1章

深入认识软件

在日常学习和生活中，我们可能会接触各种各样的软件（Software）。我们通常作为使用者来操作这些软件，从而完成特定的任务，如购买火车票、制作PPT文件等。如果作为这些软件的开发者，我们所看到的软件应该是什么样的？这就需要我们深入认识软件。本章旨在揭示软件的概念、特性和分类，指出当前软件特征出现的一些新变化，介绍软件生命周期的概念，分析软件质量的内涵，关注开源软件及其应用价值，最后介绍贯穿全书的两个软件案例。

1.1 问题引入

我们正处在一个软件定义的时代。软件已经渗透到各行各业，从我们日常的学习、生活和工作，到各个行业和领域的应用，并成为国家和社会的重要基础设施，就像供水供电、交通等一样给我们提供日常的服务，不可或缺。打开每个人的手机和计算机，可以发现大家的手机和计算机上都安装了各种各样的软件。如果我们深入特定的行业和领域，如银行、交通、芯片生产、汽车、国防军事等，可以发现它们同样离不开软件，如需要借助电子设计自动化（Electronic Design Automation,EDA）软件进行芯片设计、依靠软件进行城市交通调度、依赖软件来指挥作战和控制武器装备、通过软件来实现汽车的智能驾驶等。

当前的软件形态和特征呈现出新的特点和发展趋势，以软件为核心的信息系统正融合各类物理系统（如手机、无人机、机器人、可穿戴设备等）和社会系统，形成人机物三元融合的复杂系统。一方面，当前软件的数量越来越多，规模越来越大，功能越来越强大，社会对软件的依赖程度越来越高，由此带来的问题使软件开发面临的挑战越来越大，人类的软件开发能力远远跟不上不断增长的软件数量和不断提高的质量要求。另一方面，近年来开源软件取得了巨大的成功，产生了大量有影响力的开源软件系统，如Android、Linux、鸿蒙、openEuler等，并在业界广泛应用。在这样的背景下，我们需要思考以下问题。

① 从开发者的视角看，软件是什么样的？它由哪些要素组成？有何特点？

② 当前软件出现了哪些方面的变化？为什么会发生这些变化？这些变化会对软件开发带来什么样的影响和挑战？

③ 一个软件从提出开发开始会经历哪些阶段？这些阶段会产生什么样的成果？

④ 软件作为一类特殊的产品，其质量有何特殊性？

⑤ 什么是开源软件？为什么开源软件能够取得成功？这类软件有何优势和价值？如何用好开源软件？

1.2 何为软件

谈到软件，大家自然而然会想到程序（Program），认为软件就是程序。这一观点是不正确的，从开发者的视角看，软件由诸多要素组成，程序仅仅是组成软件的一个要素。开发软件不仅仅是编写程序，还需要完成诸多工作。

微课视频

1.2.1 软件概念

软件是指由程序、数据（Data）和文档（Document）组成的一类系统，它可在计算机系统的支持下运行，从而实现特定功能，提供相关服务。软件的上述定义充分揭示了软件的目的性、组成性、系统性和驻留性。

1. 软件的目的性

任何软件都有明确的目的，即要服务于软件的客户或用户，满足他们对软件提出的需求，进而为应用提供基于计算的解决方案。当前，软件已经成为诸多行业和领域的创新工具。越来越多的行业和领域探索基于软件的应用解决方案，从而为用户提供新颖的服务方式和高质量的服务体验。例如，以前人们需要到火车站购票厅去购票和退票，这一方式费时费力，后来人们开发出铁路12306软件，用户可以非常方便地通过该软件快速完成购票、退票和改签等事务。又如，以前人们通过现金来进行交易，通过邮局进行汇款，但自从有了微信和支付宝等软件，人们通过这些软件提供的在线支付功能就能完成转账和支付。当前，人们对相关的行业和领域进行信息化改造，开发出越来越多的软件，实现业务流程的优化和服务的创新，为软件客户和用户提供更好的服务。

2. 软件的组成性

软件由程序、文档和数据3要素所组成，程序仅仅是构成软件的要素之一，因而软件不等同于程序。

（1）程序

程序是由程序设计语言（Programming Language）所描述的、能为计算机所理解和处理的一组语句序列。这些语句序列称为代码，它们的执行将完成一系列的计算，实现相应的功能，提供特定的服务，从而解决相关的问题。

程序设计语言（如Java、C语言等）提供了严格的语法和语义来准确地描述程序的组织。目前，人们已经提出了数百种程序设计语言，包括低级的汇编语言、高级的结构化程序设计语言（如C语言、Fortran等）和面向对象程序设计语言（如Java、C++、Python等），以及描述性程序设计语言（如Lisp、Prolog等）。

程序必须严格遵循程序设计语言的各项语法和语义规定，以确保程序代码能为程序设计语言的编译器所理解，进而编译生成相应的可执行代码（如二进制代码或中间码），并部署在计算机上运行。程序代码可表现为两种形式：源代码（Source Code）和可执行代码（Executable Code）。源代码是指用特定程序设计语言描述的代码，这些代码由程序员编写、修改和维护，不可直接运行。可执行代码是指将源代码编译后所产生的二进制代码或中间码，这些代码由编译器产生，通常用二进制语言来表示，可在计算机上运行。如果没有特定说明，本书所说的程序代码通常指源代码。

可执行代码需要部署在特定的计算环境（包括计算机硬件平台、操作系统、虚拟机、软件中间件等）下才能运行。因此，程序员编写好程序之后，应根据目标计算环境的具体要求，编译生成可执行代码，安装和配置好程序代码的计算环境，并将编译后的可执行代码部署在目标计算环境上运行。

（2）文档

文档是记录软件开发活动和阶段性成果、软件配置及变更等的说明性资料。软件开发涉及多项工作、需多方人员参与。一些工作（如需求分析、软件设计等）结束之后，会产生相应的成果，如软件分析结束后会形成软件需求规格说明书、软件设计结束后会得到软件设计方案。这些成果如果仅仅"存放"在开发者的脑子中，就会出现"记不住""厘不清""讲不明"等一系列问题，不同的开发者之间也不方便进行交流。"记不住"是指开发者会随时间的流逝（如过了几小时或几天）而慢慢忘记所记忆的开发成果，导致一些重要的开发成果无法保留下来。"厘不清"是指开发者通常只能记住某些内容，很难凭记忆去厘清这些内容之间的逻辑关系，并从中发现问题，比如发现多个用户提出的软件需求是否一致、是否存在冲突，导致不易发现开发成果中存在的问题，进而难以确保软件开发成果的质量。"讲不明"是指开发者仅仅依靠记忆很难向他人系统而有条理地讲清楚所思、所想及相关成果，一些成果可能会面临一而再、再而三的多次交流，由于记忆缺失，因此在不同时刻进行的交流会存在不一致和相冲突的情况，导致交流效率低、成本高、质量难以保证。

因此，软件开发者需将软件开发活动的具体成果通过文字或其他的形式记录下来，形成描述性文档资料。软件开发过程会产生多种软件文档，以记录不同的软件开发成果。例如，软件需求规格说明书用于描述和定义软件的功能性和非功能性需求，软件设计规格说明书用于描述软件系统的设计方案，软件测试报告文档用于记录软件测试的具体情况及发现的代码缺陷，用户操作手册文档用于介绍软件的使用方法等。这些文档将作为重要的媒介，支持不同软件开发者间的交流和讨论、实现开发成果的分享。例如，负责需求分析工作的人员将需求分析的结果写成一个文档，即软件需求规格说明书（Software Requirements Specification,SRS），然后将该文档交给软件设计者，以指导他们的设计工作。概括而言，软件文档用于记录软件开发的阶段性成果，加强对开发成果的分析和质量保证，促进不同人员间的交流和沟通，方便后续阶段的开发、管理和维护工作。

（3）数据

数据也是构成软件的基本要素。本质上，软件通过对数据的加工和处理提供特定的功能和服务。在软件开发过程中，软件开发者需明确软件需要处理哪些数据，如何获得和表示数据，如何存储、检索和传输数据，如何对各类数据进行处理以及要进行什么样的处理等。程序需对待处理的数据进行抽象，定义数据结构和存放数据的变量，明确变量的类型。程序设计语言通常会提供一些基本的数据类型，如整型、浮点型、字符串型、布尔型等。程序员也可在此基础上定义更为复杂的数据结构，以满足特定应用的数据存储和处理需要，如队列、栈、树、图等。经过程序处理后的数据通常需要永久保存，这就涉及对这些数据的存储设计问题。有些数据存放在数据文件中，为此需要明确数据文件的存储格式；有些数据存放在数据库管理系统中，为此需明确存放这些数据的数据库，包括表、字段、类型等。总之，数据既是软件的处理对象也是构成软件的基本要素。

在互联网和大数据时代，数据对软件而言不仅极为重要而且极具价值。正因有了数据以及对数据的分析和处理，软件才有可能为用户提供更为强大的功能和更为友好、个性化的服务。大量互联网用户通过使用软件产生了大量数据。例如，用户通过淘宝软件进行网上购物，进而产生购物数据。据统计，2020年天猫"双十一"的订单总量为20多亿单，每个订单后面都蕴藏着相关的数据。软件反过来借助对数据的挖掘、分析和利用，为用户提供更为友好的增强服务。例如，淘宝软件可通过对用户购物数据的分析，了解用户的购物爱好，以此为用户推荐商品。这进一步促使用户更多地使用软件，产生更多的数据。

当前诸多互联网软件背后的数据已成为这些软件的宝贵资产，也是这些软件为用户挖掘新业务、提供友好服务的基础和保证，如携程软件的客户及其酒店预订数据、铁路12306软件的旅客及其出行数据等。2022年以来陆续推出了以ChatGPT、DeepSeek等为代表的大模型软件工具。这些大模型软件工具借助人工智能技术，能够与人进行基于自然语言的对话，帮助人们自动生成邮件、文案、论文、代码等内容。这些大模型软件工具为何有如此强大的功能，究其原因，它们拥有海量的大数据并能通过学习这些数据实现上述功能。由此可见，数据在当前的软件中扮演着极为重要的角色，发挥着关键的作用。

3. 软件的系统性

软件的系统性意味着软件是一类系统。所谓系统，不仅强调构成的多要素性，还强调这些要素间的关联性。对软件系统而言，它不仅由3要素组成，而且不同程序、文档和数据间存在关联性（见图1.1），具体表现为以下两个方面。

首先，同一类别的不同软件要素间存在关联性。例如，构成程序的多个模块间存在调用关系，函数A可通过函数调用获得函数B提供的功能；软件设计规格说明书依赖于软件需求规格说明书所定义的软件需求；数据间的关联性在数据库表的设计中得到很好的体现，多个数据库表之间通过一些特殊字段（如关键字段、索引字段）来建立这些表中数据的关联性，支持通过一个表中的数据获得另一个表中的数据。

其次，不同类别的软件要素间存在关联性。例如，程序员根据软件设计规格说明书所描述的设计方案来编程，因而代码与文档之间存在关联性；软件开发者根据软件设计规格说明书中定义的数据及其设计来创建数据库表或数据文件，因而数据及其设计与软件设计规格说明书密切相关。此外，程序代码中的数据类型、数据结构与数据变量的定义和操作与数据密切相关，如果数据库中的相关字段或其类型发生了变化，那么对这些数据进行操作和处理的程序代码也需要做相应的修改。数据与代码之间的关系在智能软件中更为复杂。

图1.1 构成软件的程序、文档和数据之间存在关联性

概括而言，构成软件的程序、数据和文档之间存在紧密的关系。在软件开发过程中，开发者不能"孤立"地看待每一个软件要素。尤其是，当某个软件要素（如文档）发生变化时，需要考虑到该变化会对软件的其他要素（如程序、数据）产生什么样的影响，并根据它们之间的关联性来调整其他的软件要素。实际上，软件开发的一项重要工作就是根据不同软件要素之间的关联性，当一个要素发生变化时，对其他软件要素进行必要的修改，确保它们之间满足一致性原则。

4. 软件的驻留性

任何软件系统均需部署和安装在特定的计算机系统上，并依赖于计算机系统所提供的软硬件设施来运行，这些软硬件系统就构成了软件系统的驻留环境（见图1.2）。一般地，软件系统的驻留环境包括计算机硬件和网络设备、基础软件系统及其他遗留软件系统。

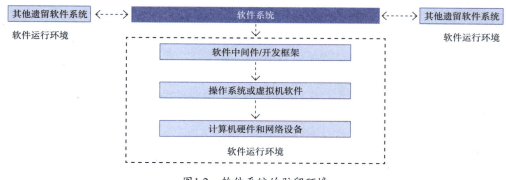

图1.2 软件系统的驻留环境

- 计算机硬件和网络设备为软件系统提供基本计算、存储和通信功能，如个人计算机、主机系统、高端服务器等。例如，部署在移动手机上的铁路12306应用程序（Application，App）需要依赖于智能手机提供的中央处理器（Central Processing Unit,CPU）、存储器和通信网络等才能运行，不同硬件配置会产生不同的运行性能，如运行速度、网络延迟等，它们构成了铁路12306App的硬件运行环境。

- 基础软件系统包括操作系统、软件中间件、数据库管理系统等，为软件系统的运行提供基础和公共的功能与服务，如文件操作、数据库管理、安全服务等，它们包含支撑软件系统运行的各类软件开发包、软构件、基础设施等。例如，部署在移动手机上的铁路12306软件需要依赖于智能手机的操作系统（如Android、iOS等）才能运行，它们构成了铁路12306软件的软件运行环境。

- 软件系统的运行还可能依赖于其他遗留软件系统和互联网上的云服务，它们同样构成了软件系统的驻留环境。例如，铁路12306软件需要与互联网上的遗留软件系统（如支付系统、身份认证系统、物流系统、移动业务系统等）进行交互，以完成各项功能和服务。

软件系统的驻留环境一方面给软件的部署和运行提供支持，另一方面会给软件的设计和实现提供约束和限制，即在软件开发阶段需要根据软件系统的运行环境来指导软件的设计和实现。显然，同样的软件需求，如果运行在不同的环境（如一个运行在Android，另一个运行在iOS）下，这两个软件的设计是不一样的。因此，在软件开发的早期阶段，开发者需明确软件系统的驻留环境及相关的约束和限制。

1.2.2 软件特性

软件是一类产品（Product）。与其他产品一样，它也具有价值，能为客户或用户提供服务，需要进行售后维护。不同于现实世界中的物理产品（如手机、汽车、电视机等），软件产品具有以下特性。

1. 产品的逻辑性

软件是一种人工制品（Artifact），也是一种抽象的逻辑制品。它是开发人员和用户等通过一系列的逻辑思维（如建模、设计、编程、测试等）而产生得到的，是人类思维活动的结果。

软件通过各种逻辑语句来完成多样化的计算，实现不同应用的需求和功能，表现出非常强的逻辑性。现实世界中物理产品的生产都需要借助物理行为，如车架的锻造、微电子芯片的生产等。软件的开发几乎不涉及物理行为，取而代之的是逻辑思维，在物理空间我们触不到软件是怎样的，只能看到软件在计算空间所展示的程序代码以及运行时所展示的交互界面。因此，软件及其生产不受物理定律的约束，不会因为常年运行而出现物理层面的老化或磨损。只要支撑软件运行的计算环境可用，软件就可以持久运行。

2. 生产的特殊性

传统意义上的物理产品（如彩电、冰箱、汽车等）是生产制造的，即经过设计后在生产车间进行制造和质量保证，然后交付到用户手中使用。软件的产生方式则不同，它是设计开发而成的。软件开发人员通过一系列以设计为核心的软件开发活动，如分析、设计、编程、测试等，开发出软件系统并进行质量保证，然后交付给用户使用。软件的设计开发需要解决传统生产制造中不常见的问题，如需求的经常性变化、缺陷和错误的隐蔽性等。相较而言，软件的生产非常简单，不需要专门的车间，而且一旦完成设计开发，就可通过复制、下载等方式方便和快速地交付给用户使用，甚至可以将其部署为互联网上的云服务，让用户直接访问和使用，因而软件的生产成本非常低。

3. 需求的易变性

对现实世界中的物理产品（如手机）而言，它要实现的需求和功能在生产制造时就可给出清晰和明确的定义，并在生产阶段相对稳定、不可变。然而，由于软件的逻辑性特点，其客户或用户常常说不清楚软件的需求是什么，因此随着软件设计开发的推进以及软件系统的使用，软件的客户和用户会不断对软件提出新的需求、调整已有的需求，从而导致软件需求的经常性变化。软件也具有易改性，开发者通过修改程序代码就可更改软件的功能和交互界面，这在一定程度上导致了软件需求的易变性。软件需求的变化显然会影响软件设计、编程实现和软件测试等工作，需要调整相关的软件文档、代码和数据，导致软件开发处于一种"动荡"状态，极大地增加了软件设计开发的复杂性和管理的难度。即使在软件交付使用之后，软件需求仍会发生变化，进而带来软件的持续维护和演化。在使用软件的过程中，人们经常性地被提醒更新软件版本，这就是软件演化的具体例子。需要强调的是，易变性是软件的固有特性，软件开发要支持和适应这种"变化"，而非阻止"变化"，这就需要在软件开发方法方面寻求能有效应对软件易变性的技术手段。

4. 系统的复杂性

软件的复杂性首先表现为软件系统的规模极为庞大，构成软件系统的功能、数据、代码、接入人员、连接设备等数量非常大。例如，现代化作战飞机上的软件有数千万行的代码，"宙斯盾"驱逐舰上的软件有约5000万行代码，一些更为复杂的软件系统（如城市交通系统、健康医疗系统、指挥控制系统等）有上亿行的代码。据分析，软件系统规模的发展也有类似于摩尔定律的规律性，即大约每隔18个月软件规模将增加一倍，每隔5年功能相似的软件系统规模将增长为原先的十倍。规模改变一切，软件系统规模的不断增加势必带来系统自身及其开发和运维的复杂性。

其次是软件运行状态的复杂性，软件运行时的要素（如进程、线程、实体、数据等）数量大，而且其状态空间与诸多因素相关联并持续快速变化，运行状态很难追踪和复现。例如，2020年天猫"双十一"的订单峰值达到每秒58.3万笔，临近春节铁路12306软件的瞬时访问量超过每秒160万次，微信每天有多达10亿用户在同时使用并产生大量的文字、视频和图像等数据。在编程和调试实践中，软件开发人员经常有这样的体验，软件在某次运行中出现了异常，但在另一次运行中类似的异常不再出现，这种不确定性充分反映了软件的复杂性。

5. 缺陷的隐蔽性

任何产品都有可能在设计和生产阶段引入问题，产生缺陷，从而在使用过程中出现错误。相对于硬件系统，软件系统中的缺陷和问题更具隐蔽性，很难被人们发现和排除。作为一种逻辑产品，软件系统的缺陷潜藏在抽象的代码和复杂的逻辑之中，不像硬件系统那样直观。假如软件存在缺陷、出现错误，要在成千上万行代码中找到并定位缺陷是一项极为困难的工作，导致这种状况的原因在于软件运行状态复杂及难以重现。软件缺陷"潜伏"在软件中是非常危险的，它们随时会"触发爆炸"而带来危害。尤其是对那些攸关公共安全的如飞机、载人飞船、高铁列车等物理信息系统而言，这一状况更为突出。软件缺陷的隐蔽性意味着开发软件需要投入更多的人力、物力和财力，花费更多的时间和精力来寻找并解决软件中的缺陷，确保软件的质量。也正是因为软件缺陷具有隐蔽性，所以软件系统在投入使用时仍会存在许多软件缺陷，甚至一些软件缺陷在被使用了若干年之后才会被发现并解决。

1.2.3 软件分类

从软件使用的视角来看，根据软件服务对象和应用目的的差异性，现有的软件大致可分为3类：应用软件、系统软件和支撑软件。

1. 应用软件

应用软件是指面向特定应用领域的专用软件。它们针对相关行业和领域的特定问题，为其提供基于计算的新颖解决方案。当前，软件已经渗入到社会、经济和生活的方方面面。由于软件的应用行业和领域非常广泛，因此应用软件的形式多种多样。日常生活中，人们常用淘宝来购物、用铁路12306来购票、用携程来安排行程、用微信和QQ进行社交、用银行线上App进行转账、用滴滴出行来叫车、用大众点评来订餐、用腾讯会议来举行线上会议、用Google和百度来查询资料，这些软件都属于应用软件。

当前的应用软件与物理系统、社会系统的结合越来越紧密，表现为一类信息物理系统、社会技术系统、人机物融合系统。例如，通过应用软件来控制飞机、导弹、机器人和无人机的运行，借助应用软件来展示作战态势、辅助指挥人员进行决策，采用高性能应用软件来进行大型科学工程计算、数值模拟、天气预测、模拟仿真、医学研究等，利用应用软件来帮助企业管理和优化业务流程、对外提供在线服务。此外，计算机软件还与人工智能、大数据、云计算、工业制造、物联网、信息安全、区块链等领域的需求和技术相结合，为这些领域提供多样化和友好的服务，实现诸如智能驾驶、图像和视频智能处理、大数据分析、自适应云存储等一系列的功能。

2. 系统软件

系统软件是指对计算机资源进行管理，为应用软件的运行提供基础设施和服务的一类软件。从计算服务的视角来看，系统软件介于计算机硬件和应用软件之间。任何应用软件的运行都依赖于特定的计算环境，包括硬件环境和软件环境等。硬件环境负责为应用软件的运行提供计算和存储能力，而软件环境则为应用软件的运行提供基础的服务，如进程和线程管理、存储空间分配和垃圾回收、通信接口和服务等。应用软件必须明确其运行所依赖的系统软件，并作为一项重要的软件需求以指导软件开发工作。

典型的系统软件包括操作系统（Operating System，OS）、数据库管理系统（Database Management System，DBMS）、编译软件、软件中间件（Middleware）等。操作系统软件，如Windows、UNIX、Linux、Android、iOS等，负责高效地管理计算机系统的软硬件资源，为应用软件提供共性的基础服务，为用户提供友好、易用的人机交互手段。任何应用软件（包括桌面软件、智能手机App、嵌入式软件等）都需要在特定的操作系统上运行。数据库管理系统软件，如MySQL、Oracle、SQL Server等，负责为应用软件提供诸如数据库创建、数据的读写、数据安全性验证等一系列的基础服务。编译软件，如Java编译器、C/C++/C#编译器、Python编译器、Fortran编译器等，负责将软件的源代码编译成可在目标计算机上运行的可执行代码。此外，还有许多软件中间件，如JADE、Kubernetes、COBRA中间件等，为应用软件的运行提供软构件容器、实现异构软构件间的互操作，支持应用软件的快速部署和维护。

3. 支撑软件

支撑软件是指用于辅助软件开发和运维，帮助软件开发人员完成软件开发和维护工作的一类软件。本书第2章所介绍的计算机辅助软件工程工具和环境就属于支撑软件。软件开发是一项非常复杂的工作，需要完成需求分析、软件设计、编码实现、软件测试、软件维护等一系列的工作，并确保每一项工作及其所产生的软件制品的质量。支撑软件可以帮助开发人员自动和半自动地完成上述工作，如绘制软件模型、检查模型质量、编写程序代码、分析代码缺陷、自动修复缺陷等。支撑软件的应用还可减轻软件开发人员的开发负担，提高软件开发的效率和质量，降低软件开发成本。软件开发者在开发软件时要善于利用各类支撑软件，以发挥其功效，起到事半功倍的效果。

目前，人们开发出了多种支撑软件来辅助软件系统的开发和维护。建模支撑软件帮助开发者建立软件系统的模型并对其进行分析，如Rational Rose、StarUML、ArgoUML、ProcessOn等。编码支撑软件帮助开发者管理、编写、调试和分析程序代码，如Visual Studio、Eclipse、Copilot和Cursor等。测试支撑软件帮助开发者设计和运行软件测试用例，发现代码中的缺陷，产生软件测试报告，如JUnit、CUnit、PyUnit等。质量分析支撑软件帮助开发者分析代码或文档的质量，发现其中的问题，如SonarQube、FindBugs等。现阶段人们还开发出了功能更为强大的支撑软件，提供诸如代码自动生成、缺陷自动修复、代码片段和应用程序接口（Application Program Interface,API）推荐等功能和服务，以辅助开展智能化软件开发、软件快速开发和部署、分布式协同开发等工作。

1.3 软件特征变化

计算机诞生之后，计算机软件应运而生。在过去的几十年中，受互联网技术、计算技术及基础设施、使用对象、应用领域等诸多因素的影响，软件的地位和作用、软件系统的形态以及软件系统的规模发生了深刻的变化。可以说，当前我们所面临的软件与20年前的软件相比已经有了根本性的改变。

1. 软件的地位和作用提升

在软件出现的早期，人们主要借助软件来进行科学和工程计算，如弹道计算、核爆炸数据分析、石油数据分析、地震数据分析等，软件的应用面非常窄，只有少数人（如相关领域的科学家）在使用软件。到了20世纪70、80年代，软件逐步进入到商业、办公、政府、军事等领域，处理各类业务信息，如机票预订、酒店管理、作战指挥等，软件的应用面越来越广，更多的人开始接触和使用软件。20世纪90年代后，随着互联网技术的发展及应用的普及，软件开始渗透到人们的日常学习、工作和生活之中，帮助人们查看新闻、收发邮件、聊天交流、共享资源等，软件的普及率越来越高。进入21世纪，尤其是近十余年来，随着互联网技术和移动互联网技术的快速发展以及智能手机的普及，软件深入社会、经济、生活的方方面面，几乎不同年龄段的人群（从小孩到老人）都在使用软件。软件成为人们不可或缺的重要工具，帮助人们完成日常的各种事务，如购物支付、日常社交、购买车票、驾驶导航、转账交易、社保缴费、就医问诊等。可以说，软件已经无处不在。

当前软件已经成为诸多行业和领域（如高档数控机床、机器人、航空航天装备、海洋工程装备及高技术船舶、先进轨道交通装备、节能与新能源汽车、电力装备、农机装备、新材料、生物医药及高性能医疗器械等）进行信息化融合和改造，实现创新性发展的使能技术和重要"利器"。信息化时代的任何社会进步、技术创新和产业发展都离不开软件。例如，智能手机和移动计算技术依赖于以Android为代表的操作系统软件；机器学习技术的实现和应用需要借助TensorFlow等软件；机器人产业的发展和应用建立在以机器人操作系统（Robot Operating System,ROS）为代表的基础软件之上；在模拟仿真、科学计算、大数据分析等领域，人们依靠高性能计算机以及运行其上的各类并行软件来完成各种复杂的计算；飞机、卫星、导弹、飞船、无人机等高端和先进装备需要依靠各类软件来支持它们的研制以及运行控制。

从国家和社会的层面上看，软件已经成为人类社会的关键性基础设施。首先，以基础软件（如操作系统、数据库管理系统等）为代表的一大批软件本身就是信息基础设施，支撑各种应用软件的运行。其次，软件及其所提供的服务已成为信息社会不可或缺的基础资源与设施，支撑电力供应、城市交通、医疗服务、健康护理、军事作战等关键应用，并掌控物理基础设施（如核电站、高铁、飞机、地铁、武器装备等）的运行。

2. 软件系统的形态发生变化

随着软件的普及以及软件运行环境的变化，软件系统自身的基本形态也在发生深刻的变化。当前越来越多的软件系统表现为人机物共生系统而非纯粹的技术系统、分布式异构系统而非集中同构系统、动态演化系统而非静态封闭系统、系统之系统而非单一系统。

（1）人机物共生系统

当前越来越多的软件系统表现为一类由人、社会系统、物理系统等要素共同组成和相互作用的人机物共生系统（见图1.3），也称为社会技术系统（Socio-technical System）。软件系统不仅提供了各种功能和服务，而且连接了大量的物理设备（如机器人、手机、传感器等），并通过它们将不同的人或机构等组织在一起，形成一个人机物的共生环境，以实现信息的交流和分享。典型的例子包括微信、QQ、大众点评等软件，它们依托连接人类的智能手机等设备，实现人与人之间的便捷社交，分享各种信息。物理设备不仅包括传统的计算设备，还包含诸多物理设施。过程要素定义了软件的用户期望如何来操作软件。与此同时，软件系统的行为和服务等还受人机物共生系统中的社会法规、制度等的影响和限制。在人机物共生系统中，物理系统、社会系统和技术系统共同存在并且相互作用。系统中的技术系统不能独立于社会系统和物理系统而存在，社会系统和物理系统的变化会引起技术系统的变化。人不仅是系统的使用者，也是系统的组成部分；物理系统和技术系统作为中介实现人与人之间的关联、交互和协作，使得它们构成结构化的组织。典型的例子有社交媒体（如微信）、智能机器人、物流系统等。

图1.3 人机物共生系统示意

（2）分布式异构系统（Distributed Heterogeneous System）

当前软件系统通常拥有大量的软件实体。这些软件实体不仅在形式上是多样的（如表现为不同形式的数据、服务、程序等），而且在地理或者逻辑上是分布的，分散部署在基于（移动）互联网的不同计算机或者物理设施之上。对这些软件系统而言，软件实体的分布性是必然的，因为越来越多的应用本身就是分布的，软件实体的分布性有助于提高软件系统的可靠性和安全性。此外，构成软件系统的软件实体通常是异构的，即不同的软件实体由不同的组织和个人，在不同的时间，采用不同的技术（如结构化、面向对象或者服务技术等），借助于不同的编程语言（如C语言、C++、Java、Ada、Python等）和开发工具（如Eclipse、Visual Studio）及标准来开发，运行在不同的环境和平台（包括操作系统、虚拟机、中间件和解释器等）之上，并且可能采用不同的数据格式（如文件、数据库等）。对部署和运行在互联网上的诸多软件系统而言，软件系统的异构性是必然的。因为软件系统的建设、运行、维护和演化通常需要经历很长的一段时间（如几年甚至几十年），在此过程中软件技术在不断地发展、需要持续集成各种遗留的软件系统，所以要采用统一的技术、语言、工具、标准和数据格式等来开发软件系统几乎是不可能的。例如，铁路12306软件系统就是一类分布式异构系统，它由多个子系统组成，一些子系统（如App）部署在用户端的计算设备上（如智能手机），一些子系统（如核心业务子系统）部署在云端，还有一些子系统（如数据子系统）部署在客户的服务器上。

（3）动态演化系统（Dynamic Evolutional System）

当前软件系统常常表现为一类动态演化系统，其特点之一是系统的边界和需求的不确定性和持续演变性。导致这种状况的原因是多方面的。例如，许多软件的需求不是来自最终用户，而是源自软件开发人员的构想和创意，开发人员对软件系统的认识往往随着软件系统的使用而不断变化。此外，当前软件系统的运行环境通常具有动态、开放的特点，软件系统需要根据外部环境的变化而不断地调整自身，包括系统的体系结构和交互协作等，进而表现出持续演化的特点。对动态演化系统而言，由于其边界、需求、功能、服务、构件、连接、缺陷等一直处于持续变化之中，对这类系统的维护和演化不能中断系统的正常运行和服务，因此系统的运维和系统的运行需要交织在一起。例如，铁路12306软件系统就是一类动态演化系统，前后端子系统需要随需求的变化而不断升级，不断有新用户加入，在不同时刻登录到系统中的用户也会经常性地发生变化。

（4）系统之系统（System of Systems）

系统之系统通常由一组面向不同任务、服务于不同用户的子系统构成。每个子系统自身可以单独运行、完成独立功能并能对外提供服务。它们通常由不同的个人、机构或组织来进行单独管理，并由他们负责系统的建设、维护和演化。这些独立系统通常在地理上是分布的，部署在不同的计算节点。整个系统需要通过各个独立子系统之间的交互来实现全局的任务和目标。随着时间的流逝，人们开发出越来越多的软件系统，并将其应用到各个行业和领域。在长期的运行过程中，这些软件系统产生和汇聚了大量极有价值的数据资源。我们将那些已经存在的并还在运行和提供服务的一类软件系统称为遗留软件系统（Legacy Software System）。当开发一个软件系统时，开发人员不仅要考虑如何实现软件需求，还要考虑如何充分利用遗留软件系统及其提供的服务和数据。例如，铁路12306软件系统就是一类系统之系统，它需要与一组遗留软件系统（如身份认证系统、物流系统、支付系统等）进行交互（见图1.4），以实现用户注册、身份验证、车票购买等功能和服务。

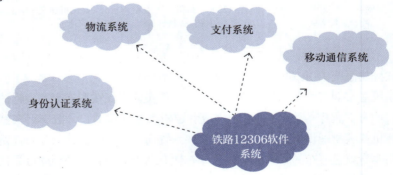

图1.4　铁路12306软件系统是一类系统之系统

3. 软件系统的规模不断增大

随着人们对软件的功能性和非功能性需求的不断增长，越来越多的软件需要组织在一起以提供更为复杂的功能。当前软件系统的规模持续增长，具体表现为构成软件系统的代码量、软件运行时的进程和线程以及它们之间的交互数量、软件需处理的数据量、软件连接的各类设备和人员数量等不断增加。

　　软件在代码量方面的增长非常明显。以微软公司的Windows软件为例，Windows 95大约有1500万行代码，Windows 98大约有1800万行代码，Windows XP有3500万行代码，Windows Vista有5000万行代码，Windows 7的大约有7000万行代码。一些嵌入式软件的代码量也大得惊人。例如，宝马7系的软件代码超过了两亿行；特斯拉Model S的内嵌软件代码超过了4亿行；空客A380中的软件代码超过了10亿行。

1.4 软件生命周期

　　世间万物均有生命周期。人的一生要经历婴儿、幼儿、儿童、少年、青年、中年、老年和死亡；青蛙的生命周期包括受精卵、蝌蚪、幼蛙、成蛙和死亡。软件与其他产品一样，也有生命周期，称为软件生命周期（Software Life Cycle）。它是指一个软件从提出开发开始，到开发完成交付用户使用，再到最后退役不再应用的全过程。软件生命周期由若干个阶段组成，每个阶段都有各自的特点，会形成不同的软件制品和产生不同的软件版本，不同阶段之间存在相关性。从整体上看，一个软件的生命周期会经历需求分析、软件设计、编程实现、软件测试和使用维护等若干阶段。一旦软件部署和运行，它就会进入到漫长的使用维护阶段。在该阶段，软件系统会得到持续维护，每一项维护活动本身又会经历如需求分析、软件设计、编程实现、软件测试、使用维护等阶段，如图1.5所示。

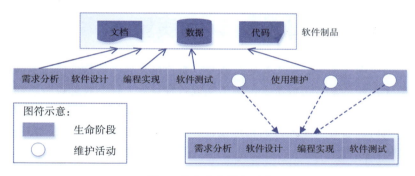

图1.5 软件生命周期示意

1. 需求分析

　　在该阶段，要明确软件需求。这些需求主要来自软件的客户或用户。他们会对软件提出各种各样的功能性和非功能性需求。如果软件（如微信）在此阶段找不到具体的客户或用户，软件开发人员可代表客户或用户提出软件需求。在软件的整个生命周期中，这一阶段非常重要和关键，因为只有明确了软件需求才有可能进行软件开发；也只有有价值、有意义的软件需求，一个软件才有生命力，才能够得到用户的青睐和使用。需求分析阶段通常会产生相关的软件制品，包括软件需求模型、软件需求规格说明书、软件确认测试用例等。本书第5、6章将介绍需求分析的内容。

2. 软件设计

　　在该阶段，逐步明确软件的解决方案，即软件设计方案。该方案需从结构和行为等多个不同视角，描述如何构造软件以实现需求。软件设计方案包括软件体系结构设计、软件用户界面设计、数据设计、软件详细设计等具体内容。它们构成了软件实现的蓝图，也可理解为支撑软件编程、测试、部署和维护的"施工图纸"，因而这一阶段的软件设计好坏直接决定了软件系统的质量和水平，影响了软件系统的"后半生"。软件设计阶段通常会产生一系列的软件制品，包括软件设计模型、软件设计规格说明书、软件集成测试用例等。本书第7～9章将介绍软件设计的内容。

3. 编程实现

在该阶段，编写可运行的程序代码。这些代码是在参照软件设计模型和文档的基础上，通过具体的"施工"（即编程）而产生的。这些程序代码用特定的程序设计语言来编写，编译后的代码可在目标计算环境上执行，进而实现需求分析阶段所定义的各项软件需求。本书第10章将介绍代码编写与部署的内容。

4. 软件测试

在该阶段，软件将经受一系列的检验（即测试），以尽可能地发现程序代码中存在的缺陷和问题，进而针对性地解决问题和消除缺陷，提高软件质量。由于软件自身的逻辑性和复杂性、软件缺陷的隐蔽性等，软件缺陷难以被轻易地发现。因此，软件测试需投入足够多的人力和持续较长的时间。软件测试阶段通常会产生软件测试报告等文档，以详细描述软件测试的情况以及发现的问题。本书第11章将介绍软件测试的内容。

5. 使用维护

软件部署和运行之后，就可交付给用户使用了。在此过程中，如果用户提出新的功能、软件需要部署到新的环境、发现了软件中潜在的缺陷等，就需要对软件系统进行必要的维护，以增强软件的功能、适应新的计算环境、纠正代码中的缺陷等。这一阶段的持续时间可能会很长，一些软件会有几十年的使用维护周期。使用维护阶段会产生新的软件制品，包括代码、数据和文档。本书第12章将介绍软件维护的内容。

1.5 软件质量

质量是产品的生命线，对软件而言更是如此。当前越来越多的软件应用于人机物共存的领域，成为安全攸关系统的重要组成部分，用于完成各种计算、控制物理设备、连接不同社会群体，如飞机飞行控制、核电站运行控制、铁路信号控制和运行调度、导弹飞行控制等。如果软件质量存在问题，就可能会导致所连接的物理设备产生错误，带来经济损失、设备损坏、人员伤亡等重大事故和环境破坏。1996年的阿丽亚娜5型火箭发射失败，2003年8月美国东北部大面积停电，2018年波音737 MAX客机坠毁，这些事故都与软件质量问题息息相关。

1.5.1 软件质量的概念及模型

与程序质量相比，由于软件的利益相关者更多，包含的软件制品更多，因而软件质量（Software Quality）的内涵更为广泛。关于何为软件质量，目前尚无一个为大家所广泛接受的概念和定义。不同的组织（如国际标准化组织、电气与电子工程师学会）以及不同的学者对软件质量有不同的认识。通俗地讲，软件质量是指软件满足给定需求的程度。

大卫·加文（David Garvin）提出要从性能、特性、可靠性、符合性、耐久性、适用性、审美、感知8个维度来综合认识和考虑软件质量。吉姆·麦考尔（Jim McCall）提出的软件质量模型（见图1.6）从产品修改、产品转移和产品运行3个方面来认识软件质量，每个方面均包含若干软件质量因素。例如，从产品修改的视角来看，软件的质量因素包括软件的可维护性、灵活性、可测试性等；从产品转移的视角来看，软件质量因素包括可移植性、可重用性、互操作性；从产品运行的视角来看，软件质量因素包括正确性、可用性、可靠性、完整性等。ISO/IEC 9126标识了软件质量的6个关键属性，包括功能性、可靠性、易用性、效率、可维护性和可移植性。

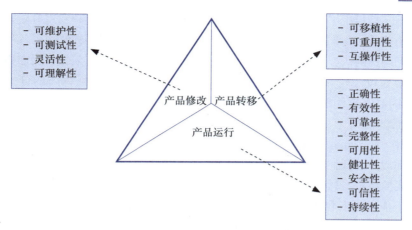

图1.6 McCall提出的软件质量模型

1.5.2 软件的外部质量和内部质量

任何软件都会涉及两类利益相关者。一类是软件系统的使用者，如软件的用户和客户；另一类是软件系统的开发者和维护者，如软件需求工程师、软件设计工程师、程序员等。它们都会对软件系统提出质量要求。下面以铁路12306软件为例，解释软件质量的具体内涵。

1. 外部质量

软件系统的外部质量通常是指软件系统的用户或客户所关心的质量要素，主要表现为软件系统在功能、服务和性能等方面所展现的质量特性，具体包括以下几个。

- 正确性（Correctness）：软件满足规格说明和用户需求的程度，即在预定环境下能正确地实现预期功能性和非功能性需求的程度。例如，如果用户支付了购票费用，系统就必须确保用户能够成功地购买到车票。

- 安全性（Security）：包括系统安全和信息安全。系统安全是指软件能及时、有效地避免给人员、设施、环境、经济等造成损害，信息安全是指软件能有效防控各类的非法获取、传播和使用。传统软件质量观更加注重系统安全，强调软件个体的安全性。随着软件融入物理系统和人类社会，软件个体的安全可影响到整个人机物共生系统甚至基础设施的安全。因此，安全性这一质量属性随着软件成为基础设施变得愈发重要。例如，铁路12306软件能有效地防止用户非法获取系统中的旅客信息。

- 可用性（Usability）：使用和操作软件系统的难易程度。这一质量属性与软件的用户界面、操作流程等的设计密切相关。例如，铁路12306软件通过优化业务流程以简化用户的操作，使得整个软件更加易于使用。

- 可靠性（Reliability）：在规定的条件下、限定的时间范围内，软件系统实现预期功能、不引起系统故障的能力。例如，假设要求铁路12306软件在正常限定的服务请求下，成功运行的概率达到99%。

- 健壮性（Robustness）：在计算环境发生故障、输入无效数据或操作错误等意外情况下，软件仍能做出适当响应的程度。例如在查询车次时，如果用户输入一个非法的车次，系统不会出现异常出错。

2. 内部质量

软件系统的内部质量通常是指软件系统的开发者和维护者所关心的质量要素，主要表现为软件系统内在的特性，具体包括以下几个。

- 有效性（Efficiency）：软件充分利用计算资源和存储资源以高效实现其功能的能力。软件的运行环境提供了有限的计算资源和存储资源。软件需要充分利用有限的资源来实现其预定的功能，确保时间有效性和空间有效性。在许多情况下，时间有效性和空间有效性是相互制约的。要取得较好的时间有效性势必会牺牲空间有效性，反之亦然。因此，这就需要在设计软件时对计算资源的利用以及时空有效性进行深入的分析和权衡。例如，铁路12306软件能够充分利用后台服务器的计算能力，快速地实现查询，并将查询结果返回给用户。

- 可维护性（Maintainability）：软件系统是否易于修改以更正错误、增强功能或者适应新的运行环境等。任何软件在交付给用户使用后都会经历一个漫长的维护周期，需要进行多种形式的维护。软件可维护性的好坏直接决定了软件是否便于改造和提升质量、软件维护的工作量投入和所需的维护成本。例如，早期的铁路12306软件并没有提供改签车次的功能，软件投入使用一段时间后需要增加这一功能。

- 可移植性（Portability）：把软件从一种运行环境转移到另一种运行环境下运行的难易程度。例如，假设铁路12306软件有一个基于Android的软件，现需要将该软件进行移植，使得移植后的软件可在iOS下运行。

- 可重用性（Reusability）：构成软件的相关模块、构件、设计方案等在其他软件开发中被再次使用的程度。软件的可重用性有助于提高其他软件系统的开发效率和质量，降低开发成本。例如，铁路12306软件中有一个支持参数化查询的模块，该模块可在其他具有类似功能的软件中被再次使用。

- 可理解性（Understandability）：软件开发者或用户理解该软件系统的难易程度。例如，铁路12306软件中的程序代码遵循良好的编码风格，有必要的代码注释，有助于软件开发者理解其代码结构和内涵。

- 互操作性（Interoperability）：软件与其他的系统进行信息交换、协同工作的能力。例如，铁路12306软件提供了标准的开发接口，可与其他遵循该接口的异构软件进行集成。

- 持续性（Sustainability）：软件在持续不间断的运行、维护和演化过程中，面对各种突发异常事件，仍能提供令人满意的服务的能力。为满足各类应用快速增长、新技术不断涌现等需求，软件需要具有开放、扩展能力，即能集成各种异构的技术及系统，支持各类软件制品的即时加载/卸载，对内部状态及外部环境变化的感应、自主响应和调控，以及个性化服务的定制等。显然，这种开放体系架构常常会带来系统设计的脆弱性和质量隐患，从而给持续提供服务带来挑战。例如，在铁路12306软件持续修正缺陷和完善功能的过程中，它仍然能够为旅客提供7×24小时的服务。

需要说明的是，并非任何软件都必须满足这些质量要素。不同的软件会根据其不同的情况和需求，对不同的质量要素提出差异化的要求。此外，这些质量要素之间存在关联性，某个质量要素水平的提升可能会导致其他质量要素水平的下降。例如，软件可重用性提高可能会导致软件有效性降低。

1.6 开源软件

从软件的程序代码是否对外开放的角度来看，现有的软件可以分为闭源软件（Closed Source Software）和开源软件（Open Source Software）。在21世纪之前，闭源软件在软件产业界占主导地位。进入21世纪，产生了一批有影响力的开源软件，从而掀起了一股开源热潮。

1.6.1 何为开源软件

微课视频

开源软件是一种源代码可以自由获取和传播的计算机软件，其拥有者通过开源许可证赋予被许可人对软件进行使用、修改和传播的权利。近二十年来，开源软件取得了巨大的成功，人们开发出了大量、高质量和多样化的开源软件，它们在信息系统的建设中发挥了关键性作用，受到产业界、学术界和政府组织的高度关注和重视。

经过几十年的快速发展，全球已经产生数以亿计的开源软件，包括各种系统软件、支撑软件和应用软件，覆盖了诸多行业和领域。例如，在操作系统领域，有多种开源操作系统软件，如Linux、GoboLinux、FreeBSD、Ubuntu、Android、Kylin 、OpenHarmony等；在数据存储、数据库管理和大数据处理等领域，有诸如MySQL、MongoDB、PostgreSQL、SQLite、CUBRID、ZNBase、HStreamDB、Hadoop等开源软件；在软件中间件领域，有如ROS机器人软件开发和运行中间件、JBoss应用服务器、MPush实时消息推送软件、Kubernetes容器集群管理系统等；在支撑软件领域，软件开发者常用的Eclipse集成开发环境就是一个成功的开源软件，此外，SonarQube、FindBugs、JUnit、Jenkins等工具也都是开源软件，它们为软件开发者提供质量分析、代码测试、持续集成等一系列的功能。在应用软件领域，人们针对游戏、娱乐、视觉处理、人脸识别、自然语言处理、虚拟现实、区块链、智能驾驶等行业应用，开发出了诸多开源软件，如Open3D、Cardboard、OpenHMD、Firefox Reality、OpenAuto、Apollo Auto、BitGo等，开源大模型的典型代表如Deepseek。

越来越多的开源软件替代闭源软件，安装和部署于各类计算环境中，支持信息系统的建设。在服务器操作系统领域，以Linux、FreeBSD为内核的操作系统逐步替代UNIX，占据了操作系统的半壁江山；在桌面操作系统领域，以Linux为核心的开源操作系统正影响和挑战Windows操作系统；在数据库管理系统领域，MySQL开源软件受到越来越多用户的青睐，逐步代替Oracle数据库管理系统；在浏览器领域，Chrome和 Firefox开源软件拥有排名第二和第三的市场占有率；在开发工具领域，Eclipse的影响力日增，成为Java 开发者喜爱的集成开发环境。

开源软件托管平台（如GitHub、SourceForge、Gitee等）吸引了来自全球各地的大量软件开发者参与开源软件开发工作，当前开源软件的数量呈现出了喷发式的增长。以GitHub开源软件托管平台为例，2008年以来，该平台上托管的开源软件项目数量逐年增长，2020年一年增长的软件仓库数目已突破两千万，到2021年4月，该平台已经拥有两亿多的开源软件仓库，2025年2月，GitHub平台拥有4.2亿开源软件仓库。

开源软件不仅深刻改变了软件产业的发展模式，而且从根本上重塑了软件产业的格局。2019年，Black Duck公司抽样分析了2000多个商业软件，结果显示高达99%的商业软件使用了开源软件。近年来，云计算、移动互联网、大数据、人工智能、区块链等新兴产业的核心技术无一例外都是基于开源软件来构建的。当前，开源软件已在全球软件开发领域占据了主导地位，形成了数量庞大、功能多样的开源软件资源。许多成功的开源软件（如Docker、Android等），由于其独特的技术创新、高质量的代码、开放的软件架构等，已经成为相关领域事实上的标准软件。此外，开源软件广泛应用到各个领域，产生了巨大的社会价值，正在从根本上改变世界软件产业的格局。目前，不论是计算领域，还是工业制造、航空航天、娱乐游戏、机器人和无人系统等领域，都有一批有影响力的开源软件。开源软件也深刻影响着软件产业的布局，软件全球化发展的趋势越来越明显。根据GitHub数据统计，GitHub上的一个开源项目平均可以获得来自40多个国家和地区的开发者的帮助。

需要指出的是，虽然开源软件鼓励互联网大众自由参与，似乎是无国界的，但是由于开源软件托管平台（如GitHub）由美国等国家支配，因此开源实践仍然会受到许多非技术因素的干扰。据俄媒报道，由于受俄乌冲突的影响，2022年4月13日起，GitHub开始封锁受美国制裁的俄罗斯企业及软件开发者账户，至少有数十个账户被屏蔽。其中包括Sberbank Technology、Sberbank AI Lab和 Alfa Bank Laboratory等在内的GitHub企业账户，以及个体开发商的账户。有俄罗斯开发者联系了GitHub，GitHub官方给出的回复是"与在美国运营的其他公司一样，GitHub会限制受到封锁制裁（SDN名单）或者代表受制裁方使用 GitHub 的用户访问账户"。Apache基金会也有明确表示"美国的出口法律和法规适用于我们的发行版"。

1.6.2 开源软件的优势

近年来，开源软件之所以受到政府、企业和个人的高度关注，是因为与闭源软件相比，开源软件具有其独特的优势。

1. 采购和开发的成本更低

开源软件通常是免费的，即使有些开源许可协议要求付费，也非常便宜，价格远远低于闭源的软件产品。因而对各类组织、企业和个人而言，使用开源软件有助于降低信息系统的建设和使用成本。一个简单的例子就是，当你购买个人计算机（Personal Computer,PC）时，预先安装好的Windows软件使用一段时间之后就需要延续付费；而如果预先安装的是Linux软件，就不存在这一问题。

2. 软件质量更高、更安全

尽管开源软件是由大量无组织、水平参差不齐的群体开发得到的，然而根据美国科来（Coverity）公司对大规模开源代码的分析，发现开源软件的代码缺陷密度竟然低于商业软件，即其代码的质量更高。实际上，由于开源软件的代码对外开放，任何人都可以获取和查看，核心代码都在公众的视野之中，因此代码中潜在的问题（如缺陷、安全漏洞等）很容易被人发现。开源软件中的缺陷一旦被发现，会很快被解决，这与商业软件通常历时数月的补丁发布速度形成了鲜明的对比。热门的开源软件甚至可以吸引成千上万的开发者参与软件测试、缺陷发现和修复工作。

3. 软件研制和交付得更快

开源软件通常由核心贡献者预先实现了一组关键功能。软件开发者可通过完善开源软件的功能来满足特定项目的软件开发需求，甚至可直接使用开源软件来构建信息系统。因而基于开源软件的项目开发可更为快速地给用户交付软件产品。以Instagram软件的研发为例，这是一款基于移动设备的照片和视频共享、在线服务软件。虽然该软件功能复杂，但该软件的研发只用了5名软件工程师，花了8周的时间就交付使用了，原因是软件工程师用了十多款开源软件来支撑该软件系统的构建，包括系统监控软件、日志监控软件、负载均衡软件、数据存储软件等。

4. 软件功能更为全面，更具有创新性

开源软件的需求不仅来自核心开发者，而且来自大量的外围贡献者。这些开发者群体不仅参与软件开发，贡献他们的代码，而且参与软件的创作和创新，如提出和构思新的软件需求，不断完善软件的已有功能。由于软件开发者群体的规模大、数量多，每个人都会站在自己的角度来审视软件的需求，因此他们所提出的需求有助于弥补软件系统的不足，使得开源软件的功能更为全面。大量的软件开发者共同参与了开源软件的开发工作，不同的观点加快了开源软件产品的迭代和创新。

1.6.3 开源许可证

开源软件的源代码虽然可自由获取，但是并不等于开发者可以对它为所欲为。任何一个开源软件都配有开源软件协议，也称开源许可证，以显式说明获得开源代码后开发者拥有的权利，从而界定对他人的开源作品可以进行何种操作、哪些操作是被禁止的，即规范开源软件的使用要求和约束。例如，开源软件可要求任何使用和修改软件的人须承认发起人的著作权和所有参与人的贡献。本质上，开源许可证尝试在开源软件的自由创新与创业利益之间达成某种平衡，既支持开

发者基于开源软件进行创新，也保护贡献者和创新者的相关利益，同时寻求某些商业运作模式，促进开源软件长期、持续和良性的发展。开源许可证是一种具有法律性质的合同，也是开源社区的社会性契约。没有开源许可证的软件就等同于保留软件版权，虽然其代码开源，但是用户只能看不能用，只要用了，就会侵犯软件版权，因此任何开源软件都必须明确地授予用户开源许可证。

目前国际公认的开源许可证有几十种之多，它们都允许用户免费地使用、修改和共享源代码，但不同开源许可证对软件的使用和修改提出了不同的要求和条件。根据使用条件的差异，现有的开源许可证大致可分成两大类：宽松式（Permissive）许可证和Copyleft 许可证。

1. 宽松式许可证

该类许可证对用户的限制很少，允许用户在修改开源代码后闭源。该类许可证具有3个方面的特点：代码使用没有任何限制，用户自担代码质量的风险，并且在使用开源软件时需披露原始作者。BSD、Apache、MIT等都属于宽松式许可证。

- BSD（Berkeley Software Distribution）开源许可证，用户可使用、修改和重新发布遵循该许可证的开源软件，并可将软件作为商业软件发布和销售，但需满足3个方面的条件。①如果再发布的软件中包含源代码，则源代码必须继续遵循BSD开源许可证。②如果再发布的软件中只有二进制程序，则需要在相关文档或版权文件中声明原始代码遵循了BSD开源许可证。③不允许用原始软件的名字、作者名字或机构名称进行市场推广。
- Apache开源许可证，该开源许可证和BSD开源许可证类似，具有以下特点。①该软件及其衍生品必须继续使用Apache开源许可证。②如果修改了程序源代码，则需要在文档中进行声明。③如果软件是基于他人的源代码编写而成的，则需要保留原始代码的协议、商标、专利声明及其他原作者声明的内容信息。④如果再发布的软件中有声明文件，则需在此文件中标注Apache开源许可证及其他开源许可证。Hadoop、Apache HTTP Server、MongoDB等开源软件都基于该开源许可证。
- MIT（Massachusetts Institute of Technology, 麻省理工学院）开源许可证，限制最少的开源许可证之一，只要开发者在修改后的源代码中保留原作者的开源许可证信息即可。
- Mulan（木兰）宽松许可证具有以下特点。①授予版权许可、专利许可，不提供商标许可。②当源代码或二进制程序再发布时，不论修改与否，都需要提供木兰宽松许可证的副本，并保留软件中的版权、商标、专利及免责声明。

2. Copyleft许可证

术语"Copyleft"是版权（Copyright）的反义词，意为可不经许可随意复制。Copyleft 许可证比宽松式许可证的限制要多，带有许多条件和要求。例如，分发二进制代码时需要提供源代码，修改后所产生的开源软件需要与修改前软件保持一致的许可证，不得在原始许可证以外附加其他限制等。GPL、MPL、LGPL等属于Copyleft 许可证。

- GPL（GNU General Public License）具有以下特点。①自由复制，对复制的数量和去处不做限制。②自由传播，允许软件以各种形式进行传播。③收费传播，允许出售软件，但必须让买家知道该软件是可免费获得的。④修改自由，允许开发者增加或删除软件功能，但修改后的软件必须依然采用GPL。Linux开源软件采用的就是GPL。
- MPL（Mozilla Public License），该开源许可证与GPL和BSD在许多权利与义务的约定方面相同，但有几个不同之处。①允许被许可人将经过MPL获得的源代码同自己的其他代码混合得到自己的软件。②要求源代码的提供者不能提供已经受专利保护的源代码，也不能将这些源代码以开放源代码许可证形式许可后再去申请与这些源代码有关的专利。③允许一个企业在自己已有的源代码库上加一个接口，除了接口程序的源代码以MPL的形式对外许可外，源代码库中的源代码可以不用MPL的形式强制对外许可。

- LGPL（Lesser General Public License, 函数库公共许可证），该开源许可证主要针对类库使用而设计，它允许商业软件通过类库引用方式使用LGPL类库，而不需要开源商业软件的代码。这使得采用LGPL的开源代码可以被商业软件作为类库引用并发布和销售。

1.6.4 利用开源软件

开源软件是人类创造的极为宝贵的知识财富，充分利用开源资源才是创建开源软件的最终目的。现有的开源软件资源形式不一、功能多样，既有高质量的优质开源软件，也有低质量、没有影响力的开源软件。软件开发者在遵循开源许可证的前提下，可采用多种方式来充分利用开源软件资源，以服务于不同的目的。

1. 学习开源软件

许多优秀的开源软件出自高水平的软件开发者。例如，Linux的创始人林纳斯·托瓦兹（Linus Torvalds）就是一个软件开发高手。优质的开源软件不仅反映了核心开发者的软件开发技术和功能创意，例如，Docker的创始人所罗门·海克斯（Solomon Hykes）提出了容器的思想和技术，并将相关的容器软件支撑平台开源，而Kubernetes开源软件则提出了对容器集群进行有序管理和集成的思想和方法；而且蕴含了高水平的软件开发技能，如架构设计、编程风格、模块封装、代码注释等。对许多软件开发者而言，尤其是软件开发新手，可以通过阅读开源代码、分析编程技巧、理解设计方法等来学习开源软件及其背后的软件开发者的技术，从而快速提高自己的软件开发能力和水平。

2. 重用开源软件

高水平开源软件的优点是功能完整和齐全、代码质量高，且可自由获取和免费使用。软件重用是软件工程的一项基本原则，也是提高软件开发效率和质量的有效手段。开源社区汇聚了海量、多样、高质量的开源软件资源，它们实际上构成了支撑软件开发的可重用软件资源库，可实现更大粒度的软件重用。开发者只要遵循相应的开源许可证，即可自由获取、重用和修改开源软件，以满足信息系统建设的独特要求。

一项针对多个软件企业的问卷调查的结果表明，超过80%的企业明确支持基于开源软件的重用开发，仅有15%的企业持不赞成态度，其余5%则没有发表观点。越来越多的商业软件公司寻求通过重用开源软件代码来加快软件发布、降低开发成本，从而获得竞争优势。例如，Instagram在发展之初，开发者通过重用十多款开源软件，在短短8周内就打造出最初的Instagram，并通过提供的稳定服务吸引了大批用户。据统计，有近95%的主流企业直接或间接采用了开源技术，近80%的企业服务器操作系统基于Linux。

3. 建设开源软件

软件开发者还可以注册成为开源软件托管平台（如GitHub、Gitee）的用户，关注感兴趣的开源软件项目，并参与其中以推动开源软件项目的建设，包括反馈软件缺陷、提出软件需求、讨论问题的解决方法、贡献程序代码等。通常，开源软件托管平台和社区提供了一系列的技术和工具来支持群体化的协同开发工作。开发者可以利用参与开源软件建设的机会来掌握相应的开源软件开发技术及群体化软件开发方法，如Issue机制、代码评审技术、Pull Request分布式协同开发技术等。

1.7 本书的软件案例

本书提供了两个软件案例，以辅助讲解软件工程的方法、技术和原则，以及软件开发实践、成果及要求。其中，MiNotes是一款较为简单且代码质量较高的开源软件，Mini-12306是一款简化版的铁路12306软件。本书将借助MiNotes来解释高质量编码，并要求读者针对该开源软件进行阅读、分析和维护的实践；利用Mini-12306软件来讲解软件工程的方法和技术。

1.7.1 MiNotes软件

MiNotes由小米公司的"MIUI专业团队"开发，是一款运行在Android手机上、实现便签管理的软件，如图1.7所示。它提供了创建和管理便签的一组功能，包括建立、保存、删除、查看及修改便签，创建、删除和修改便签文件夹，设置便签字体的大小和颜色，实现便签的分享等。除此之外，该软件还支持云服务，可与Google Task进行同步，将本地便签事项内容上传到远端服务器，或将Google服务器上的便签事项内容下载到本地；可自动识别备忘录中的电话号码和网址等信息。

MiNotes是一款开源软件，其源代码托管在GitHub平台上，用户可以通过访问Github官网自由下载以获得其源代码。该软件用Java编写，共有8800多行高质量的程序代码。整个软件由6个程序包、170个程序文件、41个Java类、471个类方法组成。软件设计和代码较好地遵循了软件工程原则，反映出开发人员良好的软件工程素养和高水准的开发技能，值得我们学习和借鉴。

1.7.2 Mini-12306软件

Mini-12306是一款简化版的铁路12306软件，本书使用该案例旨在帮助读者理解如何开展需求分析、软件设计、编码实现、软件测试、部署和运行、软件维护等工作。该软件的功能较为简单，提供了列车查询、车票购买、车次改签、退票、旅客管理等基本服务。图1.8所示为部署在Android智能手机上的铁路12306软件的运行界面。

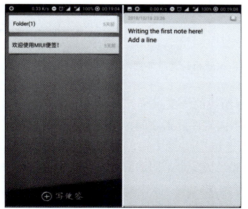
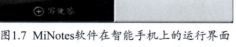

图1.7　MiNotes软件在智能手机上的运行界面　　图1.8　铁路12306软件的运行界面

尽管该软件的功能较为简单，但从开发和运维的角度来看，Mini-12306是一款较为复杂的软件系统，体现了当前互联网软件的多样化特征和复杂性的特点。首先，该软件系统是一类系统之系统，需要与身份认证系统、支付系统、物流系统等遗留软件系统进行交互和协作。其次，Mini-12306是一款分布式软件，前端软件采用Web或App的形式给用户展示界面和提供功能，运行在用户的计算机或智能手机上；后台软件部署和运行在服务器或云平台上，完成具体的业务操作和服务，如车次查询并提供查询结果、购买车票并修改相关的数据库。最后，Mini-12306软件对并发性、实时性、安全性等非功能性需求提出了很高的要求。

1.8 本章小结和思维导图

本章内容围绕软件，介绍了它的概念、特性和分类，阐述了文档和数据在软件中的重要作用，从而帮助读者理解为什么软件是程序、数据和文档的集合；讨论了软件的变化；介绍了软件生命周期及各个阶段的活动；阐述了软件质量的概念、模型及内涵；讨论了开源软件这一特殊的软件形式及其应用等。概括而言，本章知识结构的思维导图如图1.9所示。

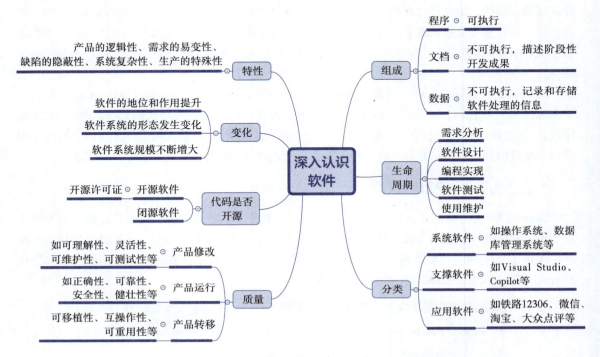

图1.9 本章知识结构的思维导图

- 软件是指由程序、数据和文档3要素组成的一类系统。这些要素在软件开发和运行过程中发挥着不同的作用，不可或缺；不同软件要素之间、同一个软件要素在不同软件制品之间存在一定的关联性和依赖性。
- 一个软件从提出开发到投入使用，要经历多个不同的阶段，每个阶段会产生不同的软件制品。所有这些阶段构成了软件生命周期。
- 软件具有逻辑性、易变性、特殊性、隐蔽性、复杂性等特性。
- 软件大致可分为3类：应用软件、系统软件和支撑软件。系统软件为应用软件的运行提供基础设施和服务，支撑软件用于辅助软件开发和运维，应用软件为相关行业和领域提供基于计算的问题解决方案。
- 开源软件是一类特殊的软件形式，其源代码可被自由地分发、修改、使用和传播。当前人们依托开源社区产生了海量、高质量、功能各异的开源软件，它们在信息系统的建设中发挥了重要的作用。采用开源的方式可以借助群智的力量，促进软件的需求创新和代码的持续演化。
- 软件质量具有非常丰富的内涵，包括诸多质量因素。除了确保正确实现功能之外，高质量的软件还需满足可靠性、有效性、可用性、安全性等要求。在软件开发过程中，确保软件质量是关键任务之一。软件质量包含内部质量和外部质量。

1.9　阅读推荐

● 国家自然科学基金委员会.中国科学院.软件科学与工程[M].北京：科学出版社，2021.

　　该书是我国软件工程领域的一本重要著作，系统地综述了软件和软件技术的发展历程，全面总结了软件科学与工程学科的基本内涵、发展规律和取得的成果。该书的总论部分、第一篇第1章的引言部分、第二篇第6章的引言部分、第12和14章深入阐述了软件的地位和作用，系统分析了软件的发展历程、不同时代的软件特点，以及当前软件出现的新变化，全面讨论了软件质量与安全保障、软件生态等方面的内容。

1.10　知识测验

1-1　程序和软件之间有何区别？存在怎样的联系？

1-2　为什么软件由程序、文档和数据组成？这些要素在软件开发及运行中各自发挥什么作用？

1-3　对比分析软件系统（如铁路12306软件）与硬件系统（如手机、电视机）的差别。

1-4　以铁路12306软件为例，说明该软件的目的性、组成性、系统性和驻留性。

1-5　分析应用软件、系统软件和支撑软件3类软件主要发挥什么作用。

1-6　以微信和Microsoft Office为例，分析它们的部署和运行环境是什么。

1-7　以铁路12306软件为例，分析该软件有何复杂性特点。

1-8　如果将ChatGPT和Deepseek用于辅助软件开发，它们属于什么类别的软件？

1-9　分析软件生命周期中各个阶段的特点，思考每个阶段会产生什么样的软件制品。

1-10　以微信软件为例，说明软件的正确性、可靠性、安全性、私密性、可维护性等质量要素的内涵。

1-11　如果一款软件的质量低下，会产生什么样的问题？

1-12　软件的内部质量和外部质量有何区别？以腾讯会议软件为例，分析其内部质量和外部质量情况应该是怎样的。

1-13　分析闭源软件和开源软件的本质区别在哪里。

1-14　我们可以免费使用铁路12306软件，因而铁路12306软件是一个开源软件，以上说法是否正确？为什么？

1-15　开源许可证对开源软件的哪些方面进行了约束和限制？

1-16　请分析为什么近年来开源软件受到IT企业的关注和重视，发展迅速。

1.11　工程实训

　　本章的实训任务需要完成头歌平台上相关章节的闯关实训，访问国际和国内的开源软件托管平台，了解和掌握开源软件是如何开发的以及已有开源软件的情况。

● 访问我国的开源软件托管平台Gitee，进入鸿蒙开源软件社区，了解该开源社区的基本情况，下载鸿蒙开源软件的源代码，了解开源软件的整体建设情况，如代码仓库、开发任务、Pull Request等。

- 访问国际上的开源软件托管平台GitHub，进入MySQL开源软件社区，了解社区基本情况，下载MySQL开源软件的源代码，了解该开源软件的整体建设情况，如代码仓库、开发任务、Pull Request等。
- 访问头歌实践教学平台"国防科技大学课程社区""软件工程学习社区"→"软件工程课程实训"，完成"软件工程课程概述""从程序到软件"两个章节的实训任务。

1.12　综合实践

本书提供了两个方式不一、要求不同的综合实践，供读者选择。这些综合实践可帮助读者系统地运用软件工程知识来开展软件开发实践，以加强对知识的理解和掌握，积累软件开发经验，培养多方面的软件开发能力。读者可结合课程教学的实际情况（如课时数）和要求（如培养目标），考虑可投入时间、已有的资源等多种因素，选择其中一个综合实践来完成。

1. 综合实践一：阅读、分析和维护开源软件

该实践要求针对一个具有一定规模和高质量的开源软件，阅读和标注程序代码，分析开源软件的结构和质量，在此基础上针对该软件开展维护工作，包括增加软件功能、修复软件缺陷、更改软件设计、编写程序代码、开展软件测试等工作。

该实践的目的是学习开发高质量开源软件用到的高水平软件开发技能，结合具体的开源代码来深入理解软件工程的方法、思想和原则，在此基础上运用软件工程知识对开源软件进行维护，并在此过程中熟练掌握和使用多种软件开发工具和环境。

该实践相关任务完成之后需要提交一组实践成果，包括开源软件质量分析报告，开源软件泛读、标注和维护报告文档，开源软件维护后的软件代码等，并要求维护后的开源软件可运行和可演示。

该实践的特点是基于已有的开源软件来开展软件工程实践，对软件工程新手而言比较容易上手，有可参照和模仿的学习对象，实践任务系统和完整，覆盖了所有的软件开发阶段；实践的内容相对简单，易于操作和实施。本质上，该实践首先通过逆向工程来进行学习，然后通过正向工程开展软件开发。

读者可以自己选择某个高质量的开源软件进行阅读、分析和维护，也可以围绕MiNotes开源软件进行阅读、分析和维护。本书后续章节的综合实践部分将结合MiNotes开源软件来介绍如何开展开源软件的阅读、分析和维护实践工作。

2. 综合实践二：开发软件系统

该实践要求独立构思软件及其需求，或者基于某个选定的软件需求，在此基础上开展一系列的软件开发工作，包括需求分析、软件设计、编程实现、软件测试、使用维护等，最终产生可运行和可演示的软件系统。

该实践的目的是学会如何运用软件工程的方法、技术和软件开发工具来完整地开发软件系统，并确保软件系统的质量，在此过程中培养多方面的能力和素质，如系统能力、解决复杂工程问题的能力、团队协作能力、自主学习和独立解决问题的能力、口头和书面表达的能力等。

该实践相关任务完成之后需要提交一组成果，包括软件需求规格说明书、软件设计规格说明书、源代码、软件测试用例和软件测试报告等，并要求所开发的软件系统可运行和可演示。

该实践的特点是，要求开发者针对特定的软件需求或者构思提出相关的软件需求，并以此开展软件开发实践。建议对实践的规模和软件系统的质量提出明确的要求，如软件系统的代码量要求2000行以上等，使得课程实践具有一定的挑战性和难度，从而可以较为全面地锻炼和培养开发

者的软件工程能力。

　　该实践可以要求学生自己构思软件及其需求，也可以采用命题作文的形式要求学生开发出某个软件系统，如Mini-12306软件。本书后续章节的综合实践部分将结合Mini-12306软件的开发来详细介绍该实践任务如何开展。

　　这两个综合实践可采用3~5人为一个团队的方式来完成。实践时可参阅《软件工程实践教程：基于开源和群智的方法》（毛新军，2024年9月出版）一书。

1. 综合实践一

- 任务：选取或指定待阅读、分析和维护的开源软件，获取其源代码。
- 方法：访问GitHub、Gitee、SourceForge等开源软件托管平台，检索和查询开源软件，从中选取待阅读、分析和维护的开源软件。或者直接选定MiNotes开源软件，通过访问Github官网进入其社区，下载其源代码，在本地计算机上安装Android Studio工具，加载、编译、部署和运行MiNotes开源软件。
- 要求：所选取的开源软件要求功能易于理解、代码质量高、规模适中（5000~20000行代码），也可以直接指定MiNotes开源软件作为阅读、分析和维护的对象。
- 结果：获得开源软件的源代码，并可运行和操作该开源软件。

2. 综合实践二

- 任务：分析相关行业和领域的状况及问题。
- 方法：选择你所感兴趣的行业和领域（如高铁服务、旅游出行、老人看护、防火救灾、医疗服务、婴儿照看、病虫害防护、机器人应用等），开展调查研究，分析这些行业和领域的当前状况、存在的问题和未来的需求，思考如何开发该行业和领域的软件，以满足其需求，解决其问题。读者也可以直接调研与铁路12306软件相对应的火车旅客服务领域，分析当前的铁路12306软件是如何解决旅客服务问题的，还存在哪些方面的不足。
- 要求：调研要充分和深入，分析要有依据和说服力，要通过调研来梳理出潜在的软件需求，从而指导后续的软件开发。
- 结果：行业和领域的调研分析报告。

第2章

走进软件工程

　　任何学科的产生都有其特定的背景和动机，软件工程也不例外。随着软件规模、复杂性和质量要求的不断提升，软件开发面临着越来越多的问题和挑战，并作为重要的驱动力推动软件工程的产生和发展。作为一个专业和学科，软件工程担负着支撑软件开发、推动方法研究、培养软件人才等一系列重要的使命。本章聚焦于软件工程，深入分析其产生的背景和原因，介绍软件工程的概念和目标，剖析软件工程解决软件危机的思想、原则和手段，概括软件工程的发展历程和特点，讨论软件工程师的类别和职业道德。

2.1　问题引入

　　在计算机软件出现的早期，软件开发采用的是一种手工作坊式的开发模式。软件开发的主要任务就是编写程序，并且该项工作基本上没有方法的指导和工具的支持。程序员针对需要解决的问题、依据自身的经验来直接编程，导致软件开发效率低、成本高、质量难以保证，所开发的软件难以维护。这种开发模式针对小规模的程序还可以应对，一旦问题较为复杂、系统规模较大，这一开发模式将难以应对。到了20世纪60年代，随着计算机应用的不断拓展和深化，软件规模不断增大、复杂性不断提升，软件开发面临的问题和挑战越来越多，进而产生了软件危机（Software Crisis）。

　　为了解决软件危机，软件工程（Software Engineering，SE）应运而生。软件工程借助业界经过广泛实践检验、成熟的工程化方法来指导软件系统的开发和运维，强调要用系统化、规范化和可量化的手段来开展软件开发，并将质量保证贯穿软件开发全过程。经过几十年的发展，软件工程取得了长足的进步，产生了许多有影响力的软件开发方法学、过程和工具，不仅推动了软件系统的开发和运维，提高了软件开发的效率和质量，带动了软件产业的发展，而且成了一门独立的学科。不同于其他学科，软件工程是一门实践性非常强的学科。软件工程的许多思想、方法和原则等都是长期实践经验的总结。为此，我们需要思考以下问题。

- 软件开发面临哪些方面的问题？为什么会产生软件危机？
- 软件危机的本质和根源是什么？当前依然存在软件危机吗？
- 何为软件工程？工程的内涵和本质是什么？工程的思想是如何与软件开发相结合的？软件工程与现实世界中的建筑工程、机械工程等有何相同之处和不同之处？
- 软件工程是如何解决软件危机的？软件工程要达成什么样的目标？软件工程是采用哪些方法和手段来达成这些目标的？
- 软件工程的发展呈现出"三十年河东，三十年河西"的特点，为什么会出现这种状况？不同软件工程方法和技术的产生具有什么样的背景？

2.2 为什么会产生软件工程

软件工程的产生受两方面因素的影响和驱动：一方面是软件开发的外在因素，即软件危机，主要表现为软件开发存在成本高、质量得不到保证、进度慢等突出问题；另一方面是软件开发的内在因素，主要表现为软件开发缺乏有效方法的指导。软件开发的内在因素导致了其外在因素产生。

2.2.1 软件危机的表现

微课视频

20世纪60年代，尽管人们已经成功开发出许多软件系统并投入应用，如核爆炸研究的科学和工程计算软件、商业事务处理软件以及像IBM360操作系统（OS/360）这样复杂的软件系统等，但人们注意到，软件开发面临一系列共性问题，具体表现为：开发进度慢，无法按时交付软件系统，许多软件项目多次延期；软件质量难以得到有效保证，交付后的软件系统仍存在诸多问题，导致软件系统不好用、不可用；软件开发成本高且经常性超支。1995年，美国斯坦迪什集团（Standish Group）以美国境内8000个软件项目作为样本，开展了一项调查研究，结果显示有84%的软件项目无法在既定时间和经费计划内完成，超过30%的软件项目最终被取消，软件项目开发预算平均超出189%。

我们将软件开发和维护中出现的上述状况、遇到的这些困难和问题称为软件危机。软件危机主要表现为以下几个方面。

1. 软件开发成本高且经常性超支

软件开发和维护的成本越来越高，软件成本在计算机系统总成本中所占的比例居高不下，且不断上升，计算机软硬件投资比发生急剧变化。20世纪60年代，软件开发成本占计算机系统总成本的20%以下，到了20世纪70年代，软件成本已达总成本的80%以上，软件维护成本占软件成本的65%，甚至更多。美国空军是软件的应用大户，1955年，美国空军在软件开发方面的花费占计算机系统总成本的18%，这一比例在20世纪70年代上升到了60%，1985年，这一比例达到85%。软件开发成本超支已成为一种普遍现象。1982年，美国银行进入信托商业领域并投资开发信托软件系统，这一项目预算为2000万美元，但软件开发期间的实际投入达6000万美元，是早期预算的3倍。IBM公司于20世纪60年代研发了OS/360，该项目成本为5亿多美元，且软件开发成本超出了硬件研发成本。

软件开发成本高且经常性超支给软件投资方带来了极大的经济负担，许多软件项目不得不被取消，以防止陷入到无止境的投资中。导致这一状况的原因是多方面的。一方面，微电子技术的进步和硬件生产自动化程度的不断提升，使得硬件性能和产量迅速提高，硬件成本逐年下降。另一方面，随着软件规模和复杂性的不断增加，软件开发需要投入更多的人员，软件交付需要更长的时间，使得软件开发成本不断攀升。

2. 软件无法按时交付且经常延期

软件项目无法按时交付，软件项目延期的情况比比皆是。一些软件系统的交付日期一再延后，只有部分软件项目能够按期交付。许多软件项目由于经常性延期而不得不被取消。这种状况不仅有损软件开发团队的信誉，而且影响了投资者对开发软件系统的信心。

例如，美国银行的信托软件系统原计划于1984年底前完成，但是直到1987年3月，该软件系统仍未交付。尽管IBM公司在OS/360中投入了2000多名软件工程师，消耗的资金相当于5000多人一年的工作量总额，但是该系统还是未能按时交付。项目无法按时交付和进度延期充分说明了人们对软件开发的艰巨性认识不够、对软件开发的工作量估算不准，软件开发的效率低下。

3. 交付的软件存在质量问题

尽管一些软件系统最终交付了，但是仍然存在诸多的缺陷和问题，表现为系统可靠性差、不易用、不可用甚至不能用。导致软件质量低下的原因是多方面的。一些软件系统的开发没有配套的质量保证手段，还有一些软件系统的开发因赶进度而忽视了质量，甚至没有开展必要的质量保证活动。低质量的软件系统好似"定时炸弹"，一旦缺陷和问题被触发，就会导致软件运行出现错误，进而失效，不仅无法提供正常的服务和正确的功能，而且会造成人力和财力的损失。

美国银行的信托软件系统尽管最后交付使用，但由于软件系统运行不稳定，用户最终不得不放弃该软件系统。OS/360在交付使用后，仍有2000个以上的问题。阿丽亚娜5型火箭中的软件缺陷导致火箭发射后就发生了爆炸。

需要说明的是，软件项目的失败并不等同于软件的失败。许多软件项目失败的原因是软件系统交付延期或成本超支，而软件系统本身仍可正常工作并为用户提供服务。

软件危机产生的背后有多重因素。20世纪60年代中后期，随着计算速度更快、存储容量更大的计算机系统出现，计算机的应用范围迅速扩大，软件系统的规模越来越大、复杂性越来越高，软件开发的需求和数量急剧增长，面临的困难和问题也就越来越多。

导致软件危机的原因是多方面的。首先，人们未能深入地认识软件这一复杂逻辑系统。人们对软件产品的特点、内在规律性和复杂性等认识不够、理解不深，进而导致难以有效应对这类系统的开发和维护。在计算机软件出现的早期，人们尚不清楚软件这类逻辑系统与现实世界中的物理系统有何区别，未能认清软件系统的复杂性以及由此带来的开发挑战，不清楚软件规模的增长会对软件开发工作量产生多大的影响，导致要正确地估算软件开发成本非常困难，对软件开发工作量、开发进度和面临的困难等的预估常常过于乐观。人们对软件质量的重要性重视不够，导致软件开发缺乏必要的质量保证，交付的软件系统仍存在诸多质量问题，影响软件系统的正常使用。其次，软件的规模越来越大、复杂性越来越高，尤其是软件开发人员对软件需求的多变性和易变性应对不当，导致软件开发经常处于一个"动荡"和"不收敛"的状态，影响软件开发的进度以及软件系统的交付。图2.1表明，软件规模（用代码行数量表示）的增长将会导致软件缺陷的密度、软件需求变化随之增长，代码生产率以及成功率会随之下降。最后，软件开发缺乏有效的理论支持和方法指导。

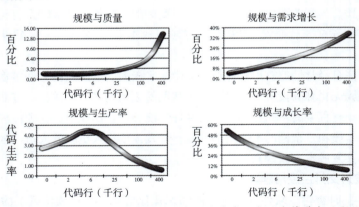

图2.1 软件规模增长给软件质量、代码生产率和成功率等带来的影响

总之，相对于现实世界的物理产品，软件这一逻辑产品还是一个新鲜事物。人们需要在不断的实践中逐步加强对软件的认知，才有可能掌握这类系统的复杂性并采取行之有效的应对措施。

2.2.2 缺乏理论支持和方法指导

在计算机软件出现的早期，软件开发缺乏理论基础和方法指导，难以有效应对软件系统复杂性增长、软件需求变化等带来的诸多挑战。这是导致软件危机的原因之一。

　　软件开发是一项知识密集和人力密集的复杂行为。大型软件系统的开发需要组织足够的人力并通过他们之间的合作才能完成，需完成从需求分析到软件测试等一系列的开发活动，并对牵涉其中的诸多人员、活动、制品等进行有效管理。早期的个体作坊式开发模式既缺乏团队合作，也缺乏系统性方法指导，编程行为非常随意，程序员没有相关的标准和规范可以遵循。这种开发模式所采用的方法很原始，技术很落后，不仅效率低，而且质量难以保证，应对小规模的软件系统尚可，面对中大型软件系统的开发将变得力不从心。无疑，软件开发是一项集体性和群体性的行为，仅仅依靠少数人或个人的编程技能和努力难以成事。总之，随着计算能力以及人们对软件需求的不断增加，软件系统的开发复杂性远远超出了程序员个体解决软件开发问题的能力，迫切地需要寻求理论和技术的支持。

　　在具体的软件开发实践过程中，软件开发人员要实现从编写程序到软件开发的转变，需考虑并解决以下实际的问题。

1. 按照什么样的流程来开发软件

　　编写程序的任务明确且单一，只需关心如何编写出满足需求的程序代码。相较而言，软件开发工作更为复杂。它需要通过一系列的软件开发活动，循序渐进地开展软件开发工作，如需求分析、软件设计、编程实现、软件测试等。这些软件开发活动间存在逻辑相关性和时序性。为此，软件工程需要为软件开发人员提供明确的流程来指导整个软件开发工作，包括要完成哪些软件开发活动，这些开发活动有怎样的逻辑次序，每个开发活动的任务是什么，需要产生什么样的软件制品等。

2. 采用怎样的方法来指导开发活动

　　每项软件开发活动都有其明确的任务，基于前一开发活动的结果，开展一系列的智力活动，进而产生相应的软件制品。例如，软件设计开发活动需要根据需求分析活动所产生的软件制品（如软件需求模型和文档）来开展软件设计，产生软件设计制品（如软件设计模型和文档）。为此，需要为软件开发人员提供系统性的方法支持，告诉他们应采用什么样的语言、技术、策略和原则，以完成相应的软件开发活动，产生高质量的软件制品。

3. 如何组织人员开展软件开发

　　编写程序通常是程序员个体的独立性行为，程序员间的交流和合作较少。软件开发则不然，由于软件开发活动的多样性，不同软件制品间的依赖性，每项软件开发活动可能会有多个人员参加，不同人员之间存在任务上的相关性。因此，参与软件开发的多个不同人员之间需要进行交流和合作。如何有效地组织和管理好参与开发的各类人员，确保他们之间的有序工作和高效合作是软件开发必须解决的问题。例如，Windows 7的开发团队有近1000人，它们组织成23个功能小组，每个小组大约有40人，包括3部分人员：项目经理、软件开发工程师、软件测试工程师。IBM 公司在20世纪60年代开发OS/360软件系统时最多有1000多人同时参与。

4. 如何管理多样化的软件产品

　　编写程序只产生程序代码这一类别的软件制品，软件开发则会产生程序、文档和数据等多类别的软件制品。不同类别的软件制品之间、同一类别的不同软件制品之间存在逻辑相关性和依赖性，这意味着某个或某类软件制品的变化将会影响其他类别的软件制品，从而导致它们产生变化。软件开发人员需要清晰地掌握不同软件制品之间的关联性，并能有效管理变化带来的影响，确保不同软件制品之间的一致性。实际上，多变性和易变性是软件系统的特点。因此，如何有效管理多样和变化的软件制品，是软件开发面临的挑战。例如，Windows 7大约有5000万行代码以及与这些代码相对应的文档和测试用例，如何管理这些代码、文档和测试用例是一项烦琐和艰巨的工作。

5. 如何保证软件质量

由于编写程序的任务和结果单一，其质量保证只需关注于编程行为及产生的程序代码，因此质量保证的工作相对简单。对软件开发而言，由于其涉及多项软件开发活动，有多方人员参与，会产生多种软件制品，因此其质量保证更为复杂，不仅要确保不同类别软件制品的质量，还要确保不同人员所开展的不同软件开发活动的质量。

2.3 何为软件工程

软件危机的出现使人们认识到，大中型软件系统的开发与小规模软件系统的开发有着本质差别。大中型软件系统的开发参与人员多，开发周期长，所需成本高，进度把控难度大，各类突发情况多，需求变化频繁，软件质量难以保证，开发复杂性远超出人脑所能直接控制的程度，手工作坊式的开发模式难以奏效，因而需要寻求行之有效的方法指导。

2.3.1 软件工程概念

微课视频

1968年，北大西洋公约组织（North Atlantic Treaty Organization,NATO简称北约）科学委员会在德意志联邦共和国组织召开了一次研讨会，着重讨论如何应对软件危机，来自11 个国家的 50 位代表参加了本次会议，会上人们首次提出了"软件工程"的概念，进而开启了软件工程的研究与实践。

根据电子电气工程师学会（Institute of Electrical and Electronics Engineers,IEEE）给出的定义，软件工程是指将系统的、规范的、可量化的方法应用于软件开发、运行和维护的过程，以及上述方法的研究。这一定义给出了软件工程的两方面内涵。首先，软件工程要提供系统的、规范的、可量化的方法来指导软件的开发、运行和维护。其次，软件工程要研究方法本身。前一项工作属于软件工程的应用实践范畴，后一项工作属于软件工程的科学研究范畴，两者需要相互支撑，基于前一项工作的需求及问题来指导后一项的研究，借助后一项工作的研究成果来辅助开展前一项工作的实践。这也意味着软件工程既是一门工程也是一门科学。

- "系统的"是指软件工程关心的是软件全生命周期的开发问题，而不是某个方面、某项开发活动或针对软件生命周期的某个阶段。它不仅要关心如何按时交付软件产品，而且要关心软件产品的质量，并为软件开发、运行和维护提供完整和全面的方法指导。例如，面向对象软件工程为软件系统的开发、运行和维护提供了系统性的方法，包括详细过程、软件模型、建模和编程语言、开发策略、指导原则等，进而支持面向对象的需求分析、软件设计、程序设计和软件测试。
- "规范的"是指软件工程所提供的方法可为软件开发活动及其所产生的软件制品提供可准确描述的、标准化的指南，使得不同开发者遵循相同的开发要求和约束，产生标准化的软件制品，从而确保软件工程方法不限定软件类型、应用领域和开发团队，软件开发的成功实践可在不同软件项目中复现。例如，软件工程提出了诸多标准来规范软件文档的撰写、提出了多种编程风格来规范高质量代码的编写。
- "可量化的"是指软件工程采用可量化的手段、基于定量的数据来支持软件开发、运行和维护，防止基于主观的臆断、采用"拍脑袋"的方式来随意进行软件开发的规划，提高软件开发决策和判断的科学性，防止出现重大失误。例如，软件工程提出了基于功能点和代码行的软件规模及工作量估算方法，以便在软件开发初期估算待开发软件的规模、工作量及成本，以指导软件项目合同的签订、项目计划的制订等工作，确保合同和计划的科学性和可行性。

2.3.2 软件工程目标

微课视频

软件工程的整体目标是要在成本、进度、资源等约束下，帮助软件开发人员开发出满足用户要求的、足够好的软件系统。软件开发、运行和维护是极为复杂的工作，它涉及多方的利益相关者，包括客户、用户、开发者、维护者、管理者等，它们会从各自的角度对软件开发、运行和维护提出关切和诉求。软件工程就是要站在这些利益相关方的角度，为软件开发、运行和维护实现以下3个方面的目标（见图2.2）。

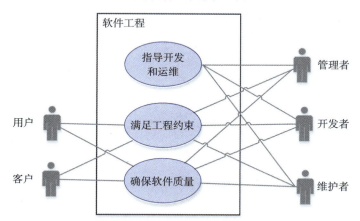

图2.2　软件工程的不同利益相关者及其目标

1. 指导开发和运维

这一目标与软件的开发者、维护者和管理者息息相关。软件开发是一个复杂的逻辑思维过程，它由若干个开发活动组成，每个活动都有各自的任务，活动完成后会产生相应的软件制品。软件工程需要为软件开发、运行和维护提供系统的、规范的和可量化的方法，指导相关人员如何基于相关原则、策略和技术，借助软件工具循序渐进、有条理地开展相应的活动。

2. 满足工程约束

这一目标与软件的客户、用户、开发者、维护者和管理者均相关。软件工程将软件开发视为一项工程。任何工程都存在约束和限制，包括用户的需求、开发的成本、开发的进度、可用的资源、遵循的标准等。软件工程不仅要指导开发者开发出用户所需的软件产品，而且需要确保软件开发满足工程约束，即在规定的进度范围内、按照成本预算、遵循相关标准交付高质量的软件产品，尽力避免成本超支、进度延期等问题。

3. 确保软件质量

这一目标受到软件的客户、用户、开发者、维护者和管理者的关注。实际上，质量是软件产品的约束之一。在此将其独立出来作为单独的目标，旨在强调软件质量的重要性。软件工程需确保软件产品无论对客户、用户还是开发者和维护者而言都足够好。从客户、用户的角度来看，"足够好"是指软件具有正确性、友好性、可靠性、可用性等特性；对开发者和维护者而言，"足够好"是指软件具有可维护性、可理解性、可重用性、互操作性等特性。

2.4　软件工程如何解决软件危机

为了推动软件系统的开发，解决软件危机，软件工程提供了诸多思想、方法和原则等来指导软件系统的开发和管理。在长期的发展过程中，这些思想、方法和原则等既表现出一定的稳定性，即在软件工程的不同发展阶段、不同的软件开发方法等它们都适用，同时也展现出技术的多样性和差异性，即不同的软件工程方法和技术对软件开发有不同的认识，因而会基于不同的理念采用不同的手段。

2.4.1 软件工程三要素

软件工程关注的是"软件"这一特殊产品，为推动软件开发、运维和质量保证等问题的解决提供3方面的核心要素（见图2.3）。

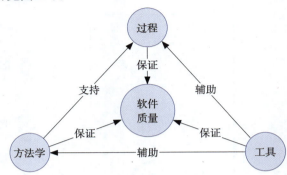

图2.3 软件工程的过程、方法学和工具三要素

1. 过程

过程（Process）要素是从管理的角度，回答软件开发和运维需要做哪些工作、如何管理好这些工作等问题，关注软件项目的规范化组织和可量化实施。软件开发过程（Software Development Process）明确了软件开发和运维的具体步骤，即明确了如何一步步地开展软件开发和维护工作，每一个步骤要完成什么样的工作、产生怎样的软件制品，不同步骤间存在什么样的先后次序和逻辑关系。该要素还关注如何针对不同的软件项目选择合适的开发过程，软件开发过程的改进，以及对软件开发过程所涉及的人、制品、质量、成本、计划等进行有效和可量化的管理。至今，软件工程提出了诸多软件开发过程模型，包括瀑布模型（Waterfall Model）、增量模型、原型模型、迭代模型、螺旋模型等。每一种模型都反映了对软件开发的不同理解和认识，进而采用不同的过程。此外，软件工程还提供了一组方法，如敏捷开发方法（Agile Development Method）、群体化开发方法（Crowd-based Development Method）、DevOps方法等，它们为软件开发过程中的开发和维护活动、软件制品的交付方式、软件开发人员的组织和协同等提供具体、指导性的思想、原则和策略。

2. 方法学

方法学（Methodology）要素是从技术的角度，回答软件开发、运行和维护如何做的问题。方法学旨在为软件开发过程中的各项开发和维护活动提供系统化、规范化的技术支持，包括如何理解和认识软件模型，如何用不同抽象层次的模型来描述不同开发活动所产生的软件制品，采用什么样的建模语言来描述软件模型，提供什么样的编程语言来实现软件模型，提供怎样的策略和原则来指导各项活动的开展，如何确保开发活动、维护活动和软件制品的质量等。至今，软件工程提出了诸多软件开发方法学，如结构化软件开发方法学、面向对象软件开发方法学、基于构件的软件开发方法学等。

3. 工具

工具（Tool）要素是从工具辅助的角度，主要回答如何借助工具来辅助软件开发、运行和维护的问题。"工欲善其事，必先利其器。"软件开发、运行和维护是极为复杂、费时费力的工作，需要工具的支持。有效的工具可以起到事半功倍的作用，帮助软件开发人员更为高效地运用软件开发方法学来完成软件开发过程中的各项工作，如需求分析、软件设计、编程实现、软件测试、部署和运行、软件维护、项目管理、质量保证等，简化软件开发任务，提高软件开发效率和质量，加快软件交付进度。至今，软件工程学术界和产业界已经开发出诸多软件工具以支持软件系统的开发、运行和维护。有些软件工具支持软件开发过程的实施、改进和软件项目管理，有些软件工具则辅助软件开发和维护活动的实施、软件制品的生成及质量保证，还有些软件工具支持软件系统的运行和自动化维护。

2.4.2 软件工程基本原则

对软件工程而言，要达成整体目标是一项严峻的挑战。在长期的软件开发和维护过程中，通过对比成功的实践和失败的案例，人们总结出一系列行之有效的软件工程基本原则，以指导软件开发和维护工作以及软件工程的研究。这些原则在软件工程的不同方法中是通用和有效的。

1. 抽象和建模

软件是复杂的逻辑产品，它包含数据、功能、性能、结构、行为等诸多要素。这些要素通常缠绕在一起，如果不加以分离，就难以准确地理解软件。在软件开发过程中，可通过抽象的手段，将软件开发活动（如需求分析）所关注的要素（如功能性和非功能性需求）提取出来，将不关心的要素（如需求的实现方式、采用的程序设计语言等）扔掉，形成与该开发活动相关的软件抽象，并借助建模语言（如数据流图、UML等）或编程语言（如Java、C++）建立起基于这些抽象的软件模型（如用UML的用例图描述软件需求），进而促进对软件系统的准确理解。抽象和建模（Abstraction and Modeling）原则有助于忽略那些与当前软件开发活动不相关的部分，将注意力集中于与当前开发活动相关的方面，防止过早地考虑细节，进而控制和简化软件开发和维护的复杂度，有效应对软件的逻辑性和复杂性。本质上，软件开发就是一个从高层抽象（如需求模型）到低层抽象（如程序代码）逐步过渡的过程（见图2.4）。

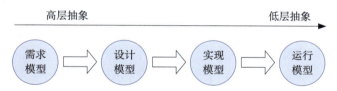

图2.4　软件开发是一个从高层抽象到低层抽象逐步过渡的过程

2. 模块化

对大中型软件而言，其功能多、规模大，不同软件制品间的逻辑关系复杂。显然，将软件系统的所有功能放在一起加以实现，不仅开发难度大，而且所开发的软件难以维护。模块化（Modularization）原则是指将软件系统的功能分解为若干个模块来实现，每个模块具有独立的功能，模块之间通过接口进行调用和访问。模块内部的各要素（如语句、变量等）与模块的功能相关，且相互间关系密切，即模块内部高内聚；每个模块独立性强，模块间的关系松散，即模块间松耦合。模块化原则可有效指导软件的设计和实现，有助于得到高内聚度、低耦合度、易维护、可重用的高质量软件。在过去几十年，软件工程的发展表现在模块化技术的进步（见图2.5），包括模块的封装方式不断优化，模块封装的粒度越来越大，模块间的交互更为灵活。

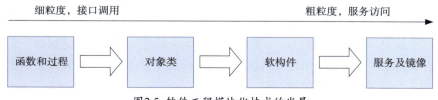

图2.5　软件工程模块化技术的发展

3. 软件重用

在长期的软件开发实践中，人们积累了大量、多样甚至高质量的软件资源，包括各种形式的软件模块、代码片段、设计模式、开源软件等。尽管不同软件系统在整体需求方面不一样，但在某些功能性需求及其实现细节等方面存在相似性甚至相同性。在软件开发过程中，软件开发人员靠自身的努力实现软件的所有功能，这一方式和理念不可取，原因之一是它未能充分利用已有的软件资源来支持软件系统的开发。

软件重用（Software Reuse）原则是指在软件开发过程中尽可能利用已有的软件资源和资产（如函数库、类库、构件库、开源软件、代码片段等）来实现软件系统，并努力开发出可被再次重用的软件资源（如函数、类、构件等）。显然，软件重用原则不仅有助于提高软件开发效率，降低软件开发成本，满足开发工程约束，而且有助于得到高质量的软件产品。

4. 信息隐藏

软件模块内部包含诸多实现要素，如变量、语句等。尽管不同模块间存在交互（如函数调用、消息传递等），但将模块内部要素暴露给其他模块、允许它们访问，既无必要，也非常危险。它不仅会导致模块执行混乱，而且难以追踪错误产生的原因。正因如此，20世纪60年代，许多软件工程学者提出不用或少用goto语句。

信息隐藏（Information Hiding）原则是指模块应该设计得使其所含的信息（如内部的语句、变量等）对那些不需要这些信息的模块而言不可访问，模块间仅仅交换那些为完成系统功能必须交换的信息（如接口）。基于这一原则，模块设计时只对外提供可见的接口，不提供内部实现细节。信息隐藏原则可提升模块的独立性，减少错误向外传播，支持模块的并行开发。例如，在面向对象设计和实现时，类变量的访问权限尽量设置为private或protected。

5. 关注点分离

软件系统具有多面性，既有结构特征（如软件的体系结构），也有行为特征（如软件要完成的动作及输出的结果）；既有高层的需求模型（描述了软件需要做什么），也有低层的实现模型（描述了这些需求是如何实现的）。

关注点分离（Separation of Concerns）原则是指在软件开发过程中，软件开发人员需将若干性质不同的关注点分离开，以便在不同的开发活动中针对不同的关注点进行模块化开发，随后将这些关注点的开发结果整合起来，形成关于软件系统的完整视图。关注点分离原则使得开发者在每一项开发活动中聚焦于某个关注点，有助于简化开发任务；同时通过整合多个不同关注点的开发结果，可获得关于软件系统的更为清晰、系统和深入的认识。例如，面向对象的软件设计包含体系结构设计、用户界面设计、用例设计、类详细设计等开发活动。每一个设计活动分别针对不同关注点来给出软件的设计方案。

6. 分而治之

当一个系统过于庞大、问题过于复杂时，人们通常将整个系统分解为若干规模相对较小的子系统、将复杂问题分解为若干复杂性相对较小的子问题，并通过子系统的开发或子问题的解决来实现整个系统的开发或整个问题的解决。

分而治之（Divide and Conquer）原则是指在软件开发和维护过程中，软件开发人员可对复杂软件系统进行分解，形成一组子系统。如果子系统仍很复杂，还可以继续进行分解，直到通过分解得到的子系统易于处理（见图2.6）；然后通过整合子系统的问题解决得到整个系统的问题解决。显然，分而治之原则有助于简化复杂软件系统的开发过程，降低软件开发复杂性，从而提高软件开发效率，确保复杂软件系统的质量。

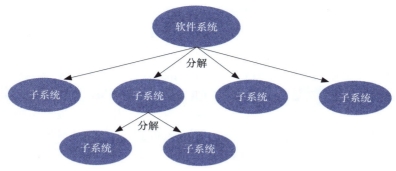

图2.6 软件工程分而治之原则的示意

7. 双向追踪

软件需求具有易变性和多变性，软件需求变化将会产生波动效应，引发软件设计、程序代码、软件测试等一系列的变化，易导致软件制品间的不一致性，引发软件质量问题。

双向追踪（Bi-directional Trace）原则是指当某个软件制品发生变化时，一方面要追踪这种变化会对哪些软件制品产生影响，进而指导相关的开发和维护工作，此为正向追踪；另一方面要追踪这种变化的来源，或者说是什么因素导致了该软件制品的变化，明确软件制品发生变化的原因及其合理性，此为反向追踪。无论是正向追踪还是反向追踪，都有助于确保软件制品间的一致性，发现无意义的变化，并基于变化指导软件的开发和维护，确保软件质量。

8. 工具辅助

软件系统及其开发的复杂性意味着单靠人来完成各项开发活动并确保开发质量是不现实的。利用适当的软件工具辅助（Tool-Supported）软件开发和维护工作是行之有效的方法，也是工程领域的常用方法。软件工程强调要尽可能地借助计算机工具来辅助软件开发和维护，以减轻开发者和维护者的工作负担，提高软件开发和维护效率，提高软件开发及软件制品的质量。例如，我们可以借助Eclipse软件来辅助代码的编写、编译、调试等工作，也可以借助Copilot、DeepSeek等软件来自动生成代码片段。

2.4.3 计算机辅助软件工程

在日常学习、生活和工作过程中，人们常常借助软件来解决行业和领域的诸多实际问题。例如，利用CAD软件来辅助机械工程师进行图纸设计、绘制和打印。自然地，人们也会想到将软件应用到软件工程领域，辅助软件开发人员完成软件开发、运行和维护工作，以减轻他们的工作负担，提高软件开发效率及开发质量。

计算机辅助软件工程（Computer-Aided Software Engineering，CASE）是指借助计算机软件来辅助软件开发、运行、维护和管理的过程。那些用于支持计算机辅助软件工程的工具称为CASE工具。通常，每个CASE工具提供一个相对独立的功能，辅助软件开发人员完成某项特定的工作。例如，SonarQube就是一个CASE工具，它可辅助软件开发人员完成代码质量分析和评估工作；Microsoft Office也可视为一个CASE工具，它可辅助软件开发人员撰写软件文档。

软件开发是一个系统的过程，涉及诸多环节和任务，要开展多项开发活动，并且不同活动间需交换相应的软件制品，这就要求多个CASE工具间可共享和交换软件开发数据（如软件制品），以确保在多个CASE工具的辅助下系统地开展软件开发工作。例如，在编程实现阶段，软件开发人员需开展代码编写、编译、调试、质量分析、部署和运行等一系列的开发活动，为此，代码编辑器需将程序员编写的代码共享给SonarQube，以便SonarQube对它进行静态分析；SonarQube也需将发现的缺陷信息反馈给代码编辑器，以便编辑器能用高亮的方式提示程序员代码中的问题。为此，有必要将多个CASE工具集成在一起，使得它们能够共享数据，相互间可交换软件制品（如代码、模型、文档、数据等），进而形成CASE环境。例如，Visual Studio和Eclipse就是典型的CASE环境。它们集成了多个CASE工具，给开发者提供了统一的用户界面，辅助他们在同一个CASE环境下完成代码编写、编译、调试、连接、运行、分析等工作。

随着软件规模和复杂性的增加及软件工程的发展，人们逐渐认识到CASE工具和环境的重要性，开发出功能越来越强、覆盖范围越来越广的CASE工具和环境。尤其是当前流行的敏捷开发方法和DevOps方法，它们高度依赖于CASE工具和环境，以支持软件开发和运行的自动化，实现敏捷开发、持续集成、持续交付、持续部署。根据CASE工具和环境所辅助的软件开发活动的差异性，可以将它们大致分为以下几类（见表2.1）。

表2.1 CASE工具和环境的分类

类别	辅助对象	辅助活动	提供的功能	示例
软件分析与设计	业务分析、需求分析、软件设计人员和用户	业务建模、需求分析、软件设计等	可视化建模、模型分析和管理、文档撰写等	CodeArts Modeling、CodeArts Req、Rational Rose、StarUML、Microsoft Visio、ArgoUML
编程实现	程序员	代码的编写、编译、调试等	编辑器、编译器、调试器、加载器、代码生成器等	CodeArts IDE、Eclipse、Visual Studio、Android Studio、Jenkins、Copilot X、ChatGPT
软件质量保证	用户、开发者、软件质量保证人员、软件项目管理人员	质量分析、软件测试等	代码质量分析、软件测试、缺陷管理和追踪等	CodeArts TestPlan、CodeArts Check、JUnit、SonarQube、FindBugs、ClearQuest、CheckStyle
项目管理	开发者、软件质量保证人员、软件项目管理人员	协同开发、配置管理、代码仓库管理等	软件仓库和版本管理、分布式协同开发、计划制订等	CodeArts Repo、Git、GitLab、Microsoft Project、CVS、IBM Rational ClearCase
软件运维	软件自身及软件运维人员	软件部署、运行和维护	自动部署、运行支撑、状况监控、日志管理、权限管理等	CodeArts Pipeline、Docker、K8S、Nagios

1.软件分析与设计的CASE工具和环境

这类CASE工具和环境主要辅助业务分析人员、需求分析人员、软件设计人员和用户等，完成业务/领域分析、需求分析和软件设计等工作，提供业务领域知识分析、绘制需求和设计模型、模型自动转换和生成、模型存储和管理、模型一致性和完整性分析、软件文档的生成等一系列功能。具有代表性的软件分析与设计CASE工具和环境包括CodeArts Modeling、CodeArts Req、Rational Rose、Microsoft Visio、ArgoUML等。以CodeArts Modeling为例，它支持UML图的绘制，UML即统一建模语言（Unified Modeling Language）可辅助软件分析和设计人员建立软件系统的需求和设计UML模型。Rational Rose则是一款专门支持面向对象软件工程的CASE工具，提供了基于UML的可视化建模、UML模型的一致性和完整性分析、不同UML模型间的转换、程序代码生成等一系列功能。

2. 编程实现的CASE工具和环境

这类CASE工具和环境主要辅助程序员完成编程实现阶段的软件开发工作，提供了代码编写、代码生成、程序编译、代码加载和运行、程序调试、模拟运行等一系列功能。具有代表性的程序设计CASE工具和环境包括CodeArts IDE、Eclipse、Visual Studio、Android Studio等。以CodeArts IDE为例，这是一款面向华为云开发者的桌面集成开发环境（Integrated Development Environment,IDE），可为华为云开发者提供智能化、可扩展的开发支持，结合华为云行业和产业开发套件，实现一站式开发体验，它自主研发的C/C++和Java语言服务，提供全新工程创建、代码阅读、编程辅助、本地构建和运行调试等开发体验。近年来，微软公司还推出了以Copilot等为代表的智能化软件开发工具，提供智能代码补全、实时代码生成、缺陷定位和修复支持、代码注释生成等功能，以帮助程序员快速、高效地编写出高质量的程序代码。

3. 软件质量保证的CASE工具和环境

这类CASE工具和环境主要辅助软件开发人员、软件质量保证人员、软件项目管理人员等，对软件开发和运维活动、软件制品等进行质量保证，提供软件测试、代码和模型质量分析、软件缺陷管理和追踪等一系列功能。具有代表性的软件质量保证CASE工具和环境包括CodeArts TestPlan、CodeArts Check、SonarQube、JUnit、ClearQuest等。以CodeArts Check为例，它建立在华为30年自动化源代码静态检查技术积累与企业级应用经验的沉淀之上，为用户提供代码风格、通用质量与网络安全风险等丰富的检查功能。JUnit是一个支持Java代码测试的软件工具，辅助程序员和测试人员开展软件测试工作，提供了编写测试代码、运行测试用例、报告软件缺陷等一系列功能，是敏捷开发和DevOps开发的常用工具。

4. 项目管理的CASE工具和环境

这类CASE工具和环境主要辅助软件开发人员和项目管理人员，开展软件项目的管理工作，包括团队合作、配置管理、计划制订和跟踪等，提供开发者协同、软件版本管理、项目成本估算、项目计划制订等一系列功能。具有代表性的项目管理CASE工具和环境包括CodeArts Repo、Git、GitLab、Microsoft Project、CVS、IBM ClearCase等。以CodeArts Repo为例，它提供了基于Git的分布式代码管理和协同开发支持，包括成员管理、权限控制、代码托管、代码检查、代码审核、代码追溯、持续集成等功能。Git是一个分布式软件版本管理工具，支持代码的分布式存储和版本控制。GitHub是一个基于Git的在线代码托管服务平台，支持开源软件及私有软件项目的分布式协同开发及其代码仓库的管理，提供了分布式协同开发、缺陷和需求反馈、代码评审、问题跟踪等功能，主要为开源软件开发提供托管服务。GitLab是一个基于Git的在线代码仓库开源软件，它拥有与GitHub类似的功能，可独立部署到用户自己的服务器上，让用户自主掌握代码仓库的所有内容，提供更为安全和灵活的软件仓库管理服务。

5. 软件运维的CASE工具和环境

这类CASE工具和环境主要辅助软件自身及软件运维人员，完成软件部署、运行和维护工作，提供运行基础设施、自动化部署、状况监控、日志管理、权限管理等一系列功能。具有代表性的软件运维CASE工具和环境包括Docker、微服务运行平台Kubernetes（K8S）、Nagios等。以CodeArts Pipeline为例，它提供可视化、可定制的持续交付流水线服务，可缩短交付周期和提高交付质量。Docker是一款支撑应用运行的容器引擎，支持用户方便地创建、部署和运行轻量级的软件包，每个软件包包含软件运行所需的所有内容，如可执行代码、运行时环境、系统工具、系统库和各种参数设置，并可对它们进行版本管理、复制、分享和修改，有效支持软件系统的持续部署和交付。

随着群体化软件开发、软件众包、DevOps方法等新颖软件开发技术的兴起以及在众多软件开发中的成功应用，CASE工具和环境需将分布在不同地域、松散组织的软件开发人员通过某种方式（如社区模式）组织在一起，支持他们之间的交互和协作，促进多样化、差异化软件制品的管理，增强持续集成、交付和部署的能力。近年来CASE工具和环境出现了一些新的变化和趋势，具体表现在以下几个方面。

（1）基于互联网的在线服务。以往大多数CASE工具和环境需要安装在开发者的终端上，或者采用客户端/服务器（Client/Server,C/S）的分布式模式为一组开发者提供服务。当前随着开源软件项目的兴起以及越来越多的开发者在互联网上开展软件开发工作，更多的CASE工具和环境部署在互联网平台上，并为分布在全球各地的开发者提供软件的在线开发和运维服务，典型例子有CodeArts、GitHub、SonarQube等。

（2）基于大数据的智能化服务。随着软件规模和复杂性的增加，以及用户对软件质量和交付要求的不断提升，CASE工具和环境在软件开发、运行和维护过程中发挥着越来越大的作用。软件工程大数据的出现，使得CASE工具和环境可充分借助大数据的分析和挖掘功能为软件开发工作，以及软件自身的运维提供更为智能化的服务，如代码自动生成、代码片段推荐、软件缺陷的智能化分析和修复、潜在软件开发人员的推荐、自动化测试等。典型例子有Copilot、Cursor等。

（3）基于共享的集成化服务。在辅助软件开发、运行和维护的过程中，不同CASE工具和环境间的数据共享变得极为重要，这是确保CASE工具和环境提供智能化、持续和快速服务的前提。例如，DevOps方法依赖于一系列的CASE工具和环境，它们涵盖了开发、测试、集成、交付、监控等多个方面。这些工具间需持续性交换软件开发、运行和维护的相关数据，如代码、缺陷、修复、错误、日志等，从而为DevOps方法的应用提供集成化、一体化、持续性的支持。典型例子有Jenkins等。

2.5　软件工程发展

早期的软件开发手段非常原始和落后，聚焦于编程，既没有方法指导，也没有工具辅助，开发者不得不依靠个人的技能和经验、采用手工作坊式的模式来编写代码、调试程序和修改错误。自1968年软件工程这一概念提出以来，这种状况不断得到改善。软件工程领域的研究与实践人员基于大量的软件开发实践，不断加强对软件复杂性特点及软件开发面临的挑战的认识，总结和积累软件开发经验，通过多学科交叉，借助信息化技术，不断创新软件开发的思想和理念，为软件开发、运行和维护提供系统的、规范的、可量化的新方法。

2.5.1　软件工程发展历程

在过去几十年，软件工程的发展经历了多个不同的阶段。每个阶段都有其特定的时代特点、具体关注的问题和具有代表性的发展成果。

1. 20世纪60年代

这一时期的软件需求量较少，软件系统相对简单，主要面向军事、航空航天等领域，提供科学计算、实时控制等功能。由于缺乏对软件的深入理解，程序员经常采用硬件工程的方法来指导软件开发。他们需要理解计算机硬件与软件间的关系，通过某些程序设计技巧来"精雕细琢"程序代码，以充分利用宝贵的计算资源、提升软件性能。由于缺乏工具的辅助，程序员需要预先在大脑里模拟运行所编写的程序，以发现程序中的缺陷和问题。这一时期还出现了"黑客"文化，倡导自由，用软件创作来克服计算机系统的能力和性能限制，开发出非常出色的软件系统，对后续的自由软件和开源软件实践产生了重要影响。

这一时期也有非常成功的软件开发实践，如IBM OS/360的成功研制并投入商业使用。IBM OS/360探索应用工程化的方法来指导软件的开发和管理，为后续软件工程方法的研究和实践积累了宝贵经验。此外，NASA阿波罗载人航天飞船及地面控制的软件系统的研制也取得了成功。这一时期还出现了高级程序设计语言（如Fortran、COBOL、Lisp、ALGOL等），在一定程度上降低了软件开发门槛，提高了软件开发效率。总体而言，这一时期的软件开发手段落后，开发效率低，质量无法保证，进而引发了软件危机，由此产生了软件工程。

2. 20世纪70年代

这一时期计算机的计算功能得到了很大提升，强大的操作系统（如IBM OS/360）使得主机具备分时、多终端处理的能力。计算机软件朝着商业应用发展，需要处理繁杂的事务流程。高级程序设计语言的出现使得程序员可在更高的抽象层次进行程序设计，提高了人们表达客观世界问题及其解决方法的层次，进而衍生出有关程序设计和软件设计的诸多问题。Dijkstra的"goto语句"问题大讨论推动了有关软件质量和设计技术的研究与实践。这一时期主要取得了以下进展和成果。

- 程序设计语言和程序设计方法学成为研究热点，出现了如Pascal、C、Prolog、ML等高级程序设计语言。
- 提出了瀑布模型，明确了软件开发的具体步骤和活动。
- 在结构化程序设计及其语言的基础上，出现了结构化需求分析、结构化软件设计等技术，形成了系统化的结构化开发方法（Structured Development Methodology）。
- 形式化方法（Formal Method）的研究非常活跃，通过数学证明的方式检验程序正确性，采用演算方法来生成程序代码，极大地推动了软件自动化开发技术的研究与实践。
- 研制了一些支持结构化软件开发方法、形式化方法的CASE工具和环境。

3. 20世纪80年代

这一时期个人计算机出现，计算机软件的应用领域和范围不断扩大，软件开发的数量、软件系统的规模和复杂性不断增长，对软件开发的生产率和质量提出了更高的要求。在20世纪70年代结构化软件开发方法、瀑布模型等成果的基础上，20世纪80年代软件工程的研究与实践一方面拓展新的技术方向，典型成果就是面向对象程序设计技术，另一方面在工程化方面更加深入，关注过程和技术的标准化，典型成果就是软件能力成熟度模型（Software Capability Maturity Model，SW-CMM）。概括而言，这一时期主要取得了以下进展和成果。

- 面向对象程序设计（Object-Oriented Programming，OOP）技术出现并逐步流行，出现了诸如Smalltalk、C++等面向对象程序设计语言。
- 软件重用被视为解决软件危机的一条现实可行途径，软件重用技术的研究与实践得到高度重视，出现了基于面向对象程序设计语言的可重用类库、面向特定领域的四代程序设计语言。
- 软件工程标准化工作非常活跃，成果丰硕，如DOD-STD-2167和MIL-TD-1521B，CMU SEI提出了SW-CMM。

4. 20世纪90年代

这一时期局域计算环境开始流行，互联网软件出现，软件逐步从单一计算环境转向基于局域网的分布式计算环境，一些软件系统甚至部署在互联网上运行。以Java和C++为代表的面向对象程序设计技术趋于成熟，面向对象分析和设计方法学的研究非常活跃，逐步形成系统化的面向对象的软件工程（Object-Oriented Software Engineering，OOSE），并成为主流的软件开发方法。在面向对象技术的基础上，软构件技术得到了快速发展，萌生了软件体系结构和软件设计模式的研究与实践。概括而言，这一时期软件工程的研究和实践更为深入，主要取得了以下进展和成果。

- 软构件技术被视为可有效提高软件开发的生产率和质量，研究与实践活跃，基于软构件的软件开发方法成为主流技术之一。
- 提出了多样化的面向对象分析和设计方法，制定了面向对象建模语言规范UML，产生了统一软件开发过程（Rational Unified Process，RUP），形成了系统化的面向对象软件开发方法。
- 在大量面向对象软件开发实践的基础上，人们通过总结成功的经验，提出了软件设计模式的概念和思想，关注软件体系结构的研究及设计技术，并将其应用于软件开发实践。
- 开源软件及技术的出现，产生了Linux等重要的开源软件，逐步在业界产生影响力。
- SW-CMM趋于成熟和形成系列化，包括个人软件过程（Personal Sofaware Process，PSP）、能力成熟度模型集成（Capability Maturity Model Integration，CMMI）等，广泛应用于软件

产业界，对于提高软件开发团队的过程能力发挥了重要作用。

- 人机交互技术取得了长足的进步，具有代表性的成果是基于窗口的用户界面技术及其在Windows操作系统中的应用。

5. 2000～2020年

这一时期互联网技术日益成熟，信息技术快速发展，软件数量不断增长，越来越多的软件部署在互联网上运行并提供服务。软件需为客户或用户创造更多的价值，对软件的快速交付提出了更高的要求。软件连接和管控各类物理系统，对软件系统的可信性、自主性、适应性等提出了新的要求，从而产生了一些新的研究方向，如自适应软件工程、自主软件工程、可信软件技术等。软件开发活动越来越多地在互联网上开展，群体化开发方法在开源软件开发实践中得到广泛应用。2000～2020年，软件工程以互联网和信息技术为核心，呈现多样化的发展趋势，主要取得了以下进展和成果。

- 面向服务的软件工程（Service-Oriented Software Engineering，SOSE）的研究与实践，通过服务来实现异构系统的互操作、无缝集成多方服务、实现更大粒度的软件重用。
- 敏捷开发方法的提出及其在软件开发中的应用，它代表了一种新的软件开发理念，主张积极和快速应对用户需求，及时和持续性地交付可运行的软件系统。
- 越来越多的软件运行在开放、动态、多变和难控的环境（如互联网）中，对软件系统的自主性、适应性、演化性等提出显式的要求，产生了网构软件技术、自适应软件工程、面向主体软件工程等。
- 由于软件系统与物理系统、社会系统的日益融合，关于软件可信性的内涵（从传统可靠性到安全性、私密性等）不断拓展，要求不断提升，软件可信技术的研究与实践非常活跃。
- 群体化开发方法发展迅速，广泛应用于开源软件开发、开发技术问答等实践，产生了大量高质量的开源软件，汇聚形成了软件开发大数据和群智知识，产生了数据驱动软件工程等研究方向。
- DevOps方法在软件产业界和软件开发实践中广泛应用。它在敏捷开发方法的基础上，将关注点从开发阶段延伸到运维阶段，强调要将开发和运维两个阶段结合在一起，强化持续集成、持续交付和持续部署，突出CASE工具在应用DevOps方法时的作用。DevOps方法在互联网软件等应用开发中发挥了重要作用。

6. 2020年之后

近年来，软件工程多学科交叉研究与实践趋势明显，开源软件在业界的影响力不断提高，基于软件工程大数据的智能化软件开发研究非常活跃。2022年11月，OpenAI公司推出了ChatGPT，2023年，微软公司推出了增强的Copilot软件，极大地推动了软件的智能化开发，低代码和无代码开发成为重要的趋势，软件工程步入到智能化和大模型时代。

尽管过去几十年软件工程取得了长足的进步，提出了许多行之有效的软件工程方法学、开发过程、技术标准、CASE工具和环境等，并在软件开发实践中发挥了重要作用，带动了软件产业的快速发展，但是软件危机仍然存在，软件工程对复杂软件系统的认识仍然非常有限，许多软件工程方法建立在实践基础之上，缺乏理论指导。在人们不断提出各种软件工程方法的同时，应用软件开发数量、软件规模和复杂性也在不断增长，人们对软件系统的期望和要求越来越高，从而出现"水涨船高"的现象，软件工程的发展总是滞后于各类开发问题和挑战，在面向各种新出现的软件应用、软件形态、软件复杂性等方面仍面临着诸多严峻的挑战。

软件工程是一门由实践驱动的学科。不同于其他的学科，软件工程提出的诸多过程、方法学和工具来自实践并服务于实践，它们通常没有严格的理论基础，也缺乏严谨的数学推理。例如，群体化开发方法尽管在开源软件开发、软件众包等方面取得了成功，但是对于这一方法背后的基础理论，人们仍然认识得非常有限，因而许多软件工程过程和方法学采用的是一种实践先行、摸着石头过河的研究策略。尽管当前开源软件数量非常庞大，但是相比较而言，真正获得成功的开源软件的数量或比例并不多。虽然群体化开发方法可有效支撑开源软件实践和软件众包，但是目前该方面的研究和实践大多是摸着石头过河，对这一技术背后的群智开发机理和规律性缺乏深入的认识，一些研究基于实证数据分析来探索和发现群体化软件开发的规律性，但是其分析结论常常是表面性和事后性的，针对特定的开源社区和开发者群体，不具有普遍性、一般性和基础性。

弗雷德里克·布鲁克斯（Frederick P.Brooks.Jr）在《人月神话》中预言"软件开发没有银弹"，这一论述在过去几十年的软件开发研究和实践中得到了验证，也获得了软件工程实践者和研究者的广泛认可。尽管有学者宣称某些软件工程方法有可能成为"银弹"，但实践结果表明似乎很难找到一种方法可以系统性地解决软件工程问题，这也充分说明了软件开发的复杂性和艰巨性。

2.5.2 软件工程发展特点

软件工程在过去的几十年中取得了长足的进步，带动了软件产业的快速发展，并成为一个极具潜力的新兴学科方向。在这些多样、繁杂和无序的发展背后，我们可以发现软件工程发展的若干规律和特点，洞察软件工程在软件抽象、软件重用、开发理念等方面的进步，展望软件工程发展的趋势和方向。

1. 软件工程发展的时代特点

在软件工程的发展历程中，几乎每隔十年就有一个较大的飞跃，体现出非常鲜明的时代特点。在每个时代，软件工程的发展不仅与那个时代的软件需求及软件复杂性息息相关，也与那个时代的计算技术和信息技术的发展有着紧密的联系。

- 20世纪60年代到20世纪80年代中后期，软件主要服务于军事和商业应用，提供科学和工程计算、商业事务处理、设备和系统控制等功能，部署和运行在单机或主机上，此时的软件工程主要关注软件系统的结构复杂性问题，取得了以形式化方法、结构化软件开发方法等为代表的诸多成果。

- 20世纪80年代中后期到20世纪90年代，随着个人计算机和局域网的出现，软件主要服务于个人计算和网络计算，越来越多的软件部署和运行在局域网的环境中，通过分布式软构件间的交互和协同来解决问题，此时软件工程主要关注软件的交互复杂性问题，取得了以面向对象的软件开发方法、软构件技术、服务技术等为代表的诸多成果。

- 进入21世纪，随着互联网软件的普及，更多的软件系统部署和运行在动态、难控和不确定的互联网环境中，大众可以依托互联网进行软件开发，此时软件工程主要关注软件与环境的持续交互、快速反应、灵活适应、自主决策和运行、快速交付等问题，取得了以群体化开发方法、自适应软件工程、面向主体软件工程、网构软件技术、敏捷开发方法等为代表的诸多成果。

- 2010年以来，随着泛在计算环境和移动互联网软件的普及，信息系统的人机物融合特征日益突出，开源社区中积累了大量的软件工程大数据，以机器学习为代表的人工智能技术得到快速发展，它们为软件工程的研究与实践提供了新的途径。此时软件工程主要关注软件的社会技术复杂性问题，取得了以高可信软件工程、数据驱动软件工程、智能化软件工程、DevOps方法等为代表的诸多成果。

2. 软件工程技术进步的特点

软件工程几十年的发展还反映在有关软件抽象、软件重用等方面的技术的进步，以更好地应对不同时期的软件复杂性，提高软件开发的效率和质量。这些技术的进步体现在不同时期软件工程提出的各种开发过程、方法学、CASE工具和环境之中。

（1）软件抽象的层次越来越高

软件工程产生之前的软件开发停留在代码层面，关注代码编写问题，采用二进制代码或汇编语言进行编程，软件开发的抽象接近于机器语言，层次非常低。"软件工程"概念的提出使得人们开始关注软件需求、软件设计、软件代码等不同层次的软件抽象，并寻找有效的方法来构建不同抽象层次的软件模型。20世纪70年代，随着结构化软件开发方法学的出现，人们采用数据流及其处理方法来抽象软件功能性需求、函数及其调用等模块化抽象来实现软件。20世纪80年代，面向对象软件工程提出了以对象为核心的元模型来统一认识应用系统及其软件系统。对象封装了属性和方法，对象间采用消息传递进行交互，这一抽象思想既可以对现实世界中的业务应用进行自然建模，也可以对计算机世界的软件系统进行抽象建模，并且支持从业务模型到软件模型的自然过渡。基于对象等概念的软件抽象模型显然比数据流、函数、调用等抽象模型的层次高，更加接近应用领域中的业务流程，有助于实现软件开发的问题域（即应用及需求）和解域（即软件设计和实现）的自然建模。到了21世纪，人们提出了面向服务的软件工程、网构软件技术、面向主体软件工程等，从服务、网构、主体、角色、组织等相关的概念来认识应用系统及其软件系统，与面向对象抽象模型不同的是，基于这些概念的抽象模型不仅封装了属性和行为，还封装了有关决策、适应、访问等要素，能够更加有效地应对环境的开放性和动态性，增强软件系统的自主性、适应性和灵活性，更为自然地刻画系统与环境间的交互，表示现实应用和软件系统中实体的自主性、适应性、交互性等复杂特征。

（2）软件重用的粒度越来越大

软件重用是软件工程的一项基本原则，也是提高软件开发效率和质量的有效手段。20世纪70年代，软件重用建立在结构化软件设计和结构化程序设计的基础之上，软件重用的对象主要表现为细粒度的函数和过程，每个函数和过程实现了相对独立和单一的功能。20世纪80年代，随着面向对象软件开发方法学的提出及应用，软件重用的对象表现为对象类。类是若干基本属性和一组相关方法的封装。与函数和过程相比，类的模块化程度更高，粒度更大，可重用性更好。20世纪90年代，人们提出了软构件技术，用软构件来封装和实现一组对象类，从而提供粒度更大的功能。进入21世纪，人们提出用服务（或微服务）、软件主体、网构软件等作为软件系统的构成单元以及软件重用的基本对象。它们不仅提供了更大粒度的功能，而且封装了诸如行为决策、自适应调整、自我优化等一系列的基础功能和服务。容器技术的出现使得软件开发人员可以将程序代码及其运行环境和配置封装为镜像，并将此作为更大粒度的重用对象。近年来，开源软件的成功实践使得业界产生了海量和高质量的开源软件，许多开源软件为特定问题的解决（如数据库管理、视频通信、图像识别等）提供了完整的功能和服务，因而集成开源软件可以实现更大粒度的软件重用。

（3）软件开发的智能化程度越来越高

软件工程的本质是要提高软件开发的效率和质量。自软件工程产生以来，它就尝试通过各种方法和手段来促进自动化和智能化的软件开发。早在20世纪70年代，软件工程领域的专家借助形式化技术来推动软件的自动化开发，如代码生成、程序验证等。这些技术需要借助计算机逻辑、进程代数等数学工具，导致开发成本高，掌握的难度大，因而未能在软件开发实践中大规模地应用。近十年来，随着软件工程大数据的不断积累以及以机器学习为代表的人工智能技术快速发展，软件开发的智能化逐步走向成熟。基于软件工程大数据、借助于机器学习和数据挖掘等技术手段，诸多CASE工具和环境（如Copilot、Cursor等）可以帮助软件开发者完成诸多软件开发工作，包括自动化软件测试、软件缺陷的发现和定位、代码生成和推荐、代码摘要的自动生成、软件需求生成等。

3. 软件开发理念的变化

软件工程的发展还反映在不同时期对软件系统及其开发认识上的差异，以及由此产生的软件开发理念变化。这些开发理念蕴含在不同时期提出的软件开发过程和方法中。

（1）以文档为中心与以代码为中心

在软件工程提出的早期，人们认为需要将软件需求定义清楚，才能进行后续的软件设计和实现工作。这一思想在瀑布模型中得到了很好的体现。但是在具体的软件开发实践中，人们发现要一次性地将软件需求定义清楚存在困难。对软件这一复杂的逻辑产品而言，获取和导出软件需求将是一个渐进和长期的过程。基于这一认识，人们提出了原型开发方法、迭代开发过程模型、螺旋模型、RUP等。

这些软件开发方法和过程模型都认为，软件开发过程中要形成各类软件文档，如软件需求规格说明书、软件设计规格说明书等，通过软件文档来开展交流、指导软件构造和实现，进而形成了以文档为中心的软件开发理念。

20世纪90年代，随着软件规模的增大，软件需求变化日益频繁，用户交付要求不断提高，以文档为中心思想的有效性受到了人们的质疑。人们发现软件文档成了累赘，影响了软件开发进度，减缓了对软件需求变化的响应速度。一旦需求发生变化，软件开发人员不得不将精力放在软件文档的修改方面，忽视了对程序代码的修改，导致无法及时给用户提交可运行的软件系统。在此背景下，敏捷开发方法应运而生，它强调要积极应对变化、将开发精力放在编程上、快速交付软件系统，从而形成了以代码为中心的软件开发理念。

早期的敏捷开发方法主要关注软件开发阶段的工作。近十年来，人们发现软件需求的变化会极大地增加代码集成、交付和运维的工作量。为了实现持续集成、交付和部署，加强软件开发人员和运维者之间的交流和合作，需要实现软件开发和运维一体化，进而产生了DevOps方法。本质上，DevOps方法的核心理念是敏捷开发方法同时应用于软件开发和运维，并加强这两个阶段的集成。

（2）从个体、团队到群体的开发组织

在软件工程产生之前，软件开发被视为一项个体的作坊式工作。"软件工程"概念提出之后，人们认为软件开发是一项集体性的行为，将软件开发人员组织为封闭的项目团队，通过团队成员间的交流与合作来共同完成软件开发任务。基于这一开发模式产生的软件代码通常受控于某些软件开发组织，不允许被他人复制、传播和修改，即表现为闭源软件。进入21世纪，互联网技术的发展使得软件开发人员可以在互联网平台上开发软件。人们认识到软件开发需要充分利用外力、借助群体的智慧和力量，允许开发团队之外的人力加入到软件开发过程之中，并做出贡献。软件开发变为一种群体性的开放行为，进而产生了群体化开发方法。

（3）方法的相悖性

由于不同时期软件开发思想和理念存在差异，因此软件工程的许多过程和方法学等在如何认识软件系统、如何开发软件系统等问题上的认识及采用的手段方面可能是相悖的。但是这一状况并不影响软件工程方法的应用，因为不同时期的软件有不同的复杂性、不同的方法有各自适用的领域和范围。例如，以文档为中心的过程模型和方法学（如瀑布模型和CMM等）适合于那些需求可明确定义、过程质量需严格掌控的软件系统，如军事应用软件、航空航天软件、机器人控制软件等；以代码为中心的方法（如敏捷开发方法、DevOps方法）适用于那些需求难以确定、交付要求频繁的软件系统，如互联网软件等；基于团队的开发模式适用于闭源软件，群体化开发方法适用于开源软件。

总之，在学习和运用软件工程的过程中，需要采用辩证的思想、发展的思维、具体问题具体分析的手段，理解各项过程、方法学和工具的产生背景和存在价值，寻求针对特定软件开发的最佳软件工程实践。

2.6 软件工程教育

教育的目的是培养人才。软件工程教育（Software Engineering Education）基于软件工程学科的独立知识体系，担负着培养软件工程专业人才的重任，受到软件工程学术界、产业界和教育界的高度关注。高素质的软件人才是成功开发高质量软件产品、推动软件产业发展、促进软件工程技术进步的基础和前提。随着计算机软件对人类社会的影响面日益扩大，各个行业和领域（如航空、航天、军事、医学、制造等）对软件的依赖性越来越高，软件系统自身规模和复杂性的不断增长，社会对软件工程专业人才的数量、知识、技能和素质等提出了更高的要求。如何培养高水平的软件工程专业人才成为全社会（不仅是软件产业，还包括其他的行业）关心的问题。

2.6.1 软件工程师及其类别

根据IEEE给出的定义，软件工程涉及两方面的工作。一方面是借助软件工程方法来开展软件开发、运行和维护；另一方面是开展软件工程方法的研究，以支持前一方面的工作。因此，软件工程从业人员大致可分为两类。一类是软件工程师，他们是软件工程的实践者，负责软件开发、运行和运维工作；另一类是软件工程研究者，其职责和使命是研究软件工程本身，为软件工程师开展软件开发和运维实践提供行之有效的方法。软件工程教育需要面向这两类人才培养，为各行各业输送多样化、高素质的软件工程专业人才。

软件工程师（Software Engineer）是指参与软件开发、运维和管理工作并为此做出贡献的一类人员。软件开发是一项集体性、智力密集型的工作，需要众多软件工程师的共同努力，他们在软件开发过程中承担着多样化任务，扮演着不同角色，需要不同的知识、技能和素质。软件工程师分类如下。

- 软件分析与设计工程师。他们负责与软件的实际或潜在用户/客户交互，构思、导出和获取软件需求，需要掌握软件所在领域的相关知识，如航空领域的飞行控制、医疗领域的医疗知识、金融领域的国际对账，对软件需求建模和分析的方法具备交流与沟通、团队合作、需求冲突消解、写作与表达等多方面的综合能力和素质。
- 软件设计工程师。他们需在理解软件需求的基础上，完成不同层次和方面的软件设计工作，包括架构设计、数据设计、用户界面设计、详细设计等。因此这类软件工程师还可以细分为软件架构师、用户界面设计工程师、数据库设计师等。它们需要掌握软件架构、运行平台、软件设计与建模、设计质量保证等方面的知识，具备开展软件设计的多方面能力和素质，包括团队合作、交流与沟通、写作与表达、权衡和折中等。
- 程序员。他们负责编写代码，需要掌握程序设计方法、程序设计语言、软件测试等方面的知识，具备编写高质量代码、程序单元测试、程序调试、缺陷定位和纠错、团队合作等方面的能力和素质。
- 软件测试工程师。他们负责完成各类软件测试工作，包括集成测试、确认测试、压力测试、性能测试等，需要掌握软件测试技术、软件测试工具等方面的知识，具备设计测试用例、运行测试程序、分析测试结果、撰写测试报告、团队合作、交流与沟通、写作与表达等方面的能力和素质。
- 软件运维工程师。他们负责软件系统的运行和维护工作，需要掌握软件开发、部署、运行、维护等多方面的知识，具备系统配置、逆向工程、代码理解和分析、软件设计、编写代码、使用工具、团队合作等方面的能力和素质。

- 软件项目管理人员。他们负责软件项目管理工作，包括任务安排、人员组织、计划制订、风险分析、质量保证、配置管理、过程改进等。因此，软件项目管理人员有多种角色，如软件项目经理、软件质量保证人员、软件配置人员等。他们需要掌握软件工程、软件项目管理等方面的知识，具备任务和冲突协调、风险分析和消解、软件质量保证、软件配置管理、交流与沟通、团队协作等方面的能力和素质。

总之，软件工程师不仅需要掌握软件工程专业知识和技能，还需要掌握与所开发软件相关的行业和领域知识。除此之外，软件工程师还需要具备良好的沟通、交流、协调、表达和组织等能力，以更好地参与软件项目开发，以及具备创新能力、系统能力和解决复杂工程问题能力，以开发出有价值、高质量、可持续演化的软件系统。

2.6.2 软件工程师的职业道德

在软件定义的时代，软件对人类社会和现实世界的渗透力越来越强，影响面越来越广，受其辐射和影响的人群、行业和领域越来越多。在此背景下，软件与社会、经济、生活、安全、国防、产业等紧密地联系在一起，越来越多的人借助软件融入软件定义的虚拟世界（如使用微信来开展社交、借助电子银行管理资金等），软件所产生和处理的数据（如用户身份信息、客户信息、银行账号、人员指纹和面部等生物特征信息）涉及个人隐私和机构秘密，数据的价值越来越高，数据保护变得日益重要，由此产生了一系列与软件相关的新问题，如伦理、道德、可信性、隐私保护、安全性等，从而对软件工程从业人员的社会责任、职业道德、软件伦理等提出了更高的要求。

社会需要建立起针对窃取私密数据、软件留有后门、攻击软件系统等方面的伦理准则和法律体系，加强宣传以获得国家、社会、行业、公众等的足够重视，提供必要和有效的技术和监管手段，及时发现软件开发活动和软件产品中潜在的软件伦理问题。软件工程从业人员须接受软件伦理方面的教育，以规范和约束他们的行为，确保他们遵守和履行相关的法律、道德和伦理规范。

上述问题引起了业界的高度重视，IEEE和国际计算机学会（Association for Computing Machinery，ACM）联合成立了"软件工程道德和职业实践"（Software Engineering Ethics and Proffessional Practices，SEEPP）工作组，颁布了《软件工程师职业道德规范》，提出了软件工程从业人员需遵守的8条职业道德和行为准则。

- 应与公众利益保持一致。
- 在保持与公众利益相一致的前提下，应满足客户和雇主的最大利益。
- 应保证所开发的产品及其附加要求达到尽可能高的行业标准。
- 应具有独立、公正的职业判断。
- 所采用的软件开发和管理方法应符合道德标准。
- 应弘扬职业正义感和荣誉感，尊重社会公众利益。
- 应平等对待和帮助同行。
- 应终身学习专业知识，倡导符合职业道德的工作方式。

因此，软件工程师的行为需要遵循约束并得到有效的监管，以确保其遵守和履行法律、道德和伦理规范。近年来，软件工程师不遵循职业道德，甚至违反法律的事件频发。例如，某程序员承接了一个外包软件，该软件被用于赌博；软件工程师编写了一个爬虫软件，该软件被用于抓取用户简历，涉嫌非法侵犯个人隐私等。

在实际的软件开发过程中，软件工程师会经常实施一些违背职业道德的行为，如不正当地使用他人的代码，私自获取、滥用和泄露用户的数据，暴力破解用户的密码，私自在开发的软件系统中留有后门等。这些行为不仅会给用户带来损失，而且软件工程师也会因此触犯法律。例如，某软件工程师在离职后因公司未能如期结清工资，便利用其在所设计的网站中安插的后门文件将网站源代码全部删除，结果该软件工程师因破坏计算机信息系统获刑五年。另一个案例是，深圳市某金融机构委托一家公司开发一个银行理财产品的软件，某个软件工程师负责该软件的研发。在研发过程中，该软件工程师在未告知公司和金融机构的情况下私自在程序中加入了一个后门程序，以备在今后自己没有工作的情况下通过该程序进入理财产品程序，将该金融机构的客户的钱转到自己的账户中，并采用技术手段非法获取了70多名客户的资料、密码，非法查询了多名客户的账户余额，同时将23名客户的账户资金在不同的客户账户上相互转入转出，最终该软件工程师由于其行为触犯刑法而受到了法律的制裁。

2.7 本章小结和思维导图

本章围绕"软件工程"这一核心概念，分析了软件工程产生的背景和原因，阐述了软件危机的表现及根源，介绍了软件工程的概念和目标，分析了软件工程解决软件危机的思想、原则和手段，系统概述了软件工程的发展历程以及不同发展阶段的主要成果，分析了几十年来软件工程发展的特点，最后聚焦于软件工程教育，介绍了软件工程师及其类别，讨论了软件工程师需要具备的知识、能力和素质，尤其是要遵循的职业道德和社会伦理。概括而言，本章知识结构的思维导图如图2.7所示。

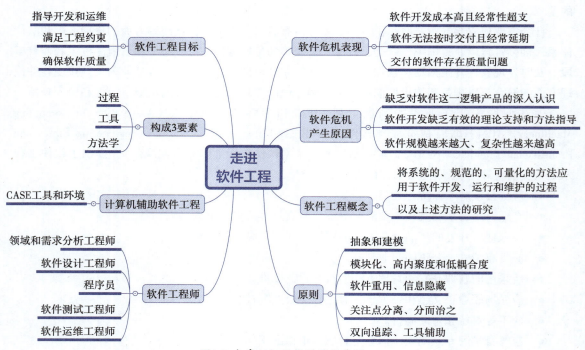

图2.7 本章知识结构的思维导图

- 软件危机是促使软件工程产生的主要因素，也是推动软件工程发展的主要驱动力。软件危机主要表现为软件开发成本高、效率低、质量难以保证等。导致软件危机的原因是多方面的，包括软件开发缺乏有效的理论支持和方法指导、软件规模越来越大、软件复杂性越来越高、人们缺乏对软件这一逻辑产品的深入认识。
- 软件工程概念包含两方面的内涵：一是将系统的、规范的、可量化的方法应用于软件开发、运行和维护，二是针对软件工程方法的研究。软件工程产业界更多关注前者，学术界则主要关注后者。然而，这两项内容不可分割，因此软件工程的研究和实践需要加强产业界和学术界的合作。

- 软件工程的目标是指导开发和运维、满足工程约束和确保软件质量。在长期的研究和实践中，软件工程形成了一系列行之有效的原则，以达成其目标，如抽象、建模、模块化、软件重用、信息隐藏、关注点分离、分而治之、双向追踪、工具辅助等。这些原则不同程度地反映在软件工程的各项过程和方法学之中。

- 软件工程的3要素包括过程、方法学和工具。过程是指软件开发和运维的步骤和活动以及相应的管理举措，方法学提供了系统化和规范化的技术手段来指导软件开发和运维，工具则为过程和方法学提供辅助和支持。

- 通过计算机软件来辅助软件开发、运行和维护是软件工程倡导的一项基本原则，也是提高开发效率和质量的有效方法。软件工程提供了诸多CASE工具和环境以帮助软件工程师完成软件开发、运行和维护工作，包括软件分析与设计、编程实现、项目管理、软件运维工具、软件质量保证工具等的CASE工具和环境。有效地利用CASE工具和环境可以极大地提高软件开发的效率和质量，降低软件开发成本。

- 在软件工程的发展历程中，几乎每隔十年就有较大的技术飞跃。在不同的发展阶段，软件工程面临着不同的需求和挑战，反映了不同时代计算技术发展带来的问题，以及软件工程对此提出的应对方法。近年来，软件工程多学科交叉研究与实践的趋势日益突出。

- 尽管软件工程取得了巨大的进度，但是由于当前我们面临的软件系统规模越来越大、复杂性和质量要求越来越高，因此软件系统的开发仍然面临成本高、进度跟不上用户或客户的要求等问题，因此软件危机依然存在。

- 软件工程是一门独立的学科，教育是软件工程学科的重要组成部分。软件工程教育目的是培养软件工程专业人才，包括领域和需求分析工程师、软件设计工程师、程序员、软件测试工程师、软件运维工程师、软件项目管理人员等。

- 软件工程师不仅需要掌握软件工程知识，还需要掌握与所开发软件相关的行业和领域知识，并需要具备良好的沟通、交流、协调、表达和组织等能力以及创新能力、系统能力和解决复杂工程问题能力。由于当前软件与人类社会存在紧密的联系，因此软件工程师必须遵循职业道德和软件伦理。

2.8　阅读推荐

- 卡珀斯·琼斯（Capers Jones）.软件工程通史1930—2019.李建昊，傅庆冬，戴波.北京：清华大学出版社，2017.

作者从大历史观的角度追古鉴今，从大趋势、典型企业、赢家和输家、新技术、生产力/质量问题、方法、工具、语言、风险等角度，勾勒出波澜壮阔的软件工程发展史，检视软件工程发展史上的重要发明，把脉软件行业并指出企业、职业兴衰的底层原因，同时还对一些优秀的软件企业商业模式有所涉猎。该书引人入胜，是一本见微知著、令人醍醐灌顶的通史，非常适合软件工程和信息技术相关专业的学生、从业人员与有志于科技创新创业的人阅读和参考。

- 提图斯·温斯特（Titus Winters），汤姆·曼什雷克（Tom Manshreck），海勒姆·赖特（Hyrum Wright）. Google软件工程. 陈军、周代兵、邱栋译. 北京：中国电力出版社，2022年.

该书的3位作者均是Google公司的软件工程师，担任Google公司的代码库、软件开发技术支持和CASE工具研发等工作，具有非常丰富的软件工程实践经验。该书强调了编程和软件工程的区别，深入介绍了Google公司独特的软件工程文化和实践，阐述了Google公司做软件工程的方式，讲述了软件开发实践中需要考虑的各种因素及其权衡，以确保代码健康和可持续发展。

2.9　知识测验

2-1　软件开发和编写代码这两项工作有何本质性的区别？

2-2　软件危机的主要表现是什么？为什么会产生软件危机？

2-3　当前软件危机是否已经解除？为什么？

2-4　在《人月神话》一书中，布鲁克斯认为"软件工程领域没有可应对软件危机的银弹"。请结合你对软件工程的认识，解析这一论断的含义。

2-5　软件工程中"工程"的含义是什么？它反映了软件工程具有什么样的基本理念和思想？

2-6　软件工程要为软件开发和运维提供系统的、规范的、可量化的方法，"系统的""规范的""可量化的"有何含义？

2-7　软件工程3要素间存在怎样的关系？

2-8　软件工程目标与一般工程目标有何共性和差异性？

2-9　结合面向对象程序设计，说明它体现了哪些软件工程基本原则，并举例加以说明。

2-10　何为计算机辅助软件工程？为什么要借助计算机软件来辅助软件开发和运维？

2-11　列举几个你使用过的CASE工具和环境，说明它们可辅助哪些软件开发活动，并分析这些CASE工具和环境对提高开发效率和质量起到什么作用。

2-12　软件工程师的类别有哪些？他们在软件开发中的职责有何差异性？

2-13　软件工程师需要遵循哪些方面的职业道德？为什么软件工程师需要遵循社会伦理？

2-14　熟悉ChatGPT、Deepseek、Copilot和Cursor等工具，分析它们能够对软件开发提供哪些方面的支持，讨论它们生成结果的质量和水平，尝试在具体的软件开发实践中运用这些工具。

2.10　工程实训

本章的实训任务需要完成头歌平台上相关章节的闯关实训，了解和初步掌握华为公司为软件开发和运维提供的CASE工具和服务。

- 请访问华为云，搜寻其云产品"开发与运维"，了解和学习CodeArts提供的各个CASE工具和服务，尝试在软件开发实践中运用这些工具和服务。
- 访问头歌实践教学平台"国防科技大学课程社区"→"软件工程学习社区"→软件工程课程实训，完成"软件工程概述"中的实训任务。

2.11　综合实践

1. 综合实践一

- 任务：获取开源软件代码，安装和运行开源软件系统。
- 方法：针对所选的开源软件（如MiNotes开源软件），到开源软件托管平台下载开源软件代码,并通过相关的开发平台(如Android Studio)对该软件进行编译,生成可运行的安装包,部署在实际的计算环境(如Android智能手机)中运行。

- 要求:获取软件的开源代码,编译和运行软件系统。
- 结果:(1)下载软件的开源代码;(2)可运行的软件系统。

2. 综合实践二

- 任务:调查研究相关行业和领域问题的软件解决现状。
- 方法:针对所选择的行业和领域(如高铁服务、旅游出行、老人看护、防火救灾、医疗服务、婴儿照看、病虫害防护、机器人应用等),结合你关注的行业和领域问题(如买票难、改签不易等)开展系统和深入的调查研究,分析当前有哪些软件可以用于解决这些行业和领域问题,它们做到了什么程度,还存在哪些方面的不足和局限。
- 要求:调研要充分和深入,分析要有证据和说服力。
- 结果:行业和领域软件的调研分析报告,说明哪些行业和领域需要软件介入来解决相关问题。

第3章
软件开发过程与方法

软件工程的首要任务是为软件系统的开发提供过程支持，告诉软件工程师应按照什么样的步骤、遵循怎样的理念和原则来开展软件开发工作。在软件工程的发展历程中，人们提出了诸多软件开发过程模型和方法，如瀑布模型、敏捷软件开发方法等。每种过程和方法的产生有其特定的历史背景，适合不同的软件系统开发。本章聚焦于软件开发过程与方法，阐述软件开发过程的概念和思想，介绍重型开发方法和敏捷开发方法，讨论软件开发方法的选择和应用。

3.1 问题引入

根据软件工程的理念和思想，软件开发不仅仅是编写程序，还要完成一系列相关的工作，如需求分析、软件设计、质量保证、部署运行等。对规模较大、较为复杂的软件系统而言，这些工作是必需的，也是编写出高质量代码的前提。

软件工程强调软件开发要遵循规范化的过程，要分步骤、有序、循序渐进地开展软件开发工作，每一个步骤都有明确的任务、目标和输出，不同步骤之间有严格的次序，从而确保整个软件开发工作的有序开展。基于这一思想，软件工程提出了诸多软件开发过程模型和方法用于指导软件开发。每一种过程模型和方法对软件开发都有独特的理解和认识，有不同的过程和步骤，如重型开发方法、敏捷开发方法等，因而适用于不同的软件系统开发。为此，我们需要思考以下问题。

- 何为软件开发过程？当前有哪些软件开发过程？
- 为什么会产生敏捷开发方法？
- 重型软件开发方法和敏捷开发方法的思想和理念有何本质区别？
- 如何根据应用的特点、开发团队的具体情况来选择合适的软件开发过程模型和方法？

3.2 何为软件开发过程

微课视频

在日常生活、学习和工作中，人们通常遵循特定的过程和步骤来开展工作和完成任务。例如，当人们要建造一座大楼时，首先要明确大楼的用途和需求，然后交给设计院进行设计；设计方案评审通过后，再交由施工队按照设计图纸进行施工；最后对所建成的大楼进行验收，验收通过后这项任务才算顺利完成。

软件开发也一样，也要遵循相关的过程和步骤。软件开发过程定义了软件开发和维护的一组有序活动集合（见图3.1），它为相关人员参与软件开发、完成开发任务提供了规范化的路线图。这里所说的活动是指为开发软件项目而执行的一项具有明确任务的工作。它既包括技术活动，如需求分析、软件设计、编程实现、软件测试、软件维护等，也包括管理活动，如制订计划、配置管理、质量保证、需求管理等。每一项活动都有其明确的任务、目标、输入和输出。例如，软件体系结构设计活动的输入是软件需求规格说明书，任务是开展软件体系结构设计，产生满足需求的高质量软件体系结构模型。该活动结束后将输出软件体系结构设计的文档和模型。

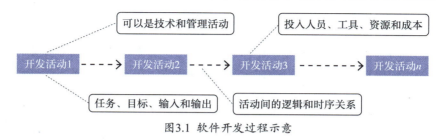

图3.1 软件开发过程示意

构成软件开发过程的活动间存在逻辑关系，活动的实施需要遵循一定的次序。假设活动A的实施需依赖于活动B的输出，那么只有等到活动B完成，输出了相应的软件制品，才能开始实施活动A。例如，在后面要介绍的瀑布模型中，软件设计活动依赖于需求分析活动的输出，即软件需求规格说明书，因此它必须等到需求分析活动完成之后才能开始实施。软件开发过程模型用于描述和定义软件开发过程，它刻画了软件开发过程中的各项活动、每项活动的具体描述（如任务、目标、输入、输出），以及活动间的逻辑和时序关系。

显然，软件开发过程的每一项活动都需要人员去完成，活动实施需投入必要的成本、资源和工具，活动的完成需要时间，结束之后会产生相应的软件制品（如文档和代码等）。因此，软件开发过程将软件项目相关的人力、成本、进度、资源、制品、工具等组织在一起，不仅软件项目的实施需要软件开发过程的指导，软件项目的管理也依赖于具体的软件开发过程，如基于软件开发过程来制订项目实施计划、跟踪计划的开展、估算软件项目的成本等。

需要说明的是，软件生命周期与软件开发过程是两个不同的概念。软件生命周期是针对软件而言的，它是指软件从提出开发开始到最终退役要经历的阶段。软件开发过程是针对软件开发而言的，它关注的是指导软件开发的相关步骤和活动。

3.3 重型软件开发方法

自20世纪60年代以来，软件工程提出了许多的软件开发过程模型，如瀑布模型、迭代模型、增量模型、螺旋模型等。这些模型都有一个共同的特点，强调软件文档的重要性，突出以文档为中心的软件开发，导致软件开发过程高度依赖文档，软件系统的任何变动都会涉及文档的修改，使得软件开发非常笨重。

3.3.1 重型软件开发方法的思想

在软件工程产生的早期，人们有一个普遍的认识，即软件开发首先要经历需求分析阶段以明确软件系统的需求，然后以此为依据进行软件设计，最后进行编程和测试工作。无论是需求分析阶段还是软件设计阶段以及软件测试阶段，软件工程师都要撰写软件文档（如软件需求规格说明书、软件设计规格说明书、软件测试报告文档等），并以它们为中心来开展软件开发工作。例如，软件需求分析活动结束之后，软件需求工程师需撰写软件需求规格说明书以详细描述软件需求；软件设计工程师基于软件需求规格说明书来了解软件的具体需求，并以此为基础进行软件设计；程序员则依赖于软件设计活动所产生的软件设计规格说明书来编写代码；到了软件维护阶段，维护人员基于软件的设计文档来理解待维护的软件，并以此来定位代码缺陷、增补软件功能。

人们将以文档为中心的软件开发过程模型所提供的开发方法统称为重型软件开发方法。这类软件开发过程模型非常多，如瀑布模型、迭代模型、增量模型、螺旋模型等。之所以称为重型软件开发方法，是因为在这些软件开发过程模型中，软件文档编写和修改的任务烦琐和笨重，导致软件工程师的开发工作非常繁重。整体而言，重型软件开发方法具有以下特点。

首先，软件开发和运维的大量工作用于撰写和评审文档，而非编写程序代码。这一工作方式导致软件开发的前期努力和工作重点全在软件文档上，用户要等到软件开发后期才可得到可运行的软件系统，使得软件开发交付滞后。如果交付完后发现软件存在问题，此时软件项目就会面临非常大的开发风险。

其次，软件需求变化是常态，一旦需求发生变化，开发人员不得不首先去修改软件需求规格说明书，然后据此来调整其他的一系列文档，如软件设计规格说明书、软件测试报告文档等，最后根据修改后的文档来修改程序代码。软件开发人员疲于撰写、修改和评审软件文档，无法将精力放在程序代码上，不能及时给用户提交可运行的软件系统，导致软件开发的应变能力差、开发效率低下、软件质量无法得到保证。导致这一状况的根本原因在于软件文档已成为影响软件快速交付、及时应对需求变化的一种负担。在整个开发过程中，开发人员不得不背负着软件文档这一沉重的软件制品，艰难前行。

最后，软件开发过程中需要花费大量的时间和精力用于软件文档的评审，以确保软件质量。由于软件开发会产生一系列的软件文档，这些文档的质量最终会影响程序代码，因此开发人员不得不投入时间和精力来评审软件文档，包括其格式、形式和内容等方面。显然，软件文档的评审是一项费时、低效和乏味的工作。由于软件文档通常用自然语言进行表述，因此要快速、准确地发现软件文档中的问题较为困难。例如，对于同一个软件需求项，软件需求规格说明书在不同的章节存在不一致的表述，这一问题很难被发现。

3.3.2 典型的重型软件开发方法

软件工程领域提出了诸多软件开发过程模型，它们都属于重型软件开发方法的范畴。不同的软件开发过程模型包含不同的软件开发技术活动和管理活动，刻画了活动间的不同次序，从而反映了对软件开发的不同理解和认识，展示了不同的软件开发理念和思想。

1. 瀑布模型

瀑布模型（Waterfall Model）将软件开发过程分为若干个步骤和活动，包括需求分析、软件设计、编程实现、软件测试和运行维护。这些步骤严格按照先后次序和逻辑关系来组织实施。需求分析活动完成之后，产生了软件需求规格说明书，才能开展软件设计，以此类推。每个步骤的末尾需要对该步骤产生的软件制品（包括文档、模型和代码等）进行评审，以发现和纠正软件制品中的问题和缺陷，防止有质量问题的软件制品进入到下一步骤。评审通过后意味着该阶段的开发任务完成，随后就可以进入下一步骤。因此，在瀑布模型中，上一步骤的输出是下一步骤的输入，下一步骤须等到上一步骤完成之后才能实施。整个软件开发过程的步骤和实施次序与软件生命周期一致。软件开发过程中的活动被组织为线性的形状，有点像瀑布，因此得名，如图3.2（a）所示。

瀑布模型非常清晰和简洁，易于理解、掌握、运用和管理，因而在早期受到广大软件开发人员的欢迎，用于指导诸多软件项目的开发和管理。该软件开发过程模型隐式包含两项基本假设。一是软件开发活动完成之后，经过各种评审或测试，不会出现问题。二是在需求分析阶段能够获得关于软件系统的完整软件需求，并以此来指导后续的软件设计、编程实现等工作，因而它适用于那些需求易于定义、不易变动的软件系统的开发。

显然，上述假设有些不切实际。对假设一而言，即使进行了全面的评审和系统的测试，软件开发活动所产生的软件制品仍然会存在各种问题和缺陷，这是由软件的逻辑性、系统的复杂性、缺陷的隐蔽性等特性决定的。在具体的项目实施中，即使开发人员水平再高，也很难产生无缺陷和无问题的软件制品。基于这一实际情况，人们对经典的瀑布模型进行改造，产生了带反馈的瀑布模型，如图3.2（b）所示。当某个开发步骤发生问题时，该过程模型允许回溯到上一步骤，对相关的问题加以解决。如果在解决问题的过程中，发现这些问题源自更为前面的步骤，那么可以再向前回溯，及至回到适当的开发步骤并解决相应的问题。

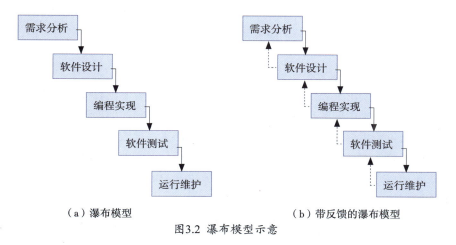

（a）瀑布模型　　　　　　　　　（b）带反馈的瀑布模型

图3.2　瀑布模型示意

后来人们对瀑布模型又做了进一步的改进，细化软件测试的活动，建立起软件开发与软件测试活动之间的对应关系，以强化基于软件测试的质量保证，从而产生了V形瀑布模型（见图3.3）。在该过程模型中，单元测试是对编程实现阶段的各个模块进行单独测试；集成测试基于软件设计的具体成果设计测试用例，并对模块之间的接口进行测试；确认测试基于软件需求分析的具体成果设计测试用例，并对软件是否满足用户的需求进行测试。

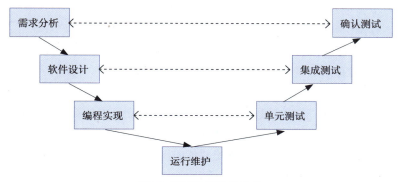

图3.3　V形瀑布模型示意

瀑布模型的假设二对软件开发而言很难成立。软件需求具有多变和易变的特性，软件需求的变化已成为常态。对复杂软件系统而言，用户和开发人员一开始甚至不清楚软件需求是什么，许多软件需求是在持续的开发和使用过程中才逐渐清晰的。例如，腾讯公司在开发微信时，许多功能在一开始是很难想到的。因此，通过需求分析给出软件系统的完整需求这一假设不现实，过于理想化。这成为瀑布模型的一大局限。

此外，瀑布模型及其各种改进模型还有一个不足。软件开发人员要等到后期阶段才能产生可运行的软件系统，此时用户才可以接触和使用可运行软件，了解软件的功能和行为，发现软件中存在的质量问题，如用户界面不友好、实现的功能与需求不一致、反应速度太慢等。显然，如果此时用户提出软件改进要求，将会对软件开发和管理带来很大的冲击，诸多软件制品需要修改，使软件项目蒙受人力、财力和时间上的损失，导致项目管理更为困难，容易引发进度延迟、成本超支、质量低下等一系列问题。正因如此，人们提出了其他的软件开发过程模型，以弥补瀑布模型的不足。

2. 原型模型

在日常生活和工作中，人们会经常构造一些系统的原型模型（Prototype Model），以便给用户直观地展示所关心的内容。例如，房地产销售企业常常在展览大厅布置房产原型沙盘，直观地展示房子的位置、布局和各种房型的户型结构。一些房子甚至还没有开始建设，开发商就构建好了相关的原型，以向顾客推介和销售房子。原型（Prototype）是指在产品开发前期所产生的产品雏形或者仿真产品。相较于实际产品，原型具有以下特点：直观地展示产品的特性，贴近业务应用，自然地反映产品的需求。

在软件开发实践中，需求分析是软件开发过程中一项极为困难的工作。难在两个方面，第一，用户很难将其需求说出来和说清楚，甚至用户并不知道或说不出具体的软件需求是什么；第二，开发人员对用户需求的理解存在偏差，即开发人员对软件需求的理解与用户实际的需求不一致。许多软件在交付给用户使用之后，这一问题才显现出来，导致不得不重新进行软件设计和实现，极大地影响了软件的正常交付。出现这一状况的原因是多方面的，既有软件自身的特点，也有软件开发思想的局限性，尤其是软件开发人员与软件用户间常常基于软件文档进行交流，缺乏一个直观的沟通媒介。

针对上述问题，人们将原型思想引入到软件工程领域，在软件开发早期（通常是需求分析阶段），根据用户的初步需求构建出软件原型（Software Prototype），并将软件原型交给用户来使用，获得用户的评价和反馈，帮助用户导出软件需求、发现开发人员与用户间的需求认知偏差，进而有效地支持软件需求分析，这一过程模型称为原型模型（见图3.4）。

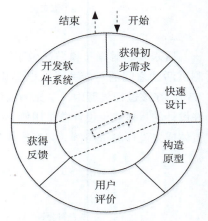

图3.4 原型模型示意

原型模型的步骤描述大致如下。首先，开发人员（通常是软件需求工程师）与用户进行初步的沟通，获得一组初始软件需求，然后借助诸如Visual Studio、Eclipse等CASE工具，采用快速设计的方式，快速开发出基于初步需求的可运行软件原型。该原型仅向用户展示他们所关心的内容，具体表现为待开发软件系统的用户界面、操作流程、交互方式等。原型无须实现具体的功能，以便软件需求工程师能够快速地构造出软件原型。其次，软件需求工程师将软件原型交给用户使用和操作，用户在使用过程中对原型提出具体的评价和改进意见，如应增加哪些需求、需修改哪些业务流程、用户界面少了某些内容等。这些评价和意见实际上反映了用户的软件需求。最后，软件需求工程师根据用户的反馈持续改进原型，再次交给用户使用、操作和评价，进一步获得用户的反馈，并以此再改进软件原型，如此反复，直到用户认可软件原型所展示的软件需求。此时，软件需求工程师大致完整和准确地获取了用户的期望和要求，随后可基于软件原型所反映的软件需求，开展软件设计、编程实现、软件测试等一系列的软件开发工作。

在应用原型模型的过程中，软件需求工程师制作的软件原型会有几种不同的用法。一种是抛弃原型模型（Throwaway Prototyping Model），通过软件原型掌握了用户需求之后，软件开发人员会抛弃掉软件原型，开展全新的软件设计和实现工作。软件原型不会成为目标软件系统的组成部分。另一种是开发型原型（Development Prototype），通过软件原型掌握用户软件需求之后，软件原型会被继续使用，开发人员在软件原型的基础上进一步开展设计和实现，直到最终形成软件产品。此类软件原型会成为最终软件产品的组成部分。

原型模型是将软件原型作为用户需求的载体，成为开发人员与用户间的交流媒介，支持用户通过对软件原型的评价和反馈，积极参与到软件项目的早期开发，帮助用户导出软件需求、发现需求理解的偏差，进而促进需求分析工作，确保软件需求质量。原型模型比较适用于那些软件需求难以导出、不易确定且持续变动的软件系统。但由于软件原型的修改和完善需要多次迭代，因此这一开发模型会给软件项目的管理带来一定的困难。

3. 增量模型

瀑布模型的不足之一在于，要等到软件开发后期才能给用户提供可运行的软件系统。此时很多用户已经急不可耐，并开始不满软件交付的速度。此外，滞后的软件交付和使用必然会导致软件缺陷和问题的滞后发现，势必会增加软件开发的成本和工作量，影响软件质量。出现这一状况的根本原因在于，获取软件需求后，瀑布模型要求一次性地实现所有的软件需求，这势必会导致软件设计和实现的工作量大，开发周期长，软件交付必然会延期。

针对这一问题，增量模型（Incremental Model）（见图3.5）对瀑布模型做了适当的改进。它不再要求软件开发人员一次性地实现所有的软件需求，而是在软件需求和总体设计确定好之后，采用增量开发的模式，渐进式地实现软件系统的所有功能，从而确保软件开发人员可以尽早地给用户提交可运行的软件系统。增量模型的另一个显著优点是允许软件开发人员平行地开发软件、实现软件系统的各个独立模块，从而提高软件开发效率，加快交付目标软件系统的进度。

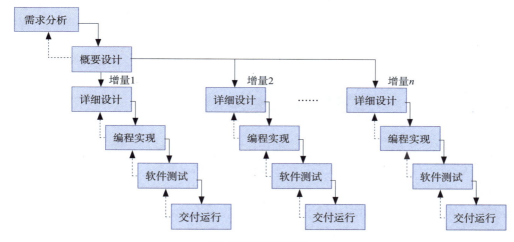

图3.5　增量模型示意

4. 迭代模型

无论是瀑布模型还是改进后的增量模型，它们都有一个共同的不足，均假定软件需求在需求分析阶段就可以完整、准确地定义清楚，并以此来指导后续的软件设计和实现。这一假设对现在的许多软件而言难以成立。在软件开发的初期想完全、准确地获得用户的需求基本是不可能的。软件需求在整个软件开发过程中会经常性地发生变化。例如，许多互联网应用的软件需求是在软件的持续使用过程中才逐步产生和形成的，一些复杂软件系统（如城市交通、医疗服务）的需求一开始就很难想清楚，并且其需求是持续演化的。

针对这一问题，人们提出了迭代模型（Iterative Model）（见图3.6）。迭代模型将软件开发过程分为若干次迭代，每次迭代针对部分可确定的软件需求，完成从需求分析到交付运行的完整过程，提交可运行的软件系统。每次迭代都是在前一次迭代的基础上对软件功能的持续完善。由于每次迭代只针对部分软件需求，因此开发人员可较为快速地交付可运行的软件系统。迭代模型与增量模型似乎很相似，但它们在软件开发理念和原则上有本质的区别，是两个不同的软件开发过程模型。

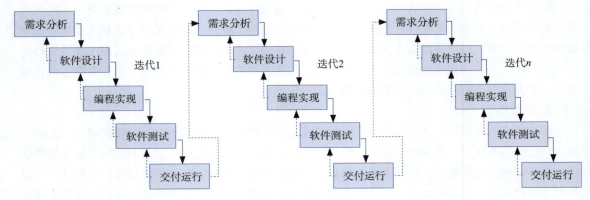

图3.6 迭代模型示意

迭代模型不要求一次性完整地获取软件需求，而是采用多次迭代的方式，逐步获取和掌握软件需求，允许软件需求在每次迭代开发过程中发生变化；每次迭代只针对本次迭代可以掌握和确定的需求进行软件开发，体现了"小步快跑"的开发理念。迭代模型通过多次不断地迭代来逐步、渐进式地细化对问题及需求的理解。迭代的次数取决于具体的软件项目，如果某次迭代的结果（即软件产品）完全反映了用户需求，迭代就可终止。迭代模型将软件开发视为一个逐步获取用户需求、完善软件产品的过程，因而该模型能够较好地适应那些需求难以确定、不断变更的软件系统的开发。但是，由于迭代开发的次数难以事先确定，因此迭代模型会增加软件项目管理的复杂度。

3.4　敏捷开发方法

以瀑布模型等为代表的软件开发方法强调软件开发需遵循严格的过程，以软件文档为中心来开展软件开发。这一方法在实施上很笨重，难以快速应对需求变化，无法及时生成代码和交付可运行的软件系统。20世纪90年代以来，随着软件应用的不断拓展和深入，尤其是互联网软件的出现，软件需求变化变得极为常见及频繁，软件交付速度要求越来越快，持续部署的能力要求越来越强。在这样的背景下，重型软件开发方法难以满足此类软件的开发要求，软件工程领域出现一批新颖的软件开发方法，它们主张软件开发要以代码为中心，只编写少量文档，主动适应软件需求的变化。这些方法统称为敏捷开发方法。

3.4.1 敏捷开发方法的思想

敏捷开发方法是一类软件开发方法的统称。这类软件开发方法主张软件开发要以代码为中心，快速、轻巧和主动应对需求变化，持续、及时交付可运行的软件系统。该方法与以文档为中心、实施起来非常笨重、要到开发后期才能提交可运行的软件系统的重型软件开发方法形成了鲜明的对比。

微课视频

1. 敏捷开发方法的理念和价值观

早在20世纪90年代，软件产业界的诸多软件工程实践者已意识到快速响应需求和交付软件产品的重要性，提出了敏捷开发方法的思想，并在一些软件项目中开展了探索和实践，取得了积极的成效。2001年，肯特·贝克（Kent Beck）等17位软件工程专家成立了"敏捷联盟"（Agile Alliance），共同发布了"敏捷宣言"（Agile Manifesto）以阐述敏捷开发方法的以下理念和价值观，标志着敏捷开发方法正式诞生。

（1）较之于过程和工具，应更加重视人和交互的价值。人及开发团队是软件开发中最为重要的因素，软件开发应坚持以人为本。团队成员间的交流与合作是团队高效率开发的前提和关键，这比遵循过程和使用工具更为重要。

（2）较之于详尽的文档，应更加重视可运行软件的价值。软件文档固然重要，但它们不是客户或用户最为关心的，也不是软件系统的最终制品。软件开发应将精力集中于可运行和可交付的软件产品上，并尽量精简项目内部或开发中间成果的软件文档。

（3）较之于合同谈判，应更加重视客户合作的价值。软件开发的目的是服务于软件客户，尽量满足客户要求。与其费力与客户就合同等事宜进行谈判，不如拉客户入伙，共同参与软件开发。

（4）较之于遵循计划，应更加重视响应用户需求变化的价值。开发过程中软件需求会不可避免地发生变化，从而打乱预先制订的开发计划。响应需求变化的能力常常决定软件项目的成败。与其不断地调整和遵循计划来开发软件，不如主动适应和积极响应软件需求的变化。

概括起来，敏捷开发方法具有以下的特点。首先，更加重视可运行软件系统（即代码），弱化软件文档，要以可运行软件系统为中心来进行软件开发；其次，以适应变化为目的来推进软件开发，鼓励和支持软件需求的变化，针对变化不断优化和调整软件开发计划，及时交付软件产品；最后，软件开发要以人为本，敏捷开发是面向人的而不是面向过程的，让方法、技术、工具、过程等来适应人，而不是让人来适应它们。

2. 敏捷开发方法的实施原则

基于上述 4 项价值观，人们进一步提出了 12 条敏捷开发方法的实施原则，以指导开发人员运用敏捷开发方法来开发软件。这些原则使得敏捷开发方法更具可操作性。

（1）尽早和持续地交付有价值的软件，以确保客户满意度。敏捷开发方法最关心的是向用户交付可运行的软件系统。诸多软件工程实践表明，初期交付的功能越少，最终交付的软件系统的质量就越高；软件产品交付越频繁，最终软件系统的质量就越高。尽早地交付可以让软件开发团队尽快获得成就感，提升软件开发团队的激情和效率，尽早从用户处获取对需求、过程、产品等的反馈，及时调整项目实施的方向和优先级。

（2）支持客户需求变化，即使到了软件开发后期。需求多变性和易变性是软件的主要特点，也是软件开发面临的重要挑战。软件开发不应惧怕需求变化，而应积极和主动地适应需求变化，从而为用户创造竞争优势。为了支持需求变化，应采用设计模式、迭代开发和软件重构等方法和技术，软件体系结构应具有足够的灵活性，以便当需求变化时能以最小的代价快速做出调整。

（3）每隔几周或一两个月就需要向客户交付可运行的软件系统，交付周期宜短不宜长。软件开发团队应采用迭代的方式，每次迭代选择对用户最有价值的功能作为本次迭代的任务，经常性地向用户交付可运行的软件系统，交付的周期要适宜，时间太长，用户易失去耐心，团队也无法从用户处及时获得反馈信息；时间过短，用户会难以承受持续不断的软件产品版本更新迭代。

（4）在软件开发全过程，用户和开发人员须每天一起工作。为了使开发过程保持敏捷性，开发人员须及时从用户处获得各种反馈信息，因此需要用户与软件开发人员在一起工作，以便在需要时及时获得用户的反馈。

（5）由积极、主动的人来承担项目开发，支持和信任他们并提供所需的环境。在影响软件项目成功的诸多因素中，人是其中最为重要的因素。因此参与软件项目的人应积极、主动，并要为他们参与项目开发创造良好的环境和条件。

（6）面对面交谈是团队内部最有效和高效的信息传递方式。软件开发团队成员间应采用面对面的交谈方式来进行沟通，文档不应作为人员间交流的默认方式，只有在万不得已的情况下，才去编写软件文档。

（7）交付可运行软件作为衡量开发进度的首要衡量标准。可运行软件是指完成了用户的部分或全部需求，经过测试，可在目标环境下运行的软件系统。敏捷开发方法不以编写的文档数和代码量，而以可运行的软件系统及其实现的软件需求来衡量软件开发进度。

（8）项目责任人、开发团队和用户应保持长期、稳定和可持续的开发速度。软件开发是一个长期的过程。软件开发团队应根据自身特点来选择合适、恒定的软件开发速度，以确保软件开发的可持续性；不应盲目追求高速，过快的开发速度会使开发人员陷入疲惫，会出现一些短期行为，以致给软件项目留下隐患。

（9）追求卓越的开发技术和良好的软件设计，增强团队和个体的敏捷能力。良好的软件设计是提高软件系统应变能力的关键。开发人员从一开始就需努力做好软件设计工作，在整个开发期间不断审查和改进软件设计；须编写高质量的程序代码，不要为了追求短期目标而降低工作标准和质量。

（10）在保证质量的前提下采用简单化的方法来完成开发任务。软件开发工作应着眼于当前欲解决的问题，不要把问题想得过于复杂，如去预测将来可能出现的问题，需采用最为简单的方法去解决问题，不要试图去构建华而不实的软件系统。

（11）组建自组织的软件开发团队，以出色地完成软件架构、需求和设计等工作。敏捷团队应当是自组织的，以快速和主动地应对需求变化。软件开发任务不是从外部直接分配到团队成员，而是交给软件开发团队，然后由团队自行决定任务应当怎样完成。团队成员有权参与软件项目的所有部分。

（12）软件开发团队应经常性地思考如何提高工作效率，并以此调整个体和团队的行为。敏捷开发方法不是一成不变的，敏捷本就有适时调整和优化的内涵。随着项目的推进，软件开发团队应不断地对其组织方式、规则、关系等方面进行思考和调整，以不断优化团队结构、提高软件开发效率。

3. 支持敏捷开发方法的开发技术和管理手段

至今，人们已经提出了诸多敏捷开发技术，它们不同程度地支持敏捷开发方法的上述价值观和原则，包括极限编程（eXtreme Programming，XP）、自适应软件开发（Adaptive Software Development，ASD）、特征驱动的开发（Feature Driven Development，FDD）、测试驱动开发（Test Driven Development，TDD）、敏捷设计、Scrum方法、动态系统开发方法（Dynamic Systems Development Method，DSDM）等，并应用于具体的软件开发，取得了积极的成效，受到广泛的关注和好评。

从管理的角度来看，敏捷开发方法的应用对软件项目管理提出了以下要求。

（1）管理软件需求，支持需求的变化和跟踪。尽管软件需求在整个软件开发过程中是动态变化的，但是每次迭代欲实现的软件需求应是稳定的，所生成的需求文档应处于受控状态，作为迭代开发的依据，与项目计划、其他软件制品和开发活动相一致，并以此跟踪可运行软件系统及其变化。开发人员需通过与用户的交流，开展软件需求的确认、评审和反馈。

（2）选择和构建合适的软件开发过程，支持迭代式的软件开发和持续性的软件交付。

（3）管理软件开发团队，加强开发人员之间、开发人员与用户之间的交流、沟通和反馈。要以人为本，发挥人的积极性和主动性，将用户作为软件开发团队中的成员，并与开发人员交流；为软件开发团队提供良好的交流环境，如拥有共同的办公区间和工作时间。

（4）开发人员和用户一起参与项目计划的制订和实施。针对每次迭代，参照迭代要实现的软件需求来制订项目计划。项目计划不应过细，应保留一定的灵活性。每次迭代要量力而行，实现的功能不要太多。每次迭代的软件开发周期要适中，时间不宜过长，否则用户会失去耐心，也不宜过短，否则用户难以消化。不同迭代的周期要大致相当，防止周期剧烈变化，支持稳定和可持续的软件开发。

（5）加强跟踪和监督，及时化解软件风险。在跟踪和监督过程中，管理人员要特别关注以下软件风险：对软件规模和开发工作量的估算过于乐观，影响按期交付软件产品；开发人员与用户间的沟通不善，导致软件需求得不到用户的确认；软件需求定义不明确，导致迭代开发所交付的软件系统与用户要求不一致；项目组成员不能在一起有效地工作，导致软件开发效率低，项目组敏捷度下降；任务的分配与人员的技能不匹配，导致软件开发不能做到以人为本。

3.4.2 Scrum方法

Scrum是英式橄榄球运动中的一个专用术语，意为"争球"。Scrum方法是一种特殊的敏捷开发方法，产生于20世纪90年代中期，旨在通过增量和迭代的方式加强软件项目的管理。应用该方法的软件开发团队如同"橄榄球队"一样，每个人都有明确的角色和分工，大家目标一致，高效率地协同工作，完成软件开发任务。

Scrum团队一般包含3类角色：产品拥有者（Product Owner）、Scrum主人（Scrum Master）和开发团队。他们基于Scrum方法参与软件开发的流程大致描述如下（见图3.7）。首先，产品拥有者需要创建软件产品订单库，即BackLog，描述软件产品需提供的功能性需求以及它们的优先级排序。其次，Scrum主人基于BackLog中各项软件需求及其优先级，筛选出最应该实现的软件需求，形成待实现的软件产品冲刺订单库，即SprintLog。然后软件开发将进入冲刺Sprint周期，以实现所选定的软件订单。每次冲刺实际上就是一次增量开发，一般持续1～4周，由开发团队负责完成软件设计、编程实现、软件测试等工作。团队成员每天会召开Scrum会议，共同商讨昨天的任务完成情况、今天要开展的工作、存在的困难和问题。一次冲刺完成后，产品拥有者、Scrum主人和开发团队将共同开展Scrum评审，每个团队成员演示自己的开发成果，大家共同审查成果是否高质量地实现了既定功能，并就其中的问题进行反思，以指导和改进下一次冲刺。每次冲刺完成之后，开发团队需要交付本次冲刺所实现的功能性需求，并将其集成到软件产品之中。

图3.7　Scrum方法的开发流程示意

3.4.3 测试驱动开发方法

软件测试是软件开发过程中的一项重要活动，是发现软件缺陷、确保软件质量的一条重要途径。在传统的软件开发过程中，程序员首先编写好程序代码，然后编写测试代码和设计测试用例，随后运行程序代码和测试代码进行软件测试，以发现代码中的缺陷。有关软件测试的具体内容可参见本书第11章。

软件测试的上述方式应用广泛，但存在以下不足。首先，当程序员编写完代码后，会因进度方面的压力而不能投入足够的时间对代码进行详尽和充分的测试，导致代码中有许多缺陷未被发现，影响软件质量。其次，软件测试通常在编程完成后才开展，因而无法保证编写代码与软件测试同步。最后，对许多程序员而言，他们更愿意编写代码而不愿测试代码，因为他们通常会认为软件测试是一件乏味的工作，不具有成就感。

测试驱动开发是指程序员依据待实现的功能，首先编写出测试代码和设计测试用例（而不是软件文档），然后编写功能代码，随后运行两类代码进行软件测试，测试通过后就意味着功能代码通过了检验，可集成和交付使用。如此循环往复，直到实现软件的全部功能。

测试驱动开发方法思想新颖，先编写测试代码，然后编写待测试的代码，它体现了以下软件开发理念。首先，根据测试来编写功能代码。将软件测试方案的设计和实现提到编写功能代码之前，先编写出用于测试某项功能代码的测试代码和测试用例，然后编写相应的功能代码，编程完成且通过测试，即意味着编程任务的完成。其次，程序员既是功能代码的编写者，也是功能代码的测试者，他们所编写的测试代码和设计的测试用例不仅用于检验功能代码能否正常工作，而且被作为待开发程序代码的行为规约，以此来指导功能代码的编写，并检验功能代码是否遵循了测试用例集所定义的行为规约。最后，这一方法可确保任何功能代码都是可测试的，有助于实现自动化的软件测试，可有效发现代码中的缺陷，提高软件质量。

测试驱动开发方法有助于得到奏效（Work）和洁净（Clean）的程序代码，即所谓的"Clean Code that Works"。其中，"奏效"是指所编写的程序代码实现了软件功能并通过了相应的测试；"洁净"是指所有代码均按照测试驱动的方式来开发，没有无关的程序代码。

测试驱动开发的过程如图3.8所示。一般地，测试驱动开发应遵循以下原则。

（1）测试隔离，不同代码的测试应该相互隔离。对某一代码的测试只考虑此代码本身，不要考虑其他的代码。

（2）任务聚焦，在测试驱动开发过程中，程序员往往开展多方面的工作并进行多次迭代，如设计测试用例、编写测试代码、编写功能代码、对代码进行重构、运行测试用例等。为此，程序员应将注意力集中在当前工作（即当前欲实现的功能），而不要考虑其他方面的内容，无谓地增加工作的复杂度。

（3）循序渐进，程序员应针对软件模块的功能，逐一开展测试驱动的开发工作，以防止疏漏，避免干扰其他工作。

（4）测试驱动，如果要实现某个功能，程序员应首先编写相应的测试代码和设计相关的测试用例，然后在此基础上编写待测试的功能代码。

（5）先写断言，在编写测试代码时，程序员应首先根据测试用例，编写对功能代码进行测试判断的断言语句，然后编写相应的辅助语句。

（6）及时重构，在编程和测试过程中，程序员应对那些结构不合理、重复和冗余的代码进行重构，以提高代码质量。

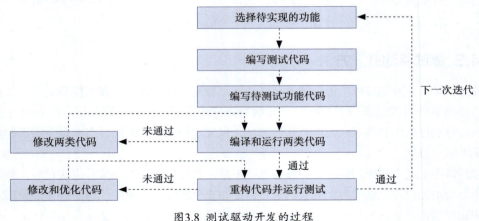

图3.8 测试驱动开发的过程

3.4.4 DevOps方法

根据软件生命周期概念，一个软件系统的生命周期大致包含两个主要阶段。一个是软件开发阶段，它的主要任务是要将软件开发出来并交付给用户使用，它涵盖需求分析、软件设计、编程实现、软件测试、软件部署等子阶段；另一个是运维阶段，它的主要任务是在不中断软件系统运行和服务的前提下对软件系统进行维护，如增加新的功能、修复软件系统的缺陷、提升软件系统的性能等。对现代许多互联网软件而言，软件系统的开发阶段相对较短（如以数月为单位），运行维护阶段则会持续很长的时间（如以数年为单位）。

传统的软件开发方法（如敏捷开发方法）将软件开发阶段与软件运维阶段两者割裂开来，由不同的团队和部门来完成，并且主要关注软件开发阶段。对部署在互联网上需要长期运维、快速响应变化的软件（如铁路12306、微信、QQ等）而言，这类方法的局限性非常明显，主要表现如下。

（1）开发人员与运维人员的沟通较为困难，原因是这两类人的关注对象不一样，开发人员主要关注开发和交付软件系统的新功能，而运维人员主要关注软件系统运行的稳定性和性能。

（2）难以实现持续性的集成、部署和运行。这种状况带来的结果是，软件开发团队只管开发完最基本的功能就交付，根本不考虑软件系统怎么运维，甚至如何安装升级都没有文档；反过来，软件运维团队也不为软件开发提供硬件、网络配置、发布环境等信息，并且总是提各种问题阻止变更和发布。

当前，越来越多的企业和软件工程师日益清晰地意识到，软件具有易变性、不确定性、复杂性等特性，为了按时交付软件产品和服务，软件开发和软件运维的工作必须紧密联系。

DevOps实际上是由Development和Operations两个英文单词的缩写连接而成的，它反映了要将软件开发和软件运维两个阶段的工作统一和集成在一起加以考虑，实现两者之间的无缝连接。DevOps方法将敏捷的理念和思想从软件开发阶段延伸到软件运维阶段。从这个角度来看，DevOps方法实际上是一种特殊的敏捷开发方法。本质上，DevOps是一组过程、方法与系统的统称，用于促进软件开发、技术运营和质量保障部门之间的沟通、协作与整合，并透过自动化软件交付和架构变更等实践，实现软件系统的持续集成、持续交付和持续部署，使得软件系统的开发、测试、发布等能够更加快捷、频繁和可靠。图3.9所示为DevOps方法与敏捷开发方法、瀑布模型之间的对比。

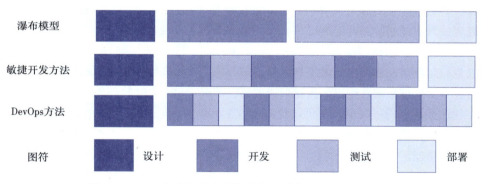

图3.9　DevOps方法与敏捷开发方法、瀑布模型之间的对比

为了实现DevOps的目标，DevOps方法采用了一系列最佳的软件工程实践，包括持续集成、持续交付、持续部署、自动化工具的支持等。图3.10对比分析了持续集成、持续交付和持续部署之间的区别和联系。

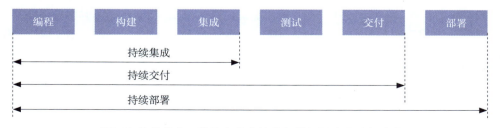

图3.10　持续集成、持续交付和持续部署之间的区别和联系

1. 持续集成

持续集成是指软件开发团队成员经常性地集成他们的工作成果（如程序代码），把个人研发的部分代码向团队软件整体部分交付，并将它们提交到版本控制系统之中，通过自动化的手段来进行测试和验证，以在集成过程中尽早发现现代码中存在的缺陷，让整个开发团队尽快地开发出高质量的软件产品。团队成员可以高频率地集成软件产品，如每天集成一次或多次。如果集成失败，软件工程师可以快速地将问题反馈到相关负责人，以尽快解决问题。因此，持续集成可以帮助软件系统获得更短且更频繁的发布周期，增加获得反馈的机会，尽早发现软件产品中存在的问题，提高软件产品的质量，提升团队应对变化的能力。

2. 持续交付

持续交付是指在持续集成的基础上，通过自动化测试，将集成后的代码部署到更贴近真实运行的环境之中，从而为持续部署奠定基础。通过自动化流程，软件开发团队和运维团队可以优化软件交付的过程，让发布过程变得可靠和可重复，缩短软件交付的时间，减少软件交付过程中的人为错误，提高软件系统的质量和可靠性。

3. 持续部署

持续部署是指当交付的代码通过评审之后，自动部署到软件系统的实际运行环境中。持续部署是持续交付的更高阶段。这意味着所有通过了一系列自动化测试的改动都将自动部署到运行环境中。

4. 自动化工具的支持

DevOps方法非常依赖CASE工具的使用。为了实现持续集成、持续交付和持续部署，DevOps方法需要借助于一系列的工具。

常见的持续集成CASE工具包括Jenkins、GitLab CI、Travis CI、CircleCI、Maven等，它们可以与GitLab、GitHub、Bitbucket等版本控制系统集成使用，如使用构建工具（如Maven等）对代码进行编译、打包和生成可执行文件等，使用测试框架（如JUnit、TestNG 等）对代码进行单元测试、集成测试、功能测试和性能测试等。

常见的持续交付和持续部署工具有Ansible、Puppet、Chef等，它们可以自动化部署和管理基础设施以及应用程序，如使用部署工具（如Ansible等）将构建好的软件包部署到目标环境中。部署工具需要与测试框架配合使用，当测试通过后，部署工具会自动将新版本的软件部署到生产环境中。在软件系统运行过程中，还可以使用监控工具（如 Nagios、Zabbix、Prometheus 等）对部署的应用程序进行监控和故障排查，对系统资源、应用程序性能、日志等方面进行监控，并提供报警、自愈等功能。

总之，DevOps方法通过持续集成、持续交付、持续部署和自动化工具的支持，加快软件交付速度，提高软件质量和可靠性，减少人为错误，降低人力成本。当前，DevOps方法已经成为现代软件开发的主流实践方法之一。

3.4.5 支持敏捷开发的CASE工具

学术界和产业界研发了许多CASE工具和平台，以支持敏捷开发，如由Micro Tool公司研发的、支持敏捷过程管理的Actif Extreme，由Ideogramic 公司开发的、支持敏捷过程中UML建模的Ideogramic UML，由Borland公司开发的、支持敏捷开发和极限编程的Together Tool Set，支持测试驱动开发的软件工具JUnit等。至今，人们已经开发了许多支持测试驱动开发方法的软件工具，包括CppUnit、csUnit、CUnit、DUnit、DBUnit、JUnit、NDbUnit、OUnit、PHPUnit、PyUnit、NUnit、VBUnit等。本小节介绍支持敏捷开发的Java代码测试软件工具JUnit。

JUnit是由埃里希·伽玛（Erich Gamma）和肯特·贝克开发的一个开源Java单元测试框架。

它封装了一组可重用的Java类，实现了单元测试的基本功能，程序员可重用这些Java类来编写测试代码，集成测试代码和被测试代码，运行这两类代码，以自动发现被测试代码是否存在缺陷。JUnit提供的Java类结构，即JUnit的类图如图3.11所示。目前许多IDE（如Eclipse）集成了JUnit以支持软件测试工作。

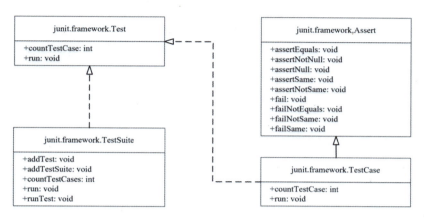

图3.11 JUnit的类图

1. Test

这是一个接口，提供了两个方法：countTestCase()方法用于返回测试用例的数目；run()方法用于运行一个测试用例并收集它的测试结果。所有测试类（包括TestCase和TestSuite）必须实现该接口。

2. Assert

该类定义了软件测试时要用到的各种判断方法。例如，assertEquals()方法用于判断程序运行结果是否等同于预期结果，assertNull()和assertNotNull()方法用于判断对象是否为空等。

3. TestCase

该类实现了Test接口并继承了Assert类。程序员在编写测试代码时必须扩展该类，并利用该类提供的方法对程序单元进行测试。

4. TestSuite

该类实现了Test接口并提供了诸多方法来支持软件测试，当程序员试图将多个测试集中在一起进行测试时必须扩展该类。

概括而言，JUnit具有以下特点。

（1）它是一个测试框架，提供了一组API，支持程序员编写可重用的测试代码，整个框架设计良好、易于扩展。

（2）它是一个软件测试工具，实现自动化的软件测试，直观和详尽地显示软件测试结果，提供测试用例成批运行的功能。

下面结合一个具体的案例来介绍测试驱动开发的过程及策略。该案例要开发一个机票查询的功能模块，它实现以下功能：帮助用户查询航班信息，并将查询的结果放置在一个航班列表中。实现该功能的航班列表类具有以下方法：保存查询得到的航班信息，从航班列表中取出一个或者多个航班信息，计算航班信息列表的长度等。

1. 选择待实现的功能

测试驱动开发是一个迭代的过程。每次迭代实现一个相对单一和独立的功能。因此，在每次迭代开始之时，程序员首先要选择本次迭代欲实现的功能，并根据该功能设计相应的测试用例。每个测试用例实际上是一个对偶<InputData,ExpectedResult>，其中InputData是指要提供给程序处理的数据，ExpectedResult是指程序处理完之后的预期结果。功能选择应遵循先简后繁的原则。针对案例，程序员可以考虑先实现空列表，并根据这一功能设计测试用例，即当一个航班列表刚被创建时，它应该是一个空列表，列表中的元素个数应该为0，因而测试用例为<Null, 0>，其中Null表示没有输入数据，0表示列表的长度为0。

2. 编写测试代码

基于所选择的功能以及针对该功能所设计的测试用例，程序员可编写出相应的测试代码。为了对空列表的长度进行测试，程序员编写了如下测试代码。它定义了一个测试类testAirlineList，用于对航空列表模块进行单元测试。testAirlineList继承了JUnit的TestCase类，包含一个方法testEmptyListSize()，它首先创建了一个空列表对象AirlineList，这是一个被测试的对象，然后判断该对象的长度是否为0。

```
import junit.framework.TestCase;
public class testAirlineList extends TestCase {
    public void testEmptyListSize(){
        AirlineList emptyList = new AirlineList(); //被测试的代码类
        assertEquals(0,emptyList.size()); //判断运行结果
    }
}
```

需要注意的是，按照JUnit的规定，所有测试类必须继承junit.framework.TestCase类；测试类中的每种测试方法必须以test开头，是public void ，而且不能有任何参数；在测试方法中使用assertEquals()等TestCase类所提供的断言方法来判断待测试程序的运行结果是否与预期的结果相一致。

3. 编写待测试功能代码

此时如果对上述测试代码进行编译，会发现编译无法通过，编译器提示"AirlineList cannot be resolved to a type"。原因非常简单，程序员还没有编写AirlineList这个类及其size()方法。它们实际上对应于待实现的功能代码。为此，程序员需编写出如下功能代码。

```
public class AirlineList{
    private int nSize;
    public void AirlineList() {
        nSize = 0;
    }
    public int size(){
        nSize = nSize +1;
        return nSize;
    }
}
```

该代码实现了AirlineList类及其两个方法：AirlineList()和size()。需要注意的是，此时程序员仅仅增加了为了满足本次测试所需的代码，即创建AirlineList空列表，而没有完整地实现整个AirlineList类。这正体现了测试驱动开发的思想，即根据测试来编写程序。再次编译上述代码，此时编译能够正常通过。

4. 编译和运行两类程序代码

运行上述所有的程序代码，包括测试代码和功能代码，此时JUnit将弹出图3.12所示的界面。窗口上部测试状态栏的颜色为红色，表明功能代码未通过测试。进一步观察Failure Trace区域，

显示 "junit.framework.AssertionFailedError: expected:<0> but was:<1>"，表示预期结果应该是0，但是实际结果是1。

通过进一步调试可以发现，原来AirlineList类中的size()方法中出现了一行多余的代码（即nSize=nSize+1；）。程序员可删除该行代码，重新编译和运行测试，此时JUnit的测试状态栏颜色为绿色，表明功能代码通过了本次测试。

5. 重构代码并运行测试

程序员进一步查看上述代码，确认是否存在重复和冗余的代码，是否需要任何形式的重构以优化代码。如果有，则需要修改代码，随后再次运行代码以进行测试，判断修改后的代码能否通过测试。如果顺利地完成了本次代码编写和测试，程序员就可以进入

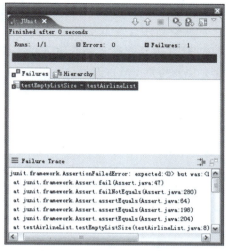

图3.12 JUnit运行代码后的界面

下一轮的测试驱动开发流程。如果想成批地运行测试用例，程序员必须利用TestSuite类提供的addTestSuite()方法，把一组测试集中在一起，并作为一个整体来运行。

3.5　软件开发过程和方法的选择和应用

为了开展软件开发工作，软件项目管理者和开发人员需要结合待开发软件项目的具体情况及要求，选择合适的软件开发方法。

1. 重型软件开发方法与敏捷开发方法的选择

在软件开发理念方面，重型软件开发方法与敏捷开发方法完全不同。前者强调的是"循规蹈矩"和"按部就班"，每个阶段都要有软件文档，并基于软件文档来进行软件开发；后者则关注的是"轻装上阵"和"灵活应变"，少写软件文档，尽快产生软件系统的程序代码，快速和持续地给用户交付可运行的软件系统，见表3.1。

根据这两种软件开发方法的特点，如果一个软件项目的软件需求易于确定、变化不频繁，或者对软件开发过程和文档有明确的要求（如要求遵循CMM、每个阶段提交规范化的文档等），那么建议选择重型软件开发方法。例如，一些军方的软件系统就对软件开发过程和文档有要求，这类软件系统的开发建议选用重型软件开发方法。

如果一个软件的需求难以确定且变化快，用户对软件交付的速度要求高，那么建议选择敏捷开发方法，甚至DevOps方法。一些互联网公司（如腾讯、阿里巴巴等）通常会选用敏捷开发方法（尤其是DevOps方法）来开展软件系统的开发工作，进而实现软件系统的快速交付和持续运维，如微信、京东、淘宝、铁路12306等软件。

表3.1 重型软件开发方法与敏捷开发方法的对比分析

方法名称	基本理念	交付特点	适合项目	典型代表
重型软件开发方法	以文档为中心	交付慢、开发持续时间长、难以快速应对需求的变化	对软件文档和过程要求高、软件需求演变不快的软件系统，如要求遵循CMM规范的军用软件系统开发	瀑布模型、增量模型、迭代模型、原型模型、螺旋模型等
敏捷开发方法	以代码为中心	交付快、开发持续时间短、可快速应对需求的变化	软件需求，如互联网软件	测试驱动开发、Scrum、Devops 方法等

2.重型软件开发方法中各种软件开发过程模型的选择

重型软件开发方法包括多种不同的软件开发过程模型，每种模型有其不同的特点，见表3.2。软件项目管理者和开发人员需要结合软件项目的具体情况，选择不同的软件开发过程模型，以支持重型软件开发。

表3.2 不同软件开发过程模型的特点

模型名称	指导思想	关注点	适合软件	管理难度
瀑布模型	为软件开发提供系统性指导	与软件生命周期相一致的软件开发过程	需求变动不大、较为明确、可预先定义的软件	易
原型模型	以原型为媒介指导用户的需求导出和评价	需求获取、导出和确认	需求难以表述清楚、不易导出和获取的软件	易
增量模型	快速交付和并行开发软件系统	软件详细设计、编程和测试的增量式完成	需求变动不大、较为明确、可预先定义的软件	易
迭代模型	多次迭代，每次仅针对部分明确的软件需求	分多次迭代来开发软件，每次仅关注部分需求	需求变动大、难以一次性说清楚的软件	中等
螺旋模型	集成迭代模型和原型模型，引入风险分析等管理活动	软件计划制订和实施，软件风险管理，基于原型的迭代式开发	开发风险大、需求难以确定的软件	难

软件项目管理者和开发人员应重点考虑如下情况。

（1）考虑软件项目的特点。尤其是所开发软件的业务特点，如业务领域是否明确、软件需求是否易于确定、用户需求是否会经常性变化等。如果业务应用需求较为明确，并且用户要求必须在需求定义基础上进行软件开发，如针对航空航天、装备软件、嵌入式应用等软件项目，可以考虑采用以瀑布模型为基础的一类软件开发过程模型，如瀑布模型、增量模型、基于构件的过程模型等。如果软件需求不明确，用户也难以说清楚，并且需求会经常性地发生变化，如互联网软件、企业信息系统等，可以考虑采用以迭代模型为基础的一类软件开发过程模型，如迭代模型、螺旋模型等。

（2）考虑软件项目开发的风险。如果在软件项目实施之前，就可以预估到该项目可能会面临多样化的软件风险，可以考虑采用螺旋模型等。

（3）团队的经验和水平。需要结合软件开发团队的能力和水平来选择软件开发过程模型，以防开发团队和管理人员无法掌控和驾驭过程模型。例如，螺旋模型涉及的要素多，管理的难度大，对软件开发人员的个体能力以及团队的协作要求高。如果软件项目开发团队和管理人员缺乏经验，可以考虑选择一些易于管理和实施的软件开发过程模型。

示例3.1 **Mini-12306软件项目的开发过程选择**

Mini-12306软件的边界不确定，需求动态变化，客户要求尽早和持续交付软件系统。针对软件需求特点及交付要求，项目组可考虑采用迭代、敏捷的方法来开发该软件系统，每次迭代或每个Scrum周期针对若干明确的软件需求项开展开发工作，每隔一段时间给客户交付可运行的软件系统。

示例3.2 **某嵌入式软件项目的开发过程选择**

某嵌入式软件项目具有系统边界清晰、问题和需求明确等特点，客户要求确保软件系统的高可靠性并按照规定的时间节点交付软件产品。针对软件需求特点及交付要求，项目组可考虑采用瀑布模型、增量模型等软件开发过程模型来开发该软件系统，在每个开发阶段都要开展质量保证活动，以确保软件系统的整体质量。

　　总之，软件开发过程模型的选择要具体问题具体分析，从实际出发，需要考虑诸多因素，结合项目及团队的具体情况，找到或设计出合适、可用的软件开发过程模型。

3.6　本章小结和思维导图

　　本章主要介绍了软件开发方法，包括重型软件开发方法和敏捷开发方法，分析了它们的基本理念、思想和技术，对比了各自的特点，讨论了如何选择和应用这些方法来指导软件开发。本章知识结构的思维导图如图3.13所示。

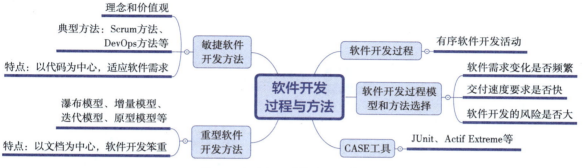

图3.13　本章知识结构的思维导图

- 软件开发过程模型与软件生命周期是两个不同的概念，前者是针对软件开发而言的，服务于软件开发和管理人员；后者是针对软件系统而言的，刻画的是软件发展和演化的不同阶段。
- 整体而言，软件工程提出了两类软件开发方法来指导软件项目的开发工作，一类是以文档为中心的重型软件开发方法，另一类是以代码为中心的敏捷开发方法。重型软件开发方法包括瀑布模型、增量模型、迭代模型等软件开发过程模型，敏捷开发方法包括测试驱动开发方法、Scrum方法、DevOps方法等。
- 不同的软件开发方法对软件系统的开发和运维有不同的理解和认识，因而有不同的特点，适合不同的软件项目和应用场景。软件开发人员应根据软件项目的具体情况、软件开发团队的水平、软件开发潜在的风险等，为软件项目的开发选择合适的过程模型和开发方法。
- 敏捷开发方法实际上是在迭代开发的基础上，采用以代码为中心的指导思想，提出了一组可操作性强、能有效应对需求变化、可快速交付软件产品的理念和原则。
- 敏捷开发方法具有少、简、快、变等特点，适用于软件需求不明确和易变、用户要求快速交付的一类软件系统的开发，如互联网软件。
- 需要考虑待开发软件系统的特点、软件开发团队的经验和能力等多种因素来选择合适的软件开发过程模型和方法。
- 目前人们研发了诸多CASE工具以支持敏捷开发，软件工程师需要借助合适的CASE工具来发挥敏捷开发方法的潜力。

3.7 阅读推荐

● 小弗雷德里克·P.布鲁克斯. 人月神话[M].UMLChina,译.北京：清华大学出版社, 2015.

该书是软件工程领域的一本具有深远影响力和畅销的经典著作。作者是图灵奖获得者、OS/360之父。他基于在IBM公司从事OS/360开发的工程经验及遇到的问题，对软件和软件开发提出了许多具有洞察力和独特的见解以及诸多发人深省的观点和认识，提炼和总结了软件开发的许多工程实践和经验。例如，本书中提出，要通过增加人手来换取时间、缩短工期的想法是一个"神话"，要充分利用工具以起到事半功倍的开发效果，软件工程领域没有"银弹"来彻底应对软件危机、不存在软件工程技术可以将软件开发效率提高一个数量级等。这些认识和观点在不同的软件时代仍有其意义和价值。

3.8 知识测验

3-1 软件开发过程模型和软件生命周期这两个概念有何区别和联系？

3-2 对比和分析瀑布模型、增量模型、迭代模型、螺旋模型之间的差异性。

3-3 开发一个软件项目为什么需要软件开发过程模型和方法？如果没有开发过程模型和方法的指导，会出现什么样的情况？

3-4 当开发软件项目时，应该考虑哪些方面的因素来选择或设计合适的软件开发过程模型？

3-5 如果某个软件项目，用户明确了软件需求，且需求变动不大，请问采用何种软件开发过程模型和方法较为合适？为什么？

3-6 如果要为某家企业开发一个业务信息系统，用户对需求并不十分清楚，要求可供持续性的交付软件系统使用，请问采用何种软件开发过程模型或方法较为合适？为什么？

3-7 分析迭代模型和敏捷开发方法之间的区别和联系。

3-8 为什么说传统的软件开发过程模型（如瀑布模型、迭代模型等）是重型的，"重"在哪里？为什么说敏捷开发方法是轻型的，"轻"在哪里？

3-9 请以传统的软件开发过程模型为参照，分析敏捷开发方法有何特点，适合哪些类别应用的软件开发。

3-10 Scrum方法如何体现敏捷宣言的相关精神？

3-11 为什么说DevOps方法也是敏捷开发方法的一种？它体现了哪些方面的敏捷原则？

3-12 请阐述如何根据软件项目的特点来选择合适的软件开发过程模型和方法。

3.9 工程实训

本章的实训任务需要完成头歌平台上相关章节的闯关实训，掌握JUnit工具的使用方法，了解软件开发知识分享社区，掌握如何利用社区中的群智知识来解决软件开发实践中的问题。

● 访问JUnit工具的官方网站，根据网站提供的使用手册，下载并安装JUnit 5软件；编写一个Java程序，借助JUnit 5来开展测试驱动的软件开发，包括编写测试代码，运行JUnit进行测试，分析软件测试的结果。

● Stack Overflow平台是一个软件开发知识的分享平台，汇聚了有关软件开发的大量问题及其解答。你在软件开发中遇到的问题在Stack Overflow中可能会找到相应的解答。进入Stack Overflow软件开发知识问答社区，完成用户注册和登录等工作，随后开展以下操作和实训。

- 查找自己感兴趣的软件开发问题，看看是否能够找到相关的历史提问。
- 结合某个自己感兴趣的提问，分析群体围绕该提问开展的讨论。
- 发布一个提问，跟踪平台用户对该提问的回答和开展的讨论。
- 针对感兴趣的提问或回答，给出赞成票或反对票以及投票的原因。
- 访问头歌实践教学平台"国防科技大学课程社区"→"软件工程学习社区"→软件工程课程实训，完成"软件过程模型和开发方法"中的实训任务。

3.10 综合实践

1. 综合实践一

- 任务：理解和分析开源软件的整体情况。
- 方法：根据所选定的开源软件（如MiNotes开源软件），运行和使用该开源软件，理解软件的整体功能；泛读开源代码，分析和掌握开源代码的构成，包括有哪些子系统和模块、模块与功能的对应关系、软件模块间的关系、代码量等，在此基础上绘制出软件系统的体系结构图（可以用UML的包图和类图来描述）；利用SonarQube等软件工具分析开源代码的整体质量情况，发现存在的质量问题。
- 要求：理解开源软件提供的功能和服务，掌握软件系统的模块构成，分析开源软件的质量水平。
- 结果：（1）软件需求规格说明书，描述开源软件的大致需求；（2）软件体系结构图，描述开源软件的模块构成；（3）SonarQube的开源软件质量报告。

2. 综合实践二

- 任务：构思如何基于软件来解决行业和领域问题。
- 方法：针对所调研的行业和领域及其面临的具体问题（如买火车票难），构思如何通过软件，并结合其他的设备和系统（如机器人、无人机、手机等）来解决问题。例如，为了解决买火车票难的问题，要开发一个在线的车票购买系统，它可以与公安的身份认证系统以及银行的支付系统等进行交互，以完成身份验证和在线支付等功能，其前端软件表现为Android手机的App，后端软件提供一组服务和存储功能，可帮助旅客实时查看车次和剩余车票信息，为旅客提供在线购票、改签和退票等服务。
- 要求：所构思的软件可有效解决行业和领域问题。
- 结果：行业和领域问题的大致软件解决方案。

第4章

软件项目管理

软件工程将软件开发视为一项工程，也称项目（Project）。任何工程都有成本、进度等方面的约束和限制，存在质量要求，软件开发也不例外。在软件开发过程中需要对软件开发所涉及的人、制品和过程等方面进行有效的管理，以确保软件项目能够按照规定的时间和成本，高质量地完成。本章聚焦于软件项目管理（Software Project Management），介绍软件项目管理的概念，阐述软件项目管理的对象和内容，分析软件项目管理的方法，讨论与软件项目管理相关的规范和标准、支持软件项目管理的CASE工具以及软件项目经理这一角色。

4.1 问题引入

作为一项工程项目，软件开发涉及人与人之间的交流与沟通，需要对各类软件制品（包括模型、文档、数据和代码）进行质量保证，对软件开发过程进行计划和跟踪，并通过各种CASE工具来辅助软件项目管理工作。相关研究表明，70%的软件项目由于管理不善导致难以控制进度、成本和质量，三分之一左右的软件项目在时间和成本上超出额定限度125%以上。进一步研究发现：管理是影响软件项目成功实施的全局性因素，而技术仅仅是局部因素。成功的软件项目既需要有效的工程技术，也需要卓越的管理方法。技术和管理是支撑软件项目开发的两大要素，缺一不可。重技术轻管理、轻技术重管理均不可取。如果软件开发组织不能对软件项目进行有效管理，就难以充分发挥软件开发技术和工具的潜力，也就无法高效率地开发出高质量的软件。历史上因为管理不善导致软件项目失败的例子比比皆是，如美国国税局税收现代化系统、美国银行MasterNet系统、丹佛机场行李处理系统等，给客户和软件开发组织造成了巨大的损失。正因如此，近年来学术界和工业界的软件工程研究者和实践者越来越认识到管理在软件项目开发过程中的重要性。针对这一情况，我们需要思考以下问题。

- 与其他项目相比，软件项目有何特殊性？
- 软件项目要对哪些对象进行管理？管理哪些方面的内容？
- 应该采用什么样的方法对软件项目进行管理？
- 软件项目管理有什么样的规范和标准？
- 软件项目经理在软件项目管理中扮演什么样的角色、发挥什么样的作用、需要具备什么样的知识和能力？

4.2 何为软件项目管理

软件项目管理是指对软件开发这一特殊的项目进行管理。它有特定的管理对象和内容。

4.2.1 何为项目

项目是指为创建一个唯一的产品（如软件、手机等）或者提供唯一的服务而进行的努力。它是临时性的，目的是创造独特的产品和服务。一般地，项目有以下特性。

- 目标性，项目期望获得预期的结果，如产品或服务。
- 进度性，项目应在限定的时间内完成。
- 约束性，项目实施需要基于项目所具有的有限资源（如人员、经费、工具等）。
- 多方性，项目涉及多个不同的人与组织，他们会对项目实施提出不同层次、不同视角的要求。
- 独立性，项目间无重复性。
- 不确定性，项目实施的结果具有不确定性，即项目不一定会成功，也可能会失败，或者延期、超支等。

典型项目包括"阿波罗"登月项目、绕月飞行项目、三峡水利项目、载人飞船项目等。一般地，一个项目的成功很大程度上取决于以下4个要素。第一是项目的范围，明确的项目范围有助于项目的成功；第二是项目成本，必要和适度的项目成本是实现项目成功的关键；第三是项目时间，任何项目的实施都需要时间，合理和充裕的时间是项目成功的前提；第四是项目质量，只有高质量的项目产品和服务才会让客户和用户满意，也才有可能使得项目成功。这4个要素是相互关联的，如项目的范围会影响项目的时间和成本，项目投入的时间和成本会影响项目的质量等。

4.2.2 何为软件项目

软件项目（Software Project）是指针对软件这一特定产品和服务的一类特殊项目。软件项目的任务是，按照预定的进度、成本和质量，开发出满足客户和用户要求的软件产品，确保软件产品的质量，控制软件开发的成本，并在客户和用户要求的进度范围内交付软件产品。

微课视频

与其他的项目形式相比，软件项目具有以下特点。

- 对象，软件项目的对象是软件这一逻辑产品。
- 过程，软件项目的过程不以制造为主，而是以设计为主，它不存在重复的生产过程。
- 属性，与其他的项目相比，软件项目的实施要素（如成本、进度、质量）难以度量和估算，从而影响了软件项目计划的制订和实施。
- 复杂性，软件是一类逻辑产品，它的复杂性非常高，导致难以控制和预见软件系统的质量以及软件开发过程中的风险。
- 易变性，软件项目需求不易确定且经常变化，因而难以有效控制软件项目的开发进度、成本和质量。

4.2.3 软件项目管理的对象

软件项目管理是指对软件项目开发过程中涉及的过程、人员、制品、成本和进度等要素进行度量、分析、规划、组织和控制的过程，以确保软件项目按照预定的成本、进度、质量等要求顺利完成。软件项目管理主要关注以下3个方面：开发过程、软件制品和开发人员。

微课视频

1. 开发过程管理

软件项目开发需要明确软件开发过程，定义软件开发的步骤和活动（如计划、需求、分析、设计、实现、测试等），以指导软件工程师有序地开展工作。由于软件开发团队成员在知识、技能和经验方面的差别，不同软件的特殊性等因素，不同的软件项目往往会采用不同的过程来指导软件开发。因此，软件项目管理必须对软件开发过程进行有效的管理，包括明确过程活动、定义和改进过程、估算它们的工作量和成本、制订计划、跟踪过程、风险控制等。

2. 软件制品管理

软件项目开发会产生大量具有不同抽象层次的软件制品（包括各种文档、模型、程序和数据），如软件需求规格说明书、软件设计规格说明书、源代码、可执行代码、测试用例等。这些软件制品相互关联。为了确保软件制品的质量，获得正确的版本，了解和控制软件制品的变更，在软件项目开发过程中必须对这些软件制品进行有效的管理，包括明确有哪些制品、如何保证它们的质量、如何控制它们的变化、如何进行配置管理等。

3. 开发人员管理

一般地，一个软件项目的开发是由许多承担不同任务的人员来完成的。这些人员对软件系统开发的关注点和工作内容不尽相同，在软件项目中所扮演的角色（如软件项目经理、软件需求工程师、软件设计工程师、程序员、软件测试工程师等）也不一样。他们所从事的工作往往是相互关联的，并且服务于一个共同的目标，即成功地开发出满足用户需求的软件系统。它们相互合作构成了一个团队。例如，软件需求工程师的工作成果（即软件需求规格说明书）将作为指导软件设计工程师进行软件设计的基础和依据，而软件测试工程师进行软件测试的对象是程序员所开发的源代码。因此，如何确定软件项目所需的人员和角色，为他们分配合适的任务，组建一个高效的团队，促进不同人员之间的交流、沟通和合作，提高团队成员的开发效率和质量，是软件项目管理需要考虑的关键问题之一。

4.2.4 软件项目管理的内容

微课视频

软件项目管理的对象是密切相关的。软件项目中的各种软件制品归根结底是由开发人员通过执行各种软件开发活动和实施软件过程而得到的。针对软件项目管理的对象，表4.1列举了软件项目管理的主要内容。

表4.1 软件项目管理的主要内容

管理对象	管理内容
开发过程	软件过程定义和改进、软件度量、软项目计划、软件项目跟踪等软件风险管理
开发人员	团队建设和管理、团队纪律和激励机制等软件风险管理
软件制品	软件质量管理、软件配置管理、软件需求管理等软件风险管理

1. 软件过程定义和改进

软件项目开发需遵循良定义的软件过程。软件过程定义和改进的任务是要在组织范围内，明确软件开发所涉及的活动以及它们之间的关系，定义和文档化一个完整、灵活、简洁和可剪裁的，符合软件开发组织和软件项目特点的软件过程，并根据工程实践结果和软件开发组织的变化对软件过程不断进行改进和优化。因此，软件过程定义和改进需关注以下问题。

- 如何根据软件开发组织和软件项目的特点来选择、定义和文档化软件过程？
- 如何确保软件过程的有效性（包含必需的活动）、简洁性（舍弃无关紧要的活动）和灵活性（允许进行适当的剪裁以满足不同软件项目的开发要求）？
- 如何对软件过程不断地进行改进和优化，以适应软件开发组织的发展需要？

2. 软件度量

有效的项目管理需要建立在对软件项目及其属性的定量分析基础之上。软件度量（Metric）的本质是对软件属性（如制品的质量）以及软件开发属性（如开发成本、工作量）进行定量的刻画，依此来指导软件项目的有效和精准管理。因此，软件度量需关注以下问题。

- 需要对软件项目的哪些属性进行度量？

- 如何采用有效的方法来对软件项目进行度量？
- 如何应用度量的信息来指导软件项目的管理？

3. 软件项目计划

软件项目计划的任务是要根据软件项目的成本、进度等方面的要求和约束，制订和文档化软件项目的实施计划，确保软件开发计划是可行、科学、符合实际的。一般地，软件项目计划需关注以下问题。

- 如何根据软件项目的成本、进度等要求制订软件项目计划？
- 如何确保所制订的软件项目计划是科学和合理的？
- 如何描述和文档化软件项目计划？

4. 软件项目跟踪

由于软件项目计划是预先制订的，许多问题可能考虑不到或考虑不周，因此很难保证软件项目的实际开发完全按照计划来执行。软件项目跟踪的任务是要掌握软件项目的实际执行情况，发现实际执行情况与项目计划之间的偏差，从而提供软件项目实施情况的可视性，确保当软件项目的开发偏离计划时，能够及时调整软件项目计划。因此，对软件项目进行跟踪需关注以下问题。

- 要对软件项目开发的哪些方面进行跟踪？
- 如何对软件项目的实施进行跟踪？
- 当软件项目的实施偏离计划时，如何调整软件项目计划？

微课视频

5. 软件需求管理

需求分析是软件开发过程中一项极为重要的活动。软件需求通常难以确定且具有易变性，需求的变化将引发波动性和放大性。"波动性"是指软件需求的变化会导致其他软件开发活动和软件制品的变化，如软件设计、编程实现和软件测试等。"放大性"是指软件需求的一点变动往往会导致其他软件活动和制品的大幅度变动。软件需求管理的任务是要获取、文档化和评审用户需求，并对用户需求的变更进行控制和管理。在软件项目开发过程中，软件需求管理应关注以下问题。

- 如何控制需求的变更？
- 如何追踪需求变化对软件开发活动和制品的影响？
- 如何利用软件工具来辅助软件需求管理？

6. 软件质量管理

软件质量保证的任务是在软件项目开发过程中确保软件制品的质量，提供软件制品质量的可视性，知道软件制品的哪些方面存在质量问题，以便改进方法和措施，控制软件制品的质量。因此，软件质量管理应关注以下问题。

- 软件制品的质量主要体现在哪些方面？
- 如何度量和发现软件制品的质量问题？
- 如何保证和控制软件制品的质量？

7. 软件配置管理

软件开发过程中会产生大量的软件制品，许多软件制品会有多个不同的版本。软件配置管理的任务是对软件开发过程中所产生的软件制品进行标识、存储、改动和发放，记录、报告其状态，验证软件制品的正确性和一致性，并对上述工作进行审计。因此，软件配置管理应关注以下问题。

- 如何标识和描述不同的软件制品？
- 如何对软件制品的版本进行控制？
- 如何控制软件制品的变更？

8. 软件风险管理

软件开发过程存在各种风险，这些风险的发生将对软件项目的实施产生消极的影响，甚至会导致软件项目的失败。软件风险管理的任务是对软件过程中的各种软件风险进行识别、分析、预测、评估和监控，以避免软件风险的发生或者减少软件风险发生后给软件项目开发带来的影响和冲击。因此，软件风险管理需关注以下问题。

- 软件项目开发可能会存在哪些软件风险？
- 如何在软件过程中识别各种软件风险？
- 如何客观地预测软件风险？
- 如何评估软件风险带来的影响？
- 如何避免和消除软件风险？

9. 团队建设和管理、团队纪律和激励机制

软件项目团队建设和管理的任务是组建团体，明确项目组成员的角色和任务，加强成员之间的交流、沟通和合作，制定和实施团队纪律，通过激励机制激发团队成员的工作激情。因此，该方面的工作需关注以下几个方面的问题。

- 如何根据软件开发组织、软件项目和开发人员的特点来组建项目团队？
- 如何采取有效的措施来加强和促进成员之间的交流、沟通和合作？
- 如何提高团队的合作精神？
- 如何制定有效的纪律来确保软件项目顺利地实施？
- 如何制订措施激励成员的积极性和热情等？

4.3 如何管理软件项目

本节将针对软件项目管理的内容，简要介绍软件项目管理的方法。

4.3.1 软件度量、测量和估算

人们对事物性质的描述大致可分为两类：定性描述和定量描述。例如，人们通常会说某人个子很高，某个软件的成本非常高。此类描述通常运用一些形容词来描述事物的性质，属于定性描述。与此相对应的，人们有时会说某人的身高为1.9m，某个软件的开发成本达7200万元。这类描述通常采用一些数字来定量地描述事物的性质。显然，与定性描述相比，定量描述有助于更为准确地理解事物的性质。

1. 何为软件度量、测量和估算

为了支持软件项目的实施和管理，需要对软件项目的规模、工作量、成本、进度、质量等属性进行定量和科学的描述。在软件工程领域，对软件项目性质的定量描述涉及3个基本的概念：度量（Metric）、测量（Measure）和估算（Estimation）。

（1）软件度量

软件度量是指对软件制品、过程或者资源的简单属性的定量描述。这里所说的制品是指软件开发过程中生成的各种文档、模型、程序和数据等；过程是指各种软件开发活动，如需求分析、软件设计等；资源是指软件开发过程中所需的各种支持，如人员、费用、工具等。简单属性是指那些无须参照其他属性便可直接获得定量描述的属性，如程序的代码量、软件文档的页数、程序中操作符的个数、程序中操作数的个数等。这些属性的定量描述可直接获得。例如，软件代码量可直接获取，属于简单属性，在敏捷开发的某个时间点，对所开发软件系统的代码量进行计算，以掌握软件系统的规模，该项工作属于软件度量。

（2）软件测量

软件测量是指对软件制品、过程和资源复杂属性的定量描述，它是简单属性度量值的函数。一般地，软件测量发生于事后或实时状态，用于对软件开发的历史情况进行评估，即当一个软件制品生成之后、一个软件开发活动完成之时，对它们的有关性质进行定量描述。例如，基于一些简单属性的定量描述（如程序中发现的错误数目），测量所开发软件系统的质量。显然，待测量的软件项目属性不可直接获得，需要依赖于其他的简单属性及其数据。例如，软件质量不可直接获取，属于复杂属性，在敏捷开发的某个时间点，对所开发软件系统的质量进行分析，以掌握软件系统质量状况，该项工作属于软件测量。

（3）软件估算

软件估算是指对软件制品、过程和资源的复杂属性的定量描述，它是简单属性度量值的函数。软件估算用于事前，以指导软件项目的实施和管理，即当软件制品还没有生成、软件开发活动还没有实施的情况下，对它们的有关性质进行定量的描述。例如，在软件项目实施之前或者初始阶段，需要对软件项目的开发成本、工作量以及软件系统的规模等进行估算，以协助软件项目合同的签署以及软件项目计划的制订。估算的准确度直接决定了它的有效性和实际价值。例如，在软件项目正式开发之前，对软件项目的成本进行估算，以预估软件项目开发的费用，并指导软件项目合同的签署以及软件开发计划的制订。

2. 估算方式

规模、工作量和成本是软件项目的3个重要属性，也是软件项目管理中3个主要的估算对象。尽管它们从不同的视点和角度（空间、时间和费用）来刻画软件项目的性质，但是对特定的软件开发组织和软件项目组而言，这3者之间往往是逻辑相关的。软件项目的规模越大，开发该软件项目所需的成本和工作量相对而言也就越高。因此，在实际的估算过程中，对软件系统规模的估算往往有助于促进对软件项目工作量和成本的估算。一般地，软件项目的估算有以下两种方式：自顶向下估算和自底向上估算。

（1）自顶向下估算

在该估算方式中，首先对软件项目某些属性的整体值（如整个项目的规模、工作量和成本）进行估算，基于这一估算值，对照不同阶段或者不同软件开发活动在整体工作量中所占的百分比，就可大体估算出这些阶段或者软件开发活动的属性估算值。例如，假设某软件项目的总工作量估算值是120人/月，需求分析在整个软件项目工作量的占比大约是25%，那么可以估算出需求分析阶段的工作量是30人/月。

（2）自底向上估算

在该估算方式中，首先对软件项目的某些属性的部分值进行估算（如某些阶段或者某个软件开发活动的工作量和成本，或者某个软件子系统的规模），然后在此基础上进行综合和累加，得到关于软件项目某些属性整体值的估算值（如整个软件项目的工作量、成本和规模）。例如，通过分解可以将一个复杂软件系统分解为5个相对独立的子系统，而每个子系统的规模估算值分别为：10000、5000、6000、8000和12000行代码，那么整个软件项目的规模是上述值的累加值，即41000行代码。

3. 估算方法

下面介绍几种对软件项目的规模、工作量和成本进行估算的方法。

（1）基于代码行和功能点的估算

软件项目的规模是影响软件项目成本和工作量的主要因素。在基于代码行（Line of Code，LOC）和功能点（Function Point，FP）的估算方法中，利用代码行和功能点的数量来表示软件系统的规模，并通过对软件项目规模的估算进而估算软件项目的成本和工作量。

显然，一个软件项目的代码行越多，它的规模也就越大。软件代码行的数目易于度量，许多软件开发组织和项目组都保留了以往软件项目代码行数目的记录，这有助于在以往类似软件项目代码行记录的基础上，对当前软件项目的规模进行估算。

用代码行的数目来表示软件项目的规模，这一方法简单易行、自然直观，但是其缺点也非常明显。第一，在软件开发初期很难估算出最终软件系统的代码行数目；第二，软件项目代码行的数目通常依赖于程序设计语言的功能和表达能力；第三，采用代码行的估算方法会对那些设计精巧的软件项目产生不利的影响；第四，该方法只适用于过程式程序设计语言，不适用于非过程式程序设计语言（如函数式或者逻辑程序设计语言）。

（2）基于经验模型的估算

基于经验模型的估算是指根据以往软件项目实施的经验数据（如成本、工作量和进度等）建立相应的估算模型，并以此为基础，对软件项目开发的有关属性进行估算。构造性成本模型（Constructive Cost Model,CoCoMo）是目前应用最为广泛的经验模型之一。

在20世纪70年代后期，巴利·玻姆（Barry W.Boehm）对多达63个软件项目的经验数据进行了分析和研究，在此基础上于1981年提出了CoCoMo，用于对软件项目的规模、成本、进度等方面进行估算。玻姆把CoCoMo分为基本型、中间型和详细型，分别支持软件开发的3个不同阶段。基本型的CoCoMo用于估算整个软件系统开发所需的工作量和开发时间，适用于软件系统开发的初期。中间型的CoCoMo用于估算各个子系统的工作量和开发时间，适合在获得各个子系统信息之后对软件项目的估算。详细型的CoCoMo用于估算独立的软构件，适合在获得各个软构件信息之后对软件项目的估算。由于篇幅限制，本书仅介绍基本型的CoCoMo，其模型形式描述如下。

$$E = a \times (kLOC)^b$$

其中，E是软件系统的工作量（单位：人/月）；a和b是经验常数，其取值如表4.2所示，$kLOC$是软件系统的规模（单位：千行代码）。该公式描述了软件系统的规模与工作量之间的关系。

$$D = c \times E^d$$

其中，D是开发时间（单位：月）；c和d是经验常数，其取值见表4.2。该公式描述了软件系统的开发时间与工作量之间的关系。

表4.2 基本型的CoCoMo参数的取值

软件类型	a	b	c	d	适用范围
组织型	2.4	1.05	2.5	0.38	各类应用程序
半独立型	3.0	1.12	2.5	0.35	各类实用程序、编译程序等
嵌入型	3.6	1.20	2.5	0.32	各类实时软件、OS、控制程序等

CoCoMo是一个综合经验模型，考虑了诸多因素，因而是一个比较全面的估算模型。CoCoMo有许多参数，其取值来自经验值。该估算模型比较实用、易于操作，应用较为广泛。

4. 估算时机

对软件项目的定量分析和描述应该贯穿软件开发全过程，包括项目实施前、项目实施中和项目完成后。

（1）项目实施前

获取历史数据，对软件项目的规模、成本和工作量等进行估算，以辅助合同的签署以及软件项目计划的制订，记录并保存估算数据。

（2）项目实施中

随着对软件项目了解的深入，不断调整软件项目的估算结果，以更好地指导软件项目的管理。例如，在完成了软件项目的需求分析之后，此时可较为完整和全面地理解软件项目需求，因而对软件项目的估算结果一般会比实施前的估算结果准确。对软件项目的过程、制品和资源等方面的属性进行测量。例如，需求分析完成之后，软件项目组可以对需求分析阶段所花费的成本、工作量、人员以及所生成软件制品的质量等进行测量，记录并保存各种估算数据和测量结果。

（3）项目完成后

对项目进行总结，记录并保存软件项目运作的各种实际数据，如成本、工作量、进度、人员等，为后续软件项目的估算和管理提供经验数据。分析和记录软件项目实施中各个估算数据的调整、偏差等方面的情况，以供后续软件项目参考。例如，项目实施完成之后，项目组发现，在项目实施之前利用CoCoMo对软件项目成本的估算结果较实际结果低10%，而较实施过程中的对软件项目成本的估算结果高5%。这些数据有助于后续软件项目对估算结果进行必要调整。

4.3.2　制订软件项目计划

制订软件项目计划是软件项目管理过程中一项非常重要的工作。合理、有效的软件项目计划有助于软件项目负责人对软件项目实施有序和可控的管理，确保软件项目组人员知道何时可利用哪些资源以开展什么样的开发工作，并产生什么样的软件制品，从而加强软件工程师之间的交流、沟通与合作，保证软件项目实施的高效率、软件制品的及时交付以及客户的满意度。

1. 何为软件项目计划

软件项目计划是指对软件项目实施所涉及的活动、资源、任务、进度等方面做出的预先规划。一般的，它主要涉及以下几个方面的内容。

（1）开发活动的计划

这里所说的开发活动来自软件过程，它明确描述了软件开发过程中应做哪些方面的工作以及这些工作之间的关系。例如，软件开发过程应包含以下活动：需求分析、软件概要设计、软件详细设计、编程和单元测试、集成测试、确认测试、用户培训等。软件项目计划可对软件开发过程所定义的各种活动和任务做进一步的细化和分解，详细描述完成工作所需的具体步骤和逻辑顺序，从而更好地指导软件项目的实施和管理。例如，为了加强需求分析阶段的软件项目管理，软件项目计划可以对"需求分析"活动做进一步的细分，将它分解为需求调查、需求分析和建模、撰写软件需求规格说明书以及需求评审4个子活动，然后针对这些子活动制订它们的开发计划。

（2）开发资源的计划

软件项目开发需要不同形式的开发资源，包括人员、经费、设备、工具等。软件项目计划需要对这些资源的使用进行预先规划。例如，如何针对不同活动的特点和要求有计划地分配资源，软件项目人员在软件项目实施过程中扮演什么样的角色、负责和参与哪些软件开发活动等。

（3）开发进度计划

任何软件项目都有进度方面的要求和限制。开发进度计划描述了软件项目实施过程中各项软件开发活动和任务的进度要求。例如，软件开发活动按什么样的时间进度开展和实施，何时开始，何时结束；不同活动在时间周期上如何衔接等。开发进度计划是软件项目计划中最为重要和最难制订的部分，它将对软件项目的实施产生重大影响。因此，软件项目负责人应重点关注软件开发进度计划的制订。

2. 如何描述软件项目计划

可以采用多种方法来表示软件项目的进度计划，其中最为常用的是甘特图和网络图。

（1）甘特图

甘特图是一种图形化的任务表示方式，如图4.1所示。它的横轴表示时间，纵轴对应于各个软件开发活动或任务。甘特图用矩形来表示软件开发活动或任务，矩形中的文字描述了活动或任务的名称，其右侧的文字描述了该活动或任务所需的资源。矩形在甘特图中的位置反映了该活动或任务在软件项目中的起始时间，连接不同矩形之间的边描述了活动或任务在时间上的先后次序。由于甘特图能够直观地描述软件开发活动或任务的起止时间，展示它们之间的时序关系，具有可视化、简单和易于理解的特点，因此被广泛用于描述软件项目进度计划。

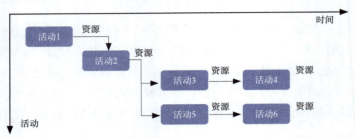

图4.1 软件开发计划的甘特图示意

（2）网络图

网络图也是一种图形化的任务表示方式，如图4.2所示。它用矩形来表示软件开发活动或任务，矩形内的文字显式描述了活动或任务的基本信息，如活动或任务名称、开始日期、结束日期、所需资源等，矩形之间的连线表示任务之间的逻辑相关性。

图4.2 网络图示意

需要注意的是，甘特图和网络图是等价的，可以相互转换。用网络图描述的软件项目进度计划可以转换为用甘特图来表示，反之亦然。相比较而言，甘特图的特点是更能从时间的视点直观地显示活动或任务的进程，而网络图的特点是更能从过程的视点展示活动或任务之间的相关性。

3. 如何描述活动责任矩阵

软件项目进度计划除了要描述软件开发活动的实施进度之外，还需要清晰地定义各项软件开发活动所需的资源，尤其是人力资源。活动责任矩阵可用于定义与软件开发活动执行、评审和批准相关的人员和角色，它是软件开发进度计划的一个组成部分。

活动责任矩阵由两种不同形式的矩阵组成：软件开发活动—角色责任矩阵和角色—人员责任矩阵。软件开发活动—角色责任矩阵示例（见表4.3）用于表示执行、负责、评审和批准各个软件开发活动所需的角色。例如，针对需求分析这一软件开发活动，执行这一活动的是需求分析小组，需求分析小组的组长负责这一软件开发活动，参与需求分析活动结果评审的角色包括用户方代表、需求分析小组、软件设计小组、质量保证小组和软件测试小组，软件项目负责人和用户方负责人批准需求分析活动的结果。

表4.3 软件开发活动—角色责任矩阵示例

软件开发活动—角色	执行	负责	评审	批准
需求分析	需求分析小组	需求分析小组组长	用户方代表 需求分析小组 软件设计小组 质量保证小组 软件测试小组	软件项目负责人 用户方负责人
概要设计	概要设计小组	概要设计小组组长	需求分析小组 软件设计小组 质量保证小组 软件测试小组	软件项目负责人

软件项目计划仅有上述软件开发活动—角色责任矩阵是不够的，还必须详细说明软件项目组中的各个人员在项目实施中所承担的角色，或者各角色由哪些软件开发工程师组成。为此，需要进一步定义角色—人员责任矩阵示例（见表4.4）。

表4.4　角色—人员责任矩阵示例

角色	人员
需求分析小组	小张、小李、小王
需求分析负责人	小张
软件项目负责人	小宋
用户方代表	小杨、小陈
用户方负责人	小董

活动责任矩阵明确、清晰地说明了软件项目的职责区域，有助于项目组人员了解他们各自的任务和职责以及要参与的工作，促进不同人员的沟通和合作，帮助他们预估其开发工作量。

软件项目计划一般在软件项目实施之初制订，以指导软件项目的后续开发。由于制订软件项目计划需要考虑包括软件过程、要开展的工作以及约束和限制等3个方面的因素，而在软件项目实施之初尚不完全明确要开展的工作（即软件需求），因此在项目实施之初要制订出一个合理、可行和符合项目特点的软件开发计划是比较困难的。

4. 软件项目计划制订时机

针对上述情况，可在以下两个不同时机制订软件项目计划：（1）项目实施之初，制订初步软件项目计划，用于指导后续短期的软件开发工作，如需求分析工作；（2）软件需求分析完成之时，制订详细软件项目计划，用于指导后续长期的软件开发工作。

4.3.3　软件项目跟踪

软件项目的实施具有不确定性、动态性和不可预知性等特性，实施过程中会出现很多问题，许多问题事先（即在制订软件项目计划时）很难预测到，因而要确保软件项目完全依照计划来实施是比较困难的，对某些项目而言甚至是不切实际的，软件项目的实际执行和预先计划两者之间在进度、成本等方面会有偏差。因此，在软件项目实施过程中，软件项目负责人必须及时了解软件项目的实际执行情况，发现软件项目实施过程中存在的问题，清楚地知道存在哪些偏差，并采取措施以纠正偏差和解决问题。这就需要在软件项目实施过程中对软件项目的执行情况进行持续跟踪。

1. 软件项目跟踪对象

软件项目跟踪是指在软件项目的实施过程中，随时掌握软件项目的实际开发情况，使得当软件项目实施与软件项目计划相背离，或者出现问题和风险时，能够采取有效的处理措施来控制软件项目的实施。

软件项目跟踪将为软件项目的实施提供可视性，如项目的实际执行和实施情况，项目实施过程中出现的问题等，因而知道如何采取相应的措施来防止问题的出现，或者出现问题时该采取什么办法减少它给软件项目实施带来的影响和损失。例如，当某个软件开发活动（如需求分析）完成之时，通过跟踪可以发现该阶段的工作相对软件项目计划而言是提前了还是滞后了，或是按期完成。如果与软件项目计划不一致，那么需要对原先的软件项目计划进行调整。一般地，软件项目的跟踪对象主要包括以下几个方面。

（1）项目问题和风险

软件项目在实施过程中会出现各种各样的问题和风险，它们将对软件项目的实施产生消极的影响。因此，在软件项目的实施过程中，必须及时地发现这些问题和风险，并采取相应的措施。项目实施过程中可能存在的典型问题和风险如下。

- 技术风险。例如，某项软件需求尚未找到合适的技术和解决途径，或者原先设计的技术方案不合适。
- 成本风险。例如，由于未能有效地控制支出，因此实际成本超出原先计划的成本，并且仍在不断增长。
- 人员风险。例如，软件开发团队成员临时跳槽或者调派，导致人员缺乏。
- 工具和设备风险。例如，所需的工具和设备不能按时提供，或者得不到。

在软件项目跟踪过程中，软件开发工程师必须识别出各种软件开发问题和风险，对它们进行描述和分析，并以软件风险清单的形式详细记录各个软件开发风险，包括风险标识、风险名称、处理起始日期、处理结束日期、负责人等，如表4.5所示。

表4.5 软件项目风险清单

××软件项目风险清单				
递交时间：××××-××-×× 提交人：×××				
风险名称	负责人	处理起始日期	处理结束日期	风险标识
部分软件需求未得到客户的验证	×××	××××-××-××	××××-××-××	R1
所需的软件构件和工具没有按期购买	×××	××××-××-××	××××-××-××	R2
软件测试所需设备比要求时间晚了一个月	×××	××××-××-××	××××-××-××	R3
需求分析阶段的开销超出计划10%，且每周按5%增长	×××	××××-××-××	××××-××-××	R4

（2）项目进展情况

由于用户需求的变更、交流的不畅、人员的调整以及受到其他不可预知情况的干扰等因素，软件项目的实际进展与软件项目计划之间会产生偏差。例如，原先计划用5周完成需求分析工作，但是在实际执行软件项目时，由于某些方面的原因，需求分析工作花了6周，比原先的计划滞后了一周。在软件项目实施过程中，项目组人员，尤其是软件项目负责人，需要记录软件项目的实际进展情况，通过与原先的软件项目计划进行对比，发现两者间的偏差。

软件项目的实际进展与原先计划两者间的不一致将使得原有的软件项目计划形同虚设，没有意义。试想一下，如果继续按照原先的软件项目计划来实施，项目组应该在第6周进入概要设计阶段的工作，但是实际上第6周时需求分析工作尚未完成。在这种情况下，原有的软件项目计划将无法指导软件项目的实施。解决这一问题的办法是，在软件项目实施过程中及时了解项目的实际进展情况，发现实际进展和计划之间的偏差，并以此为依据来调整软件项目计划。

2. 软件项目跟踪方法

软件项目跟踪的基础包括两个方面：软件项目计划和软件项目开发实际进展。软件项目计划描述了有关软件项目开发的进度、成本、资源和人员等方面的预先规划，它是判断软件项目实施是否发生偏差的主要基准。软件项目开发实际进展描述了软件项目的实际执行情况，它是了解软件项目的实施进度以及所面临问题的主要依据。软件开发工程师，尤其是软件项目负责人，需要跟踪软件项目实施过程中的两方面内容：软件项目实施中存在的风险问题和软件项目的实际进展，从而采取相应的措施来应对偏差（如调整软件开发计划）、解决问题和消除风险。一般地，软件项目跟踪的方法描述如下。

- 成立软件项目跟踪小组。在软件项目实施之初，软件项目组应成立软件项目跟踪小组，并指定负责人。软件项目跟踪小组及其负责人应在召开软件项目跟踪会议之前明确要求和约定软件项目跟踪会议的时间、地点，会上应采用什么样的方式来汇报项目的实施情况和存在的问题等。

- 召开软件项目跟踪会议。尽可能周期性地召开软件项目跟踪会议，如每周一次。软件项目跟踪小组成员在会上汇报项目进展情况，形成会议记录并在会后分发给相关人员。
- 采取应对措施。发现软件项目偏差以及存在的问题和风险并不是软件项目跟踪的最终目的。软件开发工程师，尤其是软件项目负责人，必须根据发现的偏差、问题和风险尽快地提出解决方案，以纠正偏差、解决问题和消除风险。

需要注意的是，软件项目的跟踪应贯穿整个软件开发过程；应根据跟踪的结果不断调整软件项目计划；对软件项目计划等做出的任何改动应及时通知软件项目组中的相关人员，并得到他们的认可；软件项目计划在每次修订时都应进行评审；评审后的软件项目计划应该纳入配置；在软件开发过程中，要对软件项目的有关属性进行度量，并将度量结果用来指导软件项目的跟踪。

4.3.4　软件配置管理

软件项目开发会产生大量的软件制品（包括文档、代码和数据等），这些软件制品间存在关联性；对于同一软件制品，可能需要对它进行多次变更，从而产生多个不同的版本（Version）。软件项目组必须清晰地知道软件开发过程中会产生哪些制品、这些制品会有哪些不同的形式和版本，这就需要对这些软件制品进行配置管理。

1. 何为软件配置管理

软件配置管理（Software Configuration Management）是指在软件生命周期中对软件制品采取的以下一系列活动的过程，包括控制软件制品的标识、存储、改动和发放，记录、报告软件制品的状态，验证软件制品的正确性和一致性，对上述工作进行审计。软件配置管理有助于清晰地标识各个软件制品，有效地控制软件制品的变更，确保变更得以实现，及时地向相关人员汇报软件制品的变更情况，确保软件制品的一致性、完整性和可追踪性。

（1）软件配置项

在软件配置管理过程中，通常将那些在软件生命周期内产生的、需进行配置管理的工作制品称为软件配置项（Software Configuration Item，SCI），它可以是各种形式的文档、程序、数据、标准和规约。

- 技术文档，如软件需求规格说明书、软件概要设计规格说明书、软件详细设计规格说明书、软件数据设计规格说明书、软件测试计划、用户手册等。
- 管理文档，如软件项目计划、软件配置管理计划、软件质量保证计划、软件风险管理计划等。
- 程序代码，包括源代码和可执行代码，如模块a的源代码a.java、模块a的可执行代码a.class、组件、可执行文件等。
- 数据，如配置文件、数据文件等。
- 标准和规约，如软件过程规程、需求管理规程、软件需求规格说明书编写规范、C++编程规范、Java编程规范等。

图4.3描述了常见的软件配置项及其关联性，有助于发现软件配置项变更的影响范围。例如，如果软件需求规格说明书发生了变更，那么软件设计规格说明书将可能受到影响。对于每一个软件配置项，软件配置管理需要对它加以详细的描述，包括：唯一的命名和编号；属性，如版本、类型等；关系描述，说明该软件配置项与其他软件配置项之间的相关性。

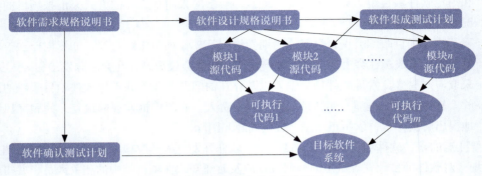

图4.3 常见的软件配置项及其关联性示意

（2）基线

"变"在软件开发过程中不可避免。客户希望通过"变"来不断调整和完善软件需求，软件开发工程师希望通过"变"来不断完善和优化其技术解决方案。但是，频繁地"变"将使得软件项目的开发和管理变得更加复杂和难以控制。例如，需求分析的"变"将引来一系列软件配置项的"变"，过多的"变"将可能导致软件开发工程师难以区分不同软件配置项之间的差异。因此，软件项目希望在支持"变"的同时能够稳定地推进项目开发。为了解决这一矛盾，软件配置管理引入了"基线"（Baseline）的概念。

基线是指已经通过正式复审和批准的软件制品、标准或规范，它们可以作为进一步软件开发的基础和依据，并且只能通过正式的变化控制过程才允许对它们进行变更。例如，软件需求规格说明书经过评审后，发现的问题已经得到纠正，用户和软件项目组双方均已认可，并且得到正式批准，那么该软件需求规格说明书就可作为基线。

图4.4描述了作为基线的软件配置项和基线库。软件开发活动所产生的软件配置项一旦通过了正式的评审和批准，意味着该软件配置项的正确性和完整性等得到了认可，可作为后续软件开发的基础，在此情况下，可将软件配置项作为基线纳入基线库中。基线库是一个或多个基线的集合。对基线库中的任何软件配置项进行修改和变更都将受到严格的控制。例如，如果软件项目组要对经过评审和批准的软件需求规格说明书进行修改，那么必须提出申请，经过正式的软件配置管理和控制之后，才能提取出该软件需求规格说明书并对它进行变更活动。软件开发过程中典型的基线包括：经过评审和批准后的软件需求规格说明书、软件设计规格说明书、软件项目计划、软件测试计划、软件质量保证计划、软件配置管理计划等文档，以及经测试后的源代码、可运行目标软件系统等代码。

图4.4 作为基线的软件配置项和基线库

在软件过程中引入基线可以有效地控制对软件配置项的变更，确保软件制品保持一定程度的稳定性，具体表现在：纳入基线的软件配置项是通过正式评审和批准的，得到软件项目组成员和用户的广泛认可，因此可以作为软件进一步开发的基础和依据；不允许对基线进行随意、非正式的更改，以确保基线相对稳定；如果确实需要对基线进行更改，那么需要对该更改进行正式和严格的评估。

2. 软件配置管理过程

软件配置管理大致需要完成以下任务和活动。为了支持软件配置管理活动，软件项目应成立软件配置管理小组，其成员可以是软件项目组成员。在软件配置管理过程中，软件配置管理小组主要承担两方面的职责，即制订软件配置管理计划和实施软件配置活动。

（1）标识软件配置项

软件开发过程会产生大量的软件配置项。为了管理和控制这些软件配置项，必须对它们进行标识。标识软件配置项主要有两方面的任务：识别软件系统中有哪些软件配置项以及清晰地描述每个软件配置项。

软件项目中的软件配置项包括所有的相关文档、程序、数据、标准和规程等。对软件配置项的描述包括两方面的内容：为每个软件配置项生成一个唯一和直观的标识，对软件配置项的属性进行准确和详细的描述。

软件配置项的标识应直观，便于望文生义，有利于对该软件配置项进行控制和管理。一个软件配置项的标识通常由5个部分组成，如图4.5所示，包括项目名、软件配置项类型、软件配置项名称、版本号和修订号。其中，软件配置项类型描述了该软件配置项是文档、程序、数据还是标准和规程。例如，WIC.DOC.SRS.1.01标识了WIC项目下的一个文档类的软件配置项，它是一个软件需求规格说明书（SRS），其版本号是1，修订号是01。

对软件配置项属性的描述主要包括以下内容：软件配置项的创建者、创建时间、修改者、发布时间、评审者、所依赖的其他软件配置项等。如果某个配置项发生了变化，那么与其相关联的软件配置项也应跟着发生变化。

图4.5 软件配置项标识的组成示意

（2）版本控制

在软件开发过程中，由于纠错、改进、完善、扩充等开发工作，同一软件配置项会有多个不同的版本。例如，由于用户需求的变化，需求分析小组对软件需求规格说明书进行修改，进而产生新版本的软件需求规格说明书。此外，在同时从事多个软件项目开发时，同一个软件配置项可能需要多个不同的版本，分别应用于不同的软件项目。比如，软件项目组开发了一个通用的构件draw.dll，用于支持用图形化的方式显示统计信息。为了支持多个不同项目的特殊要求，构件draw.dll产生了多个不同的版本。

因此，软件配置管理应提供有效的手段来区分和描述软件配置项的多个不同版本，以及这些版本之间的关系和演化，确保软件开发工程师能够以一种正确、一致和可重复的方式恢复和构造任意的软件制品版本。

软件配置项的版本演化可采用版本树来表示。树中的节点表示各个版本的软件配置项，边表示不同版本软件配置项之间的依赖和演化关系。

（3）变更控制

在软件开发过程中变化不可避免（如用户对软件需求的变更、设计人员对技术方案的变更等），但是不受控制的变化将导致混乱。因此，软件配置管理必须对软件配置项的任何变更进行控制。根据变更控制要求，对进入基线的软件配置项进行变更均应履行正规的变更手续，并遵循以下过程。

- 提交书面变更申请。如果软件开发工程师欲变更软件配置项，那么他首先需要提交一个书面的变更申请，详细描述变更的原因、变更的内容、对应的软件配置项、受影响的范围等方面的内容。

- 评估变更申请。软件开发工程师和软件配置管理小组要对变更申请进行评估，分析该变更是否有必要，对软件项目的影响是否在可控的范围之内等。软件配置管理小组要评估是否对受影响的软件配置项进行变更。对变更申请的评估结果有两种。一种是不同意，那么该次变更过程到此结束；另一种是同意，执行相应的变更程序。
- 提取软件配置项。变更人员从软件配置小组处提取待变更的软件配置项。
- 修改软件配置项。变更人员对提取的软件配置项实施软件工程活动（如需求分析、软件设计等），得到修改后的软件配置项。
- 软件质量保证。一旦软件配置项完成了相应的变更活动，就需要对变更活动以及变更后的软件配置项进行质量保证，如审查软件工程活动、评审软件文档、测试程序代码等，确保变更后所得到的软件配置项符合质量要求。
- 纳入基线。如果变更后的软件配置项经过了正式的评审和审核，并且得到了批准，那么可将该软件配置项纳入基线。

（4）软件配置审计

软件配置审计主要包括以下几个方面的内容：检查配置控制手续是否齐全；检查变更是否完成；验证当前基线对前一基线的可追踪性；确认各软件配置项是否正确反映需求；确保软件配置项及其介质的有效性；对软件配置项定期进行复制、备份、归档，以防止意外的介质破坏。软件配置审计的结果应写成报告，并通报给有关人员。此外，软件配置审计不应局限于在基线处或变更控制时进行，而应在软件开发过程中，如有必要，可随时实施软件配置审计。

（5）软件配置状态报告

为了及时追踪软件配置项的变化以备审计时使用，软件配置管理人员需要在软件开发过程中对每个软件配置项的变化进行系统的记录，包括发生了什么事、谁做的事、什么时候发生、对其他软件配置项会产生什么影响。

根据软件配置项的出入库情况和变更控制组的会议记录，产生软件配置状态报告，并将状态报告及时发放给各有关人员和组织，以避免造成互相矛盾和冲突。通常有两种形式的软件配置状态报告，包括现行状态报告和历史情况报告。现行状态报告提供了软件配置项的现行状态，指明现行版本号、目前是否正被某人专用还是可共享等方面的信息。历史情况报告提供了软件配置项的历史记录，描述谁、于何时、因何、对何软件配置项做了何事（如入库、出库/变更）。配置状态报告也被存放在受控库中，可供有关人员随时查询。

4.3.5 软件风险管理

软件项目实施过程中会存在潜在的风险（Risk），软件风险形式多样，许多软件风险事先难以确定。如果不对风险进行有效的管理，软件项目就很难保证按照计划、在成本和进度范围内，开发出高质量的软件，甚至会导致项目失败。

1. 何为软件风险

软件风险是指使软件项目开发受到影响和损失，甚至导致软件项目失败的可能发生的事件。例如，软件开发工程师的临时流失、软件项目计划过于乐观、软件设计低劣等。一般地，软件风险具有以下特点。

- 事先难以确定。许多软件风险的发生具有偶然性和突发性。
- 带来损失。软件风险会对软件项目开发带来负面和消极的影响，甚至可能会导致软件项目失败。软件风险对软件项目造成的损失表现出不同的形式，如导致软件制品质量下降、软件开发进度滞后、无法满足用户的需求、软件开发成本上升等。

- 概率性。软件风险本身是一种概率事件，它可能发生也可能不发生。但是一旦发生，它势必会对软件项目产生消极影响。
- 可变性。软件风险的发生概率在一定条件下可以发生变化。风险事件可以转化为非风险事件，而非风险事件也可以转化为风险事件。

2. 软件风险的类别

软件项目开发会遇到各种形式的风险，下面列举一些常见的软件风险。

（1）计划编制风险

例如，计划、资源和制品的定义完全由客户或上层领导决定，忽略了软件项目组的意见，并且这些决定不完全一致；计划忽略了必要的任务和活动；计划不切实际；计划基于特定的软件项目组人员，而这样的项目组人员得不到；对软件规模和工作量的估算过于乐观；进度的压力造成生产率的下降；目标日期提前，但没有相应地调整软件产品的范围和可用的资源；一个关键任务的延迟导致其他相关任务的连锁反应，等等。

（2）组织和管理风险

例如，缺乏强有力、有凝聚力的领导；解雇人员导致软件项目组的能力下降；削减预算导致软件项目计划被打乱；仅由管理层和市场人员进行技术决策；低效的项目组织结构降低了软件开发生产率；管理层审查/决策的周期比预计时间长；管理层作出了打击软件项目组积极性的决定；非技术的第三方的工作（如采购硬件设备）比预期要多；项目计划性差，无法达到期望的开发速度；软件项目计划由于压力而被迫放弃，导致软件开发混乱；管理方面的英雄主义，忽视客观、确切的状态报告，降低了发现和改正问题的能力等。

（3）软件开发环境风险

例如，软件开发工具和环境不能及时到位；软件开发工具和环境到位了但不配套；软件开发工具和环境不如期望中有效；软件开发人员需要更换软件开发工具和环境；软件开发工具和环境的学习期比预期要长；软件开发工具和环境的选择不是基于技术需求，不能提供计划要求的功能等。

（4）最终用户风险

例如，最终用户坚持新的需求；最终用户对交付的软件制品不满意，要求重新开发；最终用户不买进项目制品，无法提供后续资金支持；最终用户的意见未被采纳，造成软件产品无法满足用户要求等。

（5）承包商风险

例如，承包商没有按照承诺交付软件制品；承包商提供的软件制品质量低下，必须花时间进行改进；承包商提供的软件制品达不到性能要求等。

（6）软件需求风险

例如，软件需求已经成为软件项目基准，但仍在变化；软件需求定义欠佳，存在不清晰、不准确、不一致等方面的问题；增加了额外的软件需求。

（7）软件制品风险

例如，错误发生率高的模块，需要更多的时间对它进行测试和重构；矫正质量低下的软件制品，需要更多的时间对它进行测试和重构；软件模块由于功能错误，因此需要重新对它进行设计和实现；开发额外不需要的功能影响了开发进度；严格要求与现有系统兼容，需要更多的开发时间；要求软件重用，需要更多的开发时间。

（8）人员风险

例如，招聘人员所需的时间比预期要长；作为软件工程师参与工作的先决条件（如培训、其他项目的完成等）无法按时完成；软件工程师与管理层关系不佳，导致决策迟缓、影响全局；项目组人员没有全身心地投入到项目中，无法达到所需的软件制品功能和性能需求；缺乏激励措施，软件项目组士气低下；缺乏必要的规范，工作失误增加，重复工作，工作质量降低；项目结束前，项目组人员离开软件项目组；项目后期加入新的软件开发工程师，额外的培训和沟通降低了软件项目组人员的开发效率；由于项目组人员间的冲突，导致沟通不畅，设计欠佳，接口错误和额外重复的工作；有问题的项目组人员没有及时调离软件项目组，影响其他成员的工作积极性；技术人员怠工，导致工作遗漏、质量低下，工作需要重做等。

（9）设计和实现风险

例如，设计过于简单，考虑不仔细、不全面，导致重新设计和实现；设计过于复杂，导致一些不必要的工作，影响工作效率；设计质量低下，导致重新设计和实现；使用不熟悉的方法，导致需要额外的培训时间；用低级程序设计语言编写代码，导致软件开发效率低；分别开发的模块无法有效集成，需要重新设计和实现等。

3. 软件风险管理方法

软件风险管理方法如图4.6所示。它包括风险评估和风险控制两个主要部分，目的是在软件风险影响软件项目实施前，对它进行识别和处理，包括识别风险（会有哪些软件风险）、预防和消除风险（最好不要让软件风险发生）以及制订软件风险发生后的处理计划（万一软件风险发生该怎么办）。

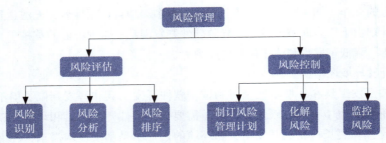

图4.6 软件风险管理方法

（1）风险评估

风险评估包括3个子活动：风险识别、风险分析和风险排序。①风险识别。在软件开发过程中，识别软件项目可能存在的各种潜在软件风险，并形成软件风险列表，它列举了软件项目在某个阶段存在的软件风险及其编号。②风险分析。评估所识别的各项软件风险发生的概率、估算软件风险发生后可能造成损失以及计算软件风险危险度（见表4.6）。对软件风险发生概率的评估可采用以下方法。由熟悉系统、有软件开发经验的人参与评估；可以由多人独立评估，然后进行综合。软件风险发生的概率既可以采用定量的表示方法（如0.1的发生概率），也可以采用定性的表示方法（如非常可能、可能等）。针对所识别的每一个软件风险，评估它们将对软件项目实施造成的损失，并采用"进度"、"成本"或者"工作量"等方式来表示这种损失。根据每个软件风险发生的概率和损失，计算出它们的危险度（危险度=风险概率×风险损失）。③风险排序。大量的软件工程实践表明，软件项目80%成本用于解决20%的问题。也就是说，软件开发过程中可能会出现大量的问题，其中20%的问题是核心和关键。软件风险管理重点关注其中的关键软件风险。关键软件风险是指那些危险度较高的软件风险。

表4.6　软件风险

风险编号	风险内容	风险概率	风险损失（人/周）	危险度（人/周）
1	软件项目规模的估算结果过于乐观	0.7	8	5.6
2	由于业务繁忙，用户没有足够的时间 配合软件需求分析小组开展需求调查工作	0.7	6	4.2
3	用户增加了额外的需求	0.8	5	4.0
4	需求分析人员不能按时到位	0.9	2	1.8
5	需求分析所需的软件工作尚未到位	0.5	3	1.5
6	软件产品的交付日期提前	0.2	4	0.8

注：黑体表示危险度高的风险

（2）风险控制

识别和分析风险并不是软件风险管理的最终目标。针对所发现的每一个软件风险，尤其是高危险度的软件风险，风险管理还需要对它们进行有效的控制，包括制订风险管理计划、化解风险、监控风险。

①针对每一个重要的软件风险，制订相应的处理该软件风险的计划。表4.7描述了软件风险管理计划示例。

表4.7　软件风险管理计划示例

软件风险管理计划	
风险编号	2
风险名称	小刘离开项目组
风险发生的对象	小刘
风险发生的原因	未知
风险可能发生的时机	两周后
消除风险的措施	由软件项目负责人小王与小刘交互，询问离开软件项目组的真正原因，并及时向高层反映情况
风险发生后的应对措施	让小陈接替小刘的工作

②执行风险管理计划，以缓解或消除风险。一般地，化解风险有以下几种方式。避免风险，采取主动和积极的措施来规避软件风险，将软件风险发生的概率控制为0。转移风险，将可能或者潜在的软件风险转移给其他的单位或个人，从而使得自己不再承担该软件风险。消除发生软件风险的根源，如果知道导致软件风险发生的因素，那么针对这些因素，采取手段消除软件风险发生的根源。

③监控风险。项目组人员和负责人必须对软件风险的化解程度及其变化（如发生概率、可能导致的损失和危险度）进行检查和监控，并记录收集到的有关软件风险信息，以促进对软件风险的持续管理。

4.3.6　软件质量保证

在软件开发过程中，软件项目组，尤其是软件项目负责人，不仅要考虑软件项目的进度，还要确保所开发软件制品的质量。提高软件系统质量的一个重要措施是在软件项目实施过程中对待开发软件系统的质量进行有效的管理。

1. 何为软件质量

软件质量是指软件制品满足用户要求的程度。可以从多个方面来理解此处所说的用户要求，包括用户期望的软件系统的功能、性能、可维护性、可操作性、可重用性等。

软件系统的质量表现为外在和内在两种形式。外在形式是指那些直接展示给用户的质量要素，如软件系统提供的功能是否完整、性能是否高效、人机交互界面是否美观、是否易于操作、安装是否简单等。内在形式是指那些不直接展示给用户（而是展示给软件开发者），但是与用户的需求息息相关的因素，如软件系统的模块化程度、软件系统的可维护性等。在软件开发过程中，软件开发工程师不仅要关注软件系统的外在质量，而且要关注其内在的质量。

2. 软件质量保证方法

软件质量保证（Software Quality Assurance，SQA）是指一组有计划和有组织的活动，用于向有关人员提供证据，以证明软件项目的质量达到有关的质量标准。一方面，软件质量保证是有计划和有组织的，而不是随机和任意的，想做就做，想不做就不做。因此，在软件项目开发之初，软件项目组应制订相应的软件质量保证计划，以指导软件过程中的质量保证活动。另一方面，软件质量保证要为软件制品的质量提供某种可视性，知道软件制品是否达到了相应的质量标准，是否遵循相应的标准和规程，发现软件系统中哪些地方有质量问题，便于改进方法和措施，提高软件制品的质量。

在软件开发过程中，软件质量保证一般要完成以下活动。

（1）了解软件制品的质量，如通过软件测试发现软件制品中的缺陷和问题。

（2）撰写和提交软件质量报告，如撰写软件测试报告来说明软件系统中的缺陷。

（3）给项目组和管理层汇报软件项目的质量情况，告诉他们软件制品存在的问题，便于改进管理和技术手段。

软件质量保证应从以下3个方面关注软件项目的质量。

（1）开发活动。软件项目组应对软件开发过程中的各项软件开发活动进行质量保证，如需求分析、软件设计、编程实现等，审查这些软件开发活动，并产生审查报告。例如，审查软件开发过程是否遗漏了某些软件开发活动（如评审）、软件开发活动是否遵循某些要求。

（2）软件制品。软件项目组要对软件开发的结果（即各种软件制品）进行质量保证。对文档类的软件制品（如软件需求规格说明书、软件设计规格说明书等）而言，应对它们进行审核并产生审核报告；对代码类的软件制品（如源代码和可执行代码）而言，应对它们进行测试以产生软件测试报告。

（3）标准和规程。为了规范软件制品和软件开发活动，确保其质量，软件项目组应在软件项目开始之时制定相应的标准和规程（如软件开发过程、软件需求规格说明书的编写规范），以指导软件项目的实施。

为了进行软件质量保证，软件项目组在项目实施之时应成立软件质量保证小组（即SQA小组）。软件质量保证小组负责制订软件质量保证计划，并按照计划执行各种软件质量保证活动（如审查、审核、测试等），从而获得软件系统的质量可视性。例如，在软件制品完成之后对它进行审核、在软件开发活动实施过程中对软件开发活动进行审查等。一般地，软件质量保证小组应独立于软件项目开发小组，如软件需求分析小组、软件设计小组等，拥有较大的权限，以便及时向管理层反馈有关软件质量方面的信息。软件质量保证小组在整个软件过程中具体应参与以下软件质量保证活动。

（1）制订软件质量保证计划。在项目实施之初，软件质量保证小组应负责制订软件质量保证计划，组织相关人员（如软件开发工程师、软件测试工程师等）对软件质量保证计划进行评审。

（2）制定标准和规程。在软件开发组织内部或软件项目组内部，软件质量保证小组需要参与制定相关的软件开发标准和规程，以规范软件开发活动和软件制品，从而确保软件过程和软件制品的质量。典型的标准和规程包括软件过程规程、需求管理规程、软件需求规格说明书编写规范、C++编程规范、Java编程规范等。

（3）审查软件开发活动。软件质量保证小组应审查每个软件开发活动是否遵循软件过程规范，包括每个软件开发活动的输入条件是否都得到满足，软件开发活动的执行是否遵循规范，每个软件开发活动的输出是否都已经产生，软件过程中所定义的各个软件开发活动是否都得到了执行，软件项目组所执行的每个软件开发活动是否都有意义且在软件过程规程中均有定义等。

（4）审核软件制品。软件质量保证小组应对软件过程中所生成的各个文档类软件制品（如软件需求规格说明书、软件设计规格说明书等）进行审核，判断它们是否遵循规范和标准，如软件需求规格说明书是否按照软件需求规格说明书编写规范来撰写，是否正确、一致，是否具有可追踪性等。

（5）测试程序代码。软件质量保证小组应和软件测试小组一起，对软件开发过程中生成的代码类软件制品进行测试，以发现软件系统中的缺陷，测试包括单元测试、集成测试、确认测试、系统测试等。

（6）记录开发活动和软件制品的偏差。软件质量保证小组应记录审查、审核和测试过程中发现的问题，对它们进行分析，并形成软件质量报告。

（7）将软件质量情况报告给高级管理者和相关人员。软件质量保证小组应将软件质量情况报告给管理层和其他相关人员，从而为管理者和相关人员了解软件系统的质量提供可视性。

软件质量保证是软件开发过程中一项不可或缺的活动，是确保软件系统质量的重要方式和途径。因此，软件质量保证应贯穿整个软件开发过程；软件质量保证应是预先规划好的，是有系统、有组织开展的；提供软件系统质量的可视性是软件质量保证的重要任务；要及时通知相关的个人和小组质量保证活动的结果（即软件质量报告）。

4.3.7　软件项目团队管理

人是软件开发的主体，在整个软件项目的实施过程中发挥着关键性的作用。软件项目所产生的各个软件制品都是通过人的逻辑思维活动产生的，因此如何对参与软件项目的人（不仅包括软件工程师，还包括用户和客户等）进行有效的组织和管理，发挥他们的主观能动性，提高他们的工作效率等，是软件项目管理的一项重要内容。

首先，需要组建软件项目团队，确定团队的结构，明确各成员（如软件项目经理、软件需求工程师、软件设计工程师、程序员、软件测试工程师等）的角色及其任务和职责，加强成员间的交流与合作，确保团队高效率地开展工作。通常软件项目团队由一帮志同道合的人组成，他们具有共同的目标，即在规定的时间和成本约束范围内开发出高质量的软件产品。不同的软件项目形式可能会需要不同的团队组织结构。例如，传统意义上的软件项目通常需要组建组织严密和纪律严明的开发团队，每个团队成员的分工明确，并要求按期和高质量地完成；开源软件的项目团队则是逐渐松散和自由的开发团队，并采用类似于社区的模式进行管理，团队成员基于自愿的原则来参与软件开发、完成开发任务。通常，扁平化的软件项目团队具有更为灵活的组织结构和更高的管理效率。

其次，要制定合理的团队纪律和激励机制。在软件项目实施过程中，软件项目团队需要明确相关的纪律，以确保团队成员以饱满的激情、高效率地开展工作。没有纪律的团队会成为一盘散沙，很难有战斗力，具体表现在：不遵循规范和标准来开发软件、不按照任务和约束（如进度）来开展工作、所产生的软件制品的质量难以得到保证、团队成员之间难以沟通和协商以及遇到问题相互推卸责任等。与此同时，团队还需要制定相应的激励机制来调动团队成员的积极性，使得他们能够全身心、高效率地进行开发，产生高质量的软件制品。例如，根据团队成员所开发软件制品的质量来进行奖惩，基于团队成员的贡献度等业绩进行奖励等。

4.3.8 软件项目管理示例

本小节以Mini-12306软件的开发为例，介绍如何开展软件项目管理。

> **示例** Mini-12306软件项目管理

为了进行Mini-12306软件的开发，需要开展以下的软件项目管理工作。

- 成立项目组，指定软件项目负责人，明确团队成员的任务。
- 根据客户的要求以及软件系统的相关需求，讨论和制订软件项目的实施计划。
- 根据计划开展软件项目的实施，跟踪项目计划执行的具体情况，发现执行过程中存在的问题和风险，并采取措施加以解决。
- 在项目实施过程中会产生多样化的软件制品，项目组要对这些软件制品进行质量保证，包括对模型和文档进行评审，对代码进行分析和测试。
- 在项目实施过程中会产生多样化的软件制品，包括模型、文档和代码等，要对这些软件制品进行标识和配置管理，并将它们纳入到基线。

4.4 与软件项目管理相关的规范和标准

ISO、卡内基梅隆大学软件工程研究所（Carnegie Mellon University/Software Engineering Institute，CMU/SEI）和诸多组织（如政府、军方和企业）制定了一系列规范和标准（包括ISO9001、GJB9001、CMM和CMMI、GJB 5000系列标准等），以指导软件项目实施和管理、软件过程改进和评价。

4.4.1 ISO9001系列标准

ISO9001是由ISO制定的质量管理体系认证标准，用于对特定组织（如企业）的质量体系进行认证，帮助组织确保和提升产品或服务的质量。它体现了质量管理哲学和质量管理方法及模式，是相关管理理论以及管理实践经验的总结。软件是一类特殊的产品和服务，ISO9001标准同样适用于研制软件产品的组织（如软件企业），帮助它们加强软件质量管理，确保和提升软件产品和服务的质量。

ISO9001标准的指导思想是，一个组织（如企业）所制定的质量体系应该满足企业的质量目标，所有的质量控制旨在减少或消除不合格的产品和服务。ISO9001标准包含以下核心内涵。①控制所有过程的质量，提供产品和服务的所有工作都是通过过程来完成的，组织的质量管理就是要对企业内各种过程进行管理，为此，质量体系应该覆盖产品和服务的所有过程。②控制过程的出发点就是要预防不合格，质量保证体系要充分体现以预防为主的思想。③质量管理的中心任务是建立并实施文件化的质量体系，典型的质量体系文件由以下内容组成：质量手册、质量体系程序和其他质量文件。④持续的质量改进，在实施过程中组织应根据发现的问题不断地改进质量体系。⑤定期评价质量体系，其目的是确保各项质量活动的实施及结果符合计划安排，确保质量体系持续的适应性和有效性。

相关组织（如企业）可根据ISO9001标准的具体要求，制定和实施针对特定产品（如软件）和服务的质量体系。第三方组织可依据ISO9001标准，对相关组织（如企业）的质量体系进行认证，以评判该组织的质量体系是否满足ISO9001标准。一般地，ISO9001质量体系认证具有以下特点。①认证的对象是相关组织提供的质量体系。ISO9001认证的对象不是组织（如企业）的某一产品或服务，而是质量体系本身。②认证的依据是ISO9001质量保证标准。③认证机构是第三方质量体系评价机构。为了保证认证的公正性和可信性，认证机构必须与被认证单位在经济上没有利害关系，行政上没有隶属关系。④一旦认证获得通过，认证机构将给被认证组织颁发证书，加以注册和公开发布，列入质量体系认证企业名录。

4.4.2　GJB9001系列标准

一些特定的组织（如政府和军方等）根据特定产品和服务的质量保证需要，制定特定的质量管理标准。我国军方根据军用产品的特点和要求，制定了GJB9001系列标准。该标准目前有多个不同的版本，包括1996年制定的GJB9001，2001年制定的GJB9001A，2009年制定的GJB9001B，2017年制定的GJB9001C。GJB9001系列标准同样适用和支持军用软件系统的研制，可确保和提高军用软件产品和服务的质量。参与军用软件研制的组织需要遵循GJB9001系列标准以进行军用软件产品的质量保证。

相较于GJB9001B，GJB9001C具有以下的变化和特点。

（1）进一步明确了领导作用。最高管理者应"对质量管理体系的有效性负责""确保质量管理体系要求融入组织的业务过程""确保组织内质量部门独立行使职权""确保顾客能够及时获得产品和服务质量问题的信息"。

（2）基于风险的思维，风险管理更为严格，要求实施风险管理并开展以下活动：风险评估、风险分析、风险识别、风险评价、风险应对。

（3）在"规范性引用文件"中列出了20多项国家军用标准（简称国军标），强调组织在引用这些国军标时，需考虑其适用性，避免其过使用或欠使用。

（4）用"产品和服务"替代了"产品"，以强调产品和服务之间的差异性[14]。

4.4.3　CMM和CMMI系列标准

1986年，CMU/SEI着手研究软件过程成熟度框架，以帮助组织（如软件企业）改进其软件过程以及帮助军方评估软件开发组织（如软件企业）承担软件项目的能力。经过4年多的试用，CMU/SEI于1991年正式发布了CMM1.0。在广泛征求企业、政府和学术界意见的基础上，CMU/SEI对CMM 1.0进行了修订和改进，于1993年正式发布了CMM 1.1。自CMM推出以来，它在帮助软件开发组织加强软件质量管理、降低开发成本、履行交付承诺、提升组织自身建设等方面发挥了极为重要的作用，也为政府和军方选择合适的软件承包商提供了有效手段。随着CMM应用的不断拓展，其影响力和作用范畴延伸到了软件工程之外的其他领域，如系统工程、安全工程、集成化产品开发等。这些领域也在参考CMM，建立起自己的能力成熟度模型，如IPD-CMM、FAA-iCMM等，导致相关的能力成熟度模型框架和术语等存在不一致和相互矛盾等问题。尤其是，越来越多的多学科交叉和多领域工程项目尝试利用CMM。这些问题和趋势促使CMU/SEI开发CMMI，以支持多学科和领域的系统开发、一致的过程框架，满足现代工程的特点和需求，提高过程的质量和工作效率，并于2000年发布第一个CMMI：CMMI-SE/SW/IPPD 1.0。

1. CMM概况

CMM将软件能力成熟度划分为5个等级，每个等级都有一组基本特征。

（1）初始级（Initial Level1，L1）。软件开发组织没有软件过程管理，软件开发是无序和混乱的，管理无章法，缺乏健全的管理制度。软件项目成功主要依靠软件开发精英的经验和能力。

（2）可重复级（Repeatable Level2，L2）。软件开发组织建立了基本的管理制度和规程，管理工作有章可循，开发工作能较好地按标准来实施，能够重复以前开发类似软件项目取得的成功。

（3）已定义级（Defined Level3，L3）。软件开发过程中的技术活动和管理活动均已实现标准化、文档化和制度化，建立了完善的培训制度和专家评审制度，所有技术活动和管理活动均可控制。

（4）已管理级（Managed Level4，L4）。软件开发组织对产品和过程有定量的理解，并以此为基础和前提来开展软件项目管理以及相关的决策和控制。

（5）优化级（Optimizing Level5，L5）。软件开发组织能有效地确定软件过程的优势和不足，并采用新技术、新方法和新手段不断改进和完善软件过程，提高组织的软件过程能力。

CMM框架借助逐层递进的5个等级来评定软件开发组织的软件过程能力和水平。概括而言，初始级是混沌和毫无章法的过程，可重复级是经过训练的软件过程，已定义级是具有标准一致的软件过程，已管理级具有可预测的软件过程，优化级是能持续改善的软件过程。

那么如何评定软件开发组织处于什么样的软件能力成熟度等级？处于某个软件能力成熟度等级的软件开发组织应关注哪些问题的解决？CMM提供了一组关键过程域（Key Process Area，KPA）以明确每个软件能力成熟度等级的软件过程能力须达成的目标、要完成的任务以及应开展的活动。CMM共提供了18个关键过程域。有些关键过程域与管理相关，有些与组织相关，还有一些与工程相关。此处的"关键"是指相关过程域是不可或缺、起着主导作用的。不同软件能力成熟度等级涵盖不同的关键过程域（见表4.8）。如果软件开发组织达成了某个软件能力成熟度等级所有关键过程域所对应的任务、目标和活动，那么该软件开发组织就具备该等级的软件过程能力。例如，可重复级包含6个关键过程域，包括需求管理、软件项目计划等。

表4.8 不同软件能力成熟度等级的关键过程域

等级/关键过程域	管理方面	组织方面	工程方面
L1初始级			
L2可重复级	- 需求管理 - 软件项目计划 - 软件项目跟踪与监控 - 软件转包合同管理 - 软件质量保证 - 软件配置管理		
L3已定义级	- 集成软件管理 - 组间协调	- 组织过程焦点 - 组织过程定义 - 培训程序	- 软件产品过程 - 同行评审
L4已管理级	定量过程管理		软件质量管理
L5优化级		- 技术更新管理 - 过程变更管理	缺陷防范

每个关键过程域都有其任务和目标。例如，"需求管理"关键过程域的目标是建立客户的软件需求，并使软件开发人员与客户对软件需求的理解达成一致。为了实现关键过程域的目标，每个关键过程域需要完成一组关键实践。通俗地讲，关键实践描述了达成关键过程域目标的基础设施以及管理和技术活动。例如，为了达成"需求管理"关键过程域的目标，该关键过程域需要开展诸如"获取软件需求""评审软件需求"等一系列关键实践。

软件开发组织（如软件企业）可以借助CMM框架，结合组织制定的软件开发章程、规范、标准和要求等，评价组织的软件能力成熟度处于什么样的水准，发现其中存在的问题和不足，从而有针对性地加以解决和改进，进而提升其软件能力成熟度水平。第三方评估机构可以依托CMM框架，针对软件开发组织提供的相关管理和技术文档等，通过文档评审、会议座谈、调查问卷、现场访问等多种方式，评价软件开发组织的软件能力成熟度等级。如果软件开发组织通过了某等级所有的关键过程域，则意味着该组织的软件能力成熟度达到了该等级的水平。

2. CMMI及其应用

CMMI是在CMM的基础上发展而来的，因而在整体框架结构上与CMM类似。CMMI-SE/SW和CMMI-SE/SW/IPPD框架集成了软件工程、系统工程、集成化制品和过程开发等3个过程改进模型。它针对组织的过程成熟度评价更为系统，针对项目的过程能力评估更为广泛。

CMMI同样包含5个成熟度等级，包括初始级、可重复级、已定义级、已管理级和优化级。不同于CMM，CMMI提供了24个关键过程域，并对相关关键过程域的名称和内涵做了适当的调整。例如，CMM中的"软件项目计划"关键过程域名称改为了"项目计划"，以突出所从事的项目不是纯粹的软件项目，可能是集成的项目。根据任务和活动的性质，CMMI的关键过程域可分为4类，包括过程管理、项目管理、工程和支持。

CMMI等级评估已经成为业界公认的标准，CMMI的证书成为一个组织（如企业）能力和形象的标志。通过CMMI评估，一个组织不仅可以改进和提升其软件过程和项目实施的能力，而且可以提高其市场竞争力，在项目竞标、产品质量保证等方面获得优势。随着CMMI的推广和应用，CMMI认证得到了各级政府和众多组织的关注和重视，越来越多的企业开始申请CMMI的咨询和认证。它对于提升整个软件行业的管理水平发挥着极为重要的作用。

4.4.4　GJB 5000系列标准

GJB 5000系列标准是由我国军方主导制定的军用软件能力成熟度模型。它有多个不同的版本，包括2003年颁布的GJB 5000-2003、2008年颁布的GJB 5000A-2008、2021年颁布的GJB 5000B-2021。GJB 5000B-2021自2022年3月1日起正式实施，2024年3月后全部贯彻实施GJB 5000B标准，并按此进行军用软件研制能力评价。GJB 5000系列标准规定了军用软件能力成熟度的模型和军用软件论证、研制、试验和维护活动中的相关实践，适用于军用软件论证、研制、试验和维护能力的评价和过程改进。相关组织（如软件企业）需要通过GJB 5000的认证以展示其军用软件能力成熟度的水平，并以此为资质参与军用软件研制的招投标。

相较于GJB 5000A，GJB 5000B做了以下改进和调整：将标准名称改为"军用软件能力成熟度模型"；标准的范围从研制扩展到软件全生命周期；模型结构由阶段式调整为连续式；"过程域"调整为"实践域"；成熟度等级、实践域名称及其内容等进行了本地化改进，通过新增、合并、调整，22个过程域变为21个实践域，分为组织管理类、项目管理类、工程类和支持类等4个类别；新增了"领导作用""实施基础""立项论证""同行评审""运行维护"5个实践域。

4.5　支持软件项目管理的CASE工具

目前业界有诸多CASE工具支持软件项目管理，包括：支持项目管理的工具，如Microsoft Project；支持配置和版本管理工具，如SourceSafe、ClearCase、Git、CodeArts Repo等。下面重点介绍一下Git和Microsoft Project。

4.5.1　Git

Git是一款开源的分布式版本控制软件。它可以有效地处理从小规模软件项目到大规模软件项目的版本管理工作，支持存储软件制品（如程序代码）、跟踪修订历史记录、合并代码更改等，可在需要时恢复较早的代码版本，广泛应用于各类软件系统（包括开源软件和闭源软件）的开发。

读者可在Git官网下载最新安装文件，运行安装软件，然后按照默认设置在系统目录中安装Git软件。一旦安装完成，就可以在终端命令窗口或Git图形化客户端中使用Git命令。

Git软件主要有以下两种用法。一种是图形化界面的方式，另一种是基于文本命令的方式。Git软件通常基于终端窗口、采用文本命令的方式进行操作。为了提高Git软件使用的友好性，人们开发出了TortoiseGit软件。这是一个支持Git操作的图形化客户端软件，它帮助用户通过图形化界面来完成Git的各项操作。读者可访问gitforwindows官网来下载和安装该客户端软件。

Git安装好之后需要执行git init命令在当前目录下生成一个.git目录，用于存储软件项目所有文件的变化。该命令会在本地的计算机上创建3个存储区域，分别是：本地工作区（Local Workspace）、本地暂存区（Index/Stage）和本地仓库（Local Repository）。

- 本地工作区：保存软件项目所有的目录和文件。
- 本地暂存区：临时存储软件项目中文件的变化。
- 本地仓库：保存软件项目中所有文件的变化记录，它是一个存放在本地的软件版本库。

通过这3个区域，Git可以帮助开发者实现离线的版本操作。Git提供了一组命令来完成相关的版本管理操作，其示意如图4.7所示。Git主要命令如下。

- add<file>：将指定的文件添加到暂存区。
- commit-m "<message>"：将暂存区的更改提交到本地仓库，并附上提交信息。
- pull<remote><branch>：从远程仓库获取最新版本并合并到当前分支。
- push<remote><branch>：将本地分支的更改推送到远程仓库。
- fetch <remote>：从远程仓库获取最新版本。
- checkout--<file>：检出文件，分支转换。
- clone <repository>：克隆一个远程仓库到本地。

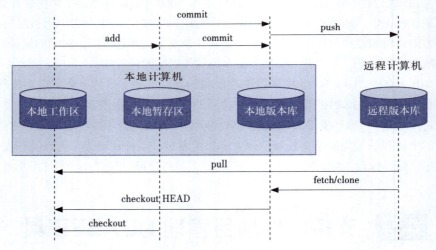

图4.7 Git操作示意

4.5.2 Microsoft Project

Microsoft Project是由微软公司研制的一款专门支持软件项目计划制订的软件工具。它可以帮助软件项目经理制订软件项目计划、为开发任务分配资源、跟踪软件项目进展、管理软件开发预算，分析软件开发工作量等。

用户可借助该软件工具绘制软件项目计划的甘特图和网络图，明确软件开发的各项活动，刻画活动之间的关系，描述活动实施的具体信息，包括何时开始、何时结束、哪些开发者需要参与、需要投入多少资源（如经费、工具）等。用户还可以针对所制订的项目计划分析项目的关键路径，发现项目实施过程中的关键活动。

4.6 软件项目经理

一个软件项目通常会配备一个或多个软件项目经理（Software Project Manager），以对软件项目的实施进行协调和管理。例如，微软公司在开发Windows 7软件项目时组建了25个功能团队，每个团队由40名开发人员、40名测试人员和20名软件项目经理组成。软件项目经理的主要职责是对软件项目进行有效的管理。例如，分析软件项目可行性，发现软件项目存在的风险，制订软件项目计划并跟踪计划的执行情况，对软件制品进行配置管理和质量保证等。此外，软件项目经理还充当协调者的角色，在软件工程师之间、软件工程师与用户和客户之间进行协调，促进他们之间的交流与协作。例如，与用户进行沟通以明确软件需求、协调多个软件工程师以解决某些关键问题等。

一般地，软件项目经理具有广泛的计算机专业知识，尤其是软件工程知识，具备较为丰富的软件开发经验。他还需要具备项目管理技能，能够对软件项目的制品、成本、人员、进度、质量、风险、安全等进行准确的分析和成效的管理，确保软件项目能够按照预定的计划顺利完成。此外，软件项目经理还需要很强的沟通和表达能力，具有较强的分析、推理和判断的能力，以及团队组织和管理能力。

4.7 本章小结和思维导图

本章围绕软件项目管理，分析了软件项目的概念和特点，介绍了软件项目管理的对象和内容，讨论了软件项目管理的方法及相关的规范和标准，推荐了若干支持软件项目管理的CASE工具，阐述了软件项目经理这一特殊的角色及其职责。本章知识结构的思维导图如图4.8所示。

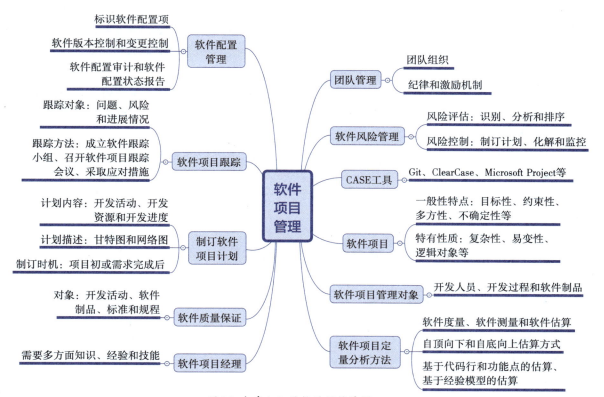

图4.8 本章知识结构的思维导图

- 软件项目是指针对软件这一特定产品和服务的一类特殊项目，具有不同于传统项目的特性，如易变性、复杂性等。
- 软件项目管理主要围绕开发人员、开发过程和软件制品这3个方面的对象开展管理，涉及软件过程定义和改进、软件度量、软件配置管理、软件风险管理、软件质量管理、软件项目计划、软件项目跟踪、软件需求管理以及团队建设和管理、团队纪律和激励机制等一系列的管理内容。
- 可以采用软件度量、软件测量和软件估算等方式来对软件项目的性质和属性进行定量的分析和描述。软件估算在软件项目管理过程中发挥着非常重要的作用，可采用自顶向下估算和自底向上估算两种方式，以及基于代码行和功能点的估算、基于经验模型的估算等多种方法。
- 软件项目应针对软件开发和管理活动的开展、资源的使用、进度的推进等方面制订计划，采用甘特图、网络图等来描述计划，在项目之初或者软件需求明确时就要制订计划，以指导项目的开展和实施。
- 在项目实施过程中需要对软件项目存在的问题、项目进展情况等进行跟踪，以发现软件项目实施的风险和偏差。
- 软件文档、源代码、可执行代码、数据、软件模型、规范和标准等都可以成为软件配置项。在软件开发过程中需要对软件配置项进行标识、版本控制、变更控制、配置审计和状态报告等软件配置管理工作。
- 软件项目实施会存在多样化的风险，如计划编制风险、组织和管理风险、软件开发环境风险、最终用户风险、软件需求风险、承包商风险、软件制品风险、人员风险、设计和实现风险等，需要采用风险识别、分析、排序、计划、化解、监控等一系列工作来进行软件风险管理。
- 软件项目管理应针对3个方面进行软件质量保证——开发活动、软件制品、标准和规程，并实施以下软件质量保证活动，包括制订软件质量保证计划、制定标准和规程、审查软件开发活动、审核软件制品、测试程序代码、记录开发活动和软件制品的偏差、将软件质量情况报告给高级管理者和相关人员。
- 在软件项目实施和管理过程中，组织（如软件企业）需要遵循相关的质量管理体系要求，如ISO9001、GJB9001等；遵循相关的规范和标准以改进和评估组织的软件过程能力，如CMM、CMMI、GJB 5000等。
- 软件项目管理的各项工作需要工具的支持，如Microsoft Project、Git、ClearCase等。
- 软件项目经理是专门负责软件项目管理的一类重要角色，他不仅需要丰富的软件工程知识和软件开发经验，而且要有很强的沟通和协调能力。

4.8 阅读推荐

- 韩万江，姜立新.软件项目管理案例教程：第4版[M].北京：机械工业出版社，2019.

该书以案例形式讲述软件项目管理过程，借助路线图讲述项目管理的理论、方法及技巧，覆盖项目管理十大知识域的相关内容，重点介绍软件这个特殊领域的项目管理。该书第1章首先介绍软件项目管理的基本内容，然后分成"项目初始""项目计划""项目执行控制""项目结束""项目实践"5篇来全面介绍如何在软件项目整个生命周期内系统地实施软件项目管理。"项目实践"篇基于前面4篇的内容，以具体实践项目为例讲述项目实践流程，展示实践结果。最后的附录给出了一些软件项目管理的模板，供读者参考。该书综合了多个学科领域，包括范围计划、成本计划、进度计划、质量计划、配置管理计划、风险计划、团队计划、干系人计划、沟通计划、合同计划等的制订，以及项目实施过程中如何对项目计划进行跟踪控制。该书取材新颖，注重理论与实际的结合，通过案例分析帮助读者消化和理解所学内容。

4.9　知识测验

4-1　与物理空间的项目（如三峡工程项目）相比较，信息空间的软件项目有何特点？

4-2　软件项目管理要管理哪些对象？针对这些对象，分别要管理哪些方面的内容？

4-3　软件度量、软件测量、软件估算之间有何本质性的区别？

4-4　软件项目实施完成之后，要获得关于软件项目的代码量、投入经费、软件复杂性等方面的定量信息，该活动是属于软件估算还是属于软件测量？

4-5　简要说明软件估算的结果有何用途，不准确的软件估算会带来什么样的后果。

4-6　软件项目计划要对哪些方面进行预先规划？如何确保软件项目计划的科学性和合理性？

4-7　如果一个软件项目计划是采用自顶向下的方式、由软件项目负责人制订出来的，这样的软件项目计划是否可用于指导软件项目的实施？为什么？

4-8　在软件项目实施的后期才制订软件项目计划是否有意义？为什么？

4-9　如果通过软件项目跟踪，发现软件项目的实际执行存在滞后的情况，此时软件项目的管理者应该采取什么样的措施？

4-10　软件设计规格说明书已经作为一个基线纳入到软件基线库中。如果软件设计工程师发现软件设计规格说明书存在某个问题要加以修改，此时他应该采取什么样的举措以获得该软件设计文档并加以改正？

4-11　结合课程综合实践，列举出10个你认为在软件项目实施中最为常见、易于发生的软件风险，并阐述若干手段来解决这些风险。

4-12　软件开发过程中的软件质量保证活动有哪些？它们是如何进行软件质量保证的？

4.10　工程实训

本章的实训任务需要完成头歌平台上相关章节的闯关实训，熟练掌握和运用Git工具，能够基于该工具开展分布式版本管理。此外，尝试使用Microsoft Project工具来制订软件项目计划。

（1）Git和GitHub等工具和平台的使用。访问GitHub官网，完成用户账号注册和登录，在本地计算机上安装Git软件，随后完成以下实训工作。

- 在GitHub上创建一个新的软件项目，创建项目的软件仓库。
- 在本地新建一个软件项目。
- 穿插练习git add、git commit、git log、git status等基本命令使用。
- 在远程版本库的主分支master上新建一个分支fix-1，在fix-1分支上添加新内容并提交。
- 提出一个新的Issue，写明Issue的标题、描述等信息，并将该Issue任务指派给某个开发人员。
- 针对某个Issue，与其他人进行必要的讨论，跟踪其状态。
- 在master分支上，对一个文件的某部分内容进行修改并提交；切换到fix-1分支，对同一个文件的同一部分的内容进行修改并进行比较；把fix-1分支合并到master分支并解决合并冲突；删除fix-1分支。
- 在本地版本库修改文件，提交Pull Request以合并修改的内容，同步到远程版本库。

（2）下载和安装Microsoft Project工具，结合课程的软件开发实践项目，制订该项目的软件开发计划，生成相应的甘特图，并思考和分析计划的合理性和科学性。

（3）访问头歌实践教学平台"国防科技大学课程社区"→"软件工程学习社区"→软件工程课程实训，完成"软件项目管理"中的实训任务。

4.11　综合实践

1. 综合实践一

- 任务：组建综合实践一的项目团队，建立项目仓库，度量项目的相关数据；精读和标注开源软件的程序代码。
- 方法：按照课程的要求组建综合实践一的项目团队（如2~4人为一个小组），在头歌平台上创建综合实践一的项目，从而生成该项目的仓库，并将原始的开源代码上传到主仓库之中；基于主仓库的程序代码，借助SonarQube等工具，对课程综合实践一的软件制品规模及其质量等进行度量，以获得关于综合实践一的定量性描述信息。逐行阅读开源软件（如MiNotes）代码，结合上下文详细了解各行代码的功能和作用。精读过程中如果遇到困难和问题，可到Stack Overflow寻找答案，或者在软件工程学习社区中交流讨论。在精读的基础上对程序代码中的类、方法、语句片段和语句等进行注释。
- 要求：组建项目团队，生成综合实践一的项目仓库，基于Git、SonarQube等工具对软件项目进行度量，具体包括：①源代码文件、模块和代码行数量；②程序代码的质量分析数据。精读是指要深入理解代码的具体语义内涵，理解为什么要这样编程，领会其中的编程要领和编程风格；精读和注释的代码要有一定规模，建议1000～3000行。
- 结果：综合实践一的项目团队和仓库以及项目的初始度量数据；理解开源代码的语义，给出程序代码的注释，可撰写技术博客来总结精读和标注的成果及心得体会。

2. 综合实践二

- 任务：组建综合实践二的项目团队，建立综合实践二的项目仓库。
- 方法：按照课程的要求组建综合实践二的项目团队（如3～5人为一个小组），在头歌平台上创建综合实践二的项目，从而生成该项目的原始仓库。
- 要求：组建项目团队，基于Git或者头歌平台创建项目及其仓库。
- 结果：综合实践二的项目团队和仓库。

第5章

软件需求获取

获取软件需求（Software Requirement）是软件开发的首要工作。只有获取了软件需求，才能对软件需求做进一步的建模和分析，也才能以此来指导后续的软件设计、编程实现和软件测试等工作。在实际的软件开发实践中，获取软件需求是一项极具挑战性的工作。本章聚焦于软件需求的获取，介绍何为软件需求，它有什么特性、类别、重要性；如何获取软件需求；结合Mini-12306案例详细阐述获取软件需求的方式、方法、过程；讲解软件需求文档化和评审；介绍软件可行性分析、软件需求工程师的职责以及支持需求获取的CASE工具。

5.1 问题引入

本质上，任何软件都是为了解决特定行业或领域的问题，并为其提供基于软件的解决方案。例如，铁路12306旨在为铁路旅客服务领域解决"买票难、买票费时费力"的问题。从这个角度来看，任何软件都有其服务对象，也称为软件的用户或客户，并需要为用户或客户解决现实世界中的问题，提供软件的功能和服务。因此，软件开发需要满足用户或客户的期望和要求，也称为软件需求。

获取软件需求的工作看似简单，实则不易开展且难以取得预想的结果，因为从具体的业务和实际的问题中提炼软件需求本质上是一项创造性的工作，为此必须寻求有效的方式和方法，帮助软件需求工程师针对特定行业或领域中的具体问题、站在软件利益相关方的视角诱导出或构思出软件需求。例如，类似于微信、QQ这类软件的需求并不是单纯从用户或客户那里获得的，而是要依靠软件工程师的构思和创造。

软件需求往往很隐晦，许多软件需求潜藏在繁杂的业务和领域知识之中，常常说不清、道不明，并且会经常发生变化。不同用户所提出的软件需求可能存在冲突，用户也可能会漏掉重要的软件需求，用户和开发者对软件需求的理解可能存在不一致、有偏差等，从而可能导致软件需求不完整、不翔实、存在冲突、有风险。为此，我们需要思考以下的问题。

- 何为软件需求？它有哪些形式？有何特点？
- 软件需求从何而来？如何获得软件需求？
- 获取软件需求难在哪里？会遇到哪些方面的问题？
- 哪些人员需介入到获取软件需求的工作之中？
- 如何描述获取的软件需求？怎样保证软件需求的质量？

5.2 何为软件需求

任何软件都有其利益相关方（Stakeholder）。他们是指从软件系统建设中受益或需与软件系统发生交互的人、组织或者系统。要理解软件的需求有什么、是什么，必须站在软件的利益相关方视角，分析他们会对软件提出什么样的期望和要求。

5.2.1 软件需求的概念

一般地，软件系统的利益相关方可以表现为以下几种形式。

1. 用户

软件的用户（User）是指使用软件并获得软件所提供功能的人或组织。例如，对Mini-12306软件而言，其用户包括旅客、售票员等。软件需要为用户提供功能和服务。当然，软件系统的用户还包括对软件进行管理和维护的相关人员。

2. 客户

客户（Customer）是指投资软件系统建设或委托软件系统开发的人或组织。他们从软件系统的建设中受益，如解决了他们所关心的业务问题、通过投资开发软件而获得经济利益等。例如，中国国家铁路集团有限公司是铁路12306的客户，它委托中国铁道科学研究院集团有限公司研发了铁路12306软件系统。还有一些组织通过投资研发软件来占领市场和获得收益。例如，微软公司投资研发了Windows软件系统。

3. 其他系统工程师

其他系统是指与待开发软件系统进行交互的其他软硬件系统。软件的利益相关方不仅可以表现为人或组织，还可以表现为一类系统。当前，越来越多的软件系统表现为系统之系统，即软件系统需要与其他独立的遗留软件系统进行交互和协作。这些遗留软件系统会对待开发软件系统提出要求，因而也是软件系统的利益相关方。遗留软件系统是指在组织（如银行、交通等）中已经存在并且一直使用的系统。例如，Mini-12306软件需要与公安部门的身份认证系统进行交互，通过访问其接口以检验用户身份的合法性，因而公安部门的身份认证系统遗留软件系统就成为Mini-12306软件的利益相关方。

4. 软件工程师

软件工程师（Software Engineers）既负责软件开发，同时也会结合各自的开发经验和业务认识，对软件提出要求。对一些软件系统（如腾讯公司的微信）而言，在开发早期，软件工程师很难找到该软件系统的实际用户，并从他们那里获得软件需求。在这种情况下，软件工程师需要充当软件用户来构思软件需求。实际上，许多互联网软件的需求来自软件工程师。

概括而言，软件系统的利益相关方既可以表现为人（如旅客），也可以表现为组织（如中国国家铁路集团有限公司），甚至是系统（如身份认证系统）。它们与软件系统存在某种形式的关联性，或使用系统，或与系统发生交互，或存在利益关系，或对软件感兴趣，或参与软件开发。

> **示例5.1** Mini-12306软件的利益相关方

（1）用户：旅客、售票员、系统管理员等。他们需操作该软件，以完成相关业务。

（2）客户：委托开发该软件的企业或组织。他们会对软件提出自己的期望和要求。

基于软件的利益相关方概念，下面可以从两个不同的角度来理解软件需求概念。从软件本身的角度，软件需求是指软件用于解决现实世界问题时所表现出的功能和性能等要求；从软件利益相关方的角度，软件需求是指利益相关方对软件系统的功能和质量，以及软件运行环境、交付进度等方面提出的期望和要求。本质上，软件需求刻画了软件系统能够做什么，应表现出怎样的行为，需满足哪些方面的条件和约束等要求。

5.2.2 软件需求的类别

概括而言，软件需求主要表现为以下3种形式：功能性需求（Functional Requirement，FR）、质量需求（Quality Requirement）和约束性需求（Constraint Requirement）。后两种形式统称为非功能性需求（Non-Functional Requirement，NFR）。

1. 功能性需求

软件的功能性需求描述了软件能做什么，具有什么功能，可提供怎样的服务。它刻画了软件在具体场景下所展现的行为及效果。软件的功能性需求大多来自软件的用户、客户和开发者群体。

示例5.2 **Mini-12306软件的功能性需求**

该软件系统的利益相关方会站在他们各自的角度，对软件提出功能性需求。

（1）旅客：查询车次、购票、退票和改签等基本功能和服务。

（2）售票员：查询车次，为旅客提供购票、退票和改签等基本功能和服务。

（3）系统管理员：对系统进行管理和设置，如创建售票员的账号和密码、设置车票提前购买日期等。

2. 软件质量需求

软件质量需求是指软件的利益相关方对软件应具有的质量属性所提出的具体要求。软件的质量属性既包括内部质量属性，也包括外部质量属性。通常而言，软件系统的客户、用户、开发者群体或者与软件发生交互的其他系统都会对软件的外部质量属性提出要求，如运行性能、可靠性、易用性、安全性、私密性、可用性、持续性、可信性等。软件系统的开发者群体还会对软件系统的内部质量属性提出要求，如软件的可扩展性、可维护性、可理解性、可重用性、可移植性、有效性等。

示例5.3 **Mini-12306软件的质量需求**

（1）售票员：要求界面简洁、易于操作，系统可靠性高、运行流畅且操作反馈速度快，操作界面反应控制在1s内。

（2）系统管理员：除了上述质量需求外，还期望软件具有安全性，能够抵御外部的网络攻击。

（3）旅客：除了上述质量需求外，还期望软件具有私密性和可信性，能够保护旅客在系统中的个人敏感信息（如身份证号和银行账号等）。

用户或客户通常关注软件系统的功能性需求。因为对他们而言，软件只有首先满足了功能性需求才有实际的意义和价值。如果Mini-12306软件不支持在线实时购票，则这一软件对旅客而言就没有吸引力。

近年来，随着软件系统与物理系统（如飞机、机器人、无人机、火车、核电站、汽车等）、社会系统（如人群或者组织）的日益融合，软件质量需求变得日益重要和关键。功能性需求的缺失只会导致软件缺少某些服务，不好用不易用，但是如果某些质量需求被忽视或缺失，则会使得软件不能用，严重时会导致重大的生命和财产损失。例如，在Mini-12306软件中，如果不对软件的私密性和安全性等提出明确需求，则软件系统将无法保证旅客的私密信息，这样的软件系统显然谁也不敢用。

3. 约束性需求

约束性的需求是指软件的利益相关方对软件系统的开发成本、交付进度、技术选型、遵循标准等方面提出的要求。站在客户或开发者的视角，软件开发是一项工程，需要投入资源和成本，产品交付需要时间。为了获益，他们会对软件产品的开发成本和进度提出明确要求。

示例5.4 Mini-12306软件的约束性需求

投资建设该软件的客户会对该软件系统的开发提出明确的约束性需求，以控制产品的研发成本，尽快将该产品投入市场以获利，如将开发成本控制在100万元以内，在6个月之内交付该软件产品，软件前端需要部署在Android、iOS、鸿蒙等操作系统下运行等。

软件需求描述了软件系统有什么需求、需要解决什么问题，即What，而不关心如何来实现软件系统、采取什么样的技术和途径来解决问题，即How。软件系统的利益相关方所提出的任何期望和要求并不都是软件需求，只有归属于这3种形式且与该软件相关的期望和要求才是软件需求。软件需求的类别如表5.1所示。

表5.1 软件需求的类别

类别	内涵	关注的利益相关方	示例
功能性需求	软件具有的功能、行为和服务	用户、客户、开发者群体、其他系统	查询车次、购票、退票、改签等
软件质量需求	内部质量需求	开发者群体	可维护性、可扩展性、可理解性、可重用性等
	外部质量需求	用户、客户、其他系统	界面操作响应时间要控制在1s内
开发约束性需求	软件开发需满足的要求	客户、开发者群体、其他系统	在6个月内交付产品，成本控制在100万元以内

5.2.3 软件需求的特性

软件需求通常呈现出以下特性。

- 隐式性。软件需求来自软件的利益相关方，然而，软件系统的一些利益相关方隐式存在，软件需求工程师很难辨别，甚至会遗漏掉一些重要的利益相关方。例如，软件需求工程师通常很容易识别出软件系统的潜在用户和客户，但常常会忽视或遗漏掉与软件系统发生交互的其他系统，它们也是软件的利益相关方，也会对软件提出各种要求。
- 隐晦性。由于软件的逻辑特征，对许多利益相关方而言，他们在开发初期很难直接和直观地表达出对软件的期望和要求。即使给出了软件需求的描述，也常常存在不清楚、不明确等问题。
- 多源性。一个软件系统可能存在多个利益相关方，他们会站在各自的立场来提出对软件的期望和要求，因而软件需求可能会源自多个不同的利益相关方，他们甚至可能提出相冲突和不一致的软件需求。
- 易变性。随着软件利益相关方对软件认识的不断深入以及其他相关系统的不断演化，他们对软件提出的期望和要求也会经常性地发生变化。尤其对复杂软件系统而言，用户和客户对软件需求的认知是一个渐进性的过程。
- 领域知识的相关性。不管是应用软件还是系统软件或支撑软件，它们都有其所属的业务领域。例如，Mini-12306软件与铁路旅行服务领域相关。软件需求的内涵与软件所在领域的知识息息相关。软件需求工程师只有深入理解和掌握了业务领域知识，才有可能清晰和准确地理解软件需求。例如，Mini-12306软件的许多需求描述（如商务座、退票、补票等）都与铁路旅行服务领域的知识相关联。这就需要软件需求工程师深入理解和掌握软件所在业务领域的相关知识。

- 价值不均性。不同的软件需求对其客户和用户而言所体现的价值是不一样的。这意味着有些软件需求极为关键，属于核心需求，不可或缺，缺少了这些需求，软件就失去了"灵魂"。有些软件需求可有可无，起到锦上添花的作用，属于外围需求。例如，对Mini-12306软件而言，购票、退票和改签等功能都属于核心需求，而餐饮预订等功能属于外围需求。

5.2.4 软件需求的重要性

任何软件都有其需求。软件需求对软件系统的研制和开发而言极为关键。高质量的软件需求可有效推动软件设计和实现，有助于生产出成功的软件产品；反之，低质量的软件需求必然会导致失败的软件产品，因此软件需求的重要性不言而喻。软件需求的重要性主要体现在以下几个方面。

1.软件的价值所在

软件系统的客户之所以要投资研制软件，是因为软件能够帮助其解决特定行业或领域的问题，或者能够帮助其获得经济或社会影响等方面的利益。用户之所以要使用软件，是因为软件能够为其提供所需的功能和服务，为其带来学习、生活和工作上的便利。软件需求本质上反映的是软件的客户和用户等利益相关方的期望和要求。正是有了软件需求，一个软件才有意义，才能赢得客户的投资，得到用户的认可，进而产生社会和经济价值。对许多软件而言，尤其是互联网软件（如智能手机上的App），能否为用户提供核心需求决定了该软件能否赢得用户、占领市场。例如，Mini-12306软件为用户提供了购票、改签等关键功能，方便了用户乘车出行，从而吸引大量的用户安装、使用。正因为如此，当研制一个软件系统时，软件需求工程师需要与用户或客户深入沟通，从他们那里获得有意义的软件需求，或者对软件需求进行充分的构思，以产生有价值的软件需求。

2.软件开发的前提

获取软件需求是软件开发的基础和前提。只有明确了软件需求，软件开发者才能以此来指导软件开发，开展软件设计、编程实现、软件测试等一系列的工程化生产工作。如果将软件开发视为一类问题求解，那么软件需求实际上对应问题本身，而软件开发则给出了问题的解决方法。因此，如果软件需求不清，则意味着问题不明，从而导致软件开发者迷失方向，不知道如何开展开发工作。因此，对于每一次软件开发迭代，软件开发者必须清晰地界定并明确地定义本次迭代需要实现的软件需求。大量的软件开发实践表明，"需求不清不明"是导致软件项目失败的主要因素之一。例如，丹佛机场行李处理系统、佛罗里达州的福利救济系统等软件项目在开发之时都存在不同程度的需求不明问题，直接影响软件项目的开展，最终导致这些项目失败。

3.软件验收的依据

任何一项工程或产品完成之后，都需要对其进行验收，以确认所实施的工程和研制的产品是否满足了用户和客户的各项要求。软件系统的开发和研制也不例外，软件开发者完成了软件项目开发并产生了软件产品之后，需要对软件系统进行验收。软件项目验收的依据就是软件需求，即开发者、用户和客户要围绕软件需求，判断各项软件需求（包括功能性需求、质量需求和约束性需求）是否得到满足。例如，是否实现了所有的软件功能，是否满足了各项质量要求，是否遵循了各项约束等。因此，如果软件需求定义不明，势必造成验收标准不清，软件验收工作也将很难开展。

5.3 获取软件需求的方式、方法和过程

要从软件利益相关方处获得软件需求并不是一件简单的事情，对软件需求工程师而言，他需要借助软件工程所提供的一系列方式和方法的指导。

5.3.1 获取软件需求的方式

获取软件需求的任务是要针对待开发的软件系统，考虑其开发的目的和动机，从软件的利益相关方那里获得软件需求，并对其进行整理、加以描述，形成初步的软件需求，从而为后续的需求分析工作奠定基础。因此，获取软件需求是要解决软件需求从无到有的问题，是一项创新性的工作。例如，Mini-12306软件的需求实际上颠覆了传统的火车票购买方式，形成了一种基于软件、全新的购票业务模式。软件需求工程师需要充分了解软件需求的利益相关方，借助软件开发者及互联网大众的智慧，参考和借鉴已有的软件系统，从多个源头和渠道、采用多种方式和手段来获取软件需求（见图5.1）。

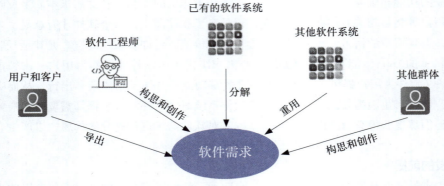

图5.1 获取软件需求的方式

1. 从用户和客户处导出软件需求

在获取软件需求的过程中，如果在现实世界能够找到软件系统的潜在用户和实际客户，那么软件需求工程师可以通过与这些用户和客户进行交互，从他们那里导出软件系统的需求。例如，如果要为银行开发一个业务系统，那么银行通常会有实际的业务人员来参与软件开发，提出软件需求。然而，软件需求并不等同于实际的业务流程，而是要将其转化为基于软件的业务处理新模式。因此，即使能够找到实际的用户和客户来配合需求获取工作，他们通常也很难想明白软件需求是什么，并将需求清晰地告诉软件需求工程师。为此，软件需求工程师需与用户和客户一起，通过持续和深入的沟通，以及对业务流程和领域知识的理解，引导用户和客户提出它们的要求，挖掘出潜在的软件需求。

2. 通过分解系统需求来产生软件需求

许多软件系统并不是独立存在的，而是作为更大系统的一个组成部分，负责完成整个系统的部分需求。许多软硬件相结合的信息物理系统就是一类这样的系统。整个系统由诸多硬件、软件系统组成，软件系统负责其中的部分功能，并需要与硬件系统相集成和交互，一起实现整个系统的功能。例如，飞机的飞行控制系统是一个软硬件相结合的复杂信息物理系统，其中的部分功能由硬件系统来完成，部分功能由软件系统来完成，并且要确保硬件系统和软件系统之间的交互和协作。在这种情况下，软件需求工程师需要与整个系统的工程师进行合作，对整个系统的需求进行分解，并确定软件系统需要实现的功能。

3. 重用现有软件的需求

当前人们已经开发出大量的软件系统，应用于各行各业。据统计，在GitHub和Gitee上就有上千万个不同的软件系统。在实际的应用中我们可以发现，许多软件系统针对相同的问题、提供了相类似的功能。例如，智能手机上的导航软件就有许多种，如百度地图、腾讯地图、高德地图等；浏览器软件有IE、谷歌浏览器、360浏览器等。当开发一个软件系统时，如果类似的软件产品已经存在，软件需求工程师可通过对已有软件产品功能和特点的分析，产生和形成待开发软件系统的需求。

4. 通过开发者构思软件需求

软件开发者（包括软件需求工程师）也可以作为软件需求的提出者，充当软件的用户或客户，提出软件需求。例如，软件需求工程师结合自身对业务需求的理解以及软件开发经验，提出一些用户没有想到或考虑的软件需求。许多软件系统，尤其是互联网软件，其软件需求创意主要来自软件开发者自身。他们发现现实世界中的实际问题，构思出有创意和有价值的软件需求，提出软件开发的构想。例如，智能手机上的许多软件（如游戏软件），其开发的原动力不是来自特定的组织也不是软件的用户，而是软件开发者。

5. 激励互联网群体贡献软件需求

开源软件的成功实践告诉我们，互联网上的开放群体是一支开展软件需求创作的重要力量。采用群智的方式来创作软件需求已经成为一种开源软件创新实践的重要方式。在开源社区中，大量的外围开发者围绕开源软件提出各种需求构想，产生大量的Issue，由此推动开源软件的持续演化。

获取软件需求既是一项多方人员共同努力的集体性智力工作，也是一项集成多方智慧的创造性工作，以针对具体问题提出基于软件的解决方案，形成软件的功能性和非功能性需求。在具体的软件开发实践中，高质量地完成这项工作实非易事，会面临诸多困难和问题。

1. 软件需求想不清

软件创作并非简单地实现应用领域中的业务流程，而是要将业务流程进行改造，形成基于软件的解决方案。软件的利益相关方虽然对业务流程非常熟悉，但是要对业务流程进行改造、形成软件需求实则较为困难。用户在软件开发之初往往提不出太多的软件需求，但是随着开发的推进以及软件的使用，用户才开始逐步"醒悟"过来，产生更多的需求想法。这一状况同样发生在软件开发者身上。一些学者将这一现象称为"用得越多，需求就越多"。例如，对Mini-12306软件而言，它绝对不是简单地实现传统"车站窗口"的售票模式，而是要将其改造为一套基于软件的信息系统解决方案，因而需要对售票业务流程进行必要的调整和优化。此外，一些待开发的软件系统可能是全新的，在现实世界没有可模仿和参照的对象。在此情况下，软件的利益相关方和软件需求工程师要构思出软件需求将变得更加困难。

上述困难易导致软件需求不足（Deficiency），具体表现为：软件需求没有完全和准确地反映现实需要，缺失一些关键软件需求，会产生一些无意义和无价值的软件需求。这些状况极易导致软件项目的失败。

2. 软件需求道不明

即使软件系统的利益相关方想清楚了如何通过软件来解决问题，他们也常常道不明软件需求的具体内涵，很难清晰、准确和翔实地讲明白软件需求是什么。一般地，一项具体的软件需求应提供足够多的信息，需回答以下6个方面的问题。

- Who，即谁会关心某项软件需求，他们有何特点和诉求。
- What，即该项软件需求的内涵是什么。
- Why，即为什么需要该项软件需求，它想解决什么样的问题。
- Where，即软件需求归属于哪些子系统。

- How，即该项软件需求包含哪些行为，它们是如何来解决问题的。
- When，即什么时候需要该项软件需求。

上述需求获取困难同样易导致需求获取不到位，具体表现为：软件需求不明确，软件需求内容不翔实，软件需求质量低等，不仅难以有效地指导后续的软件设计和实现工作，而且极易导致软件产品和项目开发的失败。大量的软件开发实践表明，软件需求不到位和不足意味着软件项目需要返工，会导致进度延缓和迟滞。

5.3.2 获取软件需求的方法

为了从利益相关方那里获得待开发软件系统的需求，软件需求工程师需采取有效的方法和策略来开展获取软件需求的工作。

1. 面谈（Interview）

软件需求工程师可以和软件系统的用户或客户等展开面对面的交流。该方法既可以帮助软件需求工程师理解业务问题和领域知识，如车票退票收费的政策是什么，也有助于软件需求工程师从用户或客户那里逐步导出软件需求，并理解每一项软件需求的内涵。例如，Mini-12306软件项目的软件需求工程师可以与售票员进行面谈以获得软件需求。

2. 问卷调查（Questionnaire）

如果软件系统的用户不明确，找不到具体的人群来具体配合软件需求工程师开展需求获取工作，或者用户的数量非常庞大，难以通过面谈来获得他们的想法和需求，此时可以采用问卷调查的方法。调查问卷的内容要有针对性，尽可能采用选择题，以减少用户填写问卷的工作量，这样才会有更多的用户愿意填写调查问卷；问卷所提出的每一个问题要描述得很准确，每一个选项的内容要清晰，以便用户选择。例如，Mini-12306软件项目的软件需求工程师可以设计调查问卷以征集互联网用户对Mini-12306软件的期望和要求。

3. 头脑风暴构思（Brainstorming）

如果对获取软件需求无从下手，或者需要做深入的需求构思和创作，此时可将与软件系统相关的一帮人组织在一起，进行非正式的、开放的、甚至没有明确主题的散漫讨论，从中捕捉软件需求的灵感和认识。该方法适用于那些需要对软件需求进行开放构思和自由创作的软件系统。例如，为了更好地解决空巢老人的看护问题，软件开发者可以在一起进行头脑风暴，以寻求更有创意和独特的软件解决方案。例如，Mini-12306软件项目的软件需求工程师可以组织软件开发团队成员一起来构思软件需求。

4. 业务分析和应用场景观察

如果软件系统的用户或客户可以提供业务应用的详细资料，那么软件需求工程师可以分析这些业务资料，从中学习业务流程和领域知识，掌握领域术语和概念，了解业务处理细节，帮助用户导出有价值和有意义的软件需求，并加强对软件需求的理解和认识。例如，Mini-12306软件项目的软件需求工程师可以研读和分析铁路部门的相关业务培训资料来了解具体的售票业务流程、政策法规、实施细节等。

如果软件系统对应的业务在现实世界中有实际的应用场景，那么软件需求工程师可以去实际的场所进行现场观摩，以更为直观和具体地了解现实世界中的业务细节，加强对业务流程的理解，发现业务应用有待解决的问题。例如，Mini-12306软件项目的软件需求工程师可以到一线的售票窗口进行观察，具体了解旅客和售票员的完整售票流程，分析当前业务存在的问题，构思和提出基于软件的解决方案。

（1）软件原型

软件原型（Prototyping）方法是指软件需求工程师根据用户的初步需求描述，快速构造出一个可运行的软件原型，以展示基于软件的业务操作流程以及每一个步骤用户与软件之间的交互。用户可以通过操作和使用该软件，分析软件需求工程师是否正确地理解了他们所提出的软件需求，发现软件原型所展示的软件需求中存在的问题，导出尚未发现、新的软件需求。该方法以软件原型为软件需求工程师和用户之间的交流媒介，有助于直观地展示软件需求，激发用户投入到需求讨论和导出之中，因而是一种极为有效的需求获取和分析方法。例如，Mini-12306软件项目的软件需求工程师可以根据利益相关方反馈的软件需求，快速构造出软件原型并交给旅客或售票员使用，获得他们的反馈，进而获得更为准确、翔实的软件需求。

（2）基于智能化工具

一些大模型工具（如ChatGPT等）可帮助软件需求工程师和用户导出和细化软件需求。软件需求工程师最初只有一些笼统的软件需求，如要开发一个类似于铁路12306的软件系统。他通过向ChatGPT描述该开发任务，ChatGPT可将抽象、笼统的概念化需求转化为明确、具体化的软件需求，从而帮助软件需求工程师完成需求导出和细化的工作。

在整个需求工程过程中，软件需求工程师有必要与软件系统的用户、客户或其他相关人员一起，组建一个需求工程联合工作小组，以更好地促进不同人员之间的交流与合作，及时发现软件需求的相关问题，持续地从用户或客户处导出软件需求。

5.3.3　获取软件需求的过程

获取软件需求涉及一系列的工作，包含多方面的任务，会产生多种软件制品，需循序渐进和有序地开展，因而需要遵循相关的过程（见图5.2）。软件需求工程师、用户、客户甚至软件开发者都需要参与到这一过程之中。

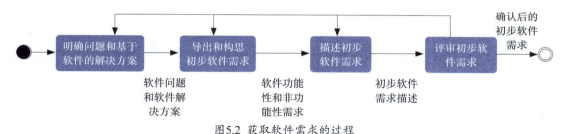

图5.2　获取软件需求的过程

1. 明确问题和基于软件的解决方案

该步骤的任务是：明确待开发软件系统欲解决什么样的问题，给出清晰的问题描述；明确如何通过软件来解决问题，需要集成哪些其他的系统（包括物理系统或遗留软件系统）、与它们进行怎样的交互（包括数据和服务的共享）等；界定软件系统的目标和范围，讲清楚软件系统要做什么、不做什么。

该步骤的目的是清晰地界定软件欲解决什么样的问题。该问题不是泛泛而谈的，而是与特定领域及其业务相关联的。实际上，任何客户投资开发软件系统都有其明确的目的，或提高工作效率，或解决业务瓶颈问题，或提升业务服务水平和质量等。例如，Mini-12306软件与铁路旅客服务这一领域及业务相关联，中国国家铁路集团有限公司投资研制该软件的目的是改变落后的旅客服务和业务模式，提高旅客服务质量，降低旅客服务成本。

软件需求工程师需要与软件的用户和客户进行充分的交流，深入了解当前领域相关业务的实际情况及存在的问题，清晰理解客户的意图和动机，在此基础上明确软件所要解决的问题。一般地，这些业务问题反映在现实世界的具体业务流程之中。软件需求工程师需要与客户、用户一道，在观察业务流程、分析业务问题、深入调查研究等的基础上，逐步明确和聚焦软件欲解决的问题，切忌"拍脑袋"想一些不切实际的问题。举个例子，如果有到火车站彻夜排队购票的经历，就非常清楚铁路旅客服务存在什么样的问题。在定义软件欲解决问题的过程中，软件需求工程师需注意以下几个方面的事项。

（1）开展调研分析，切忌"拍脑袋"想问题。软件需求工程师必须针对相关应用领域以及相应的问题进行调查研究，与客户和用户进行沟通，查阅相关的文献和资料，了解领域现实状况和实际需求，分析已有技术和产品，掌握问题解决的现有方式和方法，了解客户和用户的诉求及动机，在此基础上形成对软件问题的理解、认识和判断，软件问题的提出和分析要做到有理有据，不能凭空想象或者"拍脑袋"构思问题及其解决方案。例如，软件需求工程师必须通过深入调研来掌握空巢老人看护的现有方法，对比分析这些方法的特点和不足，只有这样才能找准问题。

（2）反复论证，寻找适合软件解决的问题。定义软件问题需要进行缜密的论证。在掌握业务问题的基础上，要对所关注的问题进行反复思考、推敲、研究和论证，分析哪些问题适合通过软件来解决、如何通过软件来解决等。例如，铁路旅客服务存在诸多现实问题，如购票难、候车环境差、公厕少等。显然购票难这一问题非常适合通过软件来解决，而候车环境差、公厕少等问题则光靠软件是无法解决的。对空巢老人看护而言，软件适合解决老人的状况分析和通知等问题，无法解决突发情况下的现场抢救等问题。因此，定义软件问题既要针对实际的业务问题，也要考虑到软件的特点及能力范围，放弃一些不切实际的软件问题。

（3）寻求有意义、有价值的软件问题，否则由此导出的软件需求就缺乏基石，所开发的软件系统就会失去用户和市场。软件问题要有意义是指它针对的是业务领域中的实际问题，软件问题要有价值是指软件问题的解决有助于提高业务效率和质量，降低业务成本，创新业务模式等。例如，Mini-12306软件就是要解决买票难的业务问题，如果它能支持用户随时随地在线购票，那么它就从根本上解决了这一问题。

一旦明确了软件欲解决的问题，下面就要思考如何通过软件来解决问题。需要强调的是，该项工作是要在宏观层面寻求基于软件的问题解决方案，不要涉及具体的技术细节；要确保解决方法总体上有效，能够取得更好的问题解决效果，例如，提高了效率、降低了成本、减少了人的介入、提高了质量等。

计算机软件既可以完成各种复杂计算，也可以作为一种黏合剂来连接不同的设备和系统，实现不同设备和系统之间的交互和协同，从而解决问题。软件需求工程师可将计算机软件作为工具，并与其他的物理设备（如可穿戴设备、机器人、无人机、物联网、智能手机等）或者信息系统（如云服务、遗留软件系统、大数据中心等）进行集成和综合，从而为问题解决提供新颖和有效的途径。

示例5.5　Mini-12306软件的解决方案

Mini-12306软件采用Web页面或手机App形式，帮助旅客完成车票购买等操作。

- 旅客需实名注册，提供其身份证号、银行卡号、手机号等个人信息，系统需与公安、银行、手机运营商等组织的信息系统进行交互，以核实和验证旅客个人信息的真实性。
- 软件系统借助在线支付（如微信支付、支付宝支付、网上银行支付等）的功能和服务，帮助旅客实现线上的购票、退票或改签。

基于上述解决方案，旅客购票是由基于计算机软件的信息系统来完成的，而非依靠传统窗口购票的形式。这一方法可以极大地提升旅客购票的便捷性、友好性和快速性，减少购票的投入和成本。

软件需求工程师需要在解决方案的基础上，进一步明确方案的业务目标，描述软件的范围，确定软件的边界。方案的业务目标描述了基于软件解决方案的关注点以及要达到的指标，软件的范围说明了软件需要完成哪些业务领域中的功能，软件的边界描述了软件的界限，即哪些要素属于软件、哪些不属于软件，哪些需求要由软件来完成，哪些需求由其他设备和系统来完成。例如，购票、退票和改签等功能属于Mini-12306软件系统的业务范畴，而身份核实、线上支付、短信通知等功能属于相关组织遗留信息系统提供的功能，不属于Mini-12306软件系统的范畴。

2. 导出和构思初步软件需求

在识别软件利益相关方的基础上，从软件利益相关方那里导出软件需求，或者针对软件欲解决的问题，构思出软件系统的需求，形成初步的软件需求，包括功能性需求和非功能性需求。

（1）识别软件的利益相关方

根据前面所述，软件需求来自软件的利益相关方。因此，要获取软件需求，首先要搞清楚软件系统有哪些利益相关方。软件需求工程师需系统地分析是谁提出了软件开发任务，有哪些人群、组织需要使用和操作软件，有哪些系统需要与软件进行交互，这些人群、组织和系统就构成了软件系统的利益相关方。需要说明的是，软件系统的利益相关方可以表现为特定的人群和组织，也可以是一类系统。不仅软件用户和客户可以是软件的利益相关方，软件开发者也可以成为软件的利益相关方。例如，Mini-12306软件的利益相关方包括旅客（Passenger）、售票员（Ticket Seller）和系统管理员（Administrator），他们会站在各自的视角对软件系统提出需求。

（2）导出和构思软件的功能性需求

一旦确定了软件的利益相关方，软件需求工程师就可站在这些利益相关方的角度，采用以下方式来获取软件需求。功能性需求是软件需求的主体，它刻画了软件系统具有哪些功能和行为，可提供什么样的服务。获取功能性需求是软件需求分析阶段的一项主要工作。

如果在现实世界中可以找到利益相关方的具体人群或者代表，那么软件需求工程师可以通过与这些人交互，听取他们对软件的期望和要求，从他们那里导出软件需求。例如，Mini-12306软件的利益相关方包含旅客，可以在火车站的候车厅找到具体的旅客，并通过与他们的交流来理解他们对软件的诉求，进而形成软件需求。对一些业务管理系统而言，如银行服务系统，软件系统的客户会组织相关的人群（如银行工作人员）专门配合软件项目团队来提出软件需求。在此情况下，软件需求工程师可以与这些人员进行充分的交流和持续的沟通来了解他们的日常工作流程、掌握业务的实施方式，从他们那里导出软件需求。

如果在现实世界中找不到利益相关方的具体代表，此时软件需求工程师需充当软件利益相关方的角色，站在他们的视角来构思软件需求。许多软件系统（尤其是互联网软件）在其开发初期找不到具体的用户，更谈不上依靠他们来提出软件需求。例如，对微信而言，虽然该软件有其潜在的用户群体，但在该软件开发之时，开发团队无法找到具体的用户。在这种情况下，软件开发者需要针对软件需求开展创作，结合软件解决方案，提出可有效促进问题解决的软件需求。尤其对那些没有现成软件可参考和借鉴的软件系统而言，软件需求的创作极为重要和关键。所构思的软件需求是否有意义和价值、能否有效促进问题的解决、是否有新意和特色等将最终决定软件能否获得用户的认可和市场的青睐。

> **示例5.6** **Mini-12306软件的功能性需求**

针对Mini-12306软件的问题及解决方案，软件需求工程师需要站在旅客、售票员和系统管理员的视角，导出和获取功能性需求。

（1）旅客视角的功能性需求

- 旅客注册和登录，在系统中注册用户，支持注册用户登录到系统。
- 查询车次，输入车次的查询信息，获得列车车次的详细信息。
- 旅客自主购票，通过在线服务的形式实现车票购买。
- 旅客自主退票，通过在线服务的形式实现退票。
- 旅客自主改签车次，通过在线服务的形式实现车次改签。

（2）售票员视角的功能性需求

- 售票员登录，根据账号和密码登录到系统中。
- 查询车次，输入车次的查询信息，获得列车车次的详细信息。
- 代理旅客购票，帮助旅客购买车票。
- 代理旅客退票，帮助旅客退票。
- 代理旅客改签车次，帮助旅客改签车次。

（3）系统管理员视角的功能性需求

设置车票的预售期等系统参数信息。

需要强调的是，并非软件利益相关方所提出的每一项期望和要求都是软件需求。如果他们提出的要求与软件及其欲解决的问题无关、没有实际的意义和价值，或者在技术等方面不可行，那么这些要求不应成为软件需求。这就要求软件需求工程师要理性看待用户或客户提出的要求，既要充分尊重用户和客户的诉求，同时不要盲目认为他们提出的所有要求都是必须采纳的，要有一双"火眼金睛"，能够鉴别不同用户和客户的不同要求，从中发现真正有意义和有价值的软件需求。

在获取软件需求的过程中，软件需求工程师需要对软件需求进行溯源，即明确每一项软件需求来自何处，防止软件需求成为"无源之水，无本之木"。需求溯源有助于分析软件需求的合理性和必要性，指导后续的需求细化和优先级定义，防止出现一些无意义的软件需求。

（3）导出和构思软件的非功能性需求

非功能性需求包括软件的质量需求和软件开发的约束性需求。软件的质量需求进一步包括内部质量需求和外部质量需求。例如，软件运行性能、可靠性、易用性、安全性、私密性等属于外部质量需求，软件可扩展性、可维护性、可互操作性、可移植性等属于内部质量需求。软件质量要求将会影响软件的设计和构造，对软件测试提出要求。软件开发的约束性需求包括开发进度要求、成本要求、技术选型等，它们会对软件项目的管理和技术方案的确定等产生影响。

对现代软件系统而言，软件的非功能性需求变得越来越重要。在某些情况下它们直接决定了软件是否可用、是否好用和易用、是否高效和可靠、是否便于维护和演化等。例如，如果Mini-12306软件不能满足私密性需求，那么用户的个人信息（如身份证号、银行卡号）就可能会被人窃取。

软件需求工程师同样需要与软件的用户和客户进行交流，导出软件的非功能性需求；或者代表软件的用户和客户，构思出软件的非功能性需求。

示例5.7 Mini-12306软件的非功能性需求

从软件利益相关方的视角来看，Mini-12306软件的质量需求和约束性需求如表5.2所示。

表5.2 Mini-12306软件的非功能性需求

类别	非功能性需求项	非功能性需求描述
外部质量需求	性能	用户界面操作的响应时间不超过1秒
	可靠性	软件系统每周7天、每天24小时可用；系统正常运行时间的比例在99%以上；任何故障都不应导致用户已提交数据的丢失；发生故障后系统需在5分钟内恢复正常使用
	易用性	软件界面简洁、直观，易于操作，用户不需要培训就可直接使用
	安全性	系统能够抵御网络攻击，保护数据不被非法窃取
	私密性	系统中的用户数据不被非授权人员访问和获取
内部质量需求	可移植性	手机端软件能够方便地移植到其他的移动操作系统环境

（续）

类别	非功能性需求项	非功能性需求描述
约束性需求	运行环境约束	客户端软件需运行在Android 4.4、鸿蒙3.0及iOS 17以上版本的操作系统中
	本地化与国际化	支持中文和英文两种用户界面

3. 描述初步软件需求

描述所获得的软件需求，详细刻画和记录软件需求的具体内涵，促进不同人员围绕软件需求进行交流，支持后续的需求分析工作。软件需求工程师可采用多种方式来描述软件需求，如自然语言、软件原型、用例建模等。

4. 评审初步软件需求

软件需求工程师组织多方人员（包括用户和客户等）评审初步软件需求及其描述，发现和解决软件需求中存在的各类问题，确保初步软件需求的质量。

5.4 描述初步软件需求

经过上述工作，软件需求工程师可获得软件系统的初步软件需求。这里之所以称为初步软件需求，是因为这些软件需求还很粗略，只是一个初步的需求轮廓，不够具体和详尽，可能有遗漏，会存在不一致和相互冲突等问题，后续还需要对其开展进一步的精化和分析。尽管这些软件需求是初步的，软件需求工程师还得将它们记录下来、描述清楚，形成相关的软件文档，以便不同人员（如软件需求工程师、用户、客户等）之间的交流和讨论，及时发现需求理解上存在的偏差，支持后续的需求分析工作。软件需求工程师可以采用多种方式来描述初步的软件需求，包括自然语言、软件原型和用例建模等。

5.4.1 自然语言描述

自然语言可描述软件需求的各个方面，包括软件的功能性需求、质量需求和约

微课视频

束性需求等；详细刻画需求的具体内容和细节，如说明各个软件需求项的内涵。用自然语言描述的软件需求可为各方所理解，便于交流和讨论。但是这一表示方式也存在问题和不足，即自然语言具有二义性和歧义性。同样一段用自然语言描述的软件需求，不同的人阅读之后，可能会有不同的理解和认识，这会导致软件需求工程师曲解和误解软件需求，使得所开发的软件系统不符合软件需求。用自然语言描述的软件需求文档可能会有几十页甚至数百页，无论是用户还是软件需求工程师，都很难从中厘清软件系统到底有哪些功能性需求和非功能性需求，这些需求之间存在什么样的关系。

示例5.8 **用自然语言描述的Mini-12306软件需求**

- 功能性需求描述示例："用户需选择待退票的车票，系统对车票的合法性进行分析，如果合法将进行退票，扣除退票费，将剩余的购票费退回用户的账号。"
- 质量需求描述示例："用户界面操作的响应时间不超过1s。"
- 软件开发约束需求描述示例："客户端软件需运行在Android 4.4、鸿蒙3.0及iOS 17以上版本的操作系统中。"

5.4.2 软件原型描述

软件需求工程师可以采用软件原型的方法来描述和展示初步软件需求。基于用户和客户的初

步软件需求及其自然语言描述，结合自己对软件需求的认识和理解，软件需求工程师可快速构造出可运行的软件原型，并将其交给客户或用户使用，以此来帮助客户或用户理解他们所提出的软件需求是什么样的，在目标软件系统中表现为怎样的形式，并从他们那里导出更多的软件需求。软件原型只需刻画实现业务的具体流程、每个流程的交互界面，以刻画系统与用户间的输入和输出，以及不同步骤之间的界面跳转关系。

软件原型的优势在于直观、可展示和可操作。以软件原型为媒介，有助于软件需求工程师与用户或客户之间的交流和沟通，便于在操作和使用软件原型的过程中帮助用户和客户确认和导出软件需求，发现不同人员（如软件需求工程师、用户和客户等）对软件需求理解上的偏差，发现软件需求及其描述中存在的问题，如认识不正确、理解不到位等。

软件原型的不足在于，它主要以操作界面的形式展示软件需求的大致情况，主要是软件与用户之间的输入和输出（如用户需要输入哪些信息、系统应该给用户展示哪些信息），业务的大致流程（如从一个操作界面进入到另一个操作界面）等，无法描述软件需求的具体细节。因此，单纯依靠软件原型无法给出软件需求的详细表述。

5.4.3 用例图描述

初步软件需求的自然语言描述和软件原型描述两种方法各有其优缺点。自然语言不直观、有二义性但可详细描述需求细节，软件原型可直观展示需求但无法表示需求的具体信息。

下面介绍初步软件需求的另一种描述方法，即基于用例的需求表示。它利用用例来描述软件的需求，分析不同功能性需求之间的关系，并提供了图形化的符号来直观地描述软件的边界、软件中的用例及其相关关系。不同于软件原型方法，用可视化图符描述的用例需求不可运行，但是便于多方人员（如软件需求工程师、用户等）理解软件需求。同时软件需求工程师还可借助自然语言给出用例图中的用例图符的具体细节刻画。

UML的用例图用于表示一个系统（如软件系统）的外部执行者以及从这些执行者的角度所观察到的系统功能。它可用于刻画一个软件系统的功能性需求。在软件需求获取阶段，软件需求工程师通常借助用例图来刻画软件系统的功能，从而建立起软件系统的用例模型。一般地，一个软件系统的用例模型包含一张或多张用例图。

用例图中有两类节点，一类是执行者（Actor），另一类是用例（Use Case）。用例图中的边用于表示执行者与用例之间、用例与用例之间、执行者与执行者之间的关系。矩形表示所研究系统（如软件系统）的边界。图5.3所示为Mini-12306软件的用例图。

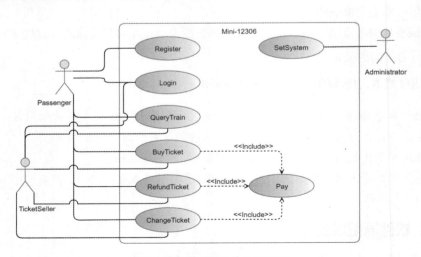

图5.3 Mini-12306软件的用例图

1. 执行者

执行者是指处于系统之外并且使用软件系统功能、与软件系统交换信息的外部实体。执行者可以表现为一类具体的用户，也可以是其他软件系统或物理设备。例如，图5.3所示的用例图描述了Mini-12306软件有3个执行者，分别为Passenger（旅客）、TicketSeller（售票员）、Administrator（系统管理员）。

2. 用例

用例表示执行者为达成一项相对独立、完整的业务目标而要求软件系统完成的功能。对执行者而言，用例是可观察的、可见的，具体表现为执行者与软件系统之间的一系列交互动作序列，以实现执行者的业务目标。例如，图5.3描述了Mini-12306软件的多个用例，包括BuyTicket（购票）、RefundTicket（退票）、ChangeTicket（改签）等。

3. 关系

用例图通过边来连接不同的用例、不同的执行者以及用例与执行者，不同的边表示不同的关系信息。

（1）执行者与用例间的关系

在用例图中，如果一个执行者可以观察到系统的某项用例，那么意味着执行者与用例间存在某种关系，需要在执行者与用例间绘制一条连接边，执行者与用例间关系的内涵具体表现为执行者触发用例的执行，向用例提供信息（如输入信息）或者从用例处获取信息（如显示信息）。例如，Passenger执行者需要使用系统的用例BuyTicket，因而这两个节点间存在一条连接边，表示Passenger执行者会触发BuyTicket用例的执行，BuyTicket用例会向Passenger执行者返回购票结果的相关信息。

（2）用例之间的关系

用例之间有3类关系：包含（Include）、扩展（Extend）和继承（Inherit）。

- 如果用例B是用例A的某项子功能，并且建模者确切地知道用例A所对应的动作序列何时实施用例B，则称用例A包含用例B，用标有"《include》"的边来表示。例如，BuyTicket、RefundTicket、ChangeTicket3个用例都需要用到Pay子功能，因而它们之间存在包含关系。包含关系可将多个用例中公共的子功能项提取出来，以避免重复和冗余。
- 如果用例A与用例B相似，但用例A的功能比用例B多，用例A的动作序列是通过在用例B的动作序列中的某些执行点上插入附加的动作序列而构成的，则称用例A扩展用例B，用标有"《extend》"的边来表示。
- 如果用例A与用例B相似，但用例A的动作序列是通过改写用例B的部分动作或者扩展用例B的动作而获得的，则称用例A继承用例B，用带有空心箭头的实线来表示。

（3）执行者之间的关系

如果两个执行者之间存在一般或特殊关系，那么它们之间具有继承关系，在用例图中可以用继承边来表示。

绘制用例图和构建用例模型时需要遵循以下策略。每个执行者至少与一个用例相关联，否则这样的执行者对软件系统而言就没有意义；除了那些被包含、被扩展的用例外，每个用例至少与一个执行者相关联，否则这样的用例也没有意义。

软件需求工程师可以借助用例图、基于以下步骤和方法来描述初步软件需求、建立软件的用例模型。

1. 识别和表示软件的执行者

软件需求工程师识别出软件的利益相关方，将它们抽象为软件系统的执行者，并用相关的图符来表示。

2. 描述软件的用例

针对软件的每个执行者，从它们各自的视角来观察软件，识别出一组系统行为，将它们抽象表示为用例，从而形成软件系统的用例列表，用相应的图形符号来表示，并在执行者与用例之间绘制一条边，意指执行者与用例之间存在交互。

示例5.9　Mini-12306软件的执行者及用例

Mini-12306软件有一组执行者：Passenger、TicketSeller和Administrator。站在这些执行者的视角，该软件具有表5.3所示的8个用例。

表5.3　Mini-12306软件的用例

序号	用例名称	用例标识	执行者	用例描述
1	Register（注册）	UC-Register	旅客	旅客注册成为系统中的用户
2	Login（登录）	UC-Login	旅客、售票员	通过账号和密码登录系统
3	QueryTrain（查询车次）	UC-QueryTrain	旅客、售票员	查询火车的详细信息
4	BuyTicket（购票）	UC-BuyTicket	旅客、售票员	购买火车票
5	RefundTicket（退票）	UC-RefundTicket	旅客、售票员	退票
6	ChangeTicket（改签）	UC-ChangeTicket	旅客、售票员	改签火车票
7	SetSystem（系统设置）	UC-SetSystem	系统管理员	设置系统基本信息
8	Pay（支付）	UC-Pay	旅客	支付费用

软件需求工程师还可针对每一个用例，大致分析其基本的交互动作序列，描述用例所涉及的基本行为。一个用例通常包含一系列的交互动作，它刻画了为达成用例目标，用例的执行者与软件系统之间的一系列交互事件，反映了它们的分工和协作。用例的基本交互动作序列是指，在不考虑任何例外的情况下，最简单、最直接的交互动作序列。在描述交互动作序列时，要从执行者的视角来描述系统行为的外部可见效果，尽量避免描述系统内部的动作。此时，软件需求工程师不必追究用例的具体细节，也无须考虑非典型的应用场景或异常处理。

示例5.10　Register用例的基本交互动作序列

用例名称：注册。

用例标识：UC-Register。

主要执行者：旅客。

目标：旅客注册成为Mini-12306的合法用户。

范围：Mini-12306。

前置条件：第一次使用软件时。

交互动作序列如下。

- 输入旅客的身份证号和手机号。
- 验证旅客身份证号和手机号的正确性和合法性。
- 验证具有该身份证号和手机号的旅客是否已经注册。
- 输入旅客的银行卡号基本信息。
- 验证旅客银行卡号的正确性和合法性。
- 如果通过上述验证，则将该旅客注册为系统的合法用户。

示例5.11　**Login用例的基本交互动作序列**

用例名称：登录。

用例标识：UC-Login 。

主要执行者：旅客、售票员。

目标：通过合法身份登录系统以获得操作权限。

范围：Mini-12306。

前置条件：使用软件之时。

交互动作序列如下。

- 用户输入账号和密码。
- 系统验证用户账号和密码的正确性和合法性。
- 如果通过验证，则登录成功，并根据用户的角色来展示用户的操作界面及权限。

示例5.12　**BuyTicket用例的基本交互动作序列**

用例名称：购票。

用例标识：UC-BuyTicket 。

主要执行者：旅客、售票员。

目标：购买火车票。

范围：Mini-12306。

前置条件：已经作为合法用户登录系统 。

交互动作序列如下。

- 提供要购买的车次、出发站、到达站、日期、座位等级等基本信息。
- 为该次购票生成一个空座位号。
- 旅客支付车票的费用。
- 完成购票，并将购票的结果信息用短信通知旅客。

一般情况下，执行者和软件系统之间会按照基本交互动作序列来执行，但是当某些特殊情形出现时，两者的交互会出现其他的分支，或者说会采用其他的方式来进行交互。扩展交互动作序列是指在基本交互动作序列的基础上，对特殊情形引发的动作序列进行描述，以分析执行者与软件系统之间的其他交互情况。一般地，导致出现执行分支的原因主要来自以下两种情况。一种情况是存在不同于基本交互动作序列的非典型应用场景，如在Login用例中，用户输入的账号和密码错误，此时基本的交互动作序列不可执行，需要用户重新输入账号和密码。另一种情况是执行者在交互过程中产生了基本交互动作序列无法处理的异常情况。软件需求工程师可基于上述两种情况来扩展交互动作序列，从而获得关于用例新的交互动作序列，得到用例更为详细和完整的需求信息。

示例5.13　**Mini-12306软件中Login用例的扩展动作序列描述**

用例名称：登录。

用例标识：UC-Login 。

主要执行者：旅客、售票员。

目标：通过合法身份登录系统以获得操作权限。

范围：Mini-12306。

前置条件：使用软件之时。

交互动作序列如下。

（1）用户输入账号和密码。

（2）验证用户输入的账号和密码的合法性。

　　如果不合法，提示并要求重新输入账号和密码。

（3）在系统中验证用户账号和密码的正确性。

（4）如正确，则登录成功，否则

　　①提示用户并要求重新输入账号和密码，转到（2）；

　　②如果输入的账号和密码登录不成功超过3次，则结束用户登录；

　　③如果用户要求提示密码，则给用户账号预留的邮箱发送密码信息。

严格分离基本交互动作序列和扩展交互动作序列，既可以防止过早陷入用例中的处理细节，也可以保持用例描述的简洁性。扩展交互动作序列可以帮助软件需求工程师获得关于软件需求更为详尽的细节，进一步促进对软件需求的理解和认识。需要强调的是，软件需求工程师要尽可能地用应用领域的业务术语、简洁的词汇来准确地表述用例图中的用例、执行者和交互。例如，采用名词或者名词短语来表述执行者和交互信息项，用动词或动词短语来表述用例及其与执行者间的交互，采用业务而非技术术语描述每个动作和行为。

3. 绘制软件的用例模型

一旦明确了软件系统的外部执行者、用例集以及它们之间的关系，软件需求工程师就可绘制软件系统的一张或多张用例图，建立软件系统的用例模型。如果软件系统较为简单，则通常一张UML用例图即可刻画软件的用例模型；如果系统较为复杂，包含若干子系统，每个子系统也有复杂的用例，则需绘制多张UML用例图，从而完整和清晰地表述整个系统的用例及其关系。

5.5　软件需求文档化和评审

获取软件需求的工作完成之后，软件需求工程师需要撰写一个"初步软件需求描述"的文档，并对文档及其相关的模型和原型进行确认和验证，以确保初步软件需求的质量。

5.5.1　撰写软件需求规格说明书

"初步软件需求描述"文档主要记录和描述待开发软件系统欲解决的问题、基于软件的问题解决方案、软件系统的主要功能性和非功能性需求等。在撰写该文档时，软件需求工程师需要将注意力聚焦在整体层面的软件需求，不要去过多地陷入到软件需求细节，并力求做到表达准确和语言简练。下面示例描述了"初步软件需求描述"文档的内容结构。

示例5.14　"初步软件需求描述"文档的内容结构

1. 软件背景介绍

介绍与软件系统相关的应用领域及背景。

2. 欲解决的问题

说明软件系统欲解决什么样的问题。

3. 问题解决方案

说明如何基于软件来解决问题，包括软件需要与哪些硬件和设备、系统和服务等相集成，不同设备和系统承担的职责，软件与这些系统之间的交互等。

4. 软件系统的功能性需求描述

说明软件系统包含哪些主要的功能性需求，可绘制软件的用例图来描述各个用例的行为。

5. 软件系统的非功能性需求描述

说明软件系统包含哪些主要的非功能性需求，包括质量需求和约束性需求。

6. 可行性及潜在风险

从技术、条件、进度等方面讨论该软件开发的可行性及可能存在的风险。

5.5.2 评审初步软件需求

一旦获得了获取软件需求阶段的上述软件制品，软件需求工程师需要与用户和客户等一起来对软件需求制品进行评审，以发现软件和纠正软件需求中存在的缺陷和问题，进而提高软件需求的质量，防止将有问题的初步软件需求带入到后续的软件开发阶段，并为随后的软件需求分析奠定基础。多方人员（包括软件需求工程师、用户、客户、软件项目经理等）需要围绕软件欲解决的问题、基于软件的问题解决方案、软件功能和用例、软件的非功能性需求等，针对以下几个方面进行集体评审。如果发现需求存在缺陷和问题，需要多方一起讨论并加以解决。

- 价值，即软件是否针对相关行业或领域中的问题，为其寻求基于计算机软件的解决方案，体现了问题解决的新方式，反映了基于软件的业务流程新模式，从而有效提高问题解决的效率和质量，促进相关行业和领域的业务创新。
- 中肯性，即软件问题是否反映实际问题，是否有现实意义和价值。
- 合理性，即基于软件的解决方案是否科学和合理。
- 完整性，即所提出的各项软件需求是否覆盖了利益相关方的期望和要求，是否遗漏掉重要的软件需求。
- 必要性，即所提出的每一项软件需求是否有必要，与软件产品的目标是否一致，是否有助于软件问题的解决。
- 溯源性，即每一项软件需求是否都有其来源（即利益相关方）并且标注了其来源。
- 准确性，即对软件需求的描述是否清晰和准确地反映了软件需求的内涵。
- 正确性，即软件需求工程师对软件需求的理解和描述是否正确反映了该需求提出者的真实想法和关注点。
- 一致性，即软件需求规格说明书、用例模型以及软件原型对软件系统需求的表述（包括术语等）是否一致。
- 可行性，即各项软件需求是否存在技术、经济、进度等方面的可行性问题。
- 可验证，即各项软件需求能否找到某种方式来检验该需求是否在软件系统中得到实现。

5.5.3 软件需求管理

在软件开发过程中，由于软件需求在整个开发过程中的动态变化，软件需求工程师需与软件质量保证人员、软件配置管理人员等一起对软件需求制品进行有效的管理。

1. 软件需求的变更管理

在软件开发过程中，软件需求极易发生变化，并对软件设计、编程实现、软件测试等产生影响，导致调整设计方案、修改程序代码、重新进行软件测试等，进而影响软件交付进度、开发成本和软件质量。因此，软件开发过程中必须对软件需求的变更进行有效的管理，包括明确哪些方面的需求发生了变化、这些变化反应在软件需求模型和文档的哪些部分、由此导致软件需求模型和文档的版本发生了怎样的变化等。

2. 软件需求的追溯管理

软件需求变更的管理包括多方面的内容。首先，需要开展溯源追踪，掌握是谁提出需求变更、为什么要进行变更等内容，以判别需求变更的合法性。如果不合法，则可以终止软件需求变更。其次，评估需求变更的影响域，基于对需求变更的理解，分析需求变更会对哪些软件制品产生什么样的影响，会有哪些潜在的软件质量风险，进而针对性地指导软件开发工作。最后，评估需求变更对软件项目开发带来的影响，包括软件开发工作量、项目开发进度和成本、需要投入的人力和资源、软件开发风险等，以更好地指导软件项目管理。

3. 软件需求的配置管理

一旦软件需求模型和文档通过了确认，则意味着软件需求已经形成了一个稳定的版本，开发者可以以此为标准来开展后续的软件开发工作，此时的软件需求制品将可以作为基线纳入配置管理。

5.5.4 输出的软件制品

获取软件需求的工作结束之后将输出以下软件制品，每个制品从不同的角度、采用不同的方式描述了初步软件需求。

- "初步软件需求描述"文档，以自然语言的方式描述了初步软件需求，包括功能性和非功能性的软件需求。
- 软件原型，以可运行软件的形式展示了软件的业务工作流程、操作界面、用户的输入和输出等方面的功能性需求信息。
- 软件用例模型，以可视化图形符号的方式刻画了软件系统的执行者、边界、用例以及它们之间的关系，描述了软件的功能性需求。

5.6 软件可行性分析

需要指出的是，并非用户或客户提出的软件需求都是可以实现的，或者值得去实现。实际上，有一些软件需求可能找不到技术解决方案；有一些软件需求实现的成本非常高，超出项目预算；还有一些软件需求本身没有意义和价值，不值得开发。这些问题都属于软件开发的可行性问题。实际上，软件产品的开发是一项工程，会受到多种因素的制约和影响，如成本、资源、进度、技术等。软件系统的利益相关方在提出软件需求时可能只关注他们的期望和诉求，没有认真考虑实现这些软件需求的可行性。因此，一旦我们掌握了软件系统的初步需求，就需要从多个方面对该软件开发进行可行性分析（Feasibility Analysis），以发现这些软件需求可能带来的软件开发风险，并根据分析结果对软件需求进行必要的调整，如删除无意义和无价值的软件需求，减少软件系统的某些非性能需求以降低软件开发风险等。

- 技术可行性分析，需要分析软件需求的实现需要哪些技术，相关的技术是否成熟，现有技术能否支撑软件需求的实现，软件项目团队是否已经掌握了某些关键技术等。例如，如果用户或客户要求软件系统对老人语音识别的准确率达到100%（软件质量需求），这一非功能性需求可能会超出现有的技术水平，难以实现。
- 设备可行性分析，基于软件的解决方案需要哪些设备或系统，软件项目团队是否已经具备这些设备和系统。例如，如果"空巢老人看护软件"需要依赖于某型号的机器人，而国外对我们封锁该型号的机器人，显然该软件项目就会存在设备风险。
- 进度可行性分析，软件用户或客户对软件提出什么样的进度要求，针对开发团队的人力资源及技术水平，能否遵循进度约束开发出满足这些需求的软件产品。例如，如果客户要求必须在3个月内研制出"空巢老人看护软件"（开发约束需求），而根据软件开发方的已有资源（如软件工程师队伍）和成果（如相关技术的掌握程度）分析，要在3个月内完成研制，难度大，可行性低。

- 成本可行性分析，基于软件项目成本约束，软件项目团队能否开发出满足软件需求的产品。例如，针对"空巢老人看护软件"项目，如果客户只给出一百万元的研制费用，而根据对项目研制费用的估算，该研制费用不足以支持整个软件项目的支出，此时软件项目存在研制和开发成本方面的可行性问题。
- 商业可行性分析，软件需求是否有商业价值，能否获得用户的青睐以及市场的认可，针对这些软件需求的投入能否获得预期的收益。例如，通过调查发现市场上已经有一款类似于"空巢老人看护软件"的软件产品，而且目前待开发的"空巢老人看护软件"无论在功能和性能、价格等方面都难以超越已有的软件产品，此时开发该软件就存在商业可行性问题。因为新开发的软件产品可能无法赢得用户的青睐和获得市场的认可。
- 社会可行性分析，当前软件系统已经成为国家和社会的重要组成成分，需要从社会的角度，评估软件的各项需求是否违背社会道德、文化伦理、法律法规、行业标准等，或者与它们是否存在冲突。例如，"空巢老人看护软件"需要对老人进行持续的跟踪和观察，获取老人在家的各类日常信息，如视频、图像等，这可能会侵犯老人的隐私，触犯相关的法律和伦理，因此可能存在社会可行性问题。

5.7　支持需求获取的CASE工具

为提高软件需求获取和描述的效率和质量，降低软件需求获取的复杂性，软件工程领域提供了一系列的CASE工具，以帮助软件需求工程师、用户、客户等开展需求工程工作，如记录软件需求、跟踪需求源头、绘制需求模型、分析需求质量、配置和管理软件需求制品等。
- 需求描述工具，如Microsoft Office、WPS等软件工具，用于描述软件需求。
- 软件原型开发工具，如Mockplus、Axure RP Pro、UIDesigner、Eclipse、Visual Studio、GUI Design Studio等，这些软件工具提供了强大的界面设计和原型开发能力，可帮助软件需求工程师快速设计软件系统的界面、构建软件原型，支持Web页面、Android和iOS App等软件原型的开发。
- 需求分析和管理专用工具，如IBM Rational RequisitePro、DOORS Enterprise Requirements Suite（简称DOORS）、CodeArts Req等。IBM Rational RequisitePro是一个软件需求和用例管理工具，支持需求采集、组织、沟通和跟踪，可与Word工具进行集成以支持软件需求文档化，促进对软件需求过程的管理。DOORS是一款跨平台、企业级的需求管理工具，可为不同人员工作（如软件项目经理、软件需求工程师、软件开发者、用户等）提供需求识别、描述和管理功能。CodeArts Req是华为公司研发的需求管理工具，提供了场景化需求模型和对象类型（如需求、缺陷、任务等），可支撑DevOps、精益看板等多种研发模式，提供跨项目协同、基线与变更管理、自定义报表、Wiki在线协作、文档管理等功能。
- 配置管理工具和平台，如Git、GitHub、GitLab、PVCs、Microsoft SourceSafe等，支持软件需求制品（如模型、文档等）的配置、版本管理、变化跟踪等。

5.8　软件需求工程师

在软件项目团队中，软件需求工程师（也常称为分析师）具体负责需求工程的各项工作，包括与用户和客户的沟通、导出和获取软件需求、协商需求问题或解决冲突、建立软件需求模型、撰写软件需求规格说明书、组织召开各类会议、确认和验证软件需求等。为了胜任上述工作，软件需求工程师需具备多方面的知识、技能和素质，既要掌握多样化的业务领域知识，也要具备需求工程技能，还要有非常强的组织、协调和交流能力。因此，软件需求工程师应既是专才，也是通才。一般地，软件需求工程师应具有以下知识、技能和素质。

1. 软件工程和需求工程的知识

软件需求工程师需要掌握软件工程和需求工程的相关知识，具有软件需求获取、建模和分析等方面的技能和经验，理解需求工程的任务、过程和方法，了解需求工程可能面临的困难和问题，能够借助经验来协助用户和客户导出软件需求，发现软件需求中潜在的问题。

2. 业务或领域知识

由于任何软件都有其所在的行业和领域（如银行、物流、航空、社交、办公等），需要解决相关行业和领域中的问题，因此软件需求工程师还必须掌握软件所在行业的相关领域知识，了解领域背景，洞悉业务和领域问题，理解业务工作流程。

3. 组织、沟通和协调

需求工程的主要任务是从软件的客户、用户等处获得软件需求，协调解决需求冲突等问题，确认和验证软件需求，因而其主要工作是与人沟通。软件需求工程师需要具备良好的组织、沟通和协调的能力，能够组织多方进行需求讨论、交流和评审。

4. 语言表达

软件需求工程师需具备良好的语言表达能力，能够清晰地表达用户和客户等所提出的软件需求，准确地刻画软件需求的内涵，直观地建立起软件需求模型，撰写出易读、易懂和规范化的软件需求规格说明书。

5. 创新能力

软件需求工程师绝非简单和被动地从用户或客户处获得软件需求，而是要结合自己对领域知识和业务问题的理解，提出基于软件的业务问题解决方案，结合软件工程经验，构思和创作出可促进问题有效解决的软件需求，或者引导用户和客户提出有意义和有价值的软件需求。

5.9 本章小结和思维导图

本章聚焦于软件需求获取这一核心内容，介绍了软件需求的概念类别和特性，软件需求的重要性，获取软件需求的方式、方法和过程，初步软件需求的描述方法等；结合Mini-12306软件案例，阐述了获取软件需求的具体步骤和方法。本章知识结构的思维导图如图5.4所示。

- 软件需求来自软件利益相关方。它表现为与软件发生交互作用的人、系统或者组织。
- 软件需求表现为3种形式：功能性需求、质量需求和约束性需求。其中，功能性需求是核心，质量需求是关键。
- 软件需求具有隐式性、隐晦性、易变性、多源性、领域知识的相关性、价值不均性等特性。
- 软件需求非常重要，它是软件的价值所在、软件开发的前提、软件验收的依据。
- 软件需求获取有多种方式，包括从利益相关方处导出软件需求、通过开发者构思软件需求、参考和重用现有软件需求以及分解整个系统的需求作为软件需求。
- 软件需求工程师需和用户、客户等一起，通过面谈、问卷调查、业务分析、场景观察、头脑风暴构思、软件原型等多种方法来获取软件需求。
- 获取软件需求的过程大致可分为4步：明确问题和基于软件的解决方案、导出和构思初步软件需求、描述初步软件需求、评审初步软件需求。

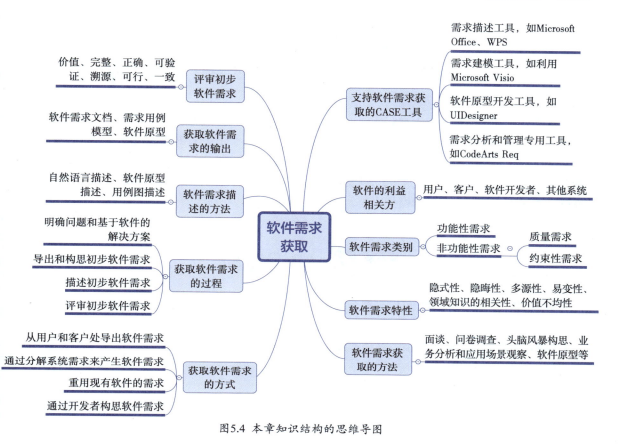

图5.4　本章知识结构的思维导图

- 软件需求不等同于业务流程，而是要基于软件对业务流程进行优化和重组，形成软件可以处理的形式，并能有效促进业务问题的解决。软件系统的利益相关方在提出软件需求时，常常面临想不清、道不明的困境。

- 软件需求工程师需要在掌握领域知识、分析业务问题的基础上，协助用户和客户导出软件需求，有时甚至需要代表软件的利益相关方，构思出软件需求。

- 在获取软件需求的过程中，必须进行溯源工作，明确每一项软件需求源自何处，防止出现无用和没有价值的软件需求。

- 软件需求工程师可以综合运用自然语言、软件原型、用例图等多种方式来描述初步软件需求。每种需求描述方法各有其优缺点。

- 用例图刻画了系统的外部执行者以及从这些执行者角度所看到的系统功能，可用于刻画软件系统的功能性需求。

- 软件需求工程师需要联合多方，对获取的软件需求进行评审，以确认软件需求，发现软件需求中存在的问题，改进和完善初步软件需求。

- 软件需求工程师需要从技术、设备、进度、成本、商业、社会等多个方面，对获取的软件需求进行可行性分析，以尽早发现软件需求中潜在的风险，剔除不可行的软件需求。

- 软件需求工程师和用户可借助各种CASE工具，开展软件需求的获取、管理、建模和描述、配置管理等工作。

5.10　阅读推荐

- Karl Wiegers, Joy Beatty.软件需求：第3版[M].李忠利，李淳，霍金健，等译.北京：清华大学出版社, 2016.

作者曾担任过软件开发人员、软件项目经理以及软件过程和质量改进负责人，在长期的工作中积累了丰富的经验。该书全面且深入地讲述软件开发中一个至关重要的问题——软件需求问题，详细介绍贯穿开发过程的需求工程实用技术，包括促进用户、开发人员和管理层之间有效沟通的方法。该书提供了诸多的实例，以及作者在工作中遇到的各种实际案例和解决方案，提供了软件需求示例文档以及故障诊断指南等。

5.11　知识测验

5-1　软件的利益相关方可以表现为哪些形式？结合开源软件实践，解释说明为什么软件开发者也可是软件的利益相关方，也可对软件提出期望和要求。

5-2　软件需求有哪些类别？每种类别的软件需求的关注点有何差别？

5-3　"软件需要用Java编写""所开发的软件需部署在Linux上运行"，这两项描述是否为合法的软件需求？请说明原因。

5-4　如果软件需求有遗漏不完整、软件需求的描述不清晰和不准确，这样的软件需求会对后续的软件开发产生什么样的影响？

5-5　"必须快速响应用户的各项操作""系统必须具备弹性以满足大量用户同时操作的需要"，这两项需求是否存在问题？为什么？如果存在问题，应该如何改正？

5-6　请对比物理硬件系统的需求与软件需求，分析它们有何差别。

5-7　为什么软件需求很重要？如果软件需求不可验证，会对软件项目的验收带来什么问题？

5-8　能否用UML的用例图来描述软件的非功能性需求？为什么？通常应采用何种方式来描述软件的非功能性需求？

5-9　请结合Mini-12306软件案例，说明可以采用哪些方法来获取该软件的需求。

5-10　软件需求获取后，为什么还要对软件需求进行描述？有哪些软件需求描述的方法？

5-11　在UML用例图中，矩形框表示软件的边界，请说明为什么要描述软件的边界，为什么执行者处于软件的边界之外。

5-12　在UML用例图中，执行者与用例之间通常用一条边来表示两者之间的关系，请说明这条边刻画了执行者与用例间的什么关系，可以是单向边吗？

5-13　软件需求描述之后，为什么还要对软件需求进行评审？

5-14　易变性是软件需求的一项特性。软件需求发生变化后会对软件开发产生什么样的影响？如何处理和应对软件需求的变化？

5-15　Mini-12306软件提供了"改签"的功能，请用自然语言详细描述该用例的基本交互动作序列和扩展交互动作序列。

5-16　为什么要对软件需求进行可行性分析？要从哪些方面进行可行性分析？

5-17　如果一项软件需求存在可行性问题，但是在需求分析阶段没有发现，那么会对这个软件项目的开发产生什么影响？

5-18　获取软件需求工作结束后会产生哪些软件制品？这些软件制品之间存在什么样的关

系？为什么要对初步软件需求进行文档化的描述？

5-19　为什么要对软件需求开展溯源工作？该工作有何意义和价值？

5-20　如果一项软件需求项存在质量问题（如无意义、没有价值等），会给后续的软件开发
带来什么样的问题？

5.12　工程实训

本章的实训任务需要完成头歌平台上相关章节的闯关实训，掌握多样化的工程手段以构思和
获取软件需求，包括调查问卷的设计、软件工具的使用。

- 假设你是Mini-12306软件项目的软件需求工程师，为了获取该软件系统的需求，请设计
一份需求调查问卷，以对该软件的潜在用户（即旅客）进行调查，了解他们对该软件的
期望和要求，进而获取和掌握该软件系统的需求，包括功能性需求和非功能性需求。
- Issue机制可以有效地支持软件需求的管理。一个Issue实际上对应于一项软件需求，它
既可以表现为一项功能性和非功能性需求，也可以表现为一项软件缺陷修复的需求。请
加入GitHub中的某个开源项目，结合你自己对该项目的理解，给该项目提出一项软件需
求。或者在头歌平台上创建一个软件项目，借助于头歌平台提供的Issue机制，为该软件
项目提出软件需求。
- 访问头歌实践教学平台"国防科技大学课程社区"→"软件工程学习社区"→软件工程
课程实训，完成"软件需求工程基础""获取软件需求"两章中的实训任务。

5.13　综合实践

1. 综合实践一

- 任务：构思开源软件的新需求。
- 方法：采用集体讨论、头脑风暴等方式，结合实际的问题来构思开源软件的新需求，以
完善开源软件的功能和性能。例如，为了提高MiNotes开源软件的实用性，该软件在现有
的基础上应该新增哪些功能和性能需求。
- 要求：所构思的软件需求要有意义和价值，存在技术和进度等方面的可行性；用自然语
言和UML用例图来描述所构思的软件需求，撰写相应的软件需求规格说明书。
- 结果：UML用例图模型和软件需求描述文档。

2. 综合实践二

- 任务：构思待开发软件系统的需求。
- 方法：构思软件需求，也可借助互联网大众的力量来帮助构思需求；从分析软件的利益
相关方入手，站在他们的视角来构思软件需求，以解决实际问题；借助UML用例图来刻
画初步软件需求，并撰写初步软件需求的文档。
- 要求：结合软件欲解决的问题以及基于软件的解决方案，构思软件需求，要求所构思的
需求要有意义和价值、软件功能有新意、各项软件需求存在技术可行性。
- 结果：初步软件需求的UML模型和软件文档。

第6章

软件需求分析

　　获取软件需求阶段所得到的初步软件需求是一个"粗胚"，还存在不少的问题，需要进行进一步的"打磨"。该"打磨"工作的核心就是对初步软件需求进行建模和分析，以细化软件需求、厘清不同需求项之间的关系、发现并解决软件需求中存在的诸多问题。本章聚焦于软件需求分析，概括该项工作的任务、过程，分析和确定软件需求的优先级，以Mini-12306软件为例，描述结构化需求分析方法、面向对象需求建模和分析方法，介绍支持需求建模和分析的CASE工具，讨论软件需求文档化和评审。

6.1　问题引入

　　通过获取软件需求阶段的工作，软件需求工程师与软件用户、客户等之间进行了充分沟通，获得了初步软件需求。这些软件需求之所以是初步的，是因为它们还不具体和详尽，仍然很粗略，并且还存在诸多潜在的问题，尚无法有效支撑后续的软件设计、编程实现和软件测试等工作，因而需要对它们做进一步深入的分析。为此，我们会思考以下问题。

- 初步的软件需求还存在哪些方面的问题？
- 如果这些问题得不到有效解决，会对后续的软件开发工作产生什么样的影响？
- 需要对初步软件需求做怎样的处理以解决其潜在的问题？

　　软件需求工程师需要以初步软件需求为基础，建立直观、清晰、易于理解的软件需求模型，从而对软件需求进行更为系统和深入的分析，以获得软件需求的具体细节，发现并解决软件需求中的缺陷和问题，最终形成规范化的软件需求规格说明书，从而为后续的软件设计和实现奠定需求基础。分析软件需求这项工作在整个需求工程中扮演着极为重要的角色，起到"承上启下"的关键作用。"承上"是指分析软件需求是对上一阶段（即获取软件需求）所产生的初步软件需求的进一步精化（Refine），以获得软件需求的具体细节，确保软件需求的质量；"启下"是指分析软件需求制品（即软件需求模型及软件需求规格说明书）是指导后续软件设计的基础和前提，只有分析软件需求工作做好了，后续的软件设计工作才能做好。为此，我们需要思考以下的问题。

- 为什么要对软件需求进行建模？需求建模有何好处？
- 要建立什么样的软件需求模型？如何建立软件需求模型？
- 应采用怎样的方法和策略来指导软件需求建模和分析？
- 如何通过分析来细化软件需求、发现软件需求中潜在的问题？
- 软件需求分析阶段的工作完成之后，会产生和输出哪些软件制品？
- 为什么要确认和验证软件需求制品，如何评审软件需求？

6.2　为何要分析软件需求

在获取软件需求阶段，尽管软件需求工程师从软件利益相关者处获得了初步软件需求，并且用用例图、软件需求规格说明书等刻画了软件需求，但是从软件设计工程师的角度来看，这些软件需求可能还存在诸多的问题和缺陷，尚不够详尽以开展后续的软件设计工作。

1. 需求不详尽

初步软件需求中有关软件需求的描述仍然是十分粗略的，只给出了功能性和非功能性需求的概括性表述，没有提供软件需求的细节性内容。例如，软件用例功能在什么情况下发生、与哪些用户存在什么样的交互、有哪些对象会参与其中并发挥什么样的作用、系统需要展示什么样的行为等。如果缺乏这些详细的软件需求信息，软件设计工程师很难开展软件设计工作。需要说明的是，上述需求细节仍然关注软件需求本身，回答软件"能做什么"而非"如何来实现这些功能"。

2. 表达不清晰

在获取软件需求阶段，软件需求工程师通常采用自然语言来描述初步软件需求。这一表示方式虽然易于理解，但是不直观，阅读和理解起来比较费劲，而且存在二义性和歧义性的问题。软件原型的表示方式虽然直观，但是它只能聚焦于用户与软件的交互方式和界面。用例模型的表示方式虽然提供了图符来描述软件用例的概况，但是它仅能刻画软件用例及其关系，无法刻画完成用例的具体行为。因此，针对软件需求的描述仍然不够清晰、直观和翔实。

3. 关系不明朗

软件需求工程师在获取软件需求阶段会得到一系列的软件需求项，包括功能性需求、质量需求和约束性需求。这些软件需求项之间实际上存在多样化的关系，相互影响和制约。一个软件需求的功能可以依赖于另一个软件需求的功能，软件的某项质量需求作用于软件的另一项功能性需求。显然，软件需求项之间的关系分析对于指导软件设计、管理软件需求变化等非常重要。在获取软件需求阶段，软件需求工程师尚未深入分析不同软件需求项之间的关系。

4. 存在潜在缺陷

在获取软件需求阶段，虽然用户可以通过评审的方式参与软件需求确认，但由于缺乏对软件需求的深入分析，一些潜在的需求缺陷难以被发现。软件需求工程师、软件用户和客户等无法清晰地界定某些软件需求的必要性，难以澄清软件需求中潜在的不一致性、冲突性、不准确性等方面的问题。

5. 区分不同需求

在获取软件需求阶段，软件需求工程师得到了初步软件需求。但是不同的软件需求在软件项目中的价值、地位和作用是不一样的，有些软件需求极为关键和重要，属于核心需求；有些软件需求起到锦上添花的作用，属于外围需求。软件需求工程师有必要鉴别不同软件需求项的重要性，区分不同软件需求的开发优先级。

6.3　如何分析软件需求

为了开展软件需求分析工作，软件需求工程师需要对初步软件需求进行抽象和建模，以抓住软件需求的本质，直观地表示软件需求的内涵，并在此过程中不断细化软件需求、发现和解决软件需求中的问题，最终形成软件需求模型和文档。

微课视频

6.3.1 软件需求分析的任务

分析软件需求这项工作需要基于前一阶段所获得的初步软件需求，以有效支持后续的软件设计工作为目标，通过与软件利益相关者（如用户、客户）更为深入的交流和沟通，进一步精化和分析软件需求，确定软件需求的优先级，建立软件需求模型，发现和解决软件需求缺陷，形成高质量的软件需求模型和软件需求规格说明书，如图6.1所示。该项工作需要软件需求工程师、软件利益相关者、软件项目经理等人员共同参与。

1. 精化软件需求

针对初步软件需求中的各项软件需求，软件需求工程师需与提出该需求的利益相关者进行更为深入的沟通，以挖掘和精化软件需求，获得更为具体和详尽的需求细节，包括每项软件功能性需求所对应的行为、参与的系统对象以及它们之间的交互和协作。

例如，针对Mini-12306软件中的"注册""购票""退票"等功能性需求，在获取软件需求阶段，软件需求工程师仅仅给出了这些功能的大致描述，没有说清楚这些功能的业务逻辑是怎样的，通过哪些对象之间的交互和协作来完成。没有这些具体和详实的需求信息，软件设计工程师就不知道该如何开展软件设计，相应的代码也编写不出来。

为了精化软件需求和获得需求细节信息，软件需求工程师需加强对领域知识和业务流程的理解，与提出软件需求的利益相关者进行更为深入和针对性的沟通，围绕需求参与对象、对象间的交互和协作、应具有的行为等方面来挖掘软件需求。

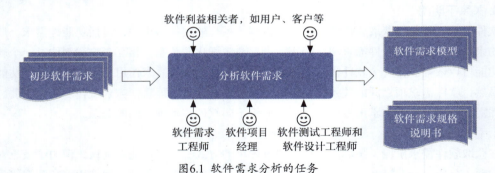

图6.1 软件需求分析的任务

2. 建立软件需求模型

仅用自然语言来描述软件需求的细节是不够的。它不仅不直观，而且较为烦琐，不易于理解，容易产生二义性和歧义性问题。解决上述问题的有效手段就是建模。顾名思义，需求建模就是要建立软件需求的模型。软件需求模型实际是对软件需求的图形化和可视化表示，它直观地描述了软件需求的核心和关键要素。

为了对软件需求进行建模，软件需求工程师需要进一步细化软件需求，通过抽象的方式抓住软件需求的核心和关键，并借助图形化建模语言将软件需求直观地表达清楚，从而便于软件需求工程师、软件利益相关者，甚至软件设计工程师等清晰和准确地理解软件需求，也便于发现和解决其中存在的问题和缺陷。软件需求工程师可借助需求建模方法和语言来建立软件需求模型，如数据流图、面向对象的UML等。

（1）分析软件需求模型

软件需求工程师需根据软件需求模型，从逻辑相关性的角度来分析不同软件需求项之间的关系，如某项软件需求需要依赖于另一项软件需求的功能。软件需求间逻辑关系的分析有助于评估软件需求之间的关联性以及软件需求变化的影响域和范围。此外，软件需求工程师还需分析不同软件需求的重要性，如哪些需求是必需的，哪些需求是可要可不要的，以此来确定软件需求的优先级，即哪些需求要优先实现，哪些需求可以滞后交付。

例如，软件需求工程师可借助软件需求模型（如用例图）来分析不同软件需求之间的关系。实际上，用例之间的包含、扩展和继承等关系描述的就是用例间的逻辑关联性。此外，一项软件需求的重要性如何，取决于该项软件需求在解决软件问题中所起到的作用和所扮演的角色。

（2）发现和解决软件需求问题

随着软件需求的不断精化和细化，以及对软件需求的直观和可视化建模，越来越多的软件需求问题和缺陷就会逐步显现，如多个软件需求的不一致性问题、冲突问题、描述不准确和不正确问题等。不同视角的可视化软件需求模型可帮助软件需求工程师有效地发现软件需求及其描述中存在的各类问题。针对这些问题，软件需求工程师需要与对应的利益相关者进行协调，就需求问题以及解决的方法达成一致。

（3）撰写和评审软件需求规格说明书

在软件需求分析阶段，软件需求工程师最终要形成规范化的软件需求规格说明书，以详细、准确和完整地描述软件需求。软件需求工程师可参照相关的标准和模板来撰写软件需求规格说明书，并邀请多方人员，包括用户、客户、软件设计工程师、软件测试工程师、软件项目经理等，采用评审等方式来确认和验证软件需求，以便尽早地发现并解决软件需求问题，避免将存在问题的软件需求带到后续的软件开发阶段。

6.3.2 软件需求分析的过程

分析软件需求涉及一系列的工作，要完成多方面的任务，需循序渐进地开展工作。图6.2描述了软件需求分析的过程。软件需求工程师、软件利益相关者，甚至软件开发人员都需要参与到这一过程之中。

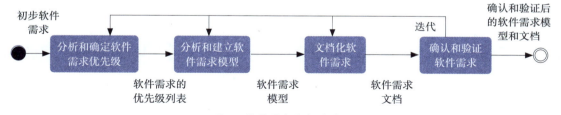

图6.2 软件需求分析的过程

1. 分析和确定软件需求优先级

针对初步软件需求，结合软件项目的具体情况（如进度、成本等约束），分析每一个软件需求项的重要性、紧迫性等特性，以此确定软件需求的优先级，产生软件需求的优先级列表。

2. 分析和建立软件需求模型

根据前一步骤得到的不同优先级的软件需求，逐步开展软件需求的建模和分析工作，以精化软件需求，产生可视化的软件需求模型，获得软件需求更为详尽和直观的细节信息，分析不同软件需求项之间的关系，发现并解决软件需求中存在的问题。

3. 文档化软件需求

根据软件需求规格说明书的标准规范和书写要求，结合前面步骤所得到的软件需求分析结果，撰写规范化的软件需求规格说明书。

4. 确认和验证软件需求

对前面步骤所得到的软件需求模型和文档进行确认和验证，发现并解决软件需求中存在的缺陷和问题，确保软件需求模型和文档正确、准确和完整地刻画了软件利益相关者的要求。

6.4 分析和确定软件需求的优先级

软件需求工程师需要分析不同软件需求项的价值、紧迫性和重要性等特性，以此来确定不同软件需求的优先级。

6.4.1 分析软件需求的重要程度

软件系统所提供的某些软件需求在解决行业或领域问题中扮演着极为关键的角色，不可或缺。这些软件需求属于核心需求。也有一些软件需求起到的是辅助性、锦上添花的作用，属于外围需求。对软件产品而言，核心需求在解决问题方面起到举足轻重的作用，提供了软件系统所特有的功能和服务，体现了软件系统的特色和优势，也是吸引用户使用该软件、有别于其他软件系统的关键所在。相较而言，外围需求则提供了次要、辅助性的功能和服务。软件需求工程师需要提供软件需求的重要性列表，以标识不同软件需求对用户、客户以及整个软件系统而言处于什么样的地位。

示例6.1 Mini-12306软件的核心需求和外围需求

根据Mini-12306的初步软件需求，其中的"注册""登录""查询车次""购票""支付"等5项用例属于核心需求，"退票""改签""系统设置"属于外围需求，如表6.1所示。

表6.1 Mini-12306各项软件需求的重要性、优先级及迭代开发次序安排

序号	用例名称	用例标识	重要性	优先级	迭代开发次序
1	Register	UC-Register	核心	高	第一次迭代
2	Login	UC-Login	核心	高	
3	QueryTrain	UC-QueryTrain	核心	高	
4	BuyTicket	UC-BuyTicket	核心	高	
5	Pay	UC-Pay	核心	高	
6	RefundTicket	UC-RefundTicket	外围	中	第二次迭代
7	ChangeTicket	UC-ChangeTicket	外围	中	
8	SetSystem	UC-SetSystem	外围	低	第三次迭代

6.4.2 分析软件需求的优先级

由于各个软件需求的重要性不同，因此用户对实现这些软件需求的优先级要求也不一样。有些软件需求需要优先实现，尽早交付给用户使用，以发挥其价值；有些软件需求可以滞后实现，晚点交付用户使用。

软件需求工程师需结合软件项目开发的具体约束，考虑不同软件需求的重要性，确定软件需求的实现优先级，确保在整个迭代开发中有计划、有重点地实现软件需求。一般地，软件需求工程师可采用以下策略来确定软件需求的优先级。

（1）按照软件需求的重要性来确定其优先级。通常情况下，那些处于核心地位的需求应有更高的优先级，外围的需求优先级低。这样可以确保核心需求优先得以实现，并优先提供给用户使用；而外围需求则可以在资源和时间不是很紧张的情况下加以实现。例如，"查询车次"属于核心需求，应给予高优先级；"退票"属于外围需求，应给予低优先级。

（2）按照用户的实际需要来确定软件需求的优先级，即根据用户对软件需求使用的紧迫程度

来区分不同软件需求的优先级。用户急需的软件需求应具有高优先级，不是急需的软件需求应具有低优先级。例如，用户认为"退票"并不急需，那么可以将其设置为低优先级，放在后续的迭代中加以实现；而对于"购票"功能，用户认为急需，可以考虑将其设置为高优先级。

该活动完成之后，软件需求工程师将提供一个软件需求的优先级列表。软件开发人员可以根据软件需求的优先级，在迭代软件开发过程中，有序地组织软件需求在不同迭代阶段的开发工作，以确保在每次迭代结束后，能够给用户交付他们急需的软件功能和服务。

示例6.2 确定Mini-12306各项软件需求的优先级

根据对Mini-12306各项软件需求的重要性分析，结合用户对软件需求的紧迫性要求，"注册""登录""查询车次""购票""支付"5项功能具有更高的优先级；经过与用户的商讨，"退票"和"改签"两项功能也很重要，优先级次之；相比之下，"系统设置"软件需求的优先级最低，如表6.1所示。

6.4.3 确定用例分析和实现的次序

一旦确定了软件需求的优先级，软件项目经理、软件需求工程师等就可以结合软件开发的迭代次数、每次迭代的持续时间、可以投入的人力资源等具体情况，充分考虑相关软件需求项的开发工作量和技术难度等因素，确定需求用例分析和实现的先后次序，确保有序地开展需求分析、软件设计和实现工作，使得每次迭代开发有其明确的软件需求集，每次迭代开发结束之后可向用户交付他们所急需的软件功能和服务。

示例6.3 确定Mini-12306软件的用例分析和实现次序

假设Mini-12306软件的开发需通过3次迭代来完成，那么可根据每次迭代的持续时间、软件需求的优先级、各项软件需求的工作量估算等，确定用例分析和实现的次序（见表6.1）。

- 第一次迭代实现具有高优先级的软件需求。由于这些功能实现的工作量较大，存在一定的技术难度和风险，因此第一次迭代安排"注册""登录""查询车次""购票""支付"5项软件需求的分析、设计和实现。
- 第二次迭代要在第一次迭代的基础上，完整地实现软件系统的重要功能。因此，第二次迭代需要分析、设计和实现"退票""改签"两项软件需求。
- 第三次迭代结束之后要给用户交付完整的软件系统，因此该次迭代开发需要实现剩余的软件需求，即"系统设置"。

6.5 结构化需求分析方法

20世纪70年代，软件工程领域的研究者和实践者提出了结构化需求分析方法。该方法的特点是基于自顶向下、逐步求精的原则来对软件需求进行建模和分析。根据建模对象和手段的差异，结构化需求分析方法还可以进一步细分为面向数据流的需求分析方法、面向控制流的需求分析方法、面向数据的需求分析方法等。本章主要介绍面向数据流的需求分析方法。

6.5.1 数据流图及软件需求模型

面向数据流的需求分析方法认为，软件的功能具体表现为对数据的处理。也就是说，软件的功能主要反映为软件具有什么样的数据以及要对数据进行怎样的处理。如果说清楚了软件有哪些数据以及要对这些数据做什么样的处理，也就说清楚了软件具有怎样的功能。这一思想非常朴素和简单，因为计算的本质就是对数据的处理。例如，Mini-12306软件的"查询车次"功能实际上就是根据输入的查询信息（本质上就是数据），检索车次数据库，获得有关车次的具体信息（本质上就是数据）。

面向数据流的需求分析方法学提供了一组抽象及其可视化图符来表示软件需求的构成要素，包括转换、数据流、外部实体、数据存储等。

- 转换，对数据进行的处理和加工，以产生新的数据，用椭圆表示，椭圆内部附上转换的名称。
- 数据流，数据在不同转换、外部实体、数据源之间的流动，用有向边来表示，边上附上数据的名称。
- 外部实体，位于软件系统边界之外的数据产生者或消费者。外部实体可以表现为人，也可以表现为系统，用矩形来表示，矩形内部附上实体的名称。
- 数据存储，数据的存放场所，可以表现为文件、数据库等形式。数据存储可以作为转换的数据源，也可以作为转换所产生数据的存储之处，用两条水平平行线来表示，线条之间附上数据存储的名称。

基于这些抽象，面向数据流的需求分析方法学提出了可视化的数据流图模型，通过绘制数据流图（Data Flow Diagram，DFD）来建立软件系统的需求模型，基于自顶向下、逐步求精的原则，提供了一系列的步骤和策略，帮助软件需求工程师循序渐进地对数据流图进行精化，以获得更为详尽的需求信息，形成不同抽象层次的数据流图模型，并在此过程中确保需求模型的一致性、完整性和准确性。

面向数据流的需求分析方法学提供了图6.3所示的图形化符号（即图符）来表示构成数据流图的各个模型要素。

图6.3 数据流图的图形化符号

基于上述图符，软件需求工程师可以绘制数据流图，建立软件需求模型，以刻画软件系统的功能性需求。图6.4所示为数据流图的大致形式。外部实体或数据存储提供的数据流入到某个或某些转换，经过处理和加工后会产生新的数据，这些数据连同其他数据（如来自外部实体、数据存储的数据）将流入到其他的转换，以进行进一步的处理，进而再次产生新的数据。新产生的数据也可以存放在数据存储之中。

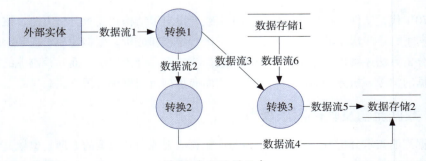

图6.4 数据流图示意

6.5.2　面向数据流的需求分析步骤和策略

面向数据流的需求分析方法提供了一系列的步骤（见图6.5）和策略，帮助软件需求工程师正确地绘制数据流图，逐步精化软件需求模型，确保软件需求模型的质量。例如，图中任何图符都不应是孤立节点，任何边（即数据流）都应有源头和去处。下面结合Mini-12306软件案例，详细介绍面向数据流的需求分析的具体步骤、策略和质量保证手段。

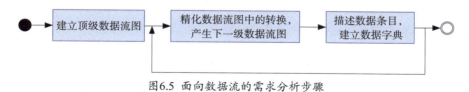

图6.5　面向数据流的需求分析步骤

6.5.3　步骤1：建立顶级数据流图

在需求分析初期，软件需求工程师首先需厘清待开发软件系统与其外部环境之间的关系，包括外部环境有哪些实体，它们与软件系统要进行什么样的交互，以此建立起关于软件系统的顶级数据流图。该图将待开发的软件系统抽象并表示为一个转换，仅注重刻画软件与其环境之间的交互，无须关注软件系统的内部细节，属于最高抽象层次的软件需求模型，也称为0级数据流图。

示例6.4　Mini-12306软件的顶级数据流图

Mini-12306的外部环境包括3类实体，分别是旅客、售票员和系统管理员。Mini-12306软件的顶级数据流图如图6.6所示。

- 旅客，需向系统提交信息，以进行注册、登录、查询车次、退票和改签等；系统会将这些数据处理后的结果展示给旅客，从而实现双向交互。
- 售票员，需向系统提交信息，以进行登录、查询车次、退票和改签等；系统会将这些数据处理后的结果展示给售票员，从而实现双向交互。
- 系统管理员，需向系统提供系统设置的信息，从而对系统进行设置。

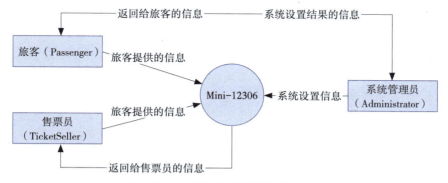

图6.6　Mini-12306软件的顶级数据流图

6.5.4　步骤2：精化数据流图中的转换

顶级数据流图仅刻画了待开发软件系统与其外部环境之间的交互。它所描述的软件需求很粗略，既不详尽也不具体。例如，图6.6并没有说清楚系统如何对旅客和售票员提供的信息进行处理。为此，需要在顶级数据流图的基础上，对软件系统内部的处理做进一步精化和分析，从而获得更为详尽的软件需求。

　　面向数据流的需求分析方法基于自顶向下、逐步求精的原则对数据流图进行精化和分析，具体方法描述如下。基于用户的文字性需求描述，逐个分析数据流图中的转换，如果某个转换的功能粒度大，那么需要对其进行精化，产生针对该转换的下一级数据流图，进而形成一组层次化的数据流图，它们共同构成了基于数据流的软件需求模型。

　　（1）分析软件需求的文字描述

　　分析的目的是在理解用户或客户所提出的软件需求的基础上，识别出与软件需求相关的外部实体、数据流、数据存储和转换，以此来精化软件需求。需求描述中的名词或名词短语将构成潜在的外部实体、数据存储和数据流，动词或动词短语将构成潜在的转换。

　　例如，Mini-12306有以下软件需求描述："系统根据用户（如旅客和售票员）提供的出发地、目的地和日期等查询信息，检索列车数据库，获得符合查询条件的列车信息，并将这些列车的详细信息（包括车次、出发地、目的地、时长、剩余座位、票价等）展示给用户。"在该需求描述中，"出发地""目的地""日期"等都是名词或名词短语，它们可能对应于数据流图中的数据流；"检索""展示"等均为动词或动词短语，它们可能对应于数据流图中的转换。

　　（2）精化生成下一级数据流图

　　按照自顶向下、逐步求精的原则对上一级数据流图的一个或多个转换进行精化，产生一个或者若干个下一级的数据流图。被精化的转换所在的数据流图称为父图，精化后所产生的数据流图称为子图。"自顶向下"是指基于上一层的数据流图进行精化，针对图中的转换，引入更多的需求模型要素（包括数据流、转换、数据存储等），形成下一级更为具体的软件需求模型，即子图。"逐步求精"是指对软件需求的精化要循序渐进地开展，以确保精化过程的有序性和精化内容详尽。图6.7描述了基于数据流的需求精化过程及所产生的、由诸多不同抽象层次数据流图所组成的软件需求模型。

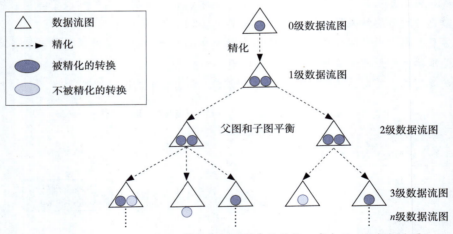

图6.7 精化数据流图中的转换，产生下一级数据流图

　　一个数据流图中会有许多的转换，哪些转换需要精化，哪些转换不需要精化呢？面向数据流的需求分析方法学提供了一个基本原则来指导精化工作，即如果一个转换所提供的功能粒度大，内部所包含的数据和处理等要素多，相互之间的关系松散，就需要对该转换进行精化。到了设计阶段，这些转换将被映射为相应的软件模块。如果在分析阶段就能确保转换的功能粒度适中，这些转换所对应的软件模块就可满足功能单一、高内聚、低耦合的模块化设计要求，从而确保软件设计的质量。

　　显然，顶级数据流图中只有一个转换，即待开发的软件系统。该转换的功能粒度大，需要对其进行精化。

Mini-12306软件的1级数据流图

根据用户对Mini-12306软件的文字性需求描述，图6.8描述了对顶级数据流图中转换Mini-12306进行精化后所产生的下一级数据流图，即1级数据流图。它描述了Mini-12306软件更为详尽的需求信息。

- 新引入了一系列的数据流，如"旅客注册信息""旅客登录信息""车次查询信息""购票信息"等。这些数据流的名称都用名词或名称短语来描述。
- 新引入了一系列的转换，如"旅客注册""登录""查询车次""购票""退票""改签"等。这些转换的名称都用动词或动词短语来描述。

面向数据流的需求分析方法学还提供了相关的策略来指导精化工作，确保精化过程及精化得到的软件需求模型的质量。对某个转换进行精化产生新的数据流图时，必须保持父图和子图之间的平衡，以确保软件需求模型的一致性和正确性。针对父图中被精化的转换，它的每一个输入和输出数据流要与精化后所产生的数据流图中的输入或输出数据流保持一致。这一策略确保精化过程中不会漏掉待精化转换的所有输入和输出数据流，也不会在精化所产生的数据流图中平白无故地增加外部的输入或输出数据流。例如，图6.8是对图6.6中的转换"Mini-12306"的精化。该转换的所有输入和输出数据均反映在被精化的数据流图中。

开发者可以针对每一级数据流图中的转换，不断对其精化，产生更为底层、包含更多需求细节的数据流图。

Mini-12306软件的2级数据流图

针对图6.8所示的1级数据流图中的转换"旅客注册"，图6.9描述了对其进行精化所产生的2级数据流图。开发者还可以对图6.8所示的1级数据流图中的其他转换进行精化，生成更多的2级

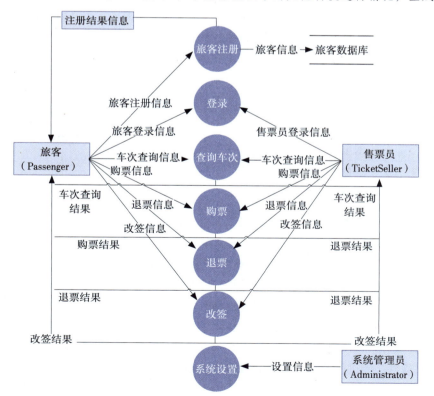

图6.8　Mini-12306软件的1级数据流图

数据流图。当然这种精化不能无休止地进行下去，必须适可而止。如果精化得到的数据流图中的转换所提供的功能单一、粒度小，就无须对其做进一步的精化。需要注意的是，在精化过程中必须保持父图和子图之间的平衡。例如，图6.8中"旅客注册"转换的输入和输出数据必须与图6.9中的输入和输出数据保持一致。

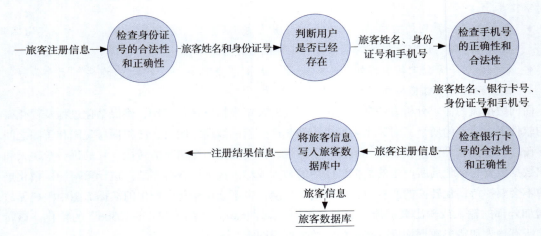

图6.9 "旅客注册"转换精化后产生的2级数据流图

6.5.5 步骤3：建立数据字典

数据流图可清晰地展示软件需求，支持软件需求的精化，但是它也有不足之处，即它提供的需求信息不够详尽。图6.9所示的数据流图描述了"旅客注册"的处理流程，但是图中并没有详尽地说清楚"旅客注册信息""身份证号""手机号""银行卡号"等数据流的具体细节是什么，如命令的要求、附带的参数等。对于这一问题，面向数据流的需求分析方法学还提供了数据字典（见表6.2），字典中的每个条目可用于详细描述各个数据流、外部实体、数据存储、不再被精化的转换，进而获得关于这些建模元素的详细信息。

表6.2 Mini-12306软件的数据条目描述

条目	描述
旅客注册信息	旅客姓名 + 身份证号 + 银行卡号 + 手机号
旅客姓名	长度为5的汉字字符串
身份证号	18位的身份证号码
银行卡号	开户行 + 银行卡号
手机号	11位的数字串

概括而言，面向数据流的需求分析方法学为需求导出、建模、精化、质量保证等提供了系统的方法学支持，包括一组基本抽象（如数据流、转换、外部实体等）、建模语言（数据流图）、精化步骤和分析策略（如自顶向下、逐步求精、针对转换的精化、生成层次化的需求模型）、质量保证策略（如父图和子图的平衡、精化适可而止等）。这一方法学的思想直观、简单，可为软件需求分析提供有效的指导，但是它也存在不足和问题。数据流图将软件的功能性需求用数据及其处理来表示，数据、处理、存储等均是计算机领域中的概念，这意味着软件需求工程师、用户或客户需要对软件功能进行抽象，形成用上述概念所描述的需求模型，这既不自然，也会给软件需求工程师、用户或客户增加开发负担，增加了需求导出、建模和分析等的复杂性和工作量。

6.6 面向对象需求分析方法

20世纪80年代,面向对象程序设计技术开始广泛应用于软件开发。这一技术的特点是将程序中的属性与其处理的方法封装在一起,形成类(Class)这一模块形式,将类进行实例化以生成具体的对象(Object)并作为软件的基本运行单元,以此来指导软件系统的构造和实现。由于面向对象程序设计技术具有模块封装粒度大、可重用性好、易于维护等一系列优点,可有效应对复杂软件系统带来的开发挑战,因而受到了人们的关注和好评。这一思想进一步延伸到需求分析和软件设计阶段,产生了面向对象分析(Object-Oriented Analysis,OOA)方法和面向对象设计(Object-Oriented Design,OOD)方法。

6.6.1 面向对象建模的基本概念

面向对象分析方法认为,无论是现实世界(应用问题)还是计算机世界(软件系统),它们都是由多样化的对象所构成的,每个对象都有其状态并可提供功能和服务,不同对象之间通过交互来开展协作、展示行为、实现功能和提供服务。因此,软件的功能性需求具体表现为现实世界业务系统中有哪些对象、这些对象能够提供什么样的服务、对象之间通过什么样的协作来实现特定的功能。例如,在Mini-12306软件中,旅客张三就是一个具体的对象,需要和其他的一系列对象进行协同来购买车票;某张车票也是一个具体的对象,它具有座位号等基本状态信息。

面向对象分析方法提供了以对象、类、属性、操作、消息、继承等概念来抽象表示现实世界的应用,分析其软件需求的特征,建立软件需求模型,描述软件系统需求。例如,基于类、包、关联等概念来分析软件系统的构成,借助类的方法等概念来描述对象具有的行为,利用对象间的消息传递等概念来分析多个不同对象是如何通过协作来实现软件功能的。面向对象分析方法学还提供了可视化的建模语言,帮助软件需求工程师建立多视点的软件需求模型,如用例模型、交互模型、分析类模型等。具体地,面向对象分析方法学提供了以下核心概念。

1. 对象

它既可以表示现实世界中的个体、事物或者实体,也可以表示计算机软件中的某个运行元素或单元(如运行实例)。每个对象都有其属性和方法;属性表示对象性质,属性的取值定义了对象的状态;方法表示对象所能提供的服务,它定义了对象的行为。对象的方法作用于对象的属性之上,使得属性的取值发生变化,导致对象状态发生变化。例如,每个旅客都有其姓名和身份证号,它们确立了该旅客的状态;如果某个旅客出现了失信情况,他就有可能被设置为"失信"状态。

2. 类

类是一种分类和组织机制。它是对一组具有相同特征对象的抽象。通俗地讲,通过类可以将不同的对象分类,把具有相同特征的一组对象组织为一类。相同特征是指具有相同的属性和方法。在面向对象程序设计中,程序员针对类而非对象编写代码。当分析和设计软件时,软件工程师需将注意力集中于对类的分析和设计上,通过类抽象、分析和设计来指导对象的分析和实现。类是对一组对象的抽象,也是创建对象的模板,对象是类的实例,即可以根据类来理解对象、基于类模板来实例化创建具体的对象。一旦基于某个类创建某个对象后,那么该对象就具有这个类所封装的属性和方法。相较而言,类是静态和抽象的,对象是动态和具体的。例如,Mini-12306软件有成千上万不同的旅客个体,但是他们都归属于"旅客"这个类别,那么"旅客"就是一个类,旅客张三则是由"旅客"类实例化生成的对象。

3. 消息

每个对象都不应是孤立的，它们之间需要进行交互以获得对方的服务、相互协作来共同解决问题。对象之间通过消息传递（Message Sending）进行交互，消息传递是对象间的唯一通信方式。一个对象通过向另一个对象发送消息，从而请求相应的服务。当一个对象发送消息时，它需要描述清楚接收方对象的名称以及消息的名称和参数。接收方对象接收到相关的消息后，它根据消息的具体内容实施相应的行为，提供对应的服务。例如，在Mini-12306软件中，旅客张三对象可以向系统中的列车数据库发消息，要求查询某个车次的具体信息。

4. 继承

在现实世界中，不同类别的事物之间客观存在着一般与特殊的关系。例如，汽车、火车和飞机都从属于交通工具。继承描述了类与类之间的一般与特殊关系。它本质上是对现实世界不同实体间遗传关系的一种直观表示，也是对计算机软件中不同类进行层次化组织的一种机制。一个类（称为子类）可以通过继承关系来共享另一个类（称为父类）的属性和方法，从而实现子类对父类属性和方法的重用。当然，子类在共享父类属性和方法的同时，也可以拥有自己独有的属性和方法。例如，在Mini-12306软件中，旅客、系统管理员、售票员这3个类都属于用户类，因而他们都可以继承用户类的属性和方法。例如，这3个类都有账号和密码。

5. 关联

关联（Association）描述了类与类之间的关系，它具有多种形式，如聚合（Aggregation）、组合（Composition）、依赖（Dependency）等。

6.6.2 UML及支持需求建模的图

软件工程实践者尝试利用面向对象的上述概念来构建多视角、多抽象层次的面向对象软件需求模型，从而自然、直观地展示软件系统的需求，并进一步开展需求分析工作。为了促进软件需求模型的统一表示和一致理解，对象管理组织（Object Management Group，OMG）联合诸多学者和企业共同提出了一个标准化的面向对象建模语言，即UML。UML本质上是一种用来可视化（Visualize）、描述（Specify）、构造（Construct）和文档化（Document）软件密集型系统，支持不同人员之间的交流（Communication）的统一化（Unified）建模语言。

微课视频

- 可视化是指UML采用图形化形式来直观描述软件系统，建立系统的可视化模型。
- 描述是指UML是一种用于刻画软件系统结构和行为的描述性语言。
- 构造是指UML所描述的系统模型类似于工程图纸，可有效用于指导软件的构造。
- 文档化是指UML所描述的模型可作为软件文档的组成部分，用于记录软件需求分析和设计等方面的信息。
- 建模是指UML用于对现实应用和软件系统进行可视化描述，建立起这些系统的抽象模型。
- 交流是指用UML描述的系统模型可交由不同的人员阅读，形成共同的理解，从而起到交流的目的。
- 统一化是指UML采用统一、标准化的表示方式来建立系统模型。

UML具有概念清晰、表达能力强、适用范围广、支撑工具多等特点，广泛应用于软件开发等应用和实践，目前已成为学术界和工业界所公认的标准。UML提供了图形化的语言机制，包括语法、语义和语用，以及相应的规则、约束和扩展机制，支持从结构、行为、用例等多个视点对软件系统进行建模，以描述不同抽象层次的软件模型，满足不同开发阶段的建模需求。表6.3描述了UML可从哪些视点、提供了什么样的图来建立何种系统模型。

表6.3　UML的视点及对应的图和建模内容

视点	图	建模内容	支持的开发阶段
结构视点	包图	软件系统高层结构	需求分析、软件设计、编程测试、软件测试
	类图	软件系统类结构	需求分析、软件设计、编程测试、软件测试
	对象图	软件系统在特定时刻的对象结构	需求分析、软件设计、编程测试、软件测试
	构件图	软件系统构件组成	软件设计、编程测试、软件测试
行为视点	状态图	对象状态及其变化	需求分析、软件设计、编程测试、软件测试
	活动图	软件系统为完成某项功能而实施的操作	需求分析、软件设计、编程测试、软件测试
	交互图	对象间如何通过消息传递来实现软件系统功能	需求分析、软件设计、编程测试、软件测试
部署视点	部署图	软件系统制品及其运行环境	软件设计、部署和运行、编程测试、软件测试
用例视点	用例图	软件系统的功能	需求分析

1. 结构视点

结构视点（Structural View Point）的模型主要用于描述软件系统的构成。UML提供了包图（Package Diagram）、类图（Class Diagram）、对象图（Object Diagram）和构件图（Component Diagram），从不同的抽象层次来表示软件系统的静态组织及结构。

2. 行为视点

行为视点（Behavioral View Point）的模型用于刻画软件系统的行为。UML提供了交互图（Interaction Diagram）、状态图（Statechart Diagram）与活动图（Activity Diagram），从不同侧面刻画软件系统的动态行为。

3. 部署视点

部署视点（Deployment View Point）的模型用于刻画软件系统的软件制品及其运行环境。UML提供了部署图（Deployment Diagram）来描述软件系统的部署模型。

4. 用例视点

用例视点（Use Case View Point）的模型用于刻画软件系统的功能。UML提供了用例图（Use Case Diagram）来描述软件系统的用例及其与外部执行者之间的关系。

软件需求模型是从某个视点对软件需求的抽象表示。UML提供了表6.4所示的一组图来描述软件需求，建立软件需求模型。

5. 用例视点的需求模型

基于用例视点，软件需求工程师可描述和分析软件具有哪些功能、不同功能间存在什么关系、每项功能与软件的利益相关者存在什么样的交互。UML提供了用例图来分析和描述用例视点的软件需求模型。在获取软件需求阶段，软件需求工程师可借助用例图来描述和分析软件的用例，建立用例模型。

6. 行为视点的需求模型

基于行为视点，软件需求工程师可描述和分析软件的用例是如何通过业务领域中的一组对象以及它们之间的交互来达成的。UML提供了交互图、状态图来描述行为视点的软件需求模型。其中交互图有两种形式，分别为顺序图和通信图，它们均可用于描述和分析用例的业务流程。在软件需求分析阶段，软件需求工程师需针对用例模型中的每个用例，绘制一个或多个交互图以建立用例的交互模型。状态图用于描述个实体（如对象）在事件刺激下所实施的反应式行为以及由此导致的状态变迁。它可用于刻画业务领域中具有复杂状态的实体在其生命周期中的动态行为及状态变迁情况。

7. 结构视点的需求模型

基于结构视点，软件需求工程师可描述和分析业务领域有哪些重要的领域概念以及它们之间具有什么样的关系。UML提供了类图来描述和分析业务领域的概念模型。领域概念对应类图中的类，通常将其称为分析类，领域概念间的关系对应类与类之间的结构关系。

表6.4 支持需求描述的UML图

UML图	视点	软件需求的内涵	使用阶段
用例图	用例	软件的功能及相互间的关系	获取软件需求
交互图	行为	功能完成所涉及的对象及相互间的交互和协作	分析软件需求
状态图	行为	对象的状态变化	分析软件需求
类图	结构	业务领域的概念及相互关系	分析软件需求

下面介绍UML的交互图、类图和状态图，它们均可用于描述软件系统的需求模型。

1. 交互图：顺序图和通信图

UML的交互图用于描述系统中的一组对象通过消息传递而形成的协作行为。它可用于描述系统的功能、用例和服务是如何通过对象间的交互和协作来实现的。UML提供了两种不同形式的交互图，即顺序图和通信图，它们均可用于刻画系统中对象间的协作行为，只是描述侧重点和关注角度有所差别。顺序图强调的是对象间消息传递的时序，而通信图突出的是对象间通过消息传递而形成的协作关系。顺序图和通信图的表达能力是等价的且可相互转换，即用顺序图描述的协作行为模型同样可以用通信图来表示，反之亦然；可将用顺序图描述的交互模型转换为具有等价语义的通信图模型，反之亦然。因此在建立用例的交互模型时，软件需求工程师只需使用其中的一种图就可以了。下面介绍一下顺序图的用法。

顺序图是一张二维图，图的纵轴代表时间，时间沿垂直方向向下流逝；横轴由参与交互的一组对象构成，每个对象有其生命线。连接两个对象的有向边表示对象间的消息传递。概括而言，一张顺序图由两类图形符号构成：对象和消息传递。在软件需求分析阶段，软件需求工程师可借助交互图来分析用例的实现方式和业务流程，进而精化软件需求，建立起软件需求的行为模型。图6.10描述了Mini-12306软件"旅客注册"功能（Register用例）的业务逻辑及协作行为。

（1）对象表示

在UML顺序图中，对象用矩形或人形符号表示，其中人形符号表示一类特殊的对象，即软件的外部执行者。每个对象的名字嵌于矩形内，采用形如"[对象名]:[类名]"的文本形式来描述，其中对象名、类名可分别省略。如果仅有类名，那么类名的文字下面必须有下画线，以表示由该类实例化所生成的对象。例如，Passenger表示由Passenger类实例化得到的对象。

对象下面的垂直虚线是对象的生命线，表示对象存在于始于对象表示图元所处的时间起点、止于对象生命终结符之间的时间段内。对象执行操作的时间区域称为对象的活跃期，它由覆盖于对象生命线上的矩形来表示。一个对象发送和接收消息时，该对象需处于活跃期中。

（2）消息传递

对象间的消息传递表示为对象生命线之间的水平有向边，消息边上可采用以下模式来标注消息的细节信息："[*][监护条件] [返回值:=]消息名[(参数表)]"。其中，"*"为迭代标记，表示同一消息对同一类的多个对象发送。当出现迭代标记时，"监护条件"表达式表示迭代条件，否则它表示消息传递实际发生的条件。"返回值"表示消息被接收方对象处理完成后回送的结果。一般地，"消息名"应采用动名词来表示，以便对消息的直观理解。顺序图中的消息有以下几种类别，并用不同的图符来表示（见图6.11）。

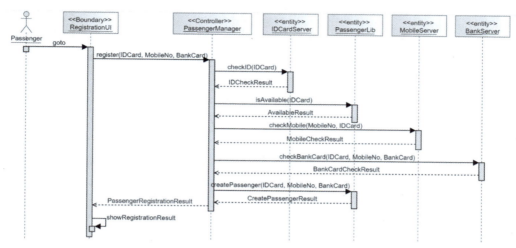

图6.10　Mini-12306软件中"旅客注册"用例的UML顺序图

图6.11　顺序图中不同消息类型及其图符表示

- 同步消息，表示消息的发送方对象需要等待接收方对象处理完消息后，才能开展后续的工作。UML用实心三角形箭头表示同步消息。
- 异步消息，表示消息的发送方对象在发送完消息后不等待接收方对象的处理结果，即可继续自己的处理。也就是说，消息的发送方对象发完消息后就不管了，继续做自己的事情。UML用普通箭头表示异步消息。
- 返回消息，如果一条消息从对象a发给对象b，那么其返回消息是一条从对象b指向对象a的虚线有向边。它表示原消息的处理已经完成，处理结果（如果有的话）沿返回消息传回。
- 自消息，它是指一个对象发送给自身的消息，即接收方对象就是发送方对象。

此外，还有创建消息和销毁消息，它们分别表示创建和删除消息传递的目标对象，消息名称分别为create、destroy，或者在消息边上标注构造型<<create>>、<<destroy>>。

通信图同样由两类图形符号构成。图中的节点表示对象，对象间的连线表示对象之间的消息通道。消息通道可以是无向的，表示支持双向消息传递；也可以是单向的，表示只能按照箭头的方向进行消息传递。对象间的连线上可以标注一条到多条消息，每条消息都有其传递方向，用靠近消息的箭头来表示。每条消息可采用以下模式来标注消息的细节信息："[序号] [*][:][监护条件][返回值:=]消息名[(参数表)][:返回类型]"。其中，"序号"用消息层次化的数字或字符来表示，如"2.1"表示第2个步骤的第1个子步骤。

软件需求工程师在构建用例的交互模型时需遵循一组基本策略，以确保模型的可读性和质量。下面以绘制顺序图为例，说明需要注意的事项。

- 根据对象所处的层次来组织对象在顺序图中的位置，接近用户界面的对象靠左，接近后台处理的对象靠右。
- 尽量使消息边的方向从左至右来布局。
- 在绘制顺序图时，要根据构建交互图的不同目的来决定顺序图描述的详尽程度，既要防止在表述顺序图时陷入实现细节，也要防止在一张顺序图中表达各种可能的协作情况，导致顺序图过于复杂，影响对系统对象协作关系的理解和分析。

2. 类图

UML类图用于表示系统中的类以及类之间的关系，它刻画了系统的静态结构特征。这里所说的系统既可以是计算机世界中的软件系统，也可以是现实世界的应用系统；既可以是整个系统，也可以是某个子系统。类图中的节点表示系统中的类及其属性和方法，边表示类间关系。在软件需求分析阶段，软件需求工程师可借助类图来分析和描述业务领域中的概念模型。一般地，一个软件需求类模型可包含一张或多张类图。下面介绍类图的用法。

（1）类

类是构成系统的基本建模要素，它封装了属性和方法，对外公开了访问接口，以提供特定的功能和服务。在绘制类图时，通常采用名词或名词短语作为类的名字。UML类图中还有一种特殊的类称为"接口"（Interface），它是一种只提供了方法接口、不包含方法实现部分的特殊类。在表示接口时，通常在其名字的上方注明构造型<<interface>>，以表示它是接口。一个类可能包含属性和方法，通常用名词和名词短语描述类的属性，用动词和动词短语来描述类的方法。

UML采用以下表示模式来描述类的属性。

[可见性]名称[:类型][多重性][=初始值][{约束特性}]

UML采用以下表示模式来描述类的方法。

[可见性]名称[(参数表)][:返回类型][{约束特性}]

①可见性。

无论是类、属性还是方法，都有对其进行访问的范围，即类、属性和方法在什么范围内可被访问，或者是哪些范围内的对象可以访问类、属性和方法。一般地，可见性有3种形式：public、private和protected。其中，public是指可对外公开访问，即任何对象均可访问；private是指私有的，不能为外部对象所访问，只有自己（即该类实例化所产生的对象）才可以访问；protected是指受保护的，只有特定的类对象才可以访问，如该类的子类对象。

②多重性。

多重性（Multiplicity）描述了位于关联端的类可以有多少个实例对象与另一端的类的单个实例对象相联系，刻画了参与关联的两个类的对象之间存在的数量关系。UML采用以下方式来表示不同的多重性。

- 1：表示1个。
- 0..1：表示0个或1个。
- 0..*：表示0个或任意多个。
- 1..*：表示1个或任意多个。
- $m..n$：表示m到n个。
- $n..*$：表示n至任意多个。

③约束特性。

约束特性描述了类属性和方法的某些特定性质和特征。例如，某些属性的取值是有序的，因而将其约束特性描述为{Order}。约束特性的描述有助于加强对类属性和方法的理解，指导其设计和实现。

在绘制类图时，根据建立类图的不同目的，有针对性地描述类的属性和方法。例如，在需求分析阶段，软件需求工程师可以暂时不需要标识类的属性和方法，或者只标注部分关键的属性和方法，以便将注意力聚焦于业务领域中的概念及其关系，有关这些类的属性和方法可以等到后续的设计阶段再来详细地定义。到了软件设计阶段，尤其是详细设计阶段，软件设计工程师必须标识每个类的属性及方法，描述其细节，如名称、可见性、参数及类型等，以指导软件系统的编码和实现。

（2）类间的关系

类图中类与类之间存在多种关系，包括：关联、聚合与组合、继承、实现、依赖等，如图6.12所示。

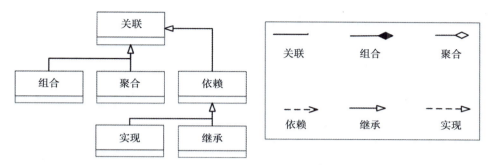

图6.12 UML类间关系及其图符表示

①关联。

关联表示类与类之间存在某种逻辑关系，表达了一种极为普遍的类关系。UML用实线箭头表示关联关系。两个类间的关联关系可以用连接两个类的边来表示，在边的两端可以标识参与关联的多重性、角色名和约束特性。角色名描述了参与关联的类的对象在关联关系中扮演的角色或发挥的作用。约束特性说明了针对参与关联的对象或对象集的逻辑约束。

②聚合与组合。

聚合与组合是两种特殊的关联关系，均可用于表示类与类之间的整体—部分关系，即一个类的对象是另一个类的对象的组成元素，只不过它们在具体的语义方面有细微的差别。

如果两个类具有聚合关系，那么作为部分类的对象可以是多个整体类的对象中的组成部分，即部分类的对象具有共享的特点，可以在多个整体类的对象中出现。例如，一个老师可以加入到多个学术组织，既可以是中国计算机学会（China Computer Federation，CCF）的会员，也可以是IEEE、ACM的会员。UML用空心菱形和实线表示聚合关系，菱形指向整体类。

相较而言，如果两个类之间存在组合关系，那么部分类的对象只能位于一个整体类的对象之中，一旦整体类对象消亡，其中所包含的部分类对象也无法生存。从设计和实现的角度来看，整体类的对象必须承担管理部分类对象生命周期的职责。例如，一个对话框包含文本、按钮、多选框等图形化界面对象，一旦对话框不存在，这些图形界面元素就不再存在。UML用实心菱形和实线表示组合关系，菱形指向整体类。

③依赖。

依赖是一种特殊的关联关系，表示两个类之间存在某种语义上的关系。如果类B的变化会导致类A必须做相应修改，我们称类A依赖于类B。例如，如果类A对象需要向类B对象发送消息m，那么一旦类B的方法m发生了变化（如变更了名称或者参数），那么类A必须相应地修改其发送的消息，显然此时类A依赖于类B。UML用虚线箭头表示依赖关系，箭头指向被依赖方。

● 实现

实现用于表示一个类实现了另一个类所定义的对外接口，它是一种特殊的依赖关系。通常，实现关系所连接的两个类，一个表现为具体类，另一个表现为接口。UML用带空心三角形的虚线表示实现，空心三角形的顶点虚线由具体类指向接口类。

● 继承

继承表示两个类之间存在一般和特殊的关系，特殊类（称为子类）可以通过继承共享一般类（称为父类）的属性和方法。继承关系实际上是一种特殊的依赖关系。UML用带空心三角形的实线来表示继承，该实线由子类指向父类。

图6.13描述了Mini-12306软件中Register用例实现所对应的分析类图。构建类模型和绘制类图时需要遵循以下策略。根据构建类图的不同目的来描述类图中类的不同详尽程度，并采用不同的UML表示图元，如采用仅需描述类名称、隐藏类属性和方法的图元，或者隐藏方法部分的类图元，或者既包括属性也包括方法的图元。尽可能地用接近业务领域的术语作为类图中类、属性和方法的名称。

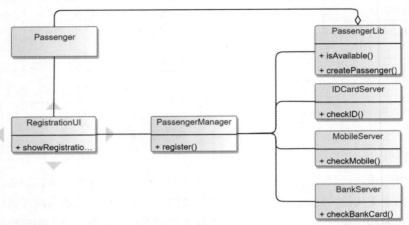

图6.13 Mini-12306软件中"旅客注册"用例实现所对应的分析类图

3. 状态图

状态图用来描述一个实体所具有的各种内部状态以及这些状态如何受事件刺激、通过实施反应式行为加以改变。它刻画的是系统的动态行为特征。这里所说的实体既可以是某个对象，也可以是某个软件系统或者其部分子系统，或者某个软构件，但不是类。对那些具有较为复杂状态的实体而言，绘制它们的状态图有助于理解实体内部状态是如何变迁的，有助于深入和详尽地分析实体的行为。软件开发人员可以在需求分析、软件设计等阶段，结合具体实体的实际情况（主要看实体是否具有多种状态）构建实体的状态图。

状态图中的节点表示实体的状态，边表示状态的变迁。图6.14描述了Mini-12306软件中，一张车票（可视为一个对象）所具有的状态及其变迁情况。需要说明的是，类是没有状态的，只有对象有状态。

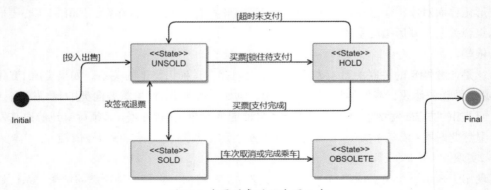

图6.14 车票对象的状态图示意

（1）状态（State）

在对象生命周期中，其属性取值通常会随外部事件而不断发生变化。对象的状态是指对象属性取值所形成的约束条件，用于表征对象处于某种特定的状况，在该状况下对象对同一事件的响应完全一样。随着对象属性取值的变化，对象的状态也会发生变化。例如，对某张车票对象而言，它可能会处于{"待售"（UNSOLD），"预订"（HOLD），"出售"(SOLD)}状态集中的某个状态，并且其状态会随着外部事件的发生而变化，如处于"预订"状态的车票会由于用户完成了费用支付而转变为"出售"(SOLD)状态。UML用圆角矩形来表示状态（见图6.15）。

一个状态节点由状态名及可选的入口活动、do活动、内部迁移、出口活动等诸多要素构成。它表示一旦对象经迁移边从其他状态进入本状态，那么本状态入口活动将被执行；当对象进入本状态并执行完入口活动（如果有的话）后，就应该执行do活动；内部迁移不会引起对象状态的变化。当对象离开该状态时将执行出口活动。最简单的状态仅包含状态名。状态图中有两种特殊的状态：初始状态和终止状态，其图符表示如图6.15所示。

图6.15　UML状态图的图符表示

（2）迁移（Transfer）

迁移表示对象从一个状态进入到另一个状态，它由连接两个状态节点间的有向边来表示。有向边上可以标注"[事件] [监护条件] [/ 动作]"等信息。其中，"事件"表示触发状态迁移的事件，"监护条件"表示状态迁移需满足的条件表达式，"动作"表示状态迁移期间应当执行的动作。自迁移是一类源状态节点与目标状态节点相同的特殊迁移。

（3）事件（Event）

事件是指在对象生命周期中所发生的、值得关注的某种瞬时刺激或触动，如用户完成了车票支付、用户预订了车票等。它们将引发对象实施某些行为，进而导致对象状态的变化。对象所关注的事件包括以下几种。

- 消息事件，即其他对象向该对象发送的消息可表示为"消息名[(参数表)]"。例如，如果旅客完成某张车票的费用支付，那么支付中心将向票务中心发送该张车票支付成功的消息，一旦接收到该消息，系统就将该车票设置为"出售"状态。
- 时间事件，即时间到达指定的观察点，如到达某个时刻。例如，如果某张车票的开车时间已过，那么该车票将处于"终止"（OBSOLETE）状态。
- 条件事件，即某个特定的条件成立或者得到满足，表示为"when(条件表达式)"。例如，如果某个旅客选择购买车票，但是在半小时之内没有完成支付，那么该车票将从"预订"(HOLD)状态变迁为"待售"（UNSOLD）状态。

（4）活动和动作

它们都指一种计算过程，两者的差异在于：动作（Action）位于状态之间的迁移边上，其行为简单、执行时间短；活动（Activity）位于状态之中，其行为较为复杂、执行时间稍长。

构建状态图时需要遵循以下策略。一个状态图仅有一个初始状态但是可以有多个终止状态。在软件需求分析和软件设计等阶段，无须为所有的对象构建状态模型，只需对那些具有明显状态和变迁特征、行为较为复杂的对象绘制状态图。

6.6.3　面向对象的需求分析步骤和策略

面向对象的需求分析方法旨在通过建立面向对象的需求模型来对软件需求进行细化和分析。它以用例模型为输入，绘制和构建用例的交互模型、系统的分析类模型以及特定对象的状态图模型等，从而形成软件需求模型。该项工作的具体步骤如图6.16所示。整个过程实际上是一个细化软件需求、发现和解决需求问题的过程。

微课视频

图6.16 分析和建立软件需求模型的具体步骤

6.6.4 步骤1：构建和分析用例的交互模型

在获取软件需求阶段，软件需求工程师得到的软件需求仍然是比较粗略和模糊的。对于每一个用例，只清楚其大致功能，不清楚其具体的工作细节及行为，例如有哪些对象参与用例功能，这些对象需实施了怎样的行为，对象间如何协作来实现用例功能。

分析需求用例就是要针对上述问题，获得软件需求的具体行为细节，用UML交互图进行可视化描述，建立起关于用例的更为详尽的交互模型，以更为详实地刻画软件需求细节，发现和剔除用例描述中的模糊、不准确和不完整的内容，为后续的软件设计和实现奠定基础。该项工作主要包括以下3个步骤。

1. 分析和确定用例所涉及的对象及其类

一般地，软件需求用例描述了特定的业务逻辑，其处理主要涉及3种不同类对象以及它们之间的交互和协作。由于这些对象所对应的类是在用例分析阶段所识别并产生的，通常称它们为分析类。软件需求工程师应尽可能用应用领域中通俗易懂的术语来表达用例的交互模型中的对象及类，以便用户和软件需求工程师等能直观地理解对象及类的语义信息。

（1）边界类

每个用例或者由外部执行者触发，或者需要与外部执行者进行某种信息交互，因而用例的业务逻辑处理需要有一个类对象来负责软件系统与外部执行者之间的交互。由于这些类对象处于系统的边界，需要与系统外的执行者进行交互，因而将这些对象所对应的类称为边界类。一般地，在需求用例的完成过程中，边界类对象主要起到以下作用。

- 交互控制，处理外部执行者的输入数据，或者向外部执行者输出数据。例如，在图6.17所示的Login用例的交互模型中，边界类对象需要接收用户输入的登录信息，包括account、password等，并向用户提示"登录成功与否"的信息。

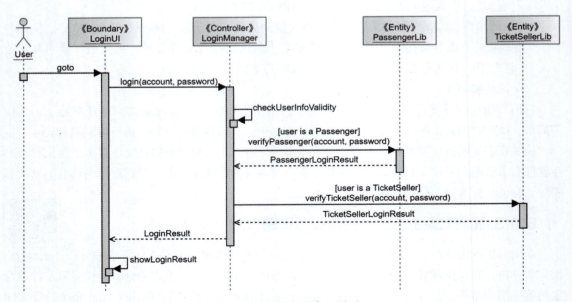

图6.17 Login用例的交互模型

- 外部接口，如果外部执行者表现为其他的系统或者设备，那么边界类对象需要与系统之外的其他系统或设备进行信息交互。

一般地，边界类可以表现为用户界面类（如窗口、对话框等）或者系统访问的接口。在UML的交互图中，可以在类对象名字上方附上《Boundary》版类信息，以补充说明该对象所属的类属于边界类。需要强调说明的是，需求分析阶段所得到的边界类对象是概念性的。软件需求工程师只需将其抽象为某些用户界面的形式，无须关注这些用户界面是如何实现的，如内部包含哪些界面元素，如何对这些界面元素进行合理组织等。

示例6.7 **Login用例中的边界类及其职责**

Login是Mini-12306中的一个用例，其主要功能是要完成旅客用户的登录。显然，该用例需要一个边界类对象来支持与用户的交互，并表现为用户界面的形式（见图6.17）。外部执行者（即User）通过该边界类对象LoginUI与软件进行交互，提供登录所需的完整信息，提交登录请求，同时边界类对象LoginUI还负责将"登录成功与否"的信息反馈给用户。

（2）控制类

边界类对象负责接收来自外部执行者、外部系统或设备等的消息，随后它就将这些消息交给系统中的另一个特定类对象进行处理，这个特定类就称为控制类。控制类对象作为完成用例任务的主要协调者，负责处理边界类对象发来的任务请求，对任务进行适当的分解，并与系统中的其他对象协作，以控制它们共同完成用例规定的任务或行为。一般而言，控制类并不负责处理具体的任务细节，而是负责分解任务，并通过消息传递将任务分派给其他对象类来完成，协调这些对象类之间的信息交互。在UML的交互图中，可以在对象类名字上方附上《Controller》版类信息，以补充说明该对象所属的类属于控制类。

需要强调说明的是，控制类对象可能在业务应用中客观存在，即有专门的业务对象负责协调业务流程；也可能是由软件需求工程师或用户人为引入的，目的是更加清晰地表述业务的实施逻辑。通常情况下，控制类对象起到一个协调者的作用，充当边界类对象和实体类对象之间的沟通桥梁。

示例6.8 **Login用例中的控制类及其职责**

在Login用例中，外部执行者User对象通过边界类对象LoginUI提交登录信息。边界类对象通过发送消息login(account,password)的方法将用户登录请求及信息交由控制类对象LoginManager进行处理。控制类对象LoginManager会与PassengerLib、TicketSellerLib等对象进行交互，以验证用户登录信息的正确性，并将登录成功或失败的信息返回给边界类对象LoginUI。

（3）实体类

用例所对应业务流程中的所有具体功能最终要交由具体的类对象来完成，这些类称为实体类。一般地，实体类对象负责保存目标软件系统中具有持久意义的信息项，对这些信息进行相关的处理（如查询、修改、保存等），并向其他类提供信息访问的服务。实体类的职责是要落实软件系统中的用例功能，提供相应的业务服务。在UML的交互图中，可以在类对象名字上方附上《Entity》版类信息，以补充说明该对象所属的类属于实体类。

需要强调说明的是，与边界类、控制类不同的是，实体类才是真正"干活的"类，即完成业务流程中的具体工作。例如，在Login用例中，实体类对象PassengerLib和TicketSellerLib完成对用户登录信息的具体验证工作。

在分析用例功能的过程中，将用例工作流程中的类对象抽象为界面类、控制类和实体类，旨在使得每个类的职责明确且清晰，相互之间不会混淆，并尽可能地与现实世界中的问题解决模式一致，有助于在软件设计阶段得到功能单一的软件模块。

Login用例中的实体类及其职责

在Login用例中（见图6.17），软件系统中存在实体类对象PassengerLib和TicketSellerLib，分别负责保存系统中的旅客和售票员信息（包括账号和密码等），并对外提供一组接口以支持对用户信息的访问，包括验证用户账号和密码的合法性等。在用户登录过程中，控制类对象LoginManager向实体类对象PassengerLib和TicketSellerLib发送消息，要求根据用户输入的账号和密码，检查用户身份的合法性。实体类对象完成检验之后，将检验的结果反馈给控制类对象LoginManager，以确认用户的账号和密码是否正确。

用例交互图的工作流程大致如下。

①外部执行者与边界类对象进行交互以启动用例的执行。

②边界类对象接收外部执行者提供的信息，完成必要的解析工作，将信息从外部表现形式转换为内部表现形式，并通过消息传递将相关的信息发送给控制类对象。

③控制类对象接收到边界类对象提供的信息后，根据业务逻辑处理流程，产生任务并对任务进行分解，与相关的实体类对象进行交互以请求完成相关的任务，或者向实体类对象提供业务信息，或者请求实体类对象持久保存业务逻辑信息，或者请求获得相关的业务信息。

④实体类对象实施相关的行为后，向控制类对象反馈信息处理结果。

⑤控制类对象处理接收到的信息，将业务逻辑的处理结果通知边界类对象。

⑥边界类对象对接收到的处理结果进行必要的分析，将其从内部表现形式转换为外部表现形式，并通过界面将处理结果展示给外部执行者。

基于上述用例执行流程，构造用例交互图的关键在于将用例的功能和职责进行适当的分解，将其分派至合适的分析类，包括界面类、控制类和实体类，分析由它们实例化生成的对象之间的交互和协作。概括起来，用例分析就是要识别用例所涉及的分析类，描述这些分析类对象之间的交互和协作过程。

在需求分析过程中，软件需求工程师可遵循以下策略来确定需求用例中的界面类、控制类和实体类。

- 在用例模型中，如果某个用例与执行者之间有一条通信连接（即存在一条边），那么该用例的执行需要有一个对应的边界类，以实现用例与外部执行者之间的交互。
- 一般地，一个用例通常对应有一个控制类。它负责接收边界类提供的信息，基于该信息与实体类进行交互，并将实体类对象的处理结果反馈给边界类。负责某个用例的控制类通常只有一个实例化对象，以防止对实体类对象的多方控制以及由此导致的控制混乱。
- 实体类主要来自用例描述中具有持久意义的信息项，其作用范围往往超越单个用例而被多个用例所共享，即实体类往往对应于应用领域中的类，其主要职责是完成具体的业务工作，并为多个用例提供信息保存、读取、处理等服务。

2. 分析和确定对象之间的消息传递

分析和识别好了用例的交互模型中的界面类、控制类和实体类，下面就需要分析这些类的对象间是如何通过协作来完成用例功能的。根据面向对象的需求分析的思想及UML模型，一个对象向另一个对象发送消息时，可以通过消息的名称来表示交互和协作的意图，通过消息的参数来传递相应的信息。因此，为了分析用例的执行流程和构建用例的交互模型，软件需求工程师需确定3种类的不同对象间存在怎样的消息传递、要交换哪些信息。该项工作的方法和策略描述如下。

（1）确定消息的名称

消息的名称直接反映了对象间交互的意图，也体现了接收方对象所对应的类的职责和任务，即发送方对象希望接收方对象提供什么样的功能和服务。一般地，消息名称用动名词来表示。软件需求工程师应尽可能用应用领域中通俗易懂的术语来表达消息的名称和参数，以便用户和软件需求工程师等能直观地理解对象间的交互语义。

（2）确定消息传递的信息

对象间的交互除了要表达消息名称和交互意图之外，在许多场合还需要提供必要的交互信息，这些信息通常以消息参数的形式出现，即一个对象在向另一个对象发送消息的过程中，需要提供必要的参数，以向目标对象提供相应的信息。因此，在构建用例的交互图的过程中，如果用例的业务流程能够明确相应的交互信息，那么需要确定消息需附带的信息。通常，消息参数用名词或名词短语来表示。

> **示例6.10** **分析和识别用例的交互模型中的消息名称**

在Login用例中（见图6.17），边界类对象LoginUI需要向控制类对象LoginManager发送消息login(account,password)，以请求完成用户登录的功能；控制类对象LoginManager接收到该消息之后，需要根据用户的类别（如旅客或售票员），分别向实体类对象PassengerLib和TicketSellerLib发送消息verifyPassenger（account,password）和verifyTicketSeller（account,password），以请求验证用户的身份。这些消息均需要提供account和password两个消息参数。

3. 绘制用例的交互图

一旦识别和确定了用例所涉及的类以及类对象间的消息，软件需求工程师就可以绘制用例的交互图，建立用例的交互模型。UML中的交互图有两类。一类是顺序图，它能够直观地表达用例实现过程中不同对象间消息（事件）的时序；另一类是通信图，它可以直观地描述对象间的协作关系。一般情况下，软件需求工程师只需选用其中的一类图，并遵循以下策略来绘制用例的交互模型。

- 用例的外部执行者应位于图的最左侧，紧邻其右的是用户界面或外部接口的边界类对象，再往右是控制类对象，控制类对象的右侧应放置实体类对象，实体类对象的右侧是作为外部接口的边界类对象。

- 对象间的消息传递采用自上而下的布局方式，以反映消息交互的时序。按照该布局，顺序图中将不会出现穿越控制类生命线的消息，即边界类对象不应该直接给实体类对象发送消息。这种处理有助于实现前后端职责的分离，促进后续的模块化软件设计，提高软件的可维护性。

一般地，软件需求工程师需为用例模型中的每个用例至少构造一张交互图，以刻画用例的行为模型。对于那些功能和动作序列较为简单的用例，为其构造一张交互图就足够了。然而对于较复杂的用例，一张交互图难以完整、清晰地刻画其所有的动作序列（如扩展的动作序列）。在这种情况下，需要为此用例绘制多张交互图，每张交互图刻画了用例在某种特定场景下的交互动作序列。

> **示例6.11** **QueryTrain用例的顺序图**

Query Train用例旨在查询和显示列车的信息。图6.18用顺序图详细描述了该用例的工作流程。

（1）User对象访问边界类对象QueryTrainUI，从而启动用例的执行。

（2）边界类对象QueryTrainUI向控制类对象QueryManager发送消息queryTrain(DeparturePlace，ArrivalPlace,Date)，以要求控制类对象帮助它完成查询车次的工作。

（3）控制类对象QueryManager接收到消息后，向实体类对象TrainLib发送消息queryTrain(DeparturePlace,ArrivalPlace,Date)。

（4）实体类对象TrainLib接收到消息后，完成具体的查询，并将查询结果返回给控制类对象QueryManager。

（5）控制类对象QueryManager接收到查询结果后，随之将该信息返回给边界类对象Query TrainUI。该对象通过自消息showTrainInfo显示列车查询结果信息。

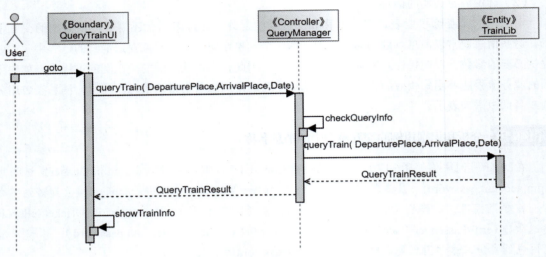

图6.18 QueryTrain用例的交互模型

6.6.5 步骤2：构建和分析系统的分析类模型

通过构建和分析用例的交互模型，软件需求工程师可获得关于软件需求更为具体的细节性信息及其相应的UML模型描述。在此基础上，软件需求工程师可根据软件需求的用例模型、用例的交互模型，导出并绘制软件需求的分析类模型，以描述软件系统有哪些分析类、每个分析类的主要职责是什么、不同分析类间存在什么样的关系等。这项工作可为后续的软件设计与实现奠定"物质"基础。

需要说明的是，该阶段得到的类属于分析类，这些类反映的是业务流程中所涉及的类，而非软件实现所对应的类。在软件设计阶段，这些分析类或者直接映射为构成软件系统的设计类，或者与其他的分析类等进行组合和优化，形成新的设计类。因此，分析类仅仅刻画了业务流程中的相关要素，并非构成软件系统的实际类。构建和分析系统的分析类模型主要包括以下步骤。

1. 确定分析类

该工作是要根据软件需求的用例图和用例的交互图来识别出系统中的分析类，具体方法描述如下。首先，用例模型中的外部执行者应该是分析类图中的类。其次，分析各个用例的顺序图，如果该图中出现了某个对象，那么该对象所对应的类属于分析类。

示例6.12 根据用例图和用例的交互图来确定分析类

Mini-12306的用例图（见图5.3）中有3类外部执行者，分别是Passenger、TicketSeller和Administrator，它们应成为分析类图中的类。根据图6.17所示的Login用例的交互模型，User、LoginManager、PassengerLib、TicketSellerLib、LoginUI应是分析类图中的类。

2. 确定分析类的职责

软件需求分析阶段所产生的每个分析类都应有意义和有价值，需为系统功能的实现做出某种贡献。因此，每个分析类都有其职责，需提供相关的服务。

在用例的交互模型中，每个对象都有可能向其他对象发送消息或者接收来自其他对象的消息。一旦对象接收到某条消息，它就会对消息做出反应，实施一系列的动作，提供相关的服务，并给发送方对象反馈处理结果。一般地，对象接收的消息与其承担的职责之间存在一一对应关系，即如果一个对象能够接收某项消息，它就应当承担与该消息相对应的职责。如果分析类的对象可以接收到多条不同类别的消息，并且这些消息具有某些共性，可以抽象为某个公共的职责，那么意味着分析类的某项职责具有响应多条消息的能力。

软件需求工程师可用类的方法名来表示分析类的职责，并采用简短的自然语言来详细刻画类的职责。在后续的软件设计中，分析类的职责将进一步分解和具体化为相关的类方法，以支持最终的代码实现。

示例6.13 根据顺序图中的消息来确定分析类的职责

在图6.17所示的Login用例的顺序图中，边界类对象LoginUI向控制类对象LoginManager发送消息login(account, password)，意味着控制类对象LoginManager具有login()的职责，用自然语言描述为"负责登录的职责"。

控制类对象LoginManager接收到Login消息后，将向实体类对象PassengerLib发送消息verifyPassenger(account, password)，意味着实体类对象PassengerLib具有verifyPassenger的职责，用自然语言描述为"具有验证旅客账号和密码是否合法的职责"。

3. 确定分析类的属性

根据面向对象的模型和方法，一个类除了方法之外，还可能封装了相应的属性。分析类具有哪些属性取决于该类需要持久保存哪些信息。用例的顺序图中的每个对象所发送和接收的消息中往往附带相关的参数，这意味着发送或接收对象所对应的类可能需要保存和处理与消息参数相对应的信息，因而可能需要与此相对应的属性。一个分析类可能有0个或者多个属性。

示例6.14 根据用例的交互模型中的消息参数来确定分析类的属性

在图6.17所示的Login用例的顺序图中，实体类对象PassengerLib可接收和处理控制类对象LoginManager发来的消息login(account, password)，这意味着LoginManager和PassengerLib对象类需保存和处理account和password两项信息，因此具有account和password这两个属性。

需要注意的是，在软件需求分析阶段，软件需求工程师无须关心分析类的属性是否完整、是否有遗漏，也不要尝试去确定这些属性的类型。这些工作将在软件设计阶段来完成。如果在该阶段软件需求工程师还无法清晰地确定分析类的属性，那么也可将该工作在后续的软件设计阶段完成。在软件设计阶段，软件设计人员需根据每个类的职责和方法来定义其属性，以指导后续的编程实现。

4. 确定分析类之间的关系

通过上述分析，软件需求工程师基本确定了应用系统中有哪些类，每个类具有什么样的职责和属性。在此基础上，软件需求工程师还需进一步分析这些类之间的关系，从全局视角理解和描述不同分析类间的关系。在UML类图中，类之间的关系有多种形式，包括继承、关联、聚合与组合、依赖等。具体的方法和策略描述如下。

- 在用例的顺序图中，如果存在从类A对象到和类B对象的消息传递，就意味着类A和类B之间存在关联、依赖、聚合或组合等关系。
- 如果经过上述步骤所得到的若干个类之间存在一般和特殊的关系，那么可对这些分析类进行层次化的组织，标识出它们之间的继承关系。

示例6.15 确定分析类间的关系

- 在图6.17所示的Login用例的顺序图中，控制类对象LoginManager向实体类对象PassengerLib发送消息verifyPassenger(account, password)，意味着LoginManager类与PassengerLib类之间存在关联关系，在类图中表现为这两个分析类之间存在一条关联边。

- Passenger和TicketSeller是系统中的两类用户。因此它们与User分析类之间存在继承关系。

5. 绘制分析类图

经过以上4个步骤的精化和分析工作，软件需求工程师可绘制出系统的分析类图，建立分析类模型。该图直观地描述了系统中的分析类、每个分析类的属性和职责、不同分析类之间的关系。如果系统规模较大，分析类的数量多，关系复杂，难以用一张类图来完整和清晰地表示，那么可以分子系统来绘制分析类图。

示例6.16 Mini-12306软件的分析类图

根据上述方法，软件需求工程师可以绘制出Mini-12306软件的分析类图（见图6.19）。图中的类来自用例图的外部执行者（如Passenger）以及用例的交互图中各个对象所对应的类，包括边界类、控制类和实体类。类与类之间的关系源自对用例图、用例的交互图中对象间交互信息的分析。每个类的属性和方法源自用例的交互图中每个对象能够接收到的消息及对应的参数。

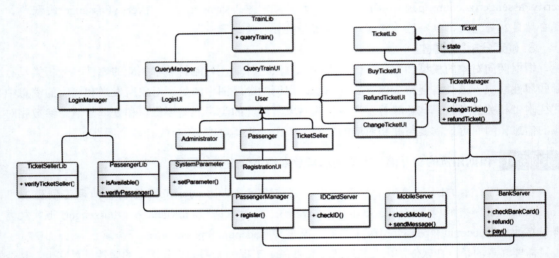

图6.19 Mini-12306软件的分析类图

6.6.6 步骤3：构建和分析类对象的状态模型

分析类模型中有些分析类的对象可能拥有复杂状态及迁移。为了指导后续针对这些类的设计和实现，有必要在需求分析阶段建立这些类对象的状态模型。软件需求工程师首先识别出具有多样化和复杂状态的类对象；然后采用UML的状态图来描述这些对象的状态模型，以刻画对象拥有哪些状态、其状态如何受事件影响而发生变化，如图6.14所示。需要说明的是，状态模型是针对对象的，而非针对分析类；在此阶段软件需求工程师无须为所有类对象建立状态模型，只需针对那些具有复杂状态的对象建立状态模型。

示例6.17 Mini-12306软件中车票的状态图

在Mini-12306中，每张车票都有多样化的状态。在车票开始投入准备出售时，它处于UNSOLD（待售）状态。如果某个旅客准备购买某张车票，该车票将处于HOLD（预订）状态，一旦旅客完成支付，该车票将处于SOLD（出售）状态，如果旅客长时间未支付，该车票将恢复到UNSOLD状态。对于处于售出状态的车票，如果旅客对其进行了退票或改签，该车票将恢复到UNSOLD状态，如果车次取消或者已经完成了旅行，该车票将处于OBSOLETE（终止）状态。

6.7 支持需求建模和分析的CASE工具

软件工程领域提供了诸多CASE工具，以帮助软件需求工程师绘制和分析软件需求模型。如CodeArts Modeling、Microsoft Visio、Rational Rose等，以及一些开源的软件工具（如StarUML）。有些CASE工具不仅支持需求模型的绘制，而且可以对绘制的模型进行分析和管理，以发现不一致、相冲突的软件需求。

1. CodeArts Modeling

CodeArts Modeling是由华为公司研制、支持UML建模的软件工具，它是华为云的组成部分，为软件工程师提供在线的UML模型绘制和管理功能。它支持两类面向对象模型的绘制，一类是"4+1"架构视图模型，另一类是UML模型。读者可通过访问华为云来访问该工具。

2. Microsoft Visio

从严格意义上讲，Microsoft Visio是一个绘图的软件工具。它支持绘制多种形式的图形，包括数据流图、UML图等。用户只要选择该工具中的软件形状（如UML序列、UML活动、数据流图表等），就可以基于这些形状来绘制图形。

3. Rational Rose

Rational Rose是一种面向对象统一建模语言的可视化建模工具。它不仅支持绘制UML的各种图，而且可依据UML模型生成相应的程序代码，并对UML模型和代码进行有效的管理，确保它们之间的一致性。

4. StarUML

StarUML是一款开放源代码的UML建模工具。它可绘制9种UML图，包括用例图、类图、顺序图、状态图、活动图、通信图、构件图、部署图以及复合结构图等，并可将图导出为JPG、JPEG、BMP等图形化格式。除了绘图之外，StarUML还提供了自动化生成代码的功能，可依据类图生成Java、C++、C#等代码，也能够读取Java、C++、C#代码反向生成类图。读者可访问StarUML官方网站下载和安装该软件工具。

微课视频

6.8 软件需求文档化和评审

一旦完成了需求分析工作，软件需求工程师就需要进一步文档化软件需求，撰写软件需求规格说明书，以详细、完整和准确地描述软件需求。

6.8.1 撰写软件需求规格说明书

虽然UML模型能够直观地刻画软件的功能和行为，但是它不适合描述软件的非功能性需求，也无法给出软件需求的详尽描述。因此，软件需求工程师需要采用图文并茂的方式，结合UML的可视化模型描述和自然语言的详尽描述来撰写软件需求规格说明书。许多标准化机构、企业和组织提供了标准化的软件需求规格说明书规范。一般地，一个软件需求规格说明书的规范通常需要包括以下几个方面的内容。其中功能性需求是软件需求规格说明书的主体，但是对一些软件系统而言，非功能性需求尤其是质量需求变得越来越重要。

1. 系统和文档概述

概述软件系统的目标、边界和范围，介绍文档结构、读者、术语定义、用户假设等。

2. 软件的功能性需求

介绍软件系统的功能性需求，给出每一项功能性需求的标识，提供软件功能的需求模型，包括用例图、交互图、分析类图、状态图等，并提供必要的文字解释和描述。

3. 软件的质量需求

描述软件系统的质量需求，确保对每一项质量需求的描述清晰、准确和可验证。

4. 软件开发的约束性需求

描述软件系统开发的诸多约束性需求，包括软件产品交付进度、技术选型、成本控制、产品验收等方面的需求。

5. 软件需求的优先级

描述各项软件需求的重要性和优先级。软件需求工程师在撰写软件需求规格说明书时需要注意以下几点。

- 遵循规范，按照软件需求规格说明书的规范来撰写软件需求规格说明书。
- 图文并茂，将基于数据流图或UML图的软件需求模型以及基于自然语言的软件需求描述结合在一起，给出软件需求的清晰、准确和详实的表述。
- 完整表述，要给出软件功能性需求和非功能性需求的描述。
- 共同参与，软件需求工程师要与用户、客户等一起参与软件需求规格说明书的撰写，以便在撰写的过程发现和解决软件需求问题、形成对软件需求的共同理解。
- 语言简练，软件需求规格说明书的表述要简练，逻辑清晰，便于阅读和理解。
- 前后一致，在软件需求规格说明书中，对同一个软件需求的表述前后要一致，不要产生相互矛盾或不一致的需求表达。

6.8.2 软件需求评审

软件项目需要组织人员对软件需求模型、原型和文档等进行评审，以发现软件需求缺陷和问题并加以解决。

1. 软件需求评审的参与人员

一般地，至少以下人员需要参与软件需求评审，以从不同的角度来发现软件需求制品中存在的各种问题，并就有关问题的解决方法达成一致，进而指导后续的软件设计及实现。

- 用户（客户），他们是软件需求提出者。
- 软件需求工程师，他们构建了软件需求原型、模型和文档，需要根据大家反馈的问题和建议对软件需求制品做进一步的改进。
- 软件质量保证人员，他们需要参与评审以发现软件需求制品中存在的质量问题，并进行质量保证。
- 软件设计工程师和程序员，他们需要正确地理解软件需求制品的内容，并借助它们来指导软件的设计和实现。
- 软件测试工程，他们需要以软件需求制品为依据设计软件测试用例，开展相应的确认测试工作。
- 软件配置人员，他们需要对软件需求制品进行配置管理。
- 软件项目经理，他们负责整个软件项目的组织和协调工作。

2. 软件需求评审

一般地，上述人员主要针对以下两方面开展软件需求评审。

（1）软件需求的内容评审

该方面的评审是要发现软件需求制品中有关需求内容的质量问题。

- 内容完整性，检查软件需求制品是否包含用户和客户的所有软件需求，是否漏掉了用户和客户所期望的重要软件需求。
- 内容正确性，检查软件需求制品所表达的软件需求是否客观、正确地反映了用户和客户的实际期望和要求，防止软件需求描述与用户和客户的真实想法有出入。
- 内容准确性，检查软件需求制品对软件需求的描述是否存在模糊性、二义性和歧义性，是否准确地反映了用户和客户的期望和要求、是否存在不清晰的软件需求表述。
- 内容一致性，检查软件需求制品所描述的软件需求是否存在不一致问题，防止有相互冲突的软件需求描述。
- 内容多余性，检查软件需求制品中所描述的软件需求是否都是用户和客户所期望的，防止出现不必要的软件需求。
- 内容可追踪性，检查软件需求制品中的每一项软件需求是否可追踪，能够找到其出处（如需求是由哪个用户提出的），防止没有源头的软件需求。

（2）软件需求的形式评审

该方面的评审是要发现软件需求制品中有关格式、规范、语法等方面的质量问题。

- 文档规范性，检查软件需求规格说明书的书写是否遵循文档规范，是否按照规范化的方式来组织文档的结构和内容。
- 图符规范性，检查所构建的软件需求模型是否正确地使用了UML的图符，以防错误地表达软件需求。例如，类图中不同类间的关系图符是否使用得当。
- 表述可读性，检查软件需求规格说明书的文字表述是否简洁、可读性好，防止冗长、费解的软件需求规格说明书。
- 图表一致性，检查软件需求制品中的图表引用是否正确。

一般地，对软件需求制品的评审主要包含以下几个方面。

①阅读和汇报软件需求制品。

参与评审的人员可以采用会议评审、会签评审等多种方式，认真阅读软件需求规格说明书、软件需求模型、软件原型等相关内容，或者听取软件需求工程师关于软件需求制品的汇报，进而发现软件需求制品中存在的问题。

②收集和整理问题。

记录软件需求评审过程中各方发现的所有问题和缺陷，并对他们加以记录，形成相关的软件需求问题列表。

③讨论并达成一致。

针对发现的每一需求问题，相关的责任人进行讨论，并就问题的解决方法达成一致；在此基础上，根据问题的解决方法修改软件需求制品。

④纳入配置。

一旦所有的问题得到了有效的解决，并对软件需求制品进行了必要的修改，就可以将修改后的软件需求制品置于基线管理控制之下，以作为指导后续软件设计、实现和测试的基线。

需要强调的是，需求评审应以用户为中心，软件需求评审很难一次性完成，这在很大程度上取决于软件需求的质量。如果前期工作所得到的软件需求质量低、存在的问题多，那么可能需要经历多次软件需求评审。

6.8.3 输出的软件制品

需求分析阶段的工作完成之后，将输出以下软件制品。每个制品从不同的角度、采用不同的方式来描述软件需求。

- 软件原型，以可运行软件的形式，直观地展示了软件的业务工作流程、操作界面、用户的输入和输出等方面的功能性需求信息。
- 软件需求模型，以可视化的图形方式，从多个不同的视角，直观地描述了软件的功能性需求，包括用例的交互模型、系统分析类模型、对象状态模型等。
- 软件需求规格说明书，以图文并茂的方式，结合需求模型以及需求的自然语言描述，详尽地刻画了软件需求，包括功能性和非功能性需求及软件需求的优先级列表等。

需要特别强调的是，这些软件需求制品之间（文档与模型之间，不同需求模型之间，软件原型与模型和文档之间）是相互关联的。软件需求工程师需要确保这些软件需求制品之间的一致性、完整性和可追踪性。

6.9　本章小结和思维导图

本章聚焦于软件需求分析，讨论了为什么要分析软件需求以及如何分析软件需求，介绍了如何分析和确定软件需求的优先级，结合Mini-12306软件案例，阐述了分析软件需求的方法和具体步骤，包括结构化需求分析方法和面向对象需求分析方法，介绍了支持软件需求分析的CASE工具，讨论了软件需求文档化和评审的方法及要求等。本章知识结构的思维导图如图6.20所示。

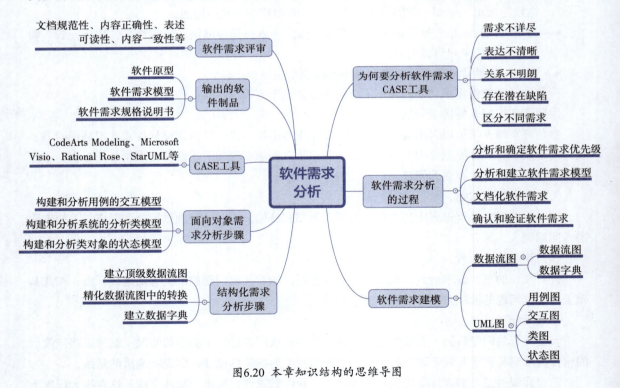

图6.20　本章知识结构的思维导图

- 分析软件需求的目的是在初步软件需求的基础上，获得更为详尽和准确的软件需求。
- 分析软件需求的任务包括建立和分析软件需求模型，撰写软件需求规格说明书。
- 有多种方法来指导软件需求的建模和分析，包括结构化需求分析方法、面向对象需求分析方法等，可用多种手段来建立软件需求模型，包括数据流图、UML图等。
- 由于不同软件需求对于用户的重要性有所差别，因此要区分不同软件需求的优先级，并以此为依据来开展需求分析、设计和实现。

- 面向数据流的需求分析方法提供了数据流图、数据字典等图形化符号，以及结构化的步骤来建立和分析需求模型。
- 面向对象的分析方法提供了UML图以及结构化的步骤来建立和分析需求模型。
- 面向对象的需求模型包括用例模型、用例的交互模型、分析类模型和状态图模型。
- 软件需求工程师可为每个用例建立一张或多张交互图，以刻画在不同场景（如正常工作场景和异常工作场景）下的用例的行为以及对象间的协作。
- 软件需求分析类图中的每个类之所以称为分析类，是因为这些类还停留在概念层面，与软件系统的具体实现无关。
- 软件需求工程师需要为具有复杂状态的对象绘制状态图。
- 软件需求工程师需要在需求模型的基础上撰写软件需求规格说明书，以更为详细、准确地描述软件需求。
- 软件需求工程师所绘制的需求模型和撰写的软件需求规格说明书可能会存在多方面的缺陷和问题，包括内容和形式上的，因此需要对软件需求制品进行确认和验证。
- 软件需求评审要以用户（客户）为中心，多方人员共同参与，除了用户和客户之外，软件设计工程师、软件质量保证人员、软件测试工程师等也应参与该项工作。

6.10　阅读推荐

- 乔伊·贝蒂（Joy Beatty），安东尼·陈（Anthony Chen）. 软件需求与可视化模型.方敏、朱嵘翻译.北京：清华大学出版社，2017.

软件需求文档的模糊性和歧义性是导致很多软件项目最终无法满足用户需求的主要原因。针对这一问题，该书侧重于以可视化的方式来表示软件需求，介绍了四大类22个可视化需求模型，旨在指导读者通过软件需求的可视化模型来进一步明确软件需求，促进开发人员和用户等对软件需求的理解，推动软件项目的成功开发。该书的内容取自软件需求领域两位专家十多年的实践经验，具有重要的指导和参考意义，可帮助读者准确地描述软件需求，开发出满足用户需求的软件产品。

6.11　知识测验

6-1　初步软件需求为什么还不足以指导软件开发？它还存在哪些方面的问题？

6-2　为什么要对软件需求进行建模？建模有何好处？

6-3　在需求分析阶段要对软件需求进行哪些方面的分析？

6-4　为何要对软件需求进行优先级分类？

6-5　结构化需求分析方法如何支持软件需求的建模和分析？

6-6　UML提供了哪些图用于建立软件需求模型？这些图分别从哪些不同的视角对软件需求进行建模和描述？

6-7　为何要针对每个用例来建立其交互模型？用例的交互模型可以获得哪些方面的需求信息？

6-8　"软件需求工程师只要为每个用例建立一个交互模型即可"，这句话对不对？为什么？

6-9　请简述如何根据用例图、用例的交互图等来生成软件的分析类图。

6-10 软件的分析类图本质上是类图，在软件需求分析阶段，我们将分析类图中的类称为分析类，分析类有何特点？它与软件系统自身内部的设计类有何区别？

6-11 为什么要建立状态图？它刻画了什么样的需求信息？是否需要为所有的类对象建立状态图？

6-12 软件需求有多种描述方法，如基于UML的可视化建模、自然语言的描述、软件原型展示等，请分析这3类需求表示方法有何特点。

6-13 需求工程工作结束之后，通常会输出哪些软件制品？这些软件制品之间存在什么样的关系？

6-14 为什么软件需求分析结束后，还要对软件需求进行评审？如果不评审，直接进行软件设计工作，会带来什么样的后果？

6-15 什么样的软件需求规格说明书是高质量的？要确保软件需求规格说明书的质量，软件需求工程师应注意哪些方面的问题？

6-16 通常情况下，哪些类别的人员应参与软件需求的评审工作？为什么？

6.12 工程实训

本章的实训任务需要完成头歌平台上相关章节的闯关实训，掌握和利用各种CASE工具来开展软件需求建模和分析工作。

- 访问华为云CodeArts Modeling 平台，找到其访问入口，注册成为其用户，尝试利用该工具来绘制Mini-12306软件用例图中所有用例的交互模型、整个系统的分析类模型。
- 访问StarUML的官方网站，下载和安装该软件工具。运行和操作StarUML，看看该提供了哪些方面的功能和服务，并利用StarUML绘制Mini-12306软件用例图中所有用例的交互模型、整个系统的分析类模型。
- 基于上述建模工具，绘制出"改签""退票"等用例的交互图和分析类图，针对"旅客"这一对象绘制其状态图。
- 访问头歌实践教学平台"国防科技大学课程社区"→"软件工程学习社区"→软件工程课程实训，完成"分析软件需求"中的实训任务。

6.13 综合实践

1. 综合实践一

- 任务：分析开源软件的需求，撰写软件需求规格说明书。
- 方法：借助UML进行开源软件的需求建模，包括原有的软件需求和新增的软件需求，遵循软件需求规格说明书的标准或模板，撰写开源软件的软件需求规格说明书，并对其进行评审，以发现和解决软件需求中存在的问题。例如，结合MiNotes开源软件的已有功能和新增功能，对其进行建模和分析，撰写和评审软件需求规格说明书。
- 要求：建立开源软件的用例模型、用例的交互模型、分析类模型和必要的状态模型，按照软件需求规格说明书的规范和标准，撰写相应的软件需求规格说明书。
- 结果：开源软件的用例交互图、分析类图、状态图以及软件需求规格说明书。

2. 综合实践二

- 任务：精化和分析软件需求。
- 方法：整个开发团队一起精化和细化所构思的软件需求，采用UML的交互图、类图、状态图等对精化的软件需求进行描述和建模，建立软件需求模型；在此基础上，遵循软件需求规格说明书的模板，撰写软件需求规格说明书；要确保软件需求模型和文档的质量，对最终的软件需求制品进行评审。
- 要求：建立软件需求的用例的交互模型、分析类模型和必要的状态模型，按照软件需求规格说明书的规范和标准，撰写相应的软件需求规格说明书，并需要对文档的规范性、正确性、一致性、可理解性等进行评审。
- 结果：软件需求的UML模型和软件需求规格说明书。

第7章

软件体系结构设计

软件需求一旦确定，软件开发就可以进入到软件设计（Software Design）阶段。如果说软件需求分析是要明确问题，那么软件设计就是要给出问题的解决方案，即软件系统的实现方案。该解决方案中的所有要素最终都可以用程序设计语言来加以描述，进而得到可运行的软件系统。从这个意义上讲，软件设计是连接软件需求和程序代码之间的桥梁，在整个软件开发过程中扮演着非常重要的角色。软件设计的首要工作是进行软件体系结构（Software Architecture）设计，不同于用户界面设计和详细设计等工作，软件体系结构设计是一类全局性、宏观性的设计，它的设计水平和结果关乎整个软件系统的质量。本章聚焦于软件体系结构设计，介绍软件设计的概念及软件体系结构设计的概念、任务和策略；阐述结构化的软件体系结构设计方法和面向对象的软件体系结构设计方法，以及基于大模型的软件体系结构设计；最后讨论软件体系结构设计的文档化和评审、支持软件设计的CASE工具以及软件设计工程师和软件架构师。

7.1 问题引入

软件设计以软件需求为输入，考虑多方面的因素，最终得到软件实现的解决方案，并以此来指导软件的编程实现。软件设计的质量会对整个软件系统的质量产生重要的影响，许多软件缺陷的产生是软件设计存在质量问题造成的。软件设计涉及多个不同层次的设计任务，需要完成多方面的工作。为了帮助开展软件设计工作，软件工程提供了一系列行之有效且经过实践检验的策略和原则来指导软件设计工作，如软件重用、信息隐藏、模块化、多视点等；提出了诸多软件设计方法学以指导软件设计工作，如结构化软件设计方法学、面向对象软件设计方法学等。为此，我们需要思考以下几个问题。

- 何为软件设计？为什么要引入软件设计而不直接根据软件需求来编写程序？
- 软件设计要开展哪些方面的工作？这些设计工作之间存在什么样的关系？
- 如何开展软件设计？软件质量表现为哪些方面？如何才能得到高质量的软件设计？

体系结构设计是软件设计的首要工作。与其他设计相比，体系结构设计是从整体、宏观的视角开展软件设计。它对于塑形软件系统发挥着关键性的作用，软件体系结构设计的质量直接决定了整个软件系统的质量，因而会对软件系统的整个设计工作产生全局性的影响。软件系统的非功能性需求，如软件质量方面的需求和软件开发约束方面的需求，将对软件体系结构设计起到举足轻重的作用。为此，我们需要思考以下几个问题。

- 何为软件体系结构？它由哪些要素构成？
- 如何开展软件体系结构设计？
- 从哪些视角来刻画和分析软件体系结构？如何描述软件体系结构？
- 应该采取什么样的设计策略以得到高质量的软件体系结构？

7.2　何为软件设计

任何一款产品的开发都离不开设计环节，设计的好坏将直接决定产品的质量，软件产品的开发也不例外，也需要软件设计这一环节。

7.2.1 软件设计概念

软件设计是指针对软件需求（包括功能性需求和非功能性需求），考虑软件开发的制约因素（如技术选型、采用的编程语言、运行环境要求等），定义构成软件系统的各个设计元素，提供软件实现的解决方案，形成软件设计模型和文档。软件设计具有以下特点。

微课视频

1. 软件设计是一个创作的过程

软件设计是一个基于智力的软件创作过程。承担软件设计的人员（统称为软件设计工程师）基于软件需求、设计约束和条件，结合自己的知识、经验、技术、爱好和价值观等，通过综合的智力思考、权衡和折中，形成软件设计的模型及文档，产生软件实现的解决方案。因此，软件设计工程师也可视为软件设计的创作者。软件设计是一个创作过程，这意味着同样的软件需求和制约因素，交由不同的软件设计工程师来设计，会产生不同的软件设计结果，结果的差异性在很大程度上表现在软件设计的质量方面。有些软件设计的质量很高，所设计的软件不仅满足软件需求，而且具有良好的可扩展性、可维护性、可靠性、灵活性和弹性等；有些软件设计的质量低劣，所设计的软件不仅未能完全满足软件需求，而且很脆弱、难以扩展、不易维护、可靠性低等。

2. 软件设计需要考虑诸多因素

软件设计是一项复杂的工作。软件设计工程师需要采用自顶向下和自底向上相结合的设计方式。自顶向下是指软件设计要针对软件需求，只有这样软件设计才有意义和价值。软件设计不应成为无源之水、无本之木，必须以软件需求为基础。自底向上是指软件设计要充分考虑到与软件相关的制约因素，如实现技术选型、程序设计语言的选择、软件运行环境、遗留软件系统、已有的可重用软件资源等。软件设计不仅要满足和实现软件的功能性需求，还要充分考虑和实现软件的非功能性需求，并确保软件设计的质量。相较而言，软件的功能性需求易于为软件设计工程师所关注，非功能性需求常常被忽视。随着软件规模和复杂性的不断增长，针对软件非功能性需求的设计变得越来越重要。

3. 软件设计为软件实现提供"施工图纸"

软件设计完成，将产生软件设计模型以及相对应的软件设计规格说明书。这些软件设计制品将充当软件实现的"蓝图"和"图纸"，指导程序员编写软件系统的程序代码。无疑，这些"图纸"必须是详尽、具体和易于理解的，这样才有可能指导程序员基于"图纸"进行"施工"（即编写代码）。因此，软件设计工程师必须确保软件设计足够详细，所产生的软件设计制品易于理解和足够清晰。

4. 软件设计起到承上启下的作用

软件设计是连接需求工程和软件实现的桥梁，起到承上启下的作用。"承上"是指设计要针对软件需求，提供软件需求的解决方案和实现蓝图；"启下"是指设计要考虑软件实现和运行的各种制约因素、条件和资源，并为软件实现提供"施工图纸"（见图7.1）。

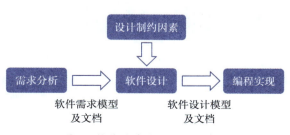

图7.1 软件设计的承上启下作用

7.2.2 软件设计元素

软件设计工程师通过设计得到一系列的设计元素以实现软件需求。这些设计元素可以表现为多种形式，包括子系统、构件、设计类等。到了编程实现阶段，程序员可以对这些设计元素进行编程，进而得到不同粒度大小和形式的软件模块。

1. 子系统

子系统（Sub-system）是指完成特定功能、逻辑上相互关联的一组模块集合。子系统通过接口与其他的设计元素进行交互。对于复杂软件系统，软件设计工程师可将整个软件系统分解为若干个子系统，并分别针对每个子系统进行单独的设计、实现和部署。这种设计方式有助于管理软件系统的复杂度，简化软件设计和实现。例如，Mini-12306软件就包括前端的用户界面子系统和后端的业务处理子系统，这两个子系统通过超文本传送协议（HyperText Transfer Protocol，HTTP）进行交互和协作。

2. 构件

构件（Component）是指可具有特定的功能和精确定义的对外接口，可独立部署的物理模块。每个构件都有相应的接口，以便其他设计元素对它进行访问，进而获得构件提供的功能和服务。与子系统不同的是，构件作为设计元素的主要目的是促进对构件的重用。例如，动态链接库文件、可运行的JAR包、微服务镜像等就属于构件。

3. 设计类

相较而言，子系统和构件都是粗粒度的设计元素，而设计类（Design Class）则是细粒度的设计元素。在面向对象的软件设计模型中，类既是最基本的设计单元，也是最基本的模块单元。软件设计工程师依托一个个设计类的设计来形成子系统和构件设计，最终得到整个软件系统的设计。需要说明的是，类既可以作为分析元素，也可以作为设计元素。在需求分析阶段，分析类作为需求模型中的元素，用于表征问题域中的抽象概念。在软件设计和实现阶段，设计类作为设计元素，可被程序设计语言所描述并成为软件系统的组成成分。例如，Mini-12306软件包含多个设计类，以实现软件的功能、显示用户界面、完成数据库的操作等。

一个软件系统可由若干个子系统、构件和设计类组成。一个子系统可以包含多个子子系统、构件和设计类。一个构件也可以包含多个设计类。

7.2.3 软件设计过程

微课视频

在软件设计阶段，软件设计工程师需要基于软件需求模型，通过一系列相对独立的软件设计活动，产生由各种设计元素表述的软件设计模型，以此指导程序员编写程序代码。一般地，软件设计的过程如图7.2所示。

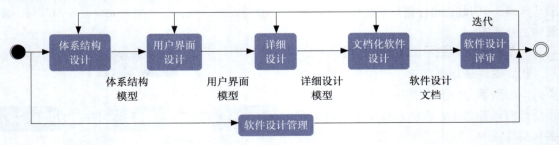

图7.2 软件设计的过程

1. 体系结构设计

软件设计首先需要回答软件系统应具有什么样的软件体系结构（也称为软件架构）。该项工作是从全局和宏观的视角、站在最高抽象层次来说明目标软件系统的构成，即整个软件系统由哪些子系统、构件和设计类组成；它们分别承担了什么样的职责和具有什么样的功能，提供了什么样的接口，相互之间存在什么样的关系，进而满足软件的功能性和非功能性需求。该项软件设计工作完成之后将产生不同视点的软件体系结构模型，如逻辑视点、部署视点、开发视点的体系结构模型。

2. 用户界面设计

用户界面（User Interface）设计就是要明确目标软件系统有哪些用户界面（如窗口和对话框等），这些界面之间的跳转关系（如在一个窗口单击"确认"按钮后将弹出另一个窗口），每个界面的元素及其布局，包括按钮、文本框、菜单项等。所有界面的元素可由设计类表示。例如，可以将一个窗口设计为一个类，窗口的输入元素对应类的属性，窗口的各项操作对应类的方法。该项设计工作完成之后将产生用户界面的设计模型。

3. 详细设计

详细设计（Detail Design）顾名思义就是要给出软件系统更为具体的细节性设计，需要详细到足以支持程序员的编程实现。软件详细设计需要针对子系统、构件和设计类等设计元素，明确其内部的实现细节，包括由哪些设计类组成，每个设计类内部的属性、方法和实现算法，不同设计元素之间如何通过交互和协作来实现软件需求，数据如何永久存储和访问等。总之，详细设计需要"详细"到所产生的设计内容能够用编程语言来描述和实现。

4. 文档化软件设计

软件设计工程师需在上述软件设计及其成果的基础上，按照软件设计规格说明书的规范和要求，撰写软件设计规格说明书，详细记录软件设计的具体信息，并以此作为与其他人员（如程序员、软件测试工程师、软件质量保证人员等）进行交流和评审的媒介。该项工作完成之后将产生软件设计规格说明书。

5. 软件设计评审

软件设计工程师需要组织多方人员（包括用户、软件需求工程师、程序员、软件测试工程师等），一起对软件设计制品（包括设计模型和文档）进行评审，验证软件设计是否实现了软件需求，分析软件设计的质量，发现软件设计中存在的缺陷和问题，并与多方人员一起协商加以解决。该项工作完成之后将产生经评审后的软件设计制品。

6. 软件设计管理

由于软件设计在软件生命周期中会发生变化，并且设计变化会对软件的编程实现、测试和运维产生重要影响，因此必须对软件设计变化以及相应的软件设计制品进行有效的管理，包括追踪软件设计变化、分析和评估软件设计变化所产生的影响、对变化后的软件设计制品进行配置管理等。

概括而言，软件设计是一个从高层的体系结构设计逐步过渡到底层的详细设计的过程。每一个层次的软件设计都有其明确的任务和目标，产生不同的设计元素，形成多样化的软件设计模型。

7.2.4　软件设计质量要求

软件设计不仅要产生软件实现方案，而且要确保软件设计模型的质量。一个高质量的软件设计对软件设计工程师、程序员和软件测试工程师而言都是极为重要的，并将直接决定最终软件产品的质量，对软件产品的持续运行和长期演化产生重要影响。一般地，高质量的软件设计应满足以下一组要求。

1. 满足需求

软件设计所提供的解决方案应完整地覆盖并实现所有的软件需求，即任何一个软件需求项都可在软件设计方案中找到相应的设计元素，以支持这些软件需求的实现。反过来，软件设计模型中的每一个设计元素都是有意义的，均用于支持某个或某些软件需求项的实现。

2. 遵循约束

软件设计模型需满足软件项目的实现约束，如技术选型、编程语言、运行环境和基础设施等，只有这样设计模型在编程阶段才是可实现的。

3. 充分优化

软件设计应借助软件设计原则，如模块化、信息隐藏、软件重用等，权衡和折中多种因素，对软件设计方案进行优化，以有效应对软件需求的变化，提高软件设计的质量，使得所设计的软件具有良好的质量属性，如可靠性、稳健性、可扩展性、弹性等。

4. 足够详细

软件设计模型既有高层次的概貌性设计信息，也有低层次的细节性设计信息。各个软件设计元素需得到充分的细化。这样程序员拿到软件设计模型之后，无须做进一步的细化设计就可以进行直接编程。

5. 简单易懂

软件设计模型及相关的设计文档应该通俗易懂。程序员和软件维护人员很容易读懂这些模型和文档，并基于它们进行编程。

微课视频

7.2.5 软件设计原则

为了得到高质量软件设计成果，软件设计须遵循一系列经过实践检验、行之有效的设计原则。

1. 抽象和逐步求精的原则

抽象是指在认识事物、分析和解决问题时，忽略那些与当前研究目标不相关的部分及要素，以便将注意力集中于与当前目标相关的方面。抽象是管理和控制系统复杂性的基本策略和有效手段。例如，在软件体系结构设计时，软件设计工程师需要关注与软件体系结构相关的要求，即有哪些子系统、构件和设计类以及它们之间存在什么样的关系，无须关注这些设计元素的内部细节及行为。

逐步求精是指在分析问题和解决问题过程中，先建立起关于问题及其答案的高层次抽象，然后以此为基础，通过精化获得更多的细节，建立起问题和系统的低层次抽象。逐步求精为分析和解决问题提供系统的方法学指导。在软件设计过程中，软件设计工程师不要试图一次性地完成所有的设计工作，而是要采用逐步求精的方式渐进地开展软件设计。首先站在最高抽象层次，开展软件体系结构设计，建立起软件系统的架构模型；随后对高层结构模型进行精化和细化，建立起稍低抽象层次的用例设计模型和数据模型等；最后，建立起可直接支持整个软件系统实现的设计类模型。概括起来，软件设计应该是一个从"高抽象层次"向"低抽象层次"逐步过渡的过程。

2. 模块化与高内聚度、低耦合度的原则

模块化是软件工程的一项基本原则，它是指在开发软件时，将整个软件系统设计为一个个功能单一、接口明确、相对独立的模块单元，并通过这些模块之间的交互来实现软件系统的功能。软件系统的模块可以表现为过程、函数、方法、类、构件、子系统、包等不同的形式。模块化原则充分体现了"分而治之"的思想，它是促进复杂问题解决的一种常用手段，也是提升软件系统可维护性的有效举措。那么一个模块到底应该封装多少的功能才是比较合理的呢？软件工程进一步提出了高内聚度、低耦合度的原则。高内聚度是指模块内各成分间彼此结合的紧密程度很高，低耦合度是指不同模块之间的相关程度很低。高内聚度、低耦合度的原则要求模块应该设计得每个模块内部高内聚度、不同模块之间低耦合度。这两项基本原则可以用来有效指导软件模块的设计，确保得到高质量的模块设计。

3. 信息隐藏的原则

信息隐藏是指模块应该设计得使其内部所含的信息对那些不需要这些信息的模块不可访问，模块之间仅仅交换那些为完成系统功能所必需交换的信息。信息隐藏原则有助于设计出高质量的软件系统。第一，它可以使得模块的独立性更好，其内部尽可能少地受其他模块的影响。第二，由于模块内部的信息对外不可访问，因而它可以有效地减少错误向外传播，便于软件测试，提高软件系统的可维护性。第三，便于软件系统增加新的功能，即新功能的增加可以通过增加相关的模块来完成，而非对已有模块的修改。第四，将模块内部的信息隐藏起来，可以防止对模块内部的不必要访问。一旦软件模块出现问题，可以方便地寻找错误的原因和定位错误的源头。例如，结构化程序设计可将过程和函数内部的局部变元和语句隐藏起来，对其他过程和函数不可访问；面向对象程序设计可将类的属性和方法设置为private，从而使得这些属性和方法隐藏起来，不可被其他对象访问。

4. 多视点及关注点分离的原则

一个软件系统的设计包含多个不同的方面，需要从不同的视点对它们进行设计。例如，对软件体系结构设计而言，可以从逻辑视点、运行视点、部署视点、开发视点等来对它进行描述和分析，每个视点所关注的内容是不一样的。例如，逻辑视点关注的是软件体系结构的组成及各个要素之间的关系，部署视点关注的是软件体系结构中各个构件如何部署在计算节点来加以运行。因此，在软件设计过程中，我们不应将不同关注点的设计混杂在一起，以免设计目标不清晰、内容混乱，而应将不同视点的设计相分离，确保针对每个视点独立地开展软件设计，然后将这些视点的设计成果加以整合，形成关于目标软件系统的局部或者全局性的设计结果，得到多视点、完整的设计成果。

5. 软件重用的原则

软件重用是软件工程的一项基本原则，它是指在软件开发过程中要尽可能地重用已有的软件资产来实现软件系统的功能，同时要确保所开发的软件系统易于被其他软件系统重用。无疑，软件重用可以提高软件开发效率和质量，降低软件开发成本，因而在软件开发实践中得到广泛应用。软件工程提供了诸多技术手段来支持软件重用，如封装、继承、信息隐藏、多态等。重用的内容不仅可以是源代码（如函数库、类库、开源软件代码等）和可执行代码（如构件、互联网服务等），还可以是体系结构风格、软件设计模式、软件开发知识等。为了有效地进行软件重用，软件设计工程师在开展软件设计时，既要考虑如何重用已有的软件资产（如库函数、类库、云服务、开源软件、体系结构风格、软件设计模式等）来支持软件系统的开发，也要考虑如何提高所开发软件系统的可重用性，使得它能为其他的软件系统所重用。

6. 迭代设计的原则

根据前面的阐述，软件设计极为复杂，要考虑的问题和因素很多，期望通过一次性的设计就完成相关的设计任务是不现实的。软件设计需要多次迭代才能完成。每次迭代都是在前一次迭代的基础上，对产生的设计模型进行反复权衡、折中、优化等工作，得到更为合理、高效、高质量的软件设计成果。

7. 可追踪性的原则

软件设计活动以及由此而产生的设计结果都要服务于特定的软件需求，即软件设计模型与软件需求模型之间存在一定的对应性。软件设计应能通过逆向追踪找到其对应的软件需求，或者软件需求可以通过正向追踪找到其对应的设计元素，否则相应的软件设计及其成果就没有任何的意义和价值。

8. 权衡抉择的原则

在软件设计过程中，软件设计工程师必须明白没有哪种设计是十全十美的，强化了某项设计通常会弱化其他的设计，常常会出现顾此失彼的状况，为此，软件设计工程师需要进行权衡抉择。首先，选择什么样的技术来设计和开发软件，"新技术"也许会让软件产品及其开发具备一定的技术优势，但是也存在由缺乏足够的实践和检验、未能熟练地掌握等因素带来的相关的技术风险；"旧技术"虽然老旧，但是成熟，利用它们来开发软件相对而言风险较小。为此，软件设计工程师需要在新、旧技术之间进行合理的权衡抉择。其次，在实现软件需求时，不同软件需求项之间可能存在"负相关"的关系，尤其对质量需求而言体现得更加明显，即强化某些质量需求的同时可能会弱化另一些质量需求。例如，为了提高软件系统的可靠性，软件设计工程师在软件系统中设计了冗余和备份模块，但是这些工作显然会增加软件的运行负载，导致软件系统的响应速度变慢。因此，软件设计工程师需要在不同的设计考虑、不同的设计方案之间进行权衡抉择，以得到符合其要求和关注点的合理设计。

7.3 何为软件体系结构

体系结构这个概念广泛应用于各类工程开发，如计算机体系结构、建筑物体系结构等。软件体系结构概念来源于计算机软件范畴，因而有其特殊的内涵。

7.3.1 软件体系结构概念

软件体系结构刻画了软件系统的构成要素及它们之间的逻辑关联。一般地，软件体系结构由以下3类要素组成：构件、连接子（Connector）和约束（Constraint）。

微课视频

1. 构件

构件是构成软件体系结构的基本功能部件，也是软件系统的物理元素。在安装软件系统时，我们经常可以发现安装目录下有许多文件，如.dll文件、.jar包、.exe文件等，它们就是典型的构件。每个构件具有特定的功能和精确定义的对外接口，外界可通过接口来访问构件，进而获得构件提供的功能和服务。

一般地，构件具有以下特点：①可分离，构件对应于一个或数个可独立部署的执行代码文件，从物理的视角来看，构件是可分离和可执行的文件。②可替换，构件实例可被其他任何实现了相同接口的另一构件实例所替换。③可配置，可通过配置机制修改构件的配置数据，进而影响构件对外提供的功能和服务。④可复用，不修改源代码，无须重新编译，即可应用于多个软件项目或软件产品。

概括而言，构件不是源代码，而是可运行的二进制代码；构件是客观存在的（即有实际的文件），而非仅仅是逻辑存在的；构件是可被访问的，以获得其功能和服务。此外，构件应该是粗粒度的，封装了一组相关的功能，而非细粒度的。

2. 连接子

连接子表示构件之间的连接和交互关系。构成软件系统的各个构件并非是孤立的。它们之间存在连接和交互。不同的构件之间如何交互取决于构件提供的接口形式及其访问方式。构件之间的典型交互方式包括过程调用、远程过程调用（Remote Procedure Call，RPC）、消息传递、事件通知和广播、主题订阅等。例如，在Mini-12306软件中，部署在Android上的App构件通过HTTP与后端的业务处理子系统进行交互，以提交车次查询的请求，并将查询的结果返回给App。

3. 约束

软件体系结构中的约束表示构件中的元素应满足的条件以及构件经由连接子组装成更大模块时应满足的条件。例如，在层次式软件体系结构中，高层次的构件可向低层次的构件发出请求，低层次的构件完成计算后需向高层次构件发送服务应答，反之不行。这种约束可以有效地界定不同层次构件的功能以及在交互中所扮演的角色。例如，在Mini-12306软件中，部署在Android上的App构件可以向后端的子系统或构件发出请求以获得相应的服务，但是反之则不允许。

7.3.2 软件体系结构风格

微课视频

给定软件需求，如何设计该软件的体系结构呢？这个问题的答案在很大程度上与软件架构师的设计经验和工程水平密切相关。在长期的软件开发实践中，人们对大量软件体系结构的设计进行了总结和分析，发现对于相似的一类应用常常采用相同的软件体系结构形式，因而提炼和形成了一系列的软件体系结构风格（Software Architecture Style），有时人们也将其称为体系结构模式（Software Architecture Pattern）。每种体系结构风格描述了特定应用领域的软件系统顶层体系结构的惯用模式。

1. 管道/过滤器风格

管道/过滤器风格将软件系统的功能实现为一系列的处理步骤，每个步骤完成特定的子功能并封装在一个称为过滤器的构件中。相邻过滤器之间以管道（即连接子）相连，前一个过滤器的输出数据通过管道流向后一个过滤器。整个软件系统的输入由数据源提供，它通过管道与某个过滤器相连。软件系统的最终输出由源自某个过滤器的管道流向数据接收装置，也称数据汇（Data Sink）。典型的数据源和数据汇包括数据库、数据文件、其他软件系统、物理设备（如智能手机）等。

在该体系结构风格中，过滤器、数据源、数据汇与管道之间可通过以下方式进行交互和协作。

（1）过滤器主动方式，过滤器以循环方式不断地从管道中提取输入数据，经过处理后将输出数据压入输出管道，此种过滤器称为主动过滤器。

（2）过滤器被动方式，管道将输入数据压入位于其目标端的过滤器，过滤器被动地接收输入的数据，此种过滤器称为被动过滤器。

（3）管道主动方式，管道负责提取位于其源端过滤器中的输出数据。

例如，编译器采用的就是典型的管道/过滤器风格（见图7.3）。源代码输入到编译器之后，首先进行词法分析，然后进行语法分析，随后生成中间码，对中间码进行优化后输出可执行代码。

图7.3 管道/过滤器风格示例

2. 层次风格

层次风格将软件系统按照抽象级别划分为若干层次，每层由若干抽象级别相同的构件组成，因而整个软件体系结构呈现出层次化的形式（见图7.4）。每层的构件仅为紧邻其上的抽象级别更高的层次及其构件提供服务，并且它们仅使用其紧邻下层及其构件提供的服务。一般而言，处于顶层的构件直接面向用户提供软件系统的交互界面，底层构件则负责提供基础性、公共性的功能和服务。相邻层次间的构件连接通常采用以下两种方式：一种是高层构件向低层构件发出服务请求，低层构件在计算完成后向高层构件发送服务应答；另一种是低层构件在主动探测或被动获知计算环境的变化后，以事件的形式通知高层构件。每个层次可以采用两种方式来向上层提供服务接口：一种是层次中每个提供服务的构件对外公开其接口；另一种是将服务接口封装于层次的内部，每个层次提供统一的服务接口。

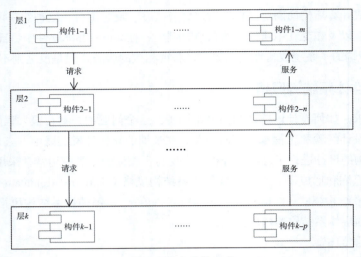

图7.4 层次风格示意

在该体系结构风格中，合理地确立一系列抽象级别是分层体系结构设计的关键。一般地，层次风格具有松耦合、可替换性、可复用性等优点，但该体系结构风格也存在性能开销大等不足。

3. MVC风格

MVC风格（见图7.5）将软件系统划分为3类主要的构件：模型（Model）、视图（View）和控制器（Controller）。模型负责存储业务数据，提供业务逻辑处理功能；视图负责向用户呈现模型中的数据；控制器在接收模型的业务逻辑处理结果后，负责选择适当的视图作为软件系统对用户的界面动作的响应，它实际上是模型和视图之间的连接桥梁。

一旦模型中的业务数据有变化，模型负责将变化情况通知视图，以便其及时向用户展示新的变化；视图还负责接收用户的界面输入（如鼠标单击、键盘输入等），并将其转换为内部事件传递给控制器，控制器再将此类事件转换为对模型的业务逻辑处理请求，或者对视图的展示请求。

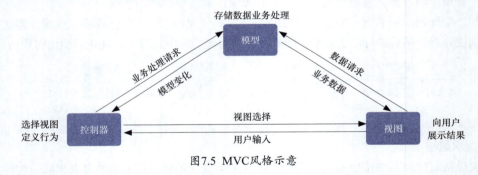

图7.5 MVC风格示意

一般地，采用MVC风格的软件系统的典型运行流程如下。①创建视图，视图对象从模型中获取数据并呈现在用户界面上。②视图接收用户的界面动作，并将其转换为内部事件传递给控制器。③控制器将来自用户界面的事件转换为对模型的业务逻辑处理功能的调用。④模型进行业务逻辑处理，将处理结果回送给控制器，必要时还需将业务数据已经发生变化的事件通知给所有现行视图。⑤控制器根据模型的处理结果创建新的视图、选择其他视图或维持原有视图。⑥所有视图在接收到来自模型的业务数据变化通知后，向模型查询新的数据，并据此更新视图。

MVC风格将模型与视图分离，以支持同一模型的多种展示形式，界面的样式和观感可动态切换、动态插拔而不影响模型；将视图与控制器分离，以支持在软件运行时根据业务逻辑处理结果选取最适当的视图；将模型与控制器分离，以支持从用户界面动作到业务处理行为之间映射的可配置性。

此外，模型与视图之间的变更/通知机制确保了视图与业务数据的适时同步。MVC风格特别适合远程分布式应用。但是该风格也存在一些局限性，如由于模型、视图、控制器之间的分离而导致的开发复杂性和额外增加的运行时性能开销。

4. SOA风格

面向服务的体系结构（Service-Oriented Architecture，SOA）风格将软件系统的构件抽象为一个个的服务（Service），每个服务封装了特定的功能并提供了对外可访问的接口。在具体的业务处理过程中，任何一个服务既可以充当服务的提供方，接收其他服务的访问请求；也可充当服务的请求方，请求其他服务为其提供功能。任何服务都需要在服务注册中心进行注册登记，描述其可提供的服务以及访问方式，才可对外提供服务（见图7.6）。

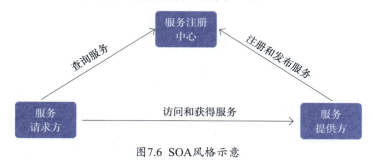

图7.6 SOA风格示意

该体系结构风格的特点是将服务提供方和服务请求方独立开来，因而支持服务间的松耦合定义；允许任何一个服务在运行过程中所扮演角色的动态调整，支持服务集合在运行过程中的动态变化，因而具有非常强的灵活性。SOA提供了通用描述、发现与集成（Universal Description Discovery and Integration，UDDI）、简单对象访问协议（Simple Object Access Protocol，SOAP）、万维网服务描述语言（Web Service Description Language，WSDL）等协议来支持服务的注册、描述和绑定等，因而可有效支持异构服务间的交互。

7.3.3 软件体系结构设计的重要性

软件体系结构设计是从全局、宏观和高层的角度给出软件系统的基础性、战略性和关键性的技术解决方案。它本质上定义了软件系统的"骨架"。这个骨架质量是否好、水平是否高直接决定了它能够承受多大的重力（即软件系统的功能）、整个系统是否很稳健（即系统的可靠性、安全性、可维护性等），因而软件体系结构设计在整个软件开发过程中起着极为重要的作用。

1. 承上启下

软件体系结构设计的工作介于软件需求和软件详细设计之间，它起到承上启下的作用。首先，它给出了软件需求实现的一个整体性框架，提供了问题解决的总体性技术方案。因此，软件体系结构设计的好坏与否直接决定了软件需求是否可行。其次，它是指导后续软件设计的蓝图，软件详细设计需建立在软件体系结构设计的基础之上。如果软件体系结构设计存在问题，那么必然会影响后续的软件详细设计，使得这些设计也存在各种各样的问题。

2. 影响全局

软件体系结构是软件生命周期中的重要产物，它影响到软件开发的各个阶段。首先，软件体系结构为不同的软件开发人员提供了共同交流的对象和媒介，也是理解软件系统的基础。其次，软件体系结构体现了系统最早的设计决策，这些决策将在很大程度上影响后续开发活动的设计和决策，如详细设计决策、编程实现决策等。然后，软件体系结构形成了对软件的约束，如构件的呈现形式、构件的交互方式、软件的基础设施等，软件系统的其他软件制品（如设计类、构件、子系统等）均受此影响。最后，软件体系结构决定了在多大程度上开展软件重用，如重用了哪些构件、开源软件、基础设施等，因而影响软件开发的效率和质量。由此可见，软件体系结构体现了软件系统早期的设计决策，并作为系统设计的高层抽象，为实现框架和构件的共享与重用、基于体系结构的软件开发提供了有力的支持。显然，待开发软件系统的规模越大，对非功能性需求的要求越高，软件体系结构设计的重要性就越高。

3. 定型质量

软件体系结构的质量直接决定了软件产品的质量，如软件的运行性能，软件系统的灵活性、安全性、可修改性、可扩展性、弹性等。可以认为，软件体系结构设计的水平对软件质量的影响是决定性和全局性的。如果软件体系结构存在质量问题，那么这些问题必然会影响整个软件，并且很难在后续的开发活动（如详细设计等）中弥补和纠正。

7.4　软件体系结构设计的任务和策略

软件体系结构设计的任务就是根据软件需求，包括功能性需求、质量需求和约束性需求，考虑遗留软件系统和可重用软件资源，参考软件体系结构风格，给出软件系统在体系结构层面的解决方案，得到软件体系结构模型，以指导后续的软件设计和实现工作（见图7.7）。

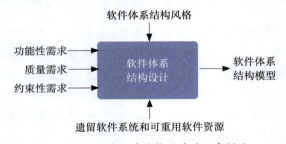

图7.7 软件体系结构设计的任务描述

1. 基于软件需求来开展体系结构设计

软件体系结构设计必须针对软件需求来开展。软件体系结构中各个构件的功能需要完整地覆盖软件系统的各项功能性需求。此外，软件系统的开发约束需求（如技术选型等）和质量需求在软件体系结构的设计过程中发挥着关键性的作用。软件架构师需要充分考虑软件系统的非功能性需求来合理组织和优化构件及其相互之间的交互和协作。

2. 充分考虑遗留软件系统及可重用软件资源

软件重用是软件工程的一项基本原则。为了充分利用可重用的软件资源以及与遗留软件系统的集成，软件架构师在开展软件体系结构设计时必须考虑如何尽可能充分地重用已有的可重用软件资源（如各类构件、开源软件等），并通过设计接口或者利用遗留软件系统的接口，实现与遗留软件系统的交互。

3. 站在高层、宏观和全局的视角和层次进行设计

软件体系结构设计必须站在全局的层次，给出软件系统的整体解决方案。在基于体系结构的方案中，软件设计工程师无须考虑底层的实现细节，只要给出高层和宏观的方案描述，主要关注软件系统有哪些子系统、构件和设计类，明确它们的职责、功能和接口，无须关注和给出这些设计元素的内部细节。

4. 质量是关键

软件体系结构设计不仅要满足软件需求的实现，还要确保设计的质量，使得软件体系结构具有如可扩展性、灵活性、弹性、易维护性等质量属性。在实际的软件开发过程中，软件架构师不

仅要满足功能性需求，也需要满足非功能性需求，如并发访问、容错性、可靠性等。

软件工程领域的研究和实践人员提出了诸多方法（包括设计步骤、设计策略和建模语言）来帮助软件设计工程师开展高质量的软件体系结构设计，包括结构化的软件体系结构设计方法、面向对象的软件体系结构设计方法。总体上，这些方法的思想可以分为两类：一类是通过对需求模型（如数据流图）进行转换，以得到满足需求的软件体系结构模型（如层次图），结构化的软件体系结构设计方法属于该类别；另一类是根据对软件需求的理解，套用理念体系结构模式，在此基础上设计构成体系结构的各个软构件和连接子等，面向对象的软件体系结构设计方法属于该类别。

7.5　结构化的软件体系结构设计方法

结构化软件设计方法（Structured Software Design Methodology）产生于20世纪70年代，代表性成果是面向数据流的软件设计方法。该方法的基本思想是，软件系统的体系结构主要表现为软件有哪些模块、模块之间存在怎样的关系，基于结构化的需求分析结果（如数据流图），经过软件设计产生以逻辑功能模块为核心的软件设计模型 [如模块图、层次图、HIPO（Hierarchy plus Input-Process-Output）图等]，产生软件系统的体系结构，最后通过结构化程序设计语言（如C语言、Fortran等）加以实现。面向数据流的软件设计方法主要用于支持软件体系结构的设计，其思想简单、技术成熟，在面向对象技术流行之前在软件产业界得到了广泛应用，即使到现在也仍然应用于诸如过程控制、科学与工程计算、实时嵌入式系统等领域的软件开发。

7.5.1　基本思想

面向数据流的软件设计方法旨在针对用数据流图表示的需求模型，经过一系列的设计转换，产生由模块图表示的软件设计模型。这一设计方法遵循模块化设计的基本思想，认为一个软件系统的高层设计具体反映在该软件系统具有哪些模块、每个模块具有怎样的功能，不同模块之间存在什么样的调用关系。因此，面向数据流的软件设计方法的输出对应于用模块图表示的软件结构。图7.8所示为软件系统的模块图。图中的节点对应软件系统中的模块，边表示模块之间的调用关系。整个模块图构成了一个层次性的模块调用关系，上层的模块可以调用下层的一个或多个模块，下层的模块可以为上层的一个或多个模块所调用。实际上，软件系统的模块图刻画了软件系统的整体组成，定义了软件的体系结构。基于软件系统的模块图，软件设计工程师可以进一步明确每个模块的内部实现算法，程序员可以借助结构化程序设计语言（如C、Fortran语言）对每

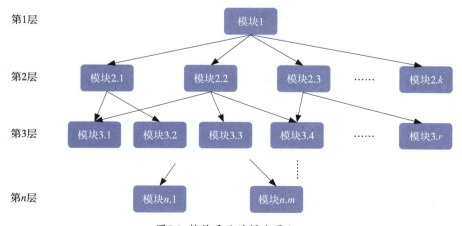

图7.8 软件系统的模块图

个模块进行编程实现。

为了将结构化需求分析所产生的数据流图转换为合适的模块图，面向数据流的软件设计方法学包含两种数据流图，即变换型数据流图和事务型数据流图（见图7.9），并针对不同形式的数据流图采用不同的设计转换方法。

1. 变换型数据流图

实际上任何数据流图都呈现出以下形式：数据以"外部世界"的形式进入到系统，沿着输入路径从"外部形式"变换为"内部形式"；然后经过一系列的处理和加工，数据又沿着输出路径从"内部形式"转换为"外部形式"而离开系统。这种形式的数据流称为变换流。变换型数据流图主要由3部分组成，每个部分发挥着不同作用。输入流，负责将数据由"外部形式"变换为"内部形式"；输出流，负责将数据由"内部形式"变换为"外部形式"；变换流，负责对"内部形式"的数据进行各种处理和加工，如图7.9（a）所示。

2. 事务型数据流图

事务型数据流图本质上是一类特殊的变换型数据流图，其特殊性主要表现为：数据经过流入路径进入某个特殊的转换（也称事务中心）后，该转换根据数据的不同情况，从多条动作路径中选择一条加以执行，这种形式的数据流图称为事务型数据流图，如图7.9（b）所示。

由于事务型数据流图经转换得到的软件模块控制结构与变换型数据流图经转换得到的软件模块控制结构不一样（变换型数据流图经转换得到的模块控制结构通常是线性的，事务型数据流图经转换得到的模块控制结构通常是分支的），因此两种不同的数据流图要采用不同的设计转换方法。

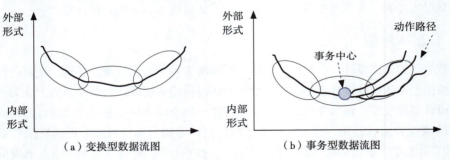

（a）变换型数据流图　　　　　　（b）事务型数据流图

图7.9　两种数据流图

需要说明的是，在实际的数据流图中，变换型数据流图和事务型数据流图常常交织在一起。例如，某个数据流图从整体上看属于事务型数据流图，但是其动作路径又属于变换型数据流图。这类数据流图常需要综合运用多种转换方法。

7.5.2　变换型数据流图的设计方法

面向数据流的软件设计的过程如图7.10所示。下面以Mini-12306软件为例，介绍如何基于该方法学来开展软件设计。图7.11描述了对Mini-12306软件一级数据流图中"查询车次"转换进行精化后得到的二级数据流图，显然该图属于变换流。下面介绍针对变换型数据流图的转换方法。该方法是对变换型数据流图进行一系列的转换，按照一定的模式将其映射为相应的软件体系结构。

1. 确定输入流、输出流和变换流

根据对变换型数据流图所表达语义信息的理解，分析哪些转换负责将信息从"外部形式"转换为"内部形式"；哪些转换负责将信息从"内部形式"转换为"外部形式"，由此可以划定变换型数据流图的输入流边界和输出流边界。数据流图中那些处于输入流边界之外的转换及数据流将被划定为输入流部分，数据流图中那些处于输出流边界之外的转换及数据流将被划定为输出流部分，介于输入流边界和输出流边界之间的转换和数据流将被划定为变换流部分。

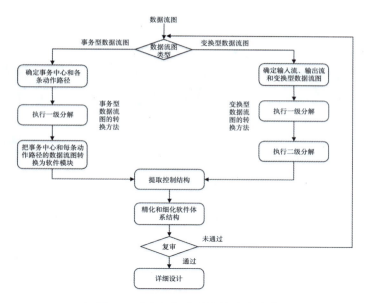

图7.10 面向数据流图软件设计的过程

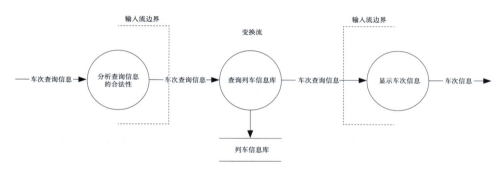

图7.11 对"查询车次"转换进行精化后的二级数据流图

变换型数据流图的流边界划分

针对图7.11所示的变换型数据流图,其输入流边界和输出流边界的划分明确,进而形成输入流、输出流和变换流3个部分。其中,输入流包含图左侧的一个转换,输出流包含图右侧的一个转换,变换流包含图中间的一个转换。

2. 执行一级分解

一级分解的任务是导出具有3个层次的软件结构。顶层为主控模块,负责协调和控制中间层的模块;底层对应输入流、输出流和变换流中的转换经过变换后所映射的软件模块;中间层包含3个中间层的控制模块,分别用于协调和控制底层的软件模块,整个软件结构如图7.12所示。需要说明的是,顶层和中间层的4个控制模块是专门引入的协调和控制模块,它们与数据流图中的转换没有对应关系。

3. 执行二级分解

二级分解的任务是将数据流中输入流、输出流、变换流中的转换映射为软件模块,并将它们放在软件结构底层的适当位置,进而得到一个初步的软件体系结构。具体的映射方法描述如下。

沿着输入流边界和输出流边界往外移动,把所遇到的每一个转换映射为一个相应的模块。输入流部分的转换所映射的模块放置在"输入流控制模块"之下,受"输入流控制模块"的协调和

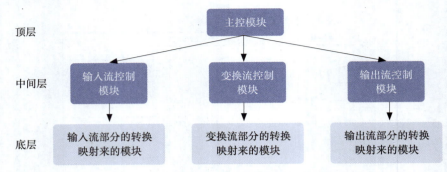

图7.12 执行一级分解后得到的3层软件结构

控制。输出流部分的转换所映射的模块放置在"输出流控制模块"之下，受"输出流控制模块"的协调和控制。

沿着输入流边界向输出流边界移动，把所遇到的每个转换映射为一个相应的模块，放置在"变换流控制模块"之下，受"变换流控制模块"的协调和控制。

示例7.2 将变换型数据流图设计为模块图

图7.13所示为执行二级分解后得到的3层软件结构。其中，顶层只有一个主控模块；中间层有3个控制模块，分别对应于"输入流控制模块""变换流控制模块""输出流控制模块"；底层有3个模块，分别对应于输入流、变换流、输出流中的转换映射过来的模块。

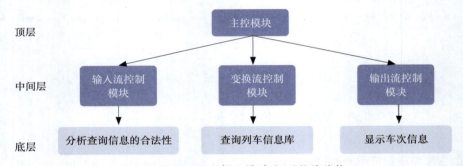

图7.13 执行二级分解后得到的3层软件结构

4. 优化软件体系结构

遵循模块化的原则，对上一步得到的初步软件体系结构进行适当的优化，删除不必要的模块、合并高耦合度的模块、拆分低内聚度的模块，最终得到高内聚度、低耦合度、易于实现和测试的软件体系结构。

通过上述步骤，软件设计工程师可以获得软件系统的体系结构，明确体系结构中有哪些模块、每个模块的功能、不同模块的控制和协调关系。在此基础上，软件设计工程师可以针对每个模块进行进一步的详细设计，进而指导后续的编程实现。

7.5.3 事务型数据流图的设计方法

由于事务型数据流图的结构与变换型数据流图的结构不同，因此针对事务型数据流图的转换方法与变换型数据流图的转换方法也有所不同。下面以Mini-12306软件中的"登录"转换精化后所产生的二级数据流图为例，介绍事务型数据流图的设计方法。

1. 确定事务中心和动作路径

根据对数据流图的理解，判断是否为事务型数据流图。如果是，则进一步分析哪个转换属于事务中心。通常来说，事务中心具有以下特点：接收某项数据流的输入，然后根据数据流的不同特征，在后续的多条动作路径中选择一条动作路径（而非执行所有的动作路径）来执行。一旦确定了事务中心，整个事务型数据流图就可分为3个部分：事务中心、接收事务的输入流部分（也称为接收路径）、动作路径集合。

示例7.3 **确定事务型数据流图的事务中心和动作路径**

图7.14所示的数据流图是事务型数据流图，其事务中心为"分析用户类别"转换，图中有两条动作路径。事务中心将根据不同的命令类别，选择某一条路径来执行。其接收路径部分包含两个转换，分别是"分析登录信息的合法性""提取用户类别"。一旦确定了接收路径和动作路径集合，下面就需要进一步分析每条动作路径上数据流图的特征，判断它们属于变换型数据流图还是事务型数据流图。显然，接收路径和两条动作路径都非常简单，属于变换型数据流图。

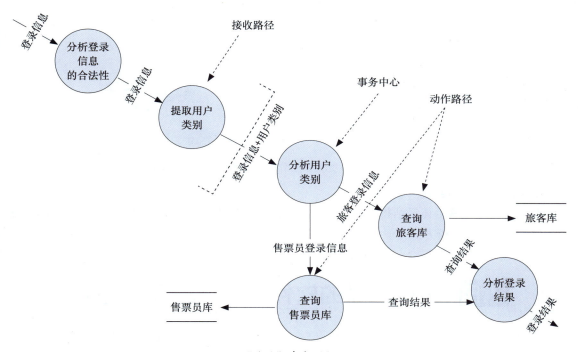

图7.14 "登录"事务型数据流图

2. 执行一级分解

执行一级分解，将事务型数据流图转换为图7.15所示的软件体系结构整体框架。它主要由"接收路径控制"和"散转"两部分的模块组成。

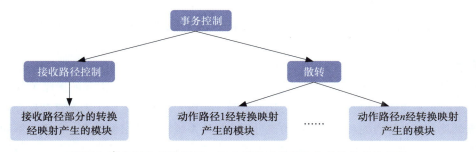

图7.15 事务型数据流图经一级分解得到的软件体系结构整体框架

3. 把接收路径、事务中心和每条动作路径的数据流图映射为软件模块

首先将事务中心转换映射为软件体系结构中的散转模块；其次，对于接收路径以及每条动作路径，分析并判断它们属于什么类型的数据流图，然后按照前面所述的方法，将每条路径中的转换映射为软件模块，并将其置于适当的位置。

示例7.4 将事务型数据流图设计为模块图

针对图7.14所示的事务型数据流图，将接收路径下的各个转换（包括"提取用户类别"和"分析登录信息的合法性"）映射为相应的模块，置于"接收路径控制"模块之下；将事务中心（即"分析用户类别"）转换映射为"散转"模块。对于每条动作路径的转换，将其映射的模块置于"散转"模块之下。图7.16所示为"登录"事务型数据流图转换后得到的软件体系结构。

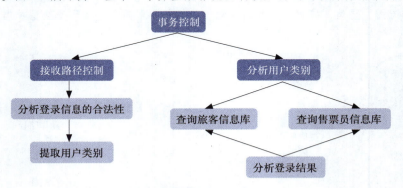

图7.16 "登录"事务型数据流图转换后得到的软件体系结构

4. 优化软件体系结构

对上述得到的软件体系结构进行优化处理，以便提高整个软件体系结构的模块化程度和质量，其方法与变换分析方法类似。

7.6 面向对象的软件体系结构设计方法

面向对象软件设计方法认为，软件设计工程师需要从多个视点来系统地描述和分析软件体系结构，包括用例视点、逻辑视点、开发视点、部署视点和运行视点，从而建立起多视点的软件体系结构模型，即所谓的"4+1"软件体系结构模型，并提供了一系列的步骤和策略来指导软件体系结构模型的设计和优化。

7.6.1 软件体系结构的面向对象建模

面向对象的软件设计方法学提供了包图、构件图、部署图和类图等来描述软件体系结构，以建立不同视点的软件体系结构模型。下面介绍包图、部署图和构件图及它们的使用方法。

微课视频

1. 包图

UML的包图用来表示一个软件系统中的包（Package）以及这些包之间的逻辑关系，它刻画了软件系统的静态逻辑结构特征。包是UML模型的一种组织单元，可用于表示复杂软件系统的各个子系统以及它们之间的关系。UML中的包可视为软件系统模型的组织单元，用于分解和组织软件系统中的模型要素；它也可以作为模型管理的基本单元，软件开发人员可以包为单位来分派软件开发任务、安排开发计划、开展配置管理。此外，包还可以作为模型元素访问控制的基本手段，根据包之间的分解和组织关系，将相关包的名字连接在一起，形成包中模型元素的访问路径。例如，假设包p1包含子包p11，包p11中包含某个构件component1，那么该构件的访问路径为p1.p11.component1。通常软件开发人员可在需求分析和软件设计的早期阶段绘制包图，建立起软件系统的高层结构模型。包图较为简单，图中只有一类节点（即包），边表示包与包之间的关系。

包图中包之间的逻辑关系有两类：构成和依赖。两个包之间存在构成关系是指父包图元直接包含了子包图元。两个包间存在依赖关系是指一个包图元依赖于另一个包图元。构建包模型和绘制包图时需要遵循以下策略：包的划分需遵循强内聚、松耦合原则，包图中的每个包需具有一定的独立性；如果一个包的粒度较大，可以考虑对该包做进一步的分解；一个软件系统可以有多个包图，尽可能确保每个包图都是在某个抽象层次而非多个层次对软件系统的分解，所有的包图构成软件系统的层次性模型。

2. 部署图

部署图用来描述软件系统的各个可执行制品在运行环境中的部署和分布情况。它刻画的是软件系统的静态部署结构特征。对大部分软件系统而言，它们拥有多个具有不同形式的可运行单元，如Java类库文件、动态链接库文件、可执行文件。这些可运行的制品需要安装和部署到计算节点中运行，通过这些软件制品间的交互来实现软件系统的整体功能。

部署图的绘制有助于软件开发人员掌握目标软件系统的运行设施，明确各个可运行构件的计算环境。通常软件设计工程师需要在软件设计阶段绘制出目标软件系统的部署图，建立起软件系统的部署模型。

部署图有两种表示形式：逻辑层面的描述性部署图、物理层面的实例性部署图。前者描述的是软件制品在计算环境中的逻辑布局，后者则在前者的基础上对运行环境和系统配置等增加了额外的具体描述，也可视为描述性部署图在具体环境中的实例化。因此，描述性部署图与实例性部署图之间的关系类似于类与对象之间的关系。

部署图有3类节点，分别用于表示计算节点、软件制品和软件构件。①计算节点：表示支撑软件制品和构件运行的一组计算资源，如客户端计算机、Android/iOS智能手机、ROS服务器、数据库服务器等。它们为软件制品和构件的运行提供计算设施和环境。②软件制品：软件系统中相对独立、可运行的物理实现单元，如动态链接库文件、Java类库文件、可执行文件。③软件构件：一类可重用、可替换、提供了对外接口的软件制品。

连接节点的边也有3类，分别表示计算节点之间的通信关联、软件制品之间的依赖关系、软件制品与构件之间的依赖关系。①计算节点间的边：用于连接不同的计算节点，表示两个计算节点间的通信连接，可以在通信关联边上以构造型说明通信协议及其他约束。例如，客户端的多个计算节点（如PC）通过Socket连接与服务器端（如应用服务器）的计算节点进行通信。②软件制品间的边：连接不同的软件制品，表示部署在计算节点上的软件制品之间的依赖关系。例如，一个软件制品依赖于另一个软件制品所提供的接口。③软件制品与构件之间、构件之间的边：用于连接软件制品与构件、不同的构件，用于表示软件制品与构件之间、构件之间的依赖关系。如果一个软件制品与一个构件之间存在边连接，则意味着该制品具体实现了相关的构件。

绘制部署图时需要遵循以下策略。根据需要来绘制描述性部署图和实例性部署图，一般情况下不需要全部绘制这两种图；对部署图中有关软件制品、构件等的描述，尽可能不要牵涉过多的细节，只提供关键性的软件要素。

3. 构件图

构件图用来表示软件系统中的构件以及它们之间的构成和依赖关系。它刻画的是系统的静态逻辑结构特征。构件是软件系统中的一种基本模块形式，基于构件的软件设计不仅有助于提高模块的独立性、支持构件的独立部署和运行，而且可以提升模块的功能粒度，增强软件的可重用性。软件设计工程师可在软件设计阶段绘制软件的构件图来描述软件系统或子系统中的构件，定义构件的对外接口及构件间的依赖关系。构件图中只有一类节点（即构件），图中的边表示构件之间的关系。

构件是软件系统中具有独立功能和对外接口的逻辑模块或物理模块。任何构件均封装和实现了特定的功能，并通过对外接口为其他的模块提供相应的服务。在软件系统的运行过程中，构件实例可被其他任何实现了相同接口的其他构件实例替换。每个构件包含两类接口。一类是它对外提供的供给接口（Provided Interface），以支持其他软件模块访问该构件以获得其服务；另一类是需求接口（Required Interface），以支持该构件访问其他软件模块。此外，软件构件还可以定义若干端口（Port）以与外部世界交互。每个端口绑定了一组供给接口和/或需求接口。当外部请求到达端口时，构件的端口负责将外部访问请求路由至合适的接口实现体；当软件构件通过端口请求外部服务时，端口也知道如何分辨该请求所对应的需求接口。构件表示的关键是要描述其名字、供给接口/需求接口及端口。

构件图的边描述了不同的构件之间、构件与相关的类和包之间的依赖关系。可以用多种方式来表示构件间的依赖关系，具体包括：连接两个构件、连接一个构件与另一构件的供给接口、连接一个构件的需求接口与另一个构件的供给接口。

图7.17 所示为构件图示例。图中的构件1依赖于构件2；构件3依赖于构件5提供的接口1，构件4依赖于构件5提供的接口2。接口1和接口2是构件5提供的两个供给接口。绘制构件图时需要遵循以下策略。构件图是从高层来表示构件之间如何通过接口来相互提供服务的，而且构件采用接口和实现相互分离的形式，因此在绘制构件图时不要陷入构件细节和实现部分。

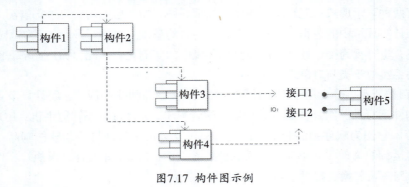

图7.17 构件图示例

7.6.2 设计初步软件体系结构

软件需求是软件体系结构设计时首先需要考虑的因素。但是，并非所有的软件需求都会影响软件体系结构设计，只有那些占主导地位的关键软件需求才是软件体系结构设计时需要考虑的内容。此外，初步的软件体系结构设计还与软件体系结构风格相关联，软件架构师要根据关键软件需求以及软件体系结构风格集合，结合自己的软件开发经验，从中遴选出可有效支撑关键软件需求实现的体系结构风格。一般地，初步软件体系结构的设计需要开展以下两方面的工作。

1. 识别关键软件需求

软件体系结构定义了软件系统的整体"骨骼"。其设计要充分考虑软件系统的需求，包括功能性需求、质量需求和约束性需求。由于软件体系结构设计是在高层给出的"骨骼"设计，因此对软件需求的考虑主要针对那些对软件体系结构的塑形起到主导作用的关键软件需求。

影响初步软件体系结构设计的关键软件需求通常有以下特点。第一，属于核心、基础性、体现软件特色的功能性需求。它们在整个软件系统中发挥着关键性的作用。只有实现了这些功能性需求，软件系统才有意义和价值。因此，软件体系结构必须给出这些关键的功能性需求的实现方案。第二，对软件系统影响大的质量需求，如可扩展性、可靠性、弹性、安全性等。软件的质量需求对于软件体系结构的塑形发挥着重要的作用。许多质量属性需要在体系结构层面加以考虑和实现。例如，高质量的软件体系结构需有效应对软件需求的动态变化，确保软件的可扩展性和可维护性。第三，软件的约束性需求。在软件需求分析阶段，用户和客户可能会对软件系统的高层技术定型给出选择，如采用单机的计算形式还是采用分布式的计算形式，采用客户端/服务器的计算形式还是采用面向服务的计算形式。显然不同的计算形式会对软件系统的体系结构选择产生重大的影响。第四，实现难度大、开发风险高的软件需求，软件架构师必须在早期的体系结构设计阶段就考虑如何在体系结构层面为这类软件需求的实现提供解决方案，并发现其中可能存在的风险和问题，以便尽早想办法解决。

> **示例7.5** **Mini-12306软件的关键软件需求**
>
> 针对软件体系结构设计，Mini-12306软件具有以下关键软件需求。
> - 注册、登录、查询车次、购票、退票、改签、支付等功能性需求为关键软件需求。
> - 根据对该软件的质量需求描述，分析不同质量需求对软件的竞争力带来的影响和挑战，可将软件的性能、易用性、安全性、私密性、可靠性、可扩展性等质量需求作为关键需求。
> - 针对该软件的应用场景，Mini-12306软件需要采用分布式部署和运行形式，前端软件制品部署在Android手机上，后端软件制品运行在云平台或客户方的远端服务器上。该开发约束将作为关键软件需求来指导软件体系结构的设计。

2. 构建初步的体系结构

软件架构师可以根据所识别的关键软件需求，参考不同的软件体系结构风格及其特点，结合自身的软件设计经验，构建出初步软件体系结构。在此阶段，软件架构师只要给出软件体系结构的雏形，确保软件体系结构能够从整体上满足关键软件需求即可，无须考虑过多的因素和其他的设计细节。

软件架构师需充分了解各种软件体系结构风格的特点和适用的领域，结合关键软件需求，从中选择出合适的软件体系结构风格用于初步软件体系结构的构建。表7.1描述了不同软件体系结构风格的特点及适合的应用。在选择的过程中，软件架构师可能面临多个选择项的情况，即有多个不同的、合适的软件体系结构风格。此时，软件架构师需要结合自己的软件开发经验，看哪一个软件体系结构风格更加适合该软件系统。软件架构师也可以对选择的软件体系结构风格进行必要的调整和改造，以更好地满足软件系统关键需求的实现。

表7.1　不同软件体系结构风格的特点及适合的应用

类别	特点	典型应用
管道/过滤器风格	数据驱动的分级处理，处理流程可灵活重组，过滤器可重用	数据驱动的事务处理软件，如编译器、Web服务请求等
层次风格	分层抽象、层次间耦合度低、层次的功能可重用和可替换	绝大部分的应用软件
MVC风格	模型、处理和显示的职责明确，构件间的关系局部化，各个构件可重用	单机软件系统，Web应用软件系统
SOA风格	以服务作为基本的构件，支持异构构件之间的互操作，服务的灵活重用和组装	部署和运行在云平台上的软件系统

一旦确定好了软件系统的体系结构风格，软件架构师就要根据关键软件需求，确定软件体系结构中的软件模块，明确每个模块的职责、模块之间的逻辑关系，形成软件系统体系结构的逻辑视图。通过该项工作，软件架构师基本上可构建出软件系统的初步软件体系结构，建立起关键软件需求与软件体系结构中的构件之间的对应关系，从而确保所设计的软件体系结构可以有效实现关键软件需求。

示例7.6 **Mini-12306软件的初步软件体系结构**

根据所识别的关键软件需求，Mini-12306软件采用层次风格实现初步软件体系结构，分为3个层次：用户界面层、业务处理层、基础服务层，如图7.18所示。

- 顶层为用户界面层，负责软件与用户（如旅客、售票员）之间的双向交互，包括接收用户提供的各项输入信息和指令，如查询车次、出发地、目的地、日期等，向用户展示系统处理后的信息，如查询结果信息等。
- 中间层为业务处理层，负责处理具体的业务，包括注册用户、查询用户信息、查询车次信息、改变车票的状态等。
- 底层为基础服务层，负责为整个软件系统的运行提供基础设施和服务，包括永久数据处理基础设施、第三方服务基础设施（如身份证号验证、银行卡号验证）等。

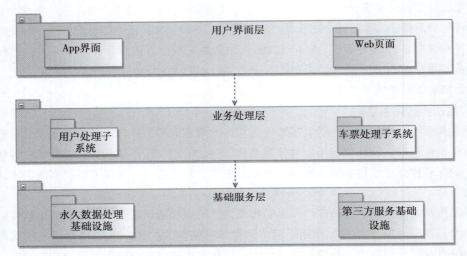

图7.18 Mini-12306软件的初步软件体系结构

7.6.3 精化软件体系结构

一旦获得了初步软件体系结构，软件设计工程师就可进一步完成以下两方面的工作，以精化软件体系结构。首先，选择软件体系结构所依赖的公共基础设施，确定其中的基础性服务，从而为软件系统的运行提供基础性的技术支撑，如操作系统、软件中间件、数据库管理系统、软件开发框架、安全服务等。其次，针对软件系统的所有软件需求（并非仅仅是关键软件需求），确定软件体系结构中的设计元素，包括子系统、构件和关键设计类等，明确其职责和接口，从而为开展详细的设计奠定基础。

与初步软件体系结构不同的是，精化后的软件体系结构需要达成以下目标。首先，完整地提供所有软件需求项的实现方案；其次，提供软件设计元素的访问接口；最后，明确目标软件系统的公共基础设施及服务。

1. 确定公共基础设施及服务

无疑，软件体系结构中的各个要素（如构件、子系统等）都需要依赖于特定的基础设施来运行。这些基础设施可表现为多种不同的形式，从底层的操作系统，到稍高层次的软件中间件、软件开发框架等，或者表现为诸如数据库管理系统、消息中间件等形式。它们不仅为软件系统的运行提供基础性技术支持，而且为软件系统的构造提供可重用基础服务。

示例7.7　确定Mini-12306软件的基础设施

根据对Mini-12306软件需求的理解，结合初步软件体系结构，Mini-12306软件的开发可考虑选择以下基础设施。

- 选择MySQL作为数据库管理系统。Mini-12306软件的注册、系统设置等功能均需要对相关数据（如旅客账号和密码信息、系统参数设置信息）进行永久保存，车次、车票等信息也需要进行永久保存。为此，需要相关的数据库管理系统进行数据管理。MySQL是一个开源的数据库管理软件，它可有效支持Mini-12306软件系统的数据库建设和管理工作。
- Mini-12306软件需要与第三方的遗留软件系统进行交互，以对身份证号、用户账号、手机号等进行验证，并获得它们提供的在线支付、发送短信等基础服务。

确定了软件系统的基础设施之后，软件设计工程师就可针对软件系统的功能实现，设计其所需的基础服务，如数据持久存储服务、隐私保护服务、安全控制服务、消息通信服务等。之所以称之为基础服务，是因为它们并不是系统应用功能的直接实现，但多个应用功能又必须依赖于这些服务。例如，用户注册、系统参数配置等多项功能都需要数据持久存储服务。对某些基础服务而言，基础设施已经提供了相关的功能，因而不需要进行二次开发，通过接口即可获得相关的功能和服务；对那些基础设施没有提供相关功能、需要进行二次开发的基础服务而言，软件架构师需要在这些基础服务的基础上做进一步的设计，明确其功能和接口，以提供所需的服务。

软件架构师需要结合软件需求以及基础设施提供的功能及接口，开展基础服务的设计。通常情况下，基础服务应具有良好的稳定性。即使软件需求发生了变化，基础服务仍可为其提供服务。为此，软件架构师需要对基础服务进行适当的抽象，以支持其适应变化的软件需求。如果软件体系结构采用的是层次风格，那么这些基础服务通常应处于体系结构中较低的层次。下面以Mini-12306软件中数据持久存储服务为例，介绍基础服务的设计方法。

示例7.8　Mini-12306软件中数据持久存储服务的设计

该软件系统中有关用户（如旅客和售票员）账号、系统配置、车票等数据需要进行持久保存，使得软件系统结束运行之后，这些数据仍保存在系统的存储介质中，并在下一次运行时可供系统使用。数据持久存储服务需要提供数据在介质中的存储、查询、更改和删除等功能。

Mini-12306软件的数据持久存储服务可设计为一个具体的构件DataService。它对外提供一组接口以实现建立和关闭与数据库的连接，增加、更改和删除某个数据项，查询某个数据项等功能。该构件通过与底层MySQL的连接，借助于该数据库管理系统来实现上述功能。

2. 确定设计元素

该项设计工作的主要任务是对照软件的所有需求，进一步确定软件体系结构中的3项设计元素：子系统、构件和设计类。其目的是将软件需求中的用例组织为一系列的设计元素，明确各个设计元素的职责和接口，以及它们之间的协作关系。

需要注意的是，在该阶段只需要给出各个设计元素的高层职责和接口设计，无须关注其内部是如何实现的，该项工作将在软件详细设计阶段完成。软件设计工程师可采用以下策略和方法来确定软件体系结构中的设计元素。

- 针对需求分析阶段所产生的用例集合，根据用例在业务方面的相关性或者相似性对其进行归类，将同一类的用例设计为一个子系统或者构件，并根据用例的功能、参与用例实现的分析类的职责两项因素来确定子系统的职责。
- 针对需求分析阶段所产生的分析类模型，将具有相似或者相关职责的控制类归为一个子系统或者构件；也可将所有控制类的职责进行归并，并按照业务上的相关性和相似性重新进行分组，每组的职责归并为一个子系统或者构件。

- 针对需求分析阶段所产生的实体类模型，将具有相类似或者相关职责的实体类归为一个子系统或者构件；也可将所有实体类的职责进行归并，并按照业务上的相关性和相似性重新进行分组，每组的职责归并为一个子系统或者构件。

一般地，子系统的整体职责来自其包含的各个设计元素的职责。或者说，子系统中各个设计元素的职责之和构成了子系统的职责。经过上述处理和归并后，所产生的每个子系统具有相对独立的功能。

示例7.9 Mini-12306软件的精化后的软件体系结构

根据该软件系统的用例模型以及分析类模型，对其初步软件体系结构进行精化设计，归并用例和分析类，产生一组构件、子系统和设计类等设计元素，形成更为具体的软件体系结构（见图7.19）。

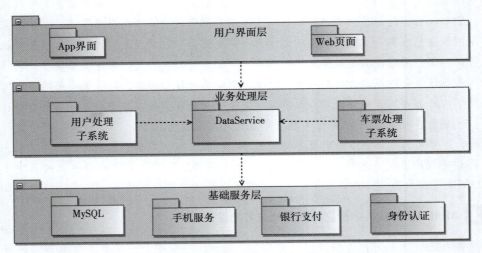

图7.19 Mini-12306软件的精化后的软件体系结构

7.6.4 设计软件部署模型

在软件体系结构设计阶段，软件设计工程师还需设计软件系统的部署模型，以详细地刻画软件系统的各个子系统、构件是如何部署到计算节点上运行的，描述它们的部署和运行环境。该方面的信息可用软件体系结构的部署图来刻画。

示例7.10 Mini-12306软件的部署图

Mini-12306软件采用分布式部署方式。前端软件以App的形式部署在Android智能手机上，或者以Web页面的形式部署在用户的个人计算机上，后端软件部署在互联网服务器上，两者之间通过互联网进行连接。部署在手机上的Mini-12306软件以及部署在个人计算机上的Web页面主要服务于旅客、售票员和系统管理员，封装了用户界面和人机交互等基本功能。部署在互联网服务器上的"业务处理构件"后端软件包含两部分：一部分是数据持久存储服务的构件DataService封装了与MySQL进行连接，查询、插入、删除和修改数据等基础服务；另一部分是业务处理系统，封装了车次查询、购票、退票、改签等功能和服务。Mini-12306软件的部署图如图7.20所示。

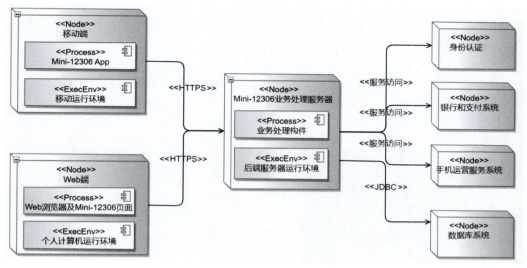

图7.20 Mini-12306软件的部署图

7.7 大模型辅助智能化软件体系结构设计

软件体系结构的设计对软件设计工程师的软件工程知识水平、软件设计经验和阅历等提出了很高的要求。当面对大规模、复杂的软件系统时，即使是经验丰富的软件设计工程师也会遇到多方面的挑战，如对许多设计要求（如软件质量要求）考虑不周、软件体系结构质量不高等。在此情况下借助CASE工具的辅助来开展高质量软件体系结构的设计成为一个重要选择。

近年来随着大模型技术（如GPT 4.0和DeepSeek）的发展以及各种大模型工具（如ChatGPT和DeepSeek）的出现，基于大模型的智能化软件体系结构设计成为一项重要的实践。通过给大模型工具提示软件系统的大致需求，它能给软件设计工程师生成软件体系结构设计的具体内容，包括采用什么样的软件体系结构风格、关键构件的设计、技术选型、注意事项等，可为软件设计工程师提供重要的参考。图7.21所示为用DeepSeek来设计铁路12306软件体系结构的示例。

从生成的设计结果可以看出，大模型工具不仅给出了软件体系结构模型和选择原因，同时还对关键功能组件和非功能性需求的设计提供了较为细致的指导，并给出了各个组件的技术选型，提高了软件体系结构设计的效率和质量。当然，软件设计工程师需要对生成的内容进行分析和评判，以提取有价值的设计信息，剔除有问题的设计内容。

请根据上述购票应用软件的需求和非功能需求，对该系统的整体架构进行设计，给出相应的设计方案说明。

🗐 ✎ 修改

以下是基于前述功能和非功能需求的铁路购票系统**整体架构设计方案**，采用分布式、微服务化架构，兼顾高并发、高可用与安全性：

1. 架构设计目标

- **核心挑战**：应对春运级流量（瞬时百万QPS）、保证数据强一致性（避免超卖）、防御恶意刷票。
- **设计原则**：微服务化、无状态化、冗余部署、读写分离、弹性伸缩。

图7.21 大模型辅助智能化软件体系结构设计

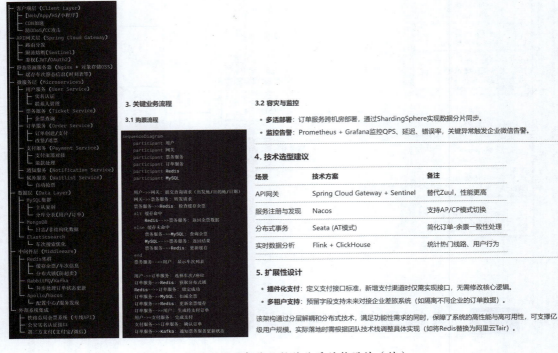

图7.21 大模型辅助智能化软件体系结构设计（续）

7.8 软件体系结构设计的文档化和评审

软件体系结构设计完成之后，软件设计工程师须撰写软件体系结构设计文档，并对文档进行评审，以保证软件体系结构设计的质量。如果软件系统的体系结构较为复杂，涉及的内容非常多，那么可以考虑撰写单独的软件体系结构设计文档；否则软件体系结构设计可以作为软件设计规格说明书的一个组成部分。

7.8.1 软件体系结构设计文档化

一般地，软件体系结构设计文档包含以下几部分内容。

1. 文档概述

文档概述部分介绍本设计文档的编写目的、组织结构、读者对象、术语定义、参考文献等信息。

2. 系统概述

系统概述待开发软件系统的整体情况，包括系统建设目标、主要功能、边界和范围、目标用户、运行环境等。该部分内容需要与软件需求规格说明书中的"系统概述"保持一致。

3. 设计目标和原则

设计目标和原则部分主要陈述软件体系结构设计欲达成的目标，包括实现哪些功能性和非功能性需求，软件设计过程中遵循了哪些基本的原则，需要进行哪些方面的设计考虑，经过设计能得到什么样的结果，它们起到什么样的作用等。

4. 设计约束和现实限制

设计约束和现实限制部分说明开展软件体系结构设计需要遵循什么样的约束，考虑哪些实际的情况和限制。

5. 逻辑视点的体系结构设计

逻辑视点的体系结构设计部分采用可视化模型与自然语言描述相结合的方式，介绍软件体系结构逻辑视点的设计结果。

6. 部署视点的体系结构设计

部署视点的体系结构设计部分采用可视化模型和自然语言描述相结合的方式，介绍软件体系结构部署视点的设计结果。

7. 开发视点的体系结构设计

开发视点的体系结构设计部分采用可视化模型和自然语言描述相结合的方式，介绍软件体系结构开发视点的设计结果。

8. 运行视点的体系结构设计

运行视点的体系结构设计部分采用可视化模型和自然语言描述相结合的方式，介绍软件体系结构运行视点的设计结果。该部分内容属于可选项。

7.8.2 软件体系结构设计评审

软件体系结构设计在整个软件设计过程中扮演着极为重要的角色。其设计质量将对整个软件系统的质量产生深远的影响。因此，软件体系结构设计完成之后，软件设计工程师还需要组织多方人员，如用户、软件需求工程师、软件质量保证人员等，对软件体系结构的设计结果进行验证，以检验软件体系结构是否有效实现了软件需求，是否存在质量问题等。

对软件体系结构的验证通常采用评审的方式。参与评审的人员通过阅读和分析软件体系结构的模型和文档，围绕以下问题开展评审工作。

- 满足性。软件体系结构设计是否完整地满足了所有的软件需求（包括功能性需求和非功能性需求）？
- 可追踪性。在软件体系结构中，是否有软件需求没有相应的设计元素，是否所有设计元素都有相对应的软件需求项？
- 优化性。软件体系结构是否以充分优化的方式实现了所有的软件需求项，尤其是关键软件需求项？
- 可扩展性。软件体系结构是否易于扩展，以应对软件需求的变化？
- 详尽程度。软件体系结构的设计是否详略得当，既不过于详尽以脱离体系结构的设计内容和关注点，也不过于粗略以影响后续的详细设计？

7.8.3 软件体系结构设计输出

软件体系结构设计阶段的工作完成之后，将输出以下软件制品。每个制品从不同的角度、采用不同的方式来描述软件体系结构设计的具体结果。

- 软件体系结构模型，以可视化和图形化的方式，从逻辑视点、部署视点、开发视点、运行视点等多个不同的视角，直观地描述了软件系统的体系结构等。
- 软件设计规格说明书或软件体系结构设计文档，以图文并茂的方式，结合软件体系结构模型以及自然语言描述，详尽刻画了软件体系结构的设计结果。

需要强调的是，软件体系结构的这些软件制品之间（文档与模型之间，不同体系结构模型之间）是相互关联的。软件架构师需要确保这些软件制品之间的一致性、完整性和可追踪性。

7.9 支持软件设计的CASE工具

为了提高软件设计的效率和质量，降低软件设计的复杂性，软件工程领域提供了一系列的CASE工具，以帮助软件设计工程师开展软件体系结构的设计工作，包括绘制设计模型、自动产生设计模型、分析设计模型的质量、配置和管理软件设计模型、编写软件设计规格说明书等。

- 软件设计规格说明书撰写工具，如Microsoft Office、WPS等，用于编写软件设计规格说明书等相关文档。
- 软件设计建模工具，如利用CodeArts Modeling、Microsoft Visio、StarUML、ArgdUML等工具，绘制和管理软件设计的各类模型，包括体系结构模型、数据模型、用例设计模型、构件设计模型、部署设计模型等。本章中Mini-12306软件的体系结构模型就是用CodeArts Modeling来绘制的。
- 软件设计分析和转换工具，如Rational Rose等软件工具，支持对软件设计模型进行分析，发现设计模型中存在的不一致、不完整、相互冲突等方面的问题，并提示开发者加以解决。有些工具还支持软件设计模型的自动转换，将某个视角和抽象层次的设计模型转换为另一个视角和抽象层次的设计模型，将软件需求模型（如数据流图）自动变换为软件设计模型（如模块图）。
- 配置管理工具和平台，如Git、GitHub、GitLab、PVCs、Microsoft SourceSafe等，支持软件设计制品（如模型、文档等）的配置、版本管理、变化跟踪等。

7.10 软件设计工程师和软件架构师

在软件项目团队中，软件设计工程师具体负责软件设计的各项工作，包括体系结构设计、数据设计、用户界面设计、详细设计等。人们还可以根据软件设计工程师所承担的具体工作对其称呼进行细分，包括软件架构师、数据设计工程师、用户界面设计工程师等。不管从事哪一项软件设计工作，软件设计工程师都需要完成相应的软件设计任务，与用户或客户进行沟通，建立软件设计模型，撰写软件设计规格说明书，组织多方召开评审会议以验证软件设计等。要胜任上述工作，软件设计工程师需具备多方面的知识、技能和素质，既要理解软件需求及业务知识，也要具备高水平的软件设计技能，还要有非常强的组织、协调和交流能力。因此，软件设计工程师应既是专才，也是通才。一般地，软件设计工程师应具备以下知识、能力和素质。

- 创新能力

软件设计本质上是一项创新性的智力活动。针对软件需求所定义的问题，软件设计工程师须基于自己所掌握的软件开发知识和所具有的软件开发经验，结合自己对软件需求的理解，提出软件设计的解决方案。这个过程是一个从无到有、从问题到解决问题的创新性过程。软件设计工程师需要有非常强的创新能力，只有这样才能创作出可行、高效和有效的软件设计方案。

- 抽象和建模能力

软件设计是一个自顶向下、逐步求精的抽象和建模过程，从高层次的体系结构设计到低层次的详细设计，软件设计工程师需要掌握诸如UML、模块图等抽象建模语言和工具，具备理解和绘制抽象模型，对多个视角、不同抽象层次的问题解决方案进行抽象表示、分析和建模的能力。

- 质量保证能力

软件设计的质量直接决定了软件产品的最终质量，因而软件设计工程师必须要有质量意识，不仅要给出软件的解决方案，还要确保软件设计的质量；不仅要关注软件系统的外部质量以满足软件的功能性和非功能性需求，还要确保软件设计的内部质量，以支持软件系统的长期维护和演化。

- 组织、沟通和协调的能力

软件设计工程师需要具备良好的组织、沟通和协调的能力，与多方人员（如用户、程序员、软件测试工程师、软件质量保证人员等）进行沟通，组织多方人员一起进行软件设计的讨论、交流和评审。

- 权衡抉择的能力

同一项软件需求，可能会有多种不同的软件设计方案。显然不同设计方案考虑问题的角度、关注的焦点、设计的优劣会有差别。软件设计工程师需要结合自身的软件开发经验，抓住主要矛盾，解决关键问题，并就技术选型、方案优化、关注焦点等方面进行权衡抉择，以产生高质量的软件设计结果。

软件架构师是软件设计工程师的一类，他们主要负责软件体系结构的设计工作。由于软件体系结构设计在整个软件开发工作中的重要性和关键性，因此软件架构师在软件项目团队中扮演着非常重要的角色，他们的设计结果直接影响软件系统的整体质量。一般地，软件架构师需要有丰富的软件开发经验，强烈的质量意识，熟练掌握软件架构（如微服务架构、Serverless架构等）及其开发技术。

7.11 本章小结和思维导图

本章围绕软件体系结构设计这一核心内容，介绍了软件设计的概念元素过程、质量要求、原则，以及软件体系结构的概念、风格、重要性、任务和策略等，阐述了结构化和面向对象的软件体系结构设计方法，讨论了软件体系结构设计的文档化、评审及输出等，最后分析了支持软件设计（包括软件体系结构设计）的CASE工具，介绍了软件设计工程师和软件架构师。本章知识结构的思维导图如图7.22所示。

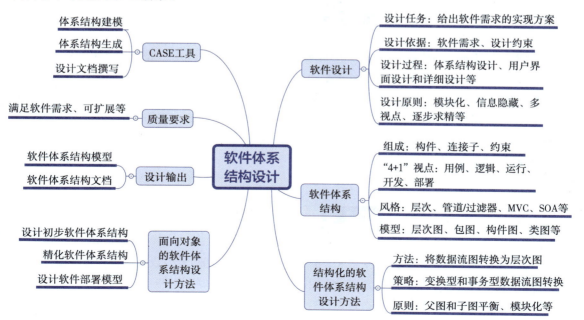

图7.22 本章知识结构的思维导图

- 软件设计是要针对软件需求，给出软件实现的解决方案。
- 软件设计包括体系结构设计、用户界面设计、详细设计等，它们包含了不同抽象层次的设计元素，如子系统、构件和设计类等。
- 所有的设计元素都可在编程实现阶段对其进行编程，从而产生可运行的软件系统。
- 软件设计工程师需要遵循设计原则来开展软件设计，以得到高质量的软件设计成果。
- 软件体系结构3要素：构件、连接子和约束。
- 软件体系结构既包括抽象的逻辑层表示，也包括具体的物理层表示；软件架构师可以从逻辑视点、部署视点、运行视点和开发视点来研究和分析软件系统的体系结构。其中，逻辑视点和部署视点的体系结构设计非常关键。
- 在长期的软件开发实践中，人们总结出一系列的软件体系结构风格，以指导软件体系结构的设计。软件架构师可以通过重用软件体系结构风格，快速设计出满足软件需求的体系结构模型。
- 结构化的软件体系结构设计方法用模块图、层次图、HIPO图等来表示软件体系结构。
- UML提供了包图、部署图、类图、构件图等来描述软件体系结构。
- 软件体系结构的设计大致要完成以下工作。首先要通过重用软件体系结构风格来设计出初步软件体系结构，然后要对软件体系结构进行精化设计，最后设计软件体系结构的部署模型。
- 初步软件体系结构的设计要充分考虑软件的关键需求，选择合适的软件体系结构风格，为关键软件需求的实现提供可行、有效的解决方案。
- 通过确定软件体系结构中的子系统、构件和设计类等来精化软件体系结构的设计。
- 软件体系结构的部署模型描述了软件体系结构的各个设计要素是如何部署在计算节点上运行的，它有助于指导软件系统的安装和部署。
- 软件体系结构设计完成之后，要根据实际情况和需要对其进行文档化，并通过评审的方式来验证软件体系结构是否满足了软件需求及其质量水平。

7.12　阅读推荐

- Bass L,Clements P,Kazman R.软件架构实践.第3版彩印版.[M].北京：清华大学出版社，2013.

本书第一作者伦·巴斯（Len Bass）是美国卡内基梅隆大学软件工程研究所的一名高级软件工程师。他曾经领导一个小组开发飞行控制模拟器，设计其软件体系结构。该书以全新的角度介绍软件架构的相关概念和最佳实践，阐述了软件系统是如何构建的，软件系统中的各个要素之间又是如何相互作用的。作者从4个方面介绍了他们多年的软件架构设计研究成果与实践经验，包括架构创想、架构创建、架构分析和架构泛化。

7.13　知识测验

7-1　为什么不能直接根据软件需求来编写代码，而是要通过软件设计来指导程序设计？

7-2　软件设计元素包括哪些类别？它们之间有何差异性和相关性？

7-3　在软件设计阶段，为什么首先进行软件体系结构设计，再进行用户界面设计和详细设计？把这个过程倒过来是否可以？

7-4 软件设计有哪些基本原则？为什么遵循这些原则有助于得到高质量的软件设计？

7-5 高质量的软件设计有何具体的表现？结合MiNotes开源软件，分析该软件是否满足这些质量特征。

7-6 本章介绍了几种软件体系结构风格？它们有何差异性？分别适合怎样的软件？

7-7 为什么需要从多个不同的视点来描述和分析软件体系结构？基于这些视点建立的软件体系结构模型分别描述了软件体系结构哪些方面的信息？

7-8 请阅读软件体系结构的相关图书，了解更多的软件体系结构风格，如客户端/服务器、发布/订阅、对等网络等风格，结合本书介绍的软件体系结构风格，分析不同风格之间的差别。

7-9 为什么在设计初步软件体系结构时考虑的是关键软件需求，而在精化软件体系结构时要考虑满足所有的软件需求？

7-10 初步软件体系结构与精化后的软件体系结构有何区别？这种区别主要反映在哪些方面？

7-11 在评审软件体系结构时，主要对哪些方面进行评审？为什么要对这些方面进行评审？

7-12 在层次式软件体系结构中，要求上层的设计元素只能访问紧邻下层的设计元素，下层的设计元素只能给紧邻上层的设计元素返回结果。如果上层的设计元素可以跨层访问，即某个层次的设计元素可以访问所有属于其下层的设计元素，会带来什么样的软件设计问题？造成什么样的软件质量问题？

7-13 针对层次风格，说明应按照什么样的原则来确定软件体系结构的层次？层次过多或者过少会带来什么问题？

7-14 请对比分析结构化的软件体系结构设计方法与面向对象的软件体系结构设计方法在软件体系结构设计方面有何差异性。

7-15 软件架构师需要具备哪些方面的知识、技能和素质？

7.14 工程实训

本章的实训任务需要完成头歌平台上相关章节的闯关实训，借助软件设计CASE工具来开展软件体系结构的建模和分析实训。

- 访问华为云CodeArts Modeling 平台，找到其访问入口，针对Mini-12306软件案例，参考本章针对该软件案例的分析，尝试利用该工具来绘制的Mini-12306软件的多视点体系结构，包括用包图描述的体系结构逻辑模型、用部署图描述的体系结构部署模型等。

- 借助StarUML软件，绘制Mini-12306软件的体系结构模型，包括用包图描述的体系结构逻辑模型、用部署图描述的体系结构部署模型等。

- 访问头歌实践教学平台"国防科技大学课程社区"→"软件工程学习社区"→软件工程课程实训，完成"软件体系结构设计"中的实训任务。

7.15 综合实践

1. 综合实践一

- 任务：开源软件的体系结构设计。

- 方法：针对开源软件新增加的软件需求，考虑软件体系结构风格，搜寻可用的软件资源（包括开源软件），分析原有的软件体系结构能否适应新的软件需求，或者扩展和优化原有的软件体系结构，引入新的设计元素（包括可重用软件资源），或者重新设计软件体系结构。

- 要求：针对开源软件及新增加的软件需求，在原有软件体系结构的基础上调整、优化或重新设计开源软件的体系结构，以满足新增加的软件需求。

- 结果：软件体系结构模型（至少包括逻辑视点和部署视点的体系结构模型）、软件体系结构设计文档。

2. 综合实践二

- 任务：软件体系结构设计。

- 方法：针对关键软件需求，考虑软件体系结构风格，搜寻可用的软件资源（包括开源软件），设计初步软件体系结构；在此基础上，对软件体系结构进行精化设计，进一步确定其构件、子系统和设计类等设计元素，以满足所有的软件需求；最后给出软件体系结构的部署模型。

- 要求：针对构思的软件需求，开展软件体系结构设计，产生软件体系结构模型。

- 结果：软件体系结构模型（至少包括逻辑视点和部署视点的体系结构模型）、软件体系结构设计文档。

第8章
软件用户界面设计

任何软件都不是孤立和封闭的，它们需要与软件系统之外的人或者其他系统进行交互。尤其是，软件需要通过用户界面与使用软件的人进行交互，帮助人操作软件，辅助人在软件中输入信息，或者给人展示系统处理后的信息。对软件而言，这里的人实际上就是它的用户。用户界面设计是软件设计的一项重要内容，用户界面设计的质量直接决定了软件系统的友好性、可用性以及用户对软件系统的满意度。本章聚焦于用户界面设计，介绍何为用户界面，如何设计用户界面，有哪些支持用户界面设计的CASE工具，如何对用户界面设计进行建模、原型化和文档化及评审。

8.1 问题引入

用户界面是直接面向软件使用者（即软件的用户）的，因此高质量的用户界面设计需要遵循以用户为中心的设计原则，根据用户的特征、要求、习惯等进行针对性的设计，提高用户界面的可理解性、易操作性、友好性和人性化程度。当前，绝大部分的用户界面采用基于窗口的界面形式（如基于Windows、iOS、Android操作系统的应用软件都采用这种界面形式），但是随着技术的发展，人与软件之间的交互形式变得更为多样化和智能化，如在汽车内，用户通过语音的方式与软件进行交互成为新模式，发出各种操作指令，软件也将指令的完成情况通过语音的方式反馈给用户。为此，我们需要思考以下问题。

- 用户和软件之间可以采用哪些方式进行交互？
- 好的用户界面有哪些特点？其设计需要遵循什么样的原则？
- 用户界面设计要完成哪些方面的工作？
- 如何描述用户界面的设计结果？用户界面设计结束之后会产生哪些软件制品？
- 如何对用户界面设计进行评审？评审时要注意哪些问题？

8.2 何为用户界面

微课视频

用户界面是指软件系统与用户之间进行交互和信息交换的媒介。它负责接收用户输入的信息（如出发地、目的地、日期），并将输入信息从外部形式转换为内部形式，以便软件系统进行处理；获取系统处理后的信息，并将其从内部形式转换为外部形式（如票价、剩余座位）展示给用户。用户界面的形式有多种，包括基于文本的用户界面、图形化用户界面、基于语音的用户界面。目前，大部分软件采用图形化用户界面。

8.2.1 用户界面的组成

在图形化用户界面中，软件以图形化的形式来向用户展示交互界面，如窗口、按钮、对话框、菜单等。例如，Microsoft Office软件就是采用这种方式与用户进行交互。用户通过键盘和鼠标等方式来操纵图形化界面，向软件输入信息，如单击按钮、选择某项信息等。软件处理完成之后，采用图形化的方式向用户显示和反馈处理的结果，如通过窗口、采用图形等形式来显示处理结果。图形化用户界面的特点是界面内容直观、界面操作便捷。用户无须记住各项命令的文本符号，只需单击图形化界面要素（如菜单项或按钮）就可发出各种命令，或者通过选择或填写对话框中的各个信息输入项就可完成信息输入，因而极大地方便了用户对软件的操作。

一般地，图形化用户界面主要由以下几类界面元素组成。图8.1示例了铁路12306软件查询车票及查询结果的图形化用户界面。

1. 静态元素

它们负责向用户显示某些信息，但是这些信息在软件运行过程中不会发生变化，如静态文本、图标、图形、图像等。在图8.1（a）中，"清除历史"文本信息和铁路局图标在软件运行过程中不会发生改变，因而属于静态元素。

 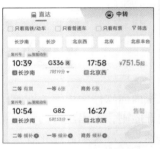

（a）查询车票用户界面　　　　　　（b）查询结果用户界面

图8.1 图形化用户界面示例

2. 动态元素

它们负责向用户显示某些信息，但是这些信息会随软件系统的运行状况改变而展示不同的内容，且显示的内容不允许用户直接修改，如不可编辑的文本、图标、图形、图像等。在图8.1（a）所示的最后一行信息中，"长沙--北京""义乌--金华"文本属于动态元素，它们会根据用户历史操作的信息而显示不同的内容。

3. 用户输入元素

它们采用可编辑的文本、单选按钮（Radio Button）、复选框（Checkbox）、选择列表（Select List）等形式，接收用户的信息输入。图8.1（a）所示的用户界面中有多个用户输入元素，如出发地"长沙"、目的地"北京"、日期等。用户输入元素最常见的形式就是文本框，用户可以在文本框中输入某些文本以表示向计算机软件完成了某项输入。

4. 用户命令元素

它们负责接收用户的命令输入，以触发后端的业务逻辑处理或刷新界面，如单击按钮、菜单项、超链接等。在图8.1（a）中，"查询车票"就是一个典型的按钮，用户单击该按钮意味着完成了某项命令输入，即要求软件完成某项功能操作。

8.2.2 用户界面的表示

在设计用户界面时，软件设计工程师可采用两种方法来描述用户界面及其设计细节。一种是借助用户界面设计工具（如Eclipse、Visual Studio），直接给出用户界面的设计元素及其运行展示形式，包括界面中的元素、这些元素的组织布局等。另一种是借助UML的类图和顺序图等，详细描述用户界面设计的内部具体细节，包括用户界面包含哪些界面元素、这些设计元素的类别、要求输入数据的类型、用户界面之间的跳转关系等。

前一种方式实际上产生用户界面原型，直观地向用户展示用户界面的设计及其运行效果，帮助用户一目了然地掌握用户界面元素及其组织与布局，有助于用户确认和评价用户界面设计，如发现用户界面少了哪些界面元素、布局是否合理、界面信息显示是否正确等；后一种方式则可以详细地描述用户界面的设计细节，以支持其最终的实现。例如，将用户界面的设计元素和操作用相关的类及其属性和方法加以表示，有助于软件设计人员，尤其是程序员最终实现这些设计元素。通常，软件设计工程师可以同时采用这两种方式以获得关于用户界面设计的完整信息，便于和用户交流有关用户界面设计的具体细节。

1. 用户界面的类图表示

一般地，用户界面的窗口或对话框等可以抽象为软件设计中的类，窗口或对话框中的静态元素、动态元素、用户输入元素等可以抽象为类的属性，用户命令元素可以抽象为类的方法。

无论是静态元素、动态元素还是用户输入元素，它们实际上反映了某项属性及其取值。例如，在图8.1所示的图形化用户界面中，"长沙"这一用户输入元素反映的是"出发地"这一属性的取值，用户可以选择不同的车站名，以改变"出发地"的属性值。"4月10日"这一用户输入元素实际反映的是"出发日期"这一属性的取值，用户可以选择其他不同的日期，以改变"出发日期"的属性值。"查询车票"按钮的单击意味着软件需要执行相关的操作，因而它对应于类的方法query Train()。图8.2（a）展示了查询车票用户界面的类图表示。

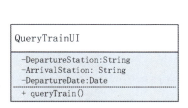 

（a）查询车票用户界面的类图表示　　　　（b）查询车票用户界面跳转的顺序图表示

图8.2 Mini-12306软件查询车票的用户界面及界面跳转的UML表示

2. 用户界面的顺序图表示

一个软件系统通常由多个用户界面组成，不同的界面向用户展示不同的信息，实现与用户的不同输入和输出。在软件运行过程中，这些用户界面之间存在一定的逻辑关系，具体表现为跳转关系，即用户在某个界面上进行了某项操作，软件系统将从一个界面跳转到另一个界面运行。例如，针对图8.1（a）所示的查询车票用户界面，当用户单击"查询车票"按钮之后，软件系统将跳转到图8.1（b）所示的查询结果用户界面。

用户界面的跳转关系也是用户界面设计的内容之一，它实际上反映了不同界面对象之间的交互关系，因而可以用UML的交互图，尤其是顺序图加以表示。图8.2（b）用顺序图描述了查询车票与查询结果两个用户界面之间的跳转关系。

8.3　如何设计用户界面

用户界面设计需要完成一系列的工作，在此过程中需要遵循一组原则，以得到高质量的用户界面设计结果。

微课视频

8.3.1 用户界面设计的过程

用户界面设计的过程如图8.3所示，它主要包括以下设计活动。

图8.3 用户界面设计的过程

1. 用户界面的初步设计

用户界面设计工程师要以需求分析阶段的软件需求模型为依据，针对软件需求的用例的模型、用例的交互模型等，采用自顶向下、逐步求精的设计原则，先从整体上明确完成软件系统的功能和操作需要哪些用户界面，每个用户界面需要完成哪些输入和输出，它们分别对应于什么样的界面元素。该步骤之所以称为初步设计，是因为在该阶段用户界面设计工程师只需关心有哪些用户界面，每个界面有哪些支持输入和输出的设计元素，无须考虑这些用户界面之间的关系以及每个用户界面设计元素的组织和美化工作，所以得到的是用户界面的"粗胚"和整体框架。

2. 建立用户界面间的跳转关系

上述步骤会得到一组用户界面。这些用户界面之间存在多种关系，包括主从关系和跳转关系。在众多的用户界面中，存在主界面，它负责向用户展示软件的主体功能，并衍生出其他的用户界面。不同的用户界面之间存在跳转关系，用户可以从一个用户界面跳转到另一个用户界面。因此，在该阶段，用户界面设计工程师需要确定软件系统的主界面，分析和描述不同用户界面之间的跳转关系。

3. 精化用户界面

上述两步完成了用户界面的整体设计，确立了用户界面的整体框架，下面就要对每个用户界面进行细化设计，包括美化用户界面中的元素、优化用户界面中各个元素的组织和布局，使得用户界面更加友好和方便用户的操作。

4. 评审用户界面设计

用户界面设计工程师需邀请多方对所设计的用户界面进行评审，从友好性、易操作性、易理解性等多个方面，发现用户界面设计存在的问题和不足，以指导进一步改进和完善。在此过程中，用户界面设计工程师要听取用户关于用户界面的意见和建议，以用户为中心来改进用户界面的设计。

8.3.2 用户界面设计的原则

用户界面设计要自始至终遵循以用户为中心的基本原则，即要从用户的角度、站在他们的立场来开展用户界面的设计，以支持用户方便操作和灵活使用软件为目标，以用户的意见、建议、反馈等为准绳来不断地优化和改进用户界面设计，以用户是否满意为基准来判断用户界面设计的好坏。因此，用户界面设计工程师需分析目标软件系统的用户群及其个性化特点，了解他们的知识背景、操作技能、使用习惯、审美情趣等，并以此来指导用户界面的设计。在此基础上，用户界面的设计需要遵循以下原则。

- 直观性。要尽可能用贴近业务领域的术语或者图符来表示用户界面上所呈现的信息，包括文本、数据、状态、菜单、按钮、超链接等，文字和图符要非常精练，软件用户界面对用户而言应一目了然，确保用户界面的可理解性。

- 易操作性。用户界面应该设计得简洁、不烦琐，尽量减少用户输入的次数和信息量，减少不必要的操作和跳转，以提升用户界面的可操作性。

- 一致性。软件系统的所有用户界面应保持一致的界面风格和操作方式，并与业界相关的用户界面规范和操作习惯一致，如用Ctrl+V快捷键来实现粘贴功能，用Ctrl+S快捷键来实现保存功能。

- 反应性。针对用户的输入（尤其是命令输入，如单击"确认"按钮），用户界面需做出反应式的响应，并在用户可接受的合理时间范围内快速做出应答（如显示处理结果）。如果相关的操作耗时较长，用户界面需提供处理进度的反馈信息，以帮助用户了解处理进度。

- 容错性。用户界面需对用户可能存在的误操作（如错误的输入）进行容忍和预防，应通过用户界面的设计加以应对。例如，对于可能造成损害的动作（如删除操作），必须提供界面元素以要求用户再次进行确认；对于错误的输入，应允许用户重新输入。

- 人性化。用户界面应在适当时机给用户提供需要的帮助或建议；使用户在任何情况下均能理解软件系统的当前状态和响应信息，清晰了解自己的操作行为，不会因界面跳转而迷失；界面的布局和色彩应使用户感觉舒适和自然。

8.3.3　初步设计用户界面

该项设计活动旨在依据需求用例模型和用例的交互模型，明确目标软件系统存在哪些输入和输出、需要哪些用户界面、这些用户界面有哪些界面设计元素。

在用例模型中，如果外部执行者与相关用例之间存在一条连接边，那么意味着在该用例的执行过程中，外部执行者需要与软件系统进行相应的交互，包括外部执行者输入信息、软件系统输出信息，因此软件需要有相应的用户界面。在用例的交互模型中，用户与软件系统之间的交互更加明显。如果一个外部执行者需要与某个用户界面进行交互，那么意味着软件系统需要提供相应的用户界面以支持外部执行者与软件系统之间的输入和输出。因此，根据用例模型中软件系统与外部执行者间的交互动作序列，可以很容易地识别出软件系统需要有哪些输入和输出要求，以此来规划软件系统需要有哪些用户界面。用户界面设计工程师需要明确每个用户界面的职责（即需要完成的输入或输出），设计出相应的界面元素（包括静态元素、动态元素、用户输入元素、用户命令元素）以实现职责。为此，用户界面设计工程师需要开展以下工作，以完成初步的用户界面设计。

1. 构思用户界面的设计元素

根据用例模型及用例的交互模型，可以发现用户界面类对象与用户和其他类对象之间的交互，每一项交互都有其消息名称及消息参数。用户向用户界面发送的消息参数意味着用户需提供的信息，对应于用户的输入，因此在用户界面上必须有相应的用户输入元素，并需要提供配套的静态元素以帮助用户输入信息。这些设计元素构成了用户界面类的相关属性。

图8.4所示为Query Train用例的交互图。由于边界类对象QueryTrainUI需要向控制类对象QueryManager发送包含DeparturePlace、ArrivalPlace和Date的消息，这意味着执行者User（包括旅客和售票员）需要在用户界面QueryTrainUI中输入这3方面的信息，因而用户界面QueryTrainUI应包含DeparturePlace、ArrivalPlace和Date的用户输入元素（见图8.2）。

如果用户界面类对象要向其他的对象（包括执行者）反馈信息，那么这些信息对应于用户界面的输出信息，此时在用户界面上必须有相应的动态元素以向用户显示信息处理的结果。同样地，这些动态元素构成了用户界面类的相关属性。根据图8.4，由于控制类对象QueryManager需要向边界类对象QueryTrainUI发送包含QueryTrainResult的信息，因而用户界面QueryTrainUI接收到查询结果后应弹出新的界面，以展示QueryTrainResult的相关信息。

2. 确定用户界面的操作

在用例交互模图中，边界类对象向其他类对象发送的消息表示用户向后端业务处理系统提交的命令。这些命令对应于用户界面中的用户命令元素以及相应的操作。这些操作大体表现为以下几种形式：用户命令元素触发的操作（如单击"确认""提交"等按钮），动态元素的值的改变导致的操作（如显示的系统状态发生了变化），从其他用户界面跳转至主界面时要求主界面完成的操作等。

根据上述分析，用户界面设计工程师可确定用户界面中的用户命令元素。在图8.4所描述的用户登录用例的交互模型中，由于边界类对象QueryTrainUI需要向控制类对象QueryManager发送queryTrain消息，因而用户界面QueryTrainUI应该包含类似于Query或者"查询车票"的用户命令元素。

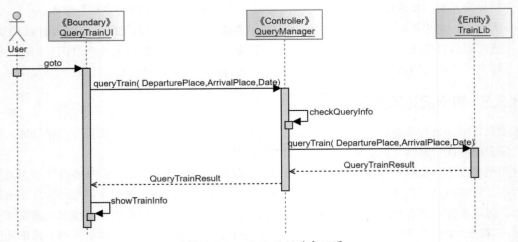

图8.4 Query Train用例的交互图

基于上述设计工作，用户界面设计工程师可借助用户界面原型设计工具，快速设计出用户界面原型，并用UML类图来表示用户界面的设计元素。需要说明的是，在该步骤用户界面设计工程师只需对界面元素进行初步的布局和组织，形成初步的用户界面，不必太关注界面元素的细节和美化，这些工作将交由后续的设计精化活动来完成。

8.3.4 建立用户界面间的跳转关系

经过上一小节的步骤后，用户界面设计工程师得到一组用户界面。这些用户界面之间存在一定的逻辑关系，有主次之分，存在跳转关系。下面用户界面设计工程师需要标识和分析用户界面之间的关系。

首先要标识出用户操作软件的主界面。主界面是指用户开始使用某项用例时系统呈现出来的界面，该界面展示了软件系统的主要功能，向用户展示了主体信息，其他界面均直接或间接地源自该主界面，并且用户对其他界面操作后一般会回归到主界面，用户在主界面上将花费比其他界面更多的停留和操作时间。例如，Word和WPS软件的主界面表现为用户文件的编辑界面，它向用户展示了所编辑的文件内容信息，其他的用户界面（如打印、预览、打开文件等）均源自该主界面，用户使用软件的大部分时间停留在该界面。

其次要标识和表示不同用户界面之间的跳转关系。由于单个界面的空间非常有限，无法将所有的信息在一个界面中进行展示，因而在用户界面设计时通常会设计多个不同的用户界面，分别服务于不同的业务流程、实现不同的功能。这种设计也有助于使每个用户界面的独立性更好，界面元素的组织和布局更为合理，防止一个界面混杂多种信息，不便于用户的理解和操作。例如，

Word和WPS软件将显示编辑内容的界面与预览打印内容的界面区分开来，作为两个不同的用户界面。

软件的多个用户界面并不是相互独立的，它们之间存在跳转关系，即用户在一个用户界面中输入某些信息、执行某些命令，系统会进入到其他的用户界面。例如，在Word和WPS软件中，如果用户在主界面中执行"打印"命令，软件系统就会进入到打印的用户界面。为了刻画用户界面之间的上述跳转关系，用户界面设计工程师需要借助有效的手段对界面跳转关系进行设计和建模。

UML的交互图和类图可用来表示用户界面间的跳转关系。前者表示特定应用场景下的用户界面跳转及跳转发生时的消息传递，后者借助有向关联关系表示在目标软件系统中不同用户界面间可能发生的跳转及跳转的原因。

> **示例8.1** **用顺序图表示Mini-12306软件的用户界面的跳转关系**

Mini-12306软件的手机端App负责与用户的信息交互，该软件首先加载引导界面GuidingUI，加载完成之后将启动用户登录界面LoginUI，如果用户登录成功，系统将显示主界面QueryTrainUI；在用户登录界面下用户也可以选择"注册用户"，从而进入RegisterUI界面。在主界面中，用户可以单击"查询车票"按钮，进而进入QueryTrainResultUI界面，选择特定的车次进入BuyTicketUI界面。在主界面中，用户也可以查询已经购买的车票，进而进入MyTicketUI界面，在该界面中用户可以选择已经购买的某个车次车票，对其进行退票或者改签，从而进入ChangeTicketUI或RefundTicketUI界面。上述用户界面之间的跳转关系可以用图8.5所示的顺序图来表示。

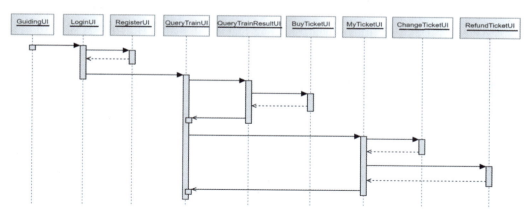

图8.5 Mini-12306软件的用户界面跳转关系的顺序图

8.3.5 精化用户界面设计

通过前面两个小节的步骤，用户界面设计工程师完成了用户界面的高层设计，明确了软件系统有哪些用户界面，这些界面间存在什么样的跳转关系，每个界面有哪些主要的界面设计元素。下面就要对每个用户界面进行精化设计，充分考虑用户界面的具体细节，以得到更为具体、完整和友好的用户界面。它主要包括以下几个方面的工作。

- 查漏补缺。补充用户界面中遗漏的界面设计元素，形成完整的用户界面设计模型。例如，将在前面设计活动中不受关注的静态元素加入到用户界面中，以给用户展示必要和完整的界面信息。
- 建立跳转。将用户界面的跳转动作与相关的界面元素及其操作事件关联起来，建立起关于界面跳转的详细工作流程。例如，在"登录"按钮所对应的方法中增加相关的操作，使得用户登录后能够进入到其他的用户界面。
- 优化设计。结合用例中用户与软件系统的交互，探讨将用户界面进行合并和拆分的可能性。例如，对于具有相似性的或在逻辑上相关的多个界面，可以考虑将其合并，以减少不必要的跳转和界面设计；对于一个包含太多界面元素且这些界面元素的耦合性不强的用户界面，可以考虑将它们进行必要的分解，以产生多个不同的用户界面。对界面元素的信息呈现和录入方式进行必要的调整和优化，以更为贴切地反映应用逻辑及其操作模式。例如，采用树形结构还是表格方式来显示结构化的信息，采用单选按钮、复选框或选择列表来接收用户的选择或输入等。

- 调整布局。对用户界面中的多个界面元素进行组织和布局，需要考虑将哪些界面元素组织在一个区域以加强用户对用户界面的理解，简化用户的操作；需要将哪些界面元素按照怎样的方式进行对齐，以提升界面的美观性。
- 美化界面。对界面元素进行美化，以提升界面元素的美观性。例如，美化相关的图标，以更为直观地表示其内涵；美化界面中字符的大小和颜色，以突出显示重要的信息，弱化一些次要的信息。
- 保持一致。确保软件系统中不同用户界面的风格的一致性，包括字体的大小和颜色，界面元素的对齐方式、组织和布局，输入和输出的方式，图标的大小和位置等。例如，同一个界面中最好所有的字符字号相同。
- 调整模型。在精化、补充、调整和优化用户界面设计的同时，要同步修改用户界面的UML模型，如用户界面的类图、界面跳转的顺序图等，以确保用户界面与其描述模型之间的一致性。

需要说明的是，上述精化工作要与用户界面原型的构建同步，即用户界面设计工程师需要借助界面原型的设计工具（如Visual Studio、Android Studio等）构建软件的用户界面原型，将上述精化用户界面的工作反映在界面原型的改进和完善之中。

示例8.2 Mini-12306软件用户界面的设计原型

根据对Login和Query Train用例的理解，设计支持这两个功能的用户界面，如图8.6所示。其中，旅客登录用户界面支持用户输入登录的账号和密码等信息，查询车次用户界面支持用户输入待查询的车次信息。

图8.6 Mini-12306软件的旅客登录和查询车次用户界面

8.4　支持用户界面设计的CASE工具

目前有诸多CASE工具帮助开发者快速、高效地设计出"所见即所得"的图形化用户界面，并支持界面程序代码的生成和维护。

- Adobe XD是一款功能强大的用户界面设计软件，用户可以使用该CASE工具设计出App、网页等软件原型。
- Visual Basic、Visual Studio等IDE提供了用户界面设计工具，帮助开发者快速绘制和生成软件系统的用户界面。
- PowerBuilder等可视化的软件开发工具，提供了强大的查询、报表和图形功能，尤其适用于各类信息系统的开发。
- Sketch是一款较为流行的界面原型设计工具，特别适用于移动应用和Web页面的设计，它提供了丰富的插件和设计资源，可以帮助用户界面设计工程师设计出精美的界面。
- App UI Designer是一款Android App界面设计工具。它可以帮助软件工程师快速地构建面向移动App的用户界面。

8.5　用户界面设计的文档化和原型化及评审

用户界面设计完成之后，需要对其进行文档化以记录设计结果、原型化以展示设计效果，并要组织相关人员对所设计的用户界面进行评审，以发现和纠正存在的问题和不足。

8.5.1　用户界面设计的文档化和原型化

用户界面设计文档详细描述了用户界面的设计细节，包括整个软件系统由哪些用户界面组成、每个用户界面有哪些设计元素、这些用户界面之间存在什么样的跳转关系等。软件设计工程可以采用图文并茂的方式来描述用户界面设计，包括用UML的类图、顺序图等来描述用户界面设计模型，用自然语言来详细描述用户界面的设计细节。

软件设计工程师还可以提供软件原型以展示用户界面的设计效果。软件原型直观地展示了每个用户界面的设计元素（如静态元素、动态元素、用户命令元素和用户输入元素）及其布局、用户界面之间的跳转关系等。用户可以通过软件原型更好地理解用户界面设计是否满足其要求，并反馈相关的意见和建议。

8.5.2　用户界面设计的评审

用户界面设计完成之后，用户界面设计工程师需要邀请用户、程序员、软件设计工程师等，围绕以下几个方面对用户界面模型及原型进行验证和评审，以发现用户界面设计中存在的问题，了解用户的评价和反馈，从而指导用户界面设计的改进与优化。

- 用户界面是否反映了软件需求？用户的所有软件需求是否都有相应的用户界面？
- 用户界面是否符合用户的操作习惯和要求？用户能否接受用户界面的展示形式？用户界面的风格是否一致？
- 用户界面及其设计元素是否美观和直观，易于理解？
- 用户界面的布局是否合理，跳转是否流畅？用户界面跳转与用例中的交互动作序列在逻辑上是否协调一致？

- 用户界面的原型展示与其UML模型描述之间是否一致？用户界面的类图和顺序图两个模型之间是否一致？
- 用户界面的不同设计元素之间是否一致？如静态元素的描述与动态元素的显示是否一致，静态元素的描述与用户输入元素是否一致，静态元素的描述与用户命令元素是否一致等。

8.6 本章小结和思维导图

本章围绕软件用户界面设计，介绍了用户界面的组成及其表示方法、用户界面设计的过程和原则；支持用户界面设计的CASE工具；用户界面设计的文档化、原型化及评审。本章知识结构的思维导图如图8.7所示。

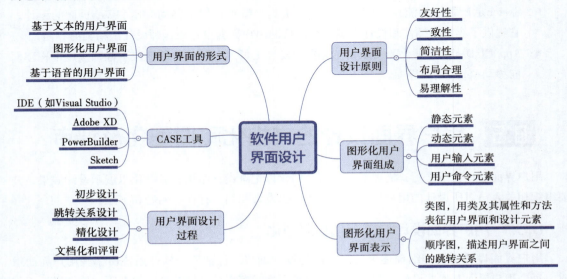

图8.7 本章知识结构的思维导图

- 用户界面有多种形式，其中图形化用户界面是目前应用最为广泛的形式。
- 图形化用户界面主要由以下4类界面元素组成：静态元素、动态元素、用户输入元素、用户命令元素。
- 可以用UML的类图来表示用户界面中的4类元素，用UML的顺序图来表示不同用户界面之间的跳转关系。
- 用户界面设计要以用户为中心，根据用户的要求来进行设计，设计的结果要让用户满意。
- 用户界面初步设计的任务是要根据软件需求（如用例图和用例交互图），明确软件有哪些用户界面，每个用户界面有哪些界面元素，得到用户界面的粗略框架。
- 用户界面跳转关系的设计是要明确多个用户界面之间的跳转关系。
- 用户界面的精化设计是要细化和优化每个用户界面的设计，包括各个界面元素及其布局等，构建软件系统的用户界面原型。
- 用户界面设计结束后，会得到用户界面原型及其UML模型。
- 用户界面设计工程师要和用户等一起，对设计的用户界面进行评审，发现用户界面设计中的问题，获得用户的反馈和评价，以此指导对用户界面的优化和改进。

8.7　阅读推荐

- 拉尔 R.UI设计黄金法则：触动人心的100种用户界面[M].王军锋，高弋涵，饶锦锋，译.北京：中国青年出版社，2014.

　　该书作者是世界范围内享有盛名的数字产品设计与开发的领导者，曾参与五十多个桌面、网络和移动应用程序的设计与开发工作。该书囊括了各类数字产品的框架视图以及上佳的设计经验与准则，并结合大量实际设计案例，提出了诸多成就伟大产品的用户体验要素。从命令行界面、WIMP界面、Metro UI、拟物设计，到可缩放用户界面、信息图设计、自适应用户界面等，全书以图文并茂且简单易懂的形式，为读者详细解读了百种数字产品用户界面的设计理念与方法。

8.8　知识测验

8-1　现代汽车内部部署了大量的软件，一些软件需要与驾驶员进行交互，如导航软件。这些软件通常采用语音交互方式，请分析为什么这些软件需要采用语音交互方式，该方式有何优点。

8-2　针对Mini-12306软件的某项功能（如旅客注册、登录、购票、退票、改签等），结合它们的需求模型（如用例的交互图），设计出实现这些功能的用户界面，分析这些界面有哪些界面元素。

8-3　分析铁路12306软件的用户界面设计的优缺点，并提出提高用户界面设计质量的建议。

8-4　微信是大家常用的一款软件，请分析该软件由哪些用户界面组成，这些界面之间存在什么样的关系，用UML顺序图来表示不同用户界面之间的跳转关系。

8-5　图8.8所示为某软件打印文件的部分用户界面，请说明该用户界面有哪些静态元素动态元素、用户输入元素和用户命令元素，并用UML的类图来表示该用户界面的设计元素。

8-6　用户界面设计要遵循哪些原则？为什么遵循这些原则有助于得到高质量的用户界面？

8-7　用户界面的评审要针对哪些方面的内容？为什么要邀请用户参与用户界面的评审？

图8.8 打印界面

8.9　工程实训

　　本章的实训任务需要完成头歌平台上相关章节的闯关实训，借助CASE工具开展软件用户界面设计。

- 请参考8.5节所介绍的用户界面设计CASE工具，针对Mini-12306手机端App的开发，寻找一个用户界面设计支撑工具，开展该App所有用户界面的设计，得到可运行软件原型，并征集用户的意见以对用户界面进行优化和改进。
- 访问头歌实践教学平台"国防科技大学课程社区"→"软件工程学习社区"→软件工程课程实训，完成"软件用户界面设计"中的实训任务。

8.10　综合实践

1. 综合实践一

- 任务：开源软件的用户界面设计。
- 方法：针对开源软件新增加的软件需求，考虑软件的用例模型和用例的交互模型，对开源软件的用户界面进行设计，以支持用户与开源软件的输入和输出，进而实现开源软件的新功能。
- 要求：基于开源软件新增加的软件需求，针对其用例模型和用例的交互模型，以用户为中心进行设计和优化。
- 结果：用户界面原型、用户界面的UML类图以及界面跳转的顺序图。

2. 综合实践二

- 任务：软件用户界面设计。
- 方法：基于用户的软件需求，针对软件系统的用例模型和用例的交互模型，设计软件系统的用户界面，明确每个用户界面的设计元素，界面之间的跳转关系，以支持用户与软件系统之间的输入和输出。
- 要求：针对所构思的软件需求，包括用例模型和用例的交互模型，以用户为中心开展用户界面的设计。
- 结果：用户界面原型、用户界面的UML类图以及界面跳转的顺序图。

第9章
软件详细设计

在软件体系结构设计阶段，软件设计工程师给出了软件系统的全局、宏观设计，明确了软件系统有哪些功能模块、每个模块的职责及访问接口，但是不清楚每个模块内部是如何实现其职责和功能的。此时的功能模块相当于一个"黑盒"，只知道其功能及接口，不清楚其内部实现细节。为此，软件设计工程师需要在软件体系结构设计的基础上开展软件的详细设计，以明确每个模块内部的实现细节，进而指导这些模块的编程实现。本章聚焦于软件详细设计，介绍详细设计的概念、任务和原则，结构化和面向对象的详细设计方法，支持详细设计的CASE工具，以及软件详细设计的文档化和评审等。

9.1 问题引入

不同于软件体系结构设计，软件详细设计是从微观和局部的视角，给出软件系统的细节性、细粒度和底层的设计信息，其设计成果将用于指导后续的编程实现工作，因而软件详细设计是连接软件体系结构设计和编程实现的桥梁。软件详细设计需要"兼顾上下"，一方面要基于软件需求分析、软件体系结构设计、用户界面设计的相关成果来开展详细设计，确保详细设计工作的针对性；另一方面要考虑编程实现时的诸多约束和限制，如编程语言的选择、可重用的软件包或库，甚至软件开发框架和运行基础设施等，以确保详细设计的成果在编程实现阶段可以落地。为此，我们需要思考以下问题。

- 何为软件详细设计？它的任务与软件体系结构设计和用户界面设计的任务有何差别？它与软件体系结构设计、用户界面设计有何联系？
- 软件详细设计要"详尽"到什么程度？
- 软件详细设计需要遵循怎样的原则以得到高质量的设计结果？
- 如何一步步地开展软件详细设计？
- UML提供了哪些图和模型用于表示软件详细设计模型？
- 软件详细设计结束后会得到哪些软件制品？
- 应遵循什么样的策略和原则来评审软件详细设计及其成果？

9.2 何为软件详细设计

软件详细设计是软件开发过程中的一个重要环节。不同于软件体系结构设计和用户界面设计，软件详细设计有其特有的任务和过程，需要遵循相应的设计原则，以得到高质量的软件详细设计结果。

9.2.1 软件详细设计的概念

顾名思义，软件详细设计就是给出软件系统具体、详尽的设计。这涉及两方面的问题：一是要对软件系统的哪些元素进行详细设计；二是要"详尽"到什么程度才算完成了详细设计。

首先，软件详细设计是对软件体系结构设计和用户界面设计的结果进行细化。软件体系结构设计和用户界面设计会产生一组软件设计元素，包括子系统、软构件、用户界面类、关键设计类等。在软件体系结构设计阶段，软件架构师仅仅给出了这些设计元素的职责划分，明确了设计元素的对外接口，这些设计元素还都是一个个"黑盒"，不清楚其内部有哪些具体的设计细节，如软构件内部有哪些具体的设计类，每个设计类内部有哪些属性和方法，每个方法采用什么样的算法来实现其功能等。软件详细设计就是要给出这些设计元素的内部细节信息，让每个设计元素从"黑盒"变为"白盒"，进而指导后续这些设计元素的编程实现。因而软件详细设计是一类针对设计元素、围绕其内部细节信息的细粒度设计。

其次，软件详细设计要细化到什么程度才算"详尽"呢？一个基本原则是软件详细设计要提供足够的细节信息，以指导软件系统的编程实现。这意味着软件详细设计不仅要提供设计元素内部的结构性信息，如一个软构件内部有哪些设计类，一个子系统内部包含哪些子子系统或者设计类，而且要提供设计元素的过程性信息，如设计类中每个方法的实现算法。只有这样，程序员才能基于软件详细设计的细节性内容编写出相关的程序代码。

可以认为，软件详细设计是架设在体系结构设计与编程实现之间的一座"桥梁"。桥梁的一端连接的是软件体系结构设计和用户界面设计，其目的是对体系结构设计和用户界面设计的设计元素进行细化和精化，另一端连接的是编程实现，其目的是作为后续编程实现的基础和依据，指导相关的程序设计工作。与软件体系结构设计相比较，软件详细设计抽象层次更低、粒度更小、更加关注软件设计细节及其实现。软件详细设计是确保软件需求和软件体系结构设计得到落实的"关键"。正是有了软件详细设计，软件需求才能得以实现，软件体系结构设计中的各项高层、宏观的设计思想和架构才能得以落实。

9.2.2 软件详细设计的任务

软件详细设计的任务描述如图9.1所示，它需要基于以下的输入进行设计。

微课视频

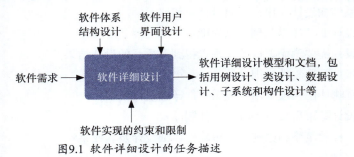

图9.1 软件详细设计的任务描述

（1）软件需求，软件设计的目的是给出软件需求的解决方案，因此软件详细设计需要对照软件需求，确保每一项软件需求都有相应的设计元素，或者每一个软件设计元素都可追踪到它欲实现的软件需求。

（2）软件体系结构设计和软件用户界面设计，软件详细设计需要对这两项设计的内容进行细化和精化，以使它们得以实现。

（3）软件实现的约束和限制，软件详细设计更加接近软件实现，为编程实现提供指南。因此，软件详细设计需要考虑软件实现的约束和限制，如所选用的程序设计语言、运行基础设施、软件开发框架、可重用的软件包等，确保每一项详细设计内容均可通过具体的实现技术（如程序设计语言）加以实现。例如，不同面向对象程序设计语言的选择将会对软件设计中的继承设计产生影响。C++支持多重继承，Java只支持单重继承。因此，如果在实现阶段选择的程序设计语言是Java，软件详细设计就不应产生多重继承的类设计方案。

通过详细设计，软件工程师将得到软件系统中各个设计元素（如设计类、软构件、子系统等）的实现细节，明确每个设计元素的内部细节信息，包括属性、关键数据结构、永久数据的存储方式、功能实现算法等。程序员看到这些详细设计信息就可以对相关的设计元素进行编程实现。

9.2.3 软件详细设计的原则

为了高质量地完成软件详细设计的任务，软件设计工程师除了需要遵循通用的软件设计原则（如模块化、高内聚度、低耦合度、信息隐藏等）之外，还需要结合软件详细设计的具体要求，遵循以下原则。

1. 针对软件需求

软件需求仍然是指导软件详细设计的主要因素。软件设计工程师要从软件需求出发，开展软件详细设计，确保每一项软件需求都得到落实，即有相应的详细设计元素（如设计类）实现了每一项软件需求。所有的软件设计元素以及它们之间的交互和协作可完整地实现软件需求。同时也要确保每一个软件元素都有意义和价值，即它们之所以存在于软件设计之中，是因为它们用于实现特定的软件需求。

2. 深入优化设计

软件设计不仅要实现软件系统的功能性需求，也要实现软件系统的非功能性需求。软件设计工程师需要针对软件需求，对软件系统进行精心的设计，以充分优化软件系统的性能、效能等。此外，软件设计工程师还需要从软件质量的视角，对软件详细设计进行优化，以提高软件系统的可靠性、可重用性和可维护性等。

3. 设计足够详细

软件详细设计的目的是获得面向实现的设计模型，以支持程序员的编程工作。因此，软件设计工程师要通过软件详细设计，得到详实程度足以支持程序员编程的软件设计模型。为此，软件设计工程师要从程序员的视角来判断软件设计是否足够详细和准确。尤其是在评审阶段，软件设计工程师要邀请程序员一起对软件设计进行评审，以评判所产生的软件详细设计是否可有效支持程序员的编程工作。

4. 充分的软件重用

在软件详细设计阶段，软件设计工程师要从多个不同的维度和层次进行充分的软件重用，以提高软件开发的效率和质量，降低开发成本，具体包括：重用软件设计模式来优化软件设计、提高设计质量，重用各种软构件来实现软件需求、降低开发投入等。

9.3　结构化详细设计方法

本书7.5节介绍了结构化的软件体系结构设计方法，通过变换型数据流图和事务型数据流图的转换，将数据流图表示的软件需求转换为用层次图、HIPO图等表示的软件体系结构。此时得到的软件体系结构仅仅描述了软件系统有哪些模块、每个模块具有什么样的功能和接口、不同模块之间存在什么样的调用关系。至于每个模块的内部是如何实现其功能和接口的，结构化的软件体系结构设计并没有给出相应的设计信息，该项工作需要在结构化详细设计阶段完成。

针对用层次图、HIPO图等表示的软件体系结构中的各个模块，结构化详细设计的任务就是要给出它们的详细设计信息，明确每个模块内部的实现细节，包括数据结构和变量的定义、功能实现的算法，并采用流程图（Flowchart）、自然语言等方式表示，以帮助软件设计工程师和程序员更好地理解设计细节。

流程图是一种图形化的表示方式，用于描述算法的实现思路。它用圆角矩形表示"开始"与"结束"、矩形表示具体的行动方案或者活动、菱形表示问题判断或判定、平行四边形表示输入和输出、箭头代表工作流方向。这些图形符号可以直观地表示算法实现中的顺序、条件选择、分支、循环等控制结构。总体而言，流程图具有符号简单规范、结构清晰、逻辑性强、便于描述、容易理解等优点，广泛应用于对软件模块内部算法实现流程的描述。

针对本书7.5.2小节中经过转换所得到的Mini-12306软件体系结构，其中"分析查询信息的合法性"模块的详细设计可以用流程图来表示，如图9.2所示。该图详细描述了"分析查询信息的合法性"模块的内部实现算法。该模块名称为isQueryInputValid，带有3个参数DepartureStation、ArrivalStation和Date，分别表示"出发地""目的地""日期"3项查询输入信息，其输出是一个整数。如果输出为0，则表示查询输入信息合法；如果为1，则表示"出发地"和"目的地"查询输入信息不合法；如果为2，则表示"日期"查询输入信息不合法。图9.2用流程图的方式描述了"分析查询信息的合法性"模块的详细设计信息，刻画了该模块的内部实现算法，程序员看到该设计信息后基本上就知道应如何完成相应的编程工作。

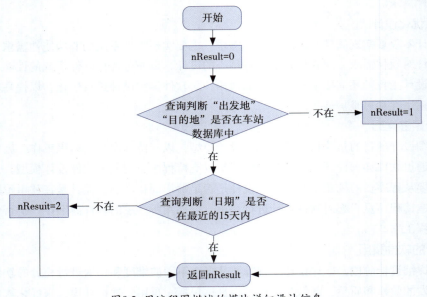

图9.2 用流程图描述的模块详细设计信息

9.4 面向对象详细设计方法

面向对象详细设计的任务就是要以面向对象的软件体系结构设计和用户界面设计的结果为基础，对用例图、用例的交互图、分析类图等面向对象需求模型进行精化，以得到用UML的活动图、顺序图、类图、状态图等表示的面向对象详细设计模型，进而指导后续的面向对象程序设计。

9.4.1 面向对象详细设计过程

面向对象详细设计的过程如图9.3所示，它主要完成以下设计工作。

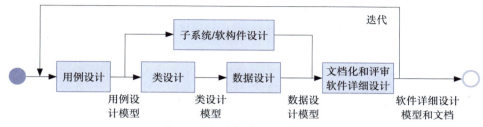

图9.3 面向对象详细设计的过程

1. 用例设计

针对软件需求分析阶段产生的各个用例，基于软件体系结构设计和用户界面设计所得到的设计元素（包括子系统、软构件、设计类、用户界面类等），给出用例的具体实现解决方案，即详细描述用例是如何通过各个设计元素的交互和协作来完成的。它既是对软件需求实现的刻画，也可评估软件体系结构设计和用户界面设计的合理性。

2. 类设计

用例设计会产生软件系统的类模型，它包含构成软件系统的类以及它们之间的关系。类设计就是要在上述设计的基础上，给出每一个设计类的具体细节，包括类的属性定义、方法的实现算法等，使得程序员能够基于类设计编写出这些类的实现代码。

3. 数据设计

数据设计要对软件所涉及的持久数据及其操作进行设计，明确持久数据的存储方式和格式，细化对数据进行操作（如写入、读出、修改、删除、查询等）的实现细节。一般地，持久数据通常会保存在数据库中，因而该设计活动将涉及数据库表及其操作的设计。

4. 子系统/软构件设计

如果一个软件系统规模较大，内部较为复杂，软件体系结构包含子系统或者软构件，那么该软件的详细设计还涉及子系统和软构件设计。该方面的设计要针对粗粒度的子系统和软构件，给出其细粒度的设计元素，如子子系统、设计类等，明确这些设计元素之间的协作关系，使得它们能够实现子系统/软构件接口所规定的相关功能和服务。

5. 文档化和评审软件详细设计

上述设计工作完成之后，软件设计工程师需要撰写文档，以详细、完整地描述软件详细设计的具体信息及成果，并组织多方人员，尤其是要邀请程序员、软件测试工程师等，对软件详细设计的软件制品（包括设计模型和文档）进行评审，以发现和纠正软件详细设计中存在的问题和不足。

9.4.2 用例设计

用例设计的输入包括两部分；一部分来自软件需求模型，包括用例图、用例的交互图、分析类图等；另一部分来自前期的软件设计成果，包括软件体系结构模型和用户界面模型。用例设计的输出包括用交互图描述的用例设计模型和用类图描述的软件设计类模型。用例设计需要针对软件系统的每一个用例，完成以下软件设计工作。

微课视频

- 设计用例的实现方案，针对每一个需求用例，基于体系结构设计和用户界面的设计元素，给出用例实现的解决方案，详细描述软件功能（即用例）是如何通过类对象之间的协作和交互动作序列来完成的。

- 构造用例的设计类图，基于用例实现的解决方案，构建软件系统的设计类图，详细描述系统中的设计类以及它们之间的逻辑关系。
- 评审用例设计方案，从全局和整体的角度来整合所有的用例实现方案，评审用例设计的合理性和正确性等，并对用例设计结果进行优化和完善。

用例设计是指针对软件需求、软件体系结构设计和用户界面设计做进一步的精化。为此，用例设计需要遵循以下原则。

- 以需求为基础。用例设计要以软件需求分析阶段所产生的软件需求模型为前提来进行软件详细设计，包括用例模型、用例的交互模型、分析类模型等。软件设计工程师不能抛开软件需求来给出用例的实现方案，否则用例设计就会成为无源之水、无本之木。
- 整合设计元素。在用例设计之前已经开展了软件体系结构设计、用户界面设计等工作，产生了一系列的软件设计元素，包括子系统、构件、关键设计类、用户界面类等，用例设计要以这些设计元素为基础，基于它们给出用例的实现方案，不能抛开前期设计工作成果。
- 精化软件设计。用例设计不仅要给出用例实现的解决方案，也要以此为目的进一步精化软件设计，在整合设计元素的基础上，产生用例实现所必需的其他设计类，以获得更为详实的软件设计信息，从而为软件详细设计的后续工作奠定基础，如类设计和数据设计等。

1. 设计用例的实现方案

该设计活动旨在根据需求分析阶段获得的用例模型，以及每个用例的交互图模型，结合软件体系结构设计和用户界面设计所产生的各种设计元素，考虑如何提供基于已有的软件设计元素或者引入新的软件设计元素来给出用例的完整实现方案，产生用例的实现模型。

用例的实现方案具体表现为设计元素之间如何通过一系列的协作和交互动作序列来实现用例，因而可以用交互图（如顺序图）来表示。在需求分析阶段所产生的用例交互图中，支持用例业务逻辑实现的对象是应用领域中的分析类对象。在用例设计阶段所产生的用例实现模型中，支持用例实现的是软件系统中的设计元素，它们将在编程实现阶段被编写为一系列相应的程序代码。因此，用例设计的一项主要任务就是在需求分析阶段用例交互图的基础上，对交互图的分析类进行两方面的处理。

（1）如果分析类对应于体系结构设计和用户界面设计的设计元素，就用设计元素来替代分析类。

（2）如果分析类在体系结构设计和用户界面设计的设计元素中找不到对应物，就可以考虑将分析类转化为用例实现的设计类。

一般地，需求分析阶段用例交互图中的分析类与用例设计阶段用例实现图中的设计类之间有以下转换方式。

（1）一个分析类的一项职责由一个设计元素的单项操作来完整地实现。

在此情形下，软件设计工程师可将需求分析阶段用例交互图中的分析类直接转换为设计阶段用例实现交互图中的设计类，需求分析类之间的消息传递直接对应为设计类之间的消息传递。

（2）一个分析类的一项职责由一个设计元素的多项方法来实现。

在此情形下，分析类B对应设计类B1，其在分析模型中的处理消息msg被进一步精化和分解为设计类B1中的多条处理消息msg-1,msg-2,...,msg-n，其中包括设计类B1中的自消息以及设计类B1的对象与其他类对象之间的消息传递，如图9.4所示。整个转换过程实际上是对分析类B进行精化、分解和细化的过程，在确保在实现分析类B职责的基础上，将目标设计类的职责按照模块化的原则分解为设计类B1及它的一组操作。

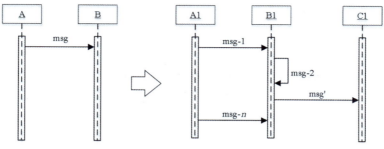

图9.4 一个分析类的职责转换为一个设计类中的多个方法

（3）一个分析类的一项职责由多个设计元素协作完成。

在此情形下，分析类B的职责将交由多个设计类B1,…,Bm及其方法来实现。分析类B在分析模型中处理消息msg的方式被进一步精化和分解为一组设计类的相关方法（如B2的方法msg-2、Bm的方法msg-k等）。整个转换过程实际上是对分析类B进行精化、分解和细化的过程，在确保实现分析类B职责的基础上，将目标设计类的职责按照模块化的原则组织为一组设计类及其方法，如图9.5所示。

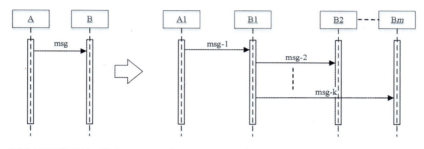

图9.5 将一个分析类的职责转换为多个设计类及其方法

在上述精化和细化过程中，软件设计工程师还需要考虑软件重用，要针对已有的可重用软件资源，如类库、软构件、开源软件等，将它们作为设计元素，以支持用例的实现。

示例9.1 **Login用例实现的设计方案**

Login用例的实现涉及6个设计类对象，它们之间通过一系列的交互和协作来完成该项功能，如图9.6所示。

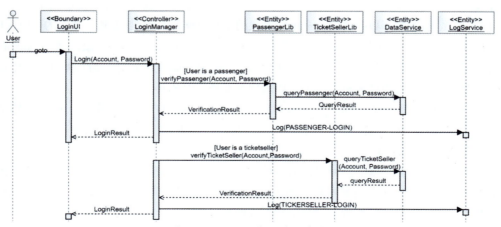

图9.6 Login用例实现的顺序图

LoginManager对象得到用户输入的账号和密码信息后，根据用户登录的不同类别（登录为旅客或售票员），分别与不同的对象进行交互。

如果是旅客登录，LoginManager对象会向PassengerLib对象发消息，以请求验证旅客账号和密码的正确性。PassengerLib对象随后会给DataService对象发消息，以请求查询旅客库中是否有该账号和密码的旅客，如果查到，说明该旅客的登录信息正确，如果没有查到，说明该旅客的登录信息不正确。DataService对象会将查询结果的信息返回给PassengerLib对象，随后它会进一步将旅客身份验证的结果信息返回给LoginManager对象。一旦登录成功，LoginManager对象需要给LogService对象发消息，将该旅客登录的事件信息写到日志之中。

如果是售票员登录，LoginManager对象会向TicketSellerLib对象发消息，以请求验证售票员账号和密码的正确性。TicketSellerLib对象随后会给DataService对象发消息，以请求查询售票员库中是否有该账号和密码的售票员，如果查到，说明该售票员的登录信息正确，如果没有查到，说明该售票员的登录信息不正确。DataService对象会将查询结果的信息返回给TicketSellerLib对象，它还会进一步将售票员身份验证的结果信息返回给LoginManager对象。一旦登录成功，LoginManager对象需要给LogService对象发消息，将该售票员登录的事件信息写到日志之中。

示例9.2　BuyTicket用例实现的设计方案

BuyTicket用例的实现涉及7个设计类对象，它们之间通过一系列的交互和协作来完成该项功能，如图9.7所示。

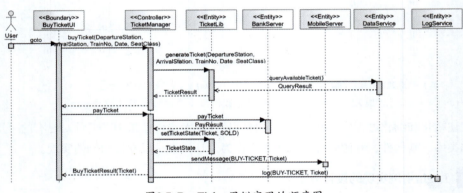

图9.7 BuyTicket用例实现的顺序图

用户通过BuyTicketUI输入待购买车票的具体信息，包括出发地、目的地、车次、出发日期和座位等级等，TicketManager对象根据这些信息首先与TicketLib对象进行交互，要求它生成一张新车票。为此，TicketLib对象需要通过与DataService对象的交互来查询和获得满足用户要求的可用新车票。

一旦产生了车票，用户需要支付买票的费用。为此，TicketManager对象需要与BankServer对象进行交互，以完成在线支付。一旦支付成功，TicketManager对象需要与TicketLib对象进行交互，将车票的状态设置为"售出"状态，以表明该车票已经出售。

TicketManager对象需要向MobileServer对象发消息，以向用户的手机发送一条车票购买的消息；同时向LogService对象发消息，以将本次车票购买的事件信息写到日志之中。

2. 绘制软件设计类图

软件设计工程师需要基于用例设计的结果，构造出软件系统的设计类图。设计类图中的节点既包括用例设计模型中相关对象所对应的类（包括界面类、控制类和实体类等），也包括构成软件系统的各子系统或构件，或者在设计中新引进的设计类。

在构建设计类图的过程中，需要注意设计类图与分析类图之间、设计类图与用例设计模型之间的一致性，确保分析类图中的类在设计类图中有对应物，用例设计模型中的设计元素（主要是指参与用例实现的对象、对象间的消息传递）在设计类图中有对应物（主要是指设计类及其方法）。构建设计类图的具体方法和策略可以参考6.6.5小节的阐述。下面举两个例子，说明如何根据体系结构设计、用户界面设计和用例设计所得到的设计模型来产生设计类图。

示例9.3　Mini-12306软件中用户界面类的类图设计

根据第8章的用户界面设计以及本章用例设计的结果，Mini-12306软件会有一系列的用户界面类，以实现用户与软件系统之间的交互。这些用户界面类将以App或者Web页面的形式，部署和运行在用户手机上或用户计算机的浏览器上。整个用户界面的类图如图9.8所示。

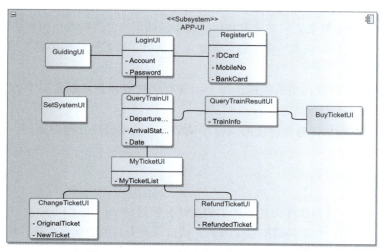

图9.8　Mini-12306软件中用户界面的类图

示例9.4　Mini-12306软件中用户处理子系统的设计类图

根据7.6.3小节的描述，Mini-12306软件体系结构的业务处理层有一个用户处理子系统。它包含了一组关键设计类，以实现与用户处理相关的功能，包括注册、登录等。该子系统中的设计类来自"用户登录"（Login）"旅客注册"（register）两个用例设计所涉及的设计类（见图9.6）。整个用户处理子系统的设计类图如图9.9所示。

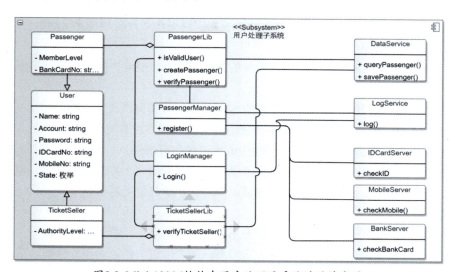

图9.9　Mini-12306软件中用户处理子系统的设计类图

3. 评审用例设计方案

用例设计是一个迭代的过程，每一次迭代都对用例的实现有更为深入的认识，从而获得更为具体和详细的用例实现方案。在该过程中，软件设计工程师需要根据用例实现方案以及由此构建的设计类图，结合软件工程的设计原则（如模块化、信息隐藏、抽象和封装、分解和组织等），站在软件质量的角度来评审用例设计模型以及设计类图，根据评审结果对它们进行不断的整合和优化，具体内容如下。

- 尽可能地重用已有的软件资源来实现用例并以此构建用例的实现方案，如开源软件、云服务、遗留软件系统、软件开发包等。也就是说，要将已有软件资源引入到用例的实现方案之中。
- 借助于继承、接口等面向对象软件实现机制，对软件设计元素进行必要的组织和重组，以发现和标识不同类之间的一般和特殊关系，抽象出公共的接口和方法。
- 将具有相同或相似职责的多个设计元素（包括类、子系统和构件等）进行整合，归并为一个设计元素。
- 将设计元素（如设计类、软构件等）中具有相同或相似功能的多个方法整合为一个方法，以减少不必要的冗余设计。

根据上述整合策略，评审和优化用例设计模型，调整用例设计的顺序图、设计类图等设计模型。

9.4.3 类设计

微课视频

类设计的任务是对前面软件设计所产生的设计类做进一步的精化和细化，明确设计类的内部实现细节，包括类的属性、方法、接口以及类对象的状态变迁，构建用UML类图、状态图、活动图等描述的类设计模型，使得程序员通过类设计模型就可进行编程工作。

类设计的输入包括两部分：一部分来自软件需求模型，包括用例图、用例的交互图、分析类图等；另一部分来自前期的软件设计成果，包括软件体系结构模型、用户界面模型和用例设计模型。类设计的输出包括用类图、活动图、状态图等描述的类设计模型。

类设计属于详细设计的范畴，在整个软件设计过程中，它起到"承上启下"的作用。"承上"是指类设计要充分考虑软件系统的需求，以及体系结构设计、用户界面设计、用例设计的具体成果；"启下"是指类设计要为后续编程实现阶段的工作奠定基础，为此它需要产生足够详细的设计结果以支持后续的编程工作，并同时需要考虑实现阶段的约束和限制（如选用的程序设计语言、运行的基础设施等）。整体而言，类设计主要完成以下几个方面的设计活动。

1. 确定类的可见范围

类的可见范围是指类能在什么范围内为其他类所访问。一般地，类的可见范围由类定义的前缀来表示，主要有以下3种形式。

- Public：公开级范围，软件系统中所有包中的类均可访问该类。
- protected：保护级范围，只对其所在包中的类以及该类的子类可访问。
- private：私有级范围，只对其所在包中的类可见和可访问。

遵循信息隐藏的原则，在确定类的可见范围时要尽可能地缩小类的可见范围。也就是说，除非确有必要，否则应将类"隐藏"于包的内部，只对包中的其他类可见。

2. 精化类间关系

在面向对象软件模型中，类与类之间的关系表现为多个方面。首先是类间的语义关系，包括继承、关联、聚合与组合、依赖、实现等，它们刻画的类间语义信息是不一样的。

- 关联描述了类间的一般性逻辑关系。

- 聚合与组合刻画了类间的整体和部分关系，是一种特殊的关联关系。
- 继承描述了类间的一般与特殊关系。
- 依赖关系描述了两个类之间的语义相关性，一个类的变化会导致另一个类做相应的修改，继承和关联是特殊的依赖关系。

类间关系的定义需要遵循两方面的原则。

- "自然抽象"原则，类间关系应该自然、直观地反映软件需求及其实现模型。
- "强内聚、松耦合"原则，即尽量采用语义连接强度较小的关系。

其次是类对象间的数量对应关系。例如，如果两个类之间存在聚合或组合关系，那么作为整体类对象包含了多少个部分类的对象。类间不同的关系（包括语义关系和数量关系）将会导致实现方式和手段有所差别。例如，如果设计模型中的类A继承类B，程序代码中就有"class A extends B"；如果类A的对象聚合了类B的对象并且是一对多的关系，那么在类A的属性中需要定义相应的数组或者列表，以保存类B的对象。类间的数量对应可表现为多种形式。

- 1:1，即一对一。
- 1:*n*，即一对多。
- 0:*n*，即0对多。
- *n*:*m*，即多对多等。

示例9.5　**精化用户处理子系统类图中的类间关系**

图9.8和图9.9分别定义了用户界面层的设计类图和用户处理子系统的设计类图。其中，PassengerLib类与Passenger类之间存在聚合关系；Use类和Passenger类之间存在继承关系，由于PassengerManager类对象需要向PassengerLib类对象发消息，因此这两个类之间存在关联关系。实际上这两个类图中类间关系的定义还是比较粗略的，如果没有定义数量关系，还需要进一步的精化。

3. 精化类的属性

属性是类的基本组成部分，属性的取值定义了类对象的状态，类设计的主要工作之一就是设计类的属性。精化类属性的设计就是针对类中的各个属性，细化和明确其以下几个方面的设计信息：属性的名称、类型、可见范围、初始值。

类属性的名称要用有意义的名词或者名词短语来表示，尽可能使用业务领域的术语来定义类属性的名称。类属性的可见范围有以下3种。

- Public：对软件系统中的所有类均可见。
- protected：仅对本类及其子类可见。
- private：仅对本类可见。

确定属性的作用范围同样需要遵循"信息隐藏"的基本原则，即尽可能地缩小属性的作用范围，将那些对外部其他类不可见的属性设置为private或protected。原则上类的属性不宜公开。

在设计类属性时，需要考虑待设计的类与其他类之间的关系。

- 如果类A与类B存在1对1的关联或聚合（非组合）关系，那么可以考虑在类A中设置类型为类B的指针或引用（Reference）的属性。
- 如果类A与类B存在1对多的关联或聚合（非组合）关系，那么可以考虑在类A中设置一个集合类型（如列表等）的属性，集合元素的类型为类B的指针或引用。
- 如果类A与类B存在1对1的组合关系，那么可以考虑在类A中设置类型为类B的属性。
- 如果类A与类B存在1对多的组合关系，那么可以考虑在类A中设置一个集合类型（如列表等）的属性，集合元素的类型为类B。

示例9.6   **User类属性的精化**

根据图9.9的描述，User类有两个属性：State和Account。这两个属性的可见范围均是private，其中State是一个枚举类型的属性，包括SOLD、UNSOLD、HOLD、OBSOLETE4个枚举值；Account是一个长度为20的字符串，其初始值为空串。

4. 精化类的方法

精化类方法的任务是，针对类中的每个方法，细化和明确其以下几个方面的设计信息：方法名称、参数表（含参数的名称和类型）、返回类型、作用范围、功能描述、实现算法、前置条件（pre-condition）、后置条件（post-condition）等。

方法的作用范围与属性的作用范围一致，此处不再赘述。除了要明确每个类方法的接口信息，如方法名称、参数表（含参数的名称和类型）、返回类型、作用范围等，类设计还需要清晰地描述类方法的功能及其实现算法。类方法功能的描述可以采用自然语言或者结构化自然语言的方式，针对类方法实现算法的描述可以用流程图、UML活动图等来表示，并且要详细到足以支持程序员依此来编写程序代码的程度。

示例9.7   **login类方法的活动图**

根据图9.9的描述，LoginManager类有一个方法login()。该方法的详细接口为login(Account, Password, UserType): Boolean。它有3个参数，分别表示登录的账号、密码和用户类型，其返回值是布尔类型，TRUE表示登录成功，FALSE表示登录失败。该方法的实现算法可用UML的活动图来表示，如图9.10所示。

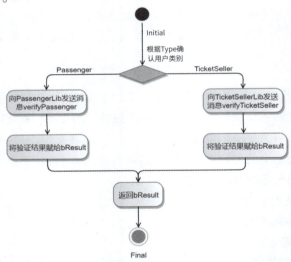

图9.10 LoginManager中login方法的实现算法

5. 构造类对象的状态图

如果一个类的对象具有较为复杂的状态，且在其生命周期中需要针对外部和内部事件实施一系列的活动以变迁其状态，那么可以考虑构造和绘制该类对象的状态图，以清晰地刻画类对象在什么情况下会导致状态发生变迁，有助于更为深入地理解类对象的属性取值及其变化，更好地掌握相关类方法的存在意义和价值。

示例9.8   **Passenger类对象的状态图**

在Mini-12306软件中，Passenger类对象在其生命周期中具有一系列的状态（包括VALID、

RESTRICTED、INVALID等），并且其状态会随外部事件而发生变化，如图9.11所示。为了更好地理解该类对象的状态及行为，需要在设计阶段为其构造状态图。

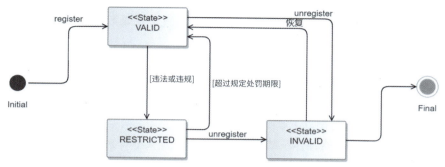

图9.11 Passenger类对象的状态图

一旦旅客注册（register）成功，该旅客就会进入到VALID（合法）状态，在此状态下，旅客可以获得购票乘车等服务。如果旅客发生了违规或违法的问题，相关部门可以限制其购票行为，不允许其乘坐火车，在此情况下，旅客处于RESTRICTED（受限）状态。如果过了规定的处罚期限，系统将旅客状态恢复为VALID（合法）状态。如果旅客注销（unregister）了账号，那么该旅客就处于INVALID（无效）状态。

6. 评审类设计

类设计活动结束之后，将输出以下软件制品。

- 详细描述类属性、方法和类间关系的设计类图。
- 描述类方法实现算法的活动图。
- 描述类对象状态变化的状态图（可选）。

软件设计工程师还需要从以下几个方面对类设计进行必要的评审，并根据评审的结果对类设计做进一步的改进和优化，以产生高质量的类设计模型。

- 根据"模块化、强内聚、松耦合"的原则，判断所设计的类及其方法的模块化程度，必要时可以对类及其方法进行拆分和组合，以确保每一个类及其方法都遵循模块化的原则。
- 评判类设计的详细和准确程度，分析类设计模型是否准确和详尽，足以支持后续的编程工作，以此为依据对类设计进行必要的细化和精化。
- 按照简单性、自然性等原则，评判类间的关系是否恰如其分地反映了类与类之间的逻辑关系，是否有助于促进软件系统的自然抽象和重用。
- 按照信息隐藏的原则，评判类的可见范围、类属性和方法的作用范围等是否合适，以尽可能地缩小类的可见范围，缩小操作的作用范围，不对外公开类的属性。

9.4.4 数据设计

数据设计的任务是确定软件系统中需要持久保存的数据条目，采用数据库或者数据文件等方式，明确数据存储的组织方式，设计支持数据存储和读取的操作，必要时（如数据条目数量非常大、操作延迟达不到用户提出的非功能性需求等）还需要对数据设计进行优化，以节省数据存储空间，提高数据操作的性能。

数据设计的输入包括两部分：一部分来自软件需求模型，包括用例图、用例的交互图、分析类图等；另一部分来自软件设计的前期成果，包括软件体系结构模型、用户界面模型、用例设计模型和类设计模型。针对这些输入，分析哪些信息需要进行持久存储、如何对这些持久存储的数据进行处理（如查询、增加、删除和修改等）。数据设计的输出成果包括用类图、活动图等描述的数据模型。为此，数据设计通常要开展以下工作。

- 确定需要持久保存的数据，从需求模型和设计模型（尤其是类设计模型）中明确软件系统中需要处理哪些数据、哪些信息和数据需要持久保存。
- 确定数据存储和组织的方式，将数据存储为数据文件还是数据库，根据不同的存储方式设计数据的组织方式，如定义数据库表及其字段。
- 设计数据读取和存储等操作，以支持对数据的访问，开展数据完整性验证。
- 评审和优化数据设计，分析数据设计的时空效率，结合软件的非功能性需求来优化数据设计。

一般地，数据设计需要遵循以下原则。

- 根据软件需求模型和软件体系结构模型、用例设计模型等来开展数据设计，所设计的任何数据都可追踪到相应的软件需求和设计模型中的信息。
- 无冗余性，尽可能不要产生冗余、不必要的数据设计。
- 考虑和权衡时空效率，尤其对具有海量数据的数据库设计而言更应如此，反复权衡数据的执行效率（如操作数据需要的时间）和存储效率（如存储数据所需的空间），以满足软件系统在时空方面的非功能性需求。
- 数据模型设计基本上要贯穿整个软件设计阶段，在体系结构设计时，应该针对关键性、全局性的数据条目建立最初的数据模型；在后续的设计过程中，数据模型应该不断丰富和完善，以满足用例、子系统/构件、类等设计元素对持久数据存储的需求。
- 要验证数据的完整性，尤其是对那些存在关联关系的数据而言，完整性验证非常重要。

1. 确定需要持久保存的数据

在面向对象软件设计中，软件系统需要处理的各种数据通常被抽象为相应的类及其属性。软件设计工程师需要根据软件需求分析模型（如分析类图等）以及软件设计模型（尤其是类设计模型），确定哪些类对象及其属性的取值需要持久保存。

示例9.9　Mini-12306软件中需要持久保存的数据

根据对Mini-12306软件需求和设计的理解，该软件的以下信息需要进行持久保存。

- 用户（如旅客和售票员）注册的数据，如其账号、密码、身份证号、银行卡号、手机号、状态等。
- 火车车次的数据，如车次、出发地及时间、目的地及时间、经停站及到站和停留时间。
- 火车车票的数据，如座位号、座位等级、车次、状态、旅客账号、出发站、目的站、车票价格等。
- 日志数据，记录Mini-12306软件系统中发生的事件信息，如事件名称、发生事件、操作用户、事件内容等。

2. 确定数据存储和组织的方式

数据持久保存手段有多种，可将数据存储在数据文件中，或者将数据存储在数据库中。对于前者，软件设计工程师需要确定数据存储的文件格式，以便将格式化和结构化的数据存放在文件之中。对于后者，需要设计支持数据存储的数据库表。

面向对象软件设计模型中的类封装了一组相关的属性，属性的类型反映了数据的结构及存储方式，其值反映了该对象的具体数据。例如，User类中的属性name，其类型是长度为10的字符串，那么字符串属性类型实际上定义了该数据的存放方式。为了持久保存这些数据，需要针对设计模型中的类，为其设计关系数据库模型中的相应"表格"（Table），也称表，类的属性对应表格中的"字段"（Field），属性的类型对应表格中相关字段的类型，保存在数据库中的类对象属性的值对应数据库中的"记录"（Record）。在设计数据库的"表格"和"字段"时，需要确定表格中的某一个或者某些字段作为"关键字"字段，以唯一标识关系数据库表格中的一条记录。

在数据设计时，可以用带构造型的UML类来表示关系数据模型中的表。其中，<<Table>>表示"表格"，<<Key>>表示"关键字"字段。

示例9.10 **Mini-12306软件数据库的设计**

针对Mini-12306软件需要持久保存的数据，该软件的数据库设计如图9.12所示。它设计了6张数据库表，分别持久保存售票员、日志、旅客、车票、车次和到站等方面的信息。每张数据库表包含若干个字段，以刻画该表的具体数据项及其类型等基本信息。

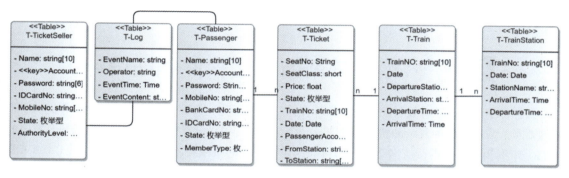

图9.12 Mini-12306软件的数据库设计

3. 设计数据操作

一旦确定好持久数据的存储和组织方式，就需要设计支持数据读取、写入、更改、删除、验证等相关操作。

- 数据读取操作。该操作负责提供从数据文件或数据库中读取数据的功能。根据数据存储的不同方式，数据读取操作需要建立起与数据文件或者数据库的连接，描述读取数据的要求（如某些字段需要满足什么样的值），并将读取的数据存入到特定的数据结构之中。
- 数据写入操作。该操作负责将特定数据结构中的数据写入到持久存储介质中。它需要建立起与数据文件或者数据库的连接，通过访问数据文件和数据库提供的接口，将相关的数据写入到目标介质之中。
- 数据验证操作。该操作负责提供数据的验证功能，如验证待写入数据库或者数据文件中的相关数据的完整性、相关性、一致性等。

示例9.11 **Mini-12306软件的数据操作设计**

针对Mini-12306软件的数据库设计，需要对相关的关键设计类做进一步的详细设计，以支持对数据库的访问和操作，包括连接数据库、关闭数据库连接、增加数据项、删除数据项、查询数据项、更改数据项等。DBService设计类需要增加OpenDBConnection、CloseDBConnection等方法，以实现与远程数据库管理系统的连接。此外，PassengerLib关键设计类需要增加AddPassenger()、DeletePassenger()、UpdatePassenger()等方法以增加、删除和更新旅客的个人信息。类似地，TicketSellerLib、TrainLib、TicketLib这些关键设计类也要增加相关的方法以增加、删除和更改相关数据库表中的数据项。软件设计工程师还需要详细描述这些方法的实现算法，并采用UML的活动图来表示。

4. 评审数据设计

数据设计活动结束之后，将输出以下软件制品。

- 描述数据设计的类图。
- 描述数据操作的活动图。

数据设计完成之后，需要对产生的软件制品进行评审，以发现数据设计中存在的问题，确保数据设计的质量。数据设计评审的内容和要求描述如下。

- 正确性，即数据设计是否满足软件需求。
- 一致性，即数据设计（尤其是数据的组织）是否与相关的类设计一致。
- 时空效率，即分析数据设计的空间利用率，以此来优化数据的组织；根据数据操作的响应时间来分析数据操作的时效性，以此来优化数据库以及数据访问操作。
- 可扩展性，即数据设计是否考虑和支持将来的可能扩展。

9.5 大模型辅助智能化软件详细设计

软件详细设计对软件设计工程师的软件设计和编程经验、关键技术栈的掌握程度等提出了很高的要求。当面对较为复杂的软件系统时，即使是经验丰富的软件设计工程师也会遇到多方面的挑战，如不知道如何进行技术选型、如何确保详细设计的质量等。在此情况下，借助CASE工具来开展高质量的软件详细设计成为一个重要选择。

近年来随着大模型技术（如GPT 4.0）的发展以及各种大模型工具（如ChatGPT、DeepSeek）的出现，基于大模型技术的智能化软件详细设计成为一项重要的实践。通过给大模型工具提示软件系统的大致需求，它能给软件设计工程师生成软件详细设计的具体内容，包括采用什么样的开发技术、模块接口的设计、关键数据结构和算法的设计等，可为软件设计工程师提供重要的参考，如图9.13所示。当然，软件设计工程师需要对生成的内容进行分析和评判，以提取有价值的设计信息，剔除有问题的设计内容。

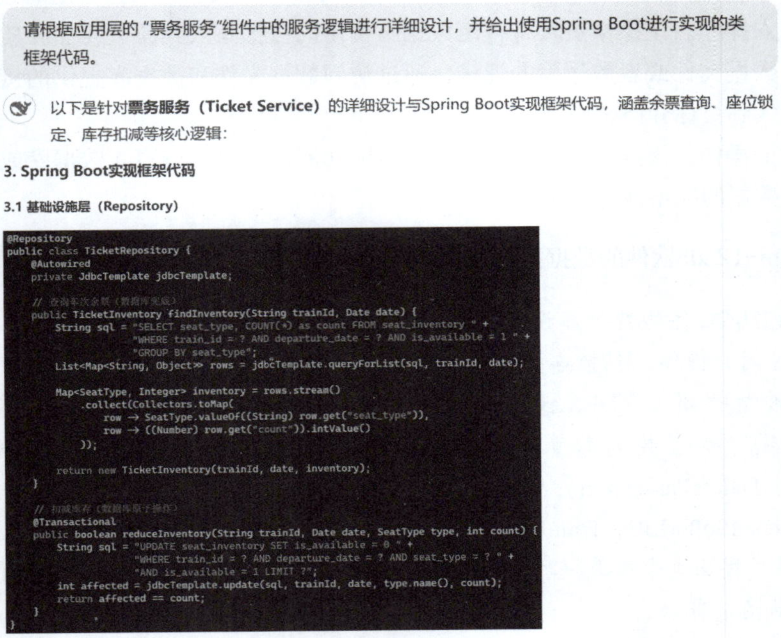

> 请根据应用层的"票务服务"组件中的服务逻辑进行详细设计，并给出使用Spring Boot进行实现的类框架代码。

以下是针对**票务服务（Ticket Service）**的详细设计与Spring Boot实现框架代码，涵盖余票查询、座位锁定、库存扣减等核心逻辑：

3. Spring Boot实现框架代码

3.1 基础设施层（Repository）

```
@Repository
public class TicketRepository {
    @Autowired
    private JdbcTemplate jdbcTemplate;

    // 查询车次余量（数据库实现）
    public TicketInventory findInventory(String trainId, Date date) {
        String sql = "SELECT seat_type, COUNT(*) as count FROM seat_inventory " +
            "WHERE train_id = ? AND departure_date = ? AND is_available = 1 " +
            "GROUP BY seat_type";
        List<Map<String, Object>> rows = jdbcTemplate.queryForList(sql, trainId, date);

        Map<SeatType, Integer> inventory = rows.stream()
            .collect(Collectors.toMap(
                row -> SeatType.valueOf((String) row.get("seat_type")),
                row -> ((Number) row.get("count")).intValue()
            ));

        return new TicketInventory(trainId, date, inventory);
    }

    // 扣减库存（数据库原子操作）
    @Transactional
    public boolean reduceInventory(String trainId, Date date, SeatType type, int count) {
        String sql = "UPDATE seat_inventory SET is_available = 0 " +
            "WHERE train_id = ? AND departure_date = ? AND seat_type = ? " +
            "AND is_available = 1 LIMIT ?";
        int affected = jdbcTemplate.update(sql, trainId, date, type.name(), count);
        return affected == count;
    }
}
```

图9.13 基于大模型的智能化软件详细设计示例

9.6　支持详细设计的CASE工具

在详细设计阶段，软件设计工程师可以借助一系列的CASE工具以支持各个方面的软件设计工作，包括数据库设计、设计建模和描述、设计文档的生成等。

1. 软件详细设计及建模工具

这一方面的CASE工具非常多，如CodeArts Modeling、Microsoft Visio、Rational Rose、StarUML等。它们大都提供了详细设计的功能及服务，如绘制设计类图、对象的状态图、核心算法的活动图等。有些CASE工具可以对生成的设计模型进行分析，以发现设计模型中存在的问题，如不一致、不完整等。有些CASE工具还可以根据软件详细设计模型，自动生成程序代码框架。

2. 数据库设计及建模工具

数据库设计是软件详细设计的一项重要工作。大部分软件系统都涉及数据的持久存储及访问的问题。目前支持数据库设计和建模的工具非常多，它们大都提供了图形化的界面，帮助软件工程师直观、快速地设计和创建数据库，并开展相关的分析工作。许多数据库管理系统（如DB2、Oracle、Sybase等）都提供了前端的软件工具以支持数据库的设计、建模和创建等工作。例如，SAP Sybase PowerDesigner提供了可视化界面，帮助软件设计工程师分析和操作元数据。它支持60多种数据库系统，运行在Windows平台上，提供了Eclipse插件。类似的工具还有DbSchema、dbForge Studio、Vertabelo、Lucidchart、Aqua Data Studio等。

9.7　软件详细设计的文档化和评审

在软件详细设计过程中，软件设计工程师不仅要绘制出由交互图、类图、活动图、状态图等描述的软件详细设计模型，而且需要将这些软件设计成果加以整合，形成一个系统、完整、详实的软件设计方案，并对照以下格式和规范，采用图文并茂的方式，撰写软件设计规格说明书。

1. 文档概述

该部分主要介绍软件设计文档的编写目的、组织结构、读者对象、术语定义、参考文献等。

2. 系统概述

该部分主要概述待开发软件系统的整体情况，包括系统建设的目标、主要功能、边界和范围、目标用户、运行环境等。该部分的内容需要与软件需求规格说明书中的"系统概述"保持一致。

3. 设计目标和原则

该部分主要陈述软件设计欲达成的目标，包括实现哪些功能性和非功能性需求，软件设计过程中遵循了哪些基本的原则，经过设计得到什么样的结果，它们起到什么样的作用，还有哪些需求在本文档中没有加以考虑和设计等。

4. 设计约束和现实限制

说明开展软件设计需要遵循什么样的约束，需要考虑哪些实际情况和限制。

5. 体系结构设计

采用可视化模型和自然语言相结合的方式，详细介绍软件体系结构设计的结果。如果软件较为复杂，体系结构设计的内容较多，可以考虑将体系结构设计作为单独的文档加以刻画，并在本文档中直接引用软件体系结构设计文档。

6. 用户界面设计

详细介绍用户界面的原型设计、界面间的跳转关系，以及界面设计对应的类图。

7. 子系统/构件设计

详细介绍子系统/构件设计的具体细节，包括介绍包图和构件图以刻画子系统/构件的组织结构、介绍类图以刻画子系统/构件中的类及其关系、介绍交互图以刻画子系统/构件设计中对象间的动态交互和协作关系、介绍状态图以描述特定对象的状态变迁及行为等。

8. 用例设计

详细阐述软件系统中各个用例的实现方案，展示具体的用例的交互模型。

9. 类设计

详细描述每个类的设计细节，包括类的职责、属性的定义、算法的设计等。

10. 数据设计

详细描述软件系统中持久存储数据的设计，包括数据库表和数据文件的设计，数据操作的设计，并用UML类图和活动图等来表示数据设计的细节。

11. 接口设计

详细描述软件系统与外部其他系统之间的交互接口。

软件设计工程师需要邀请多方人员（包括用户、程序员、软件测试工程师等）一起对软件设计规格说明书进行评审，评审的内容如下。

- 规范性，即软件设计规格说明书的书写是否遵循相应的文档规范，是否按照规范的要求和方式来撰写内容、组织文档结构。
- 简练性，即软件设计规格说明书的语言表述是否简洁、易于理解。
- 正确性，即文档所表达的软件设计方案是否正确地实现了软件的功能性需求和非功能性需求。
- 可实施性，即所有的设计元素是否已充分细化和精化，模型是否易于理解，在选定的技术平台和软件项目的可用资源约束条件下，基于所选定的程序设计语言是否可以实现该设计模型。
- 可追踪性，即软件需求规格说明书中的各项需求是否在软件设计文档中都可找到相应的实现方案，软件设计文档中的每一项设计内容是否对应于软件需求规格说明书中的相应需求条目和要求。
- 一致性，即设计模型之间、文档的不同段落之间、文档的文字表达与设计模型之间是否存在不一致的问题。
- 高质量，即软件设计方案在实现软件需求模型的同时，是否充分考虑了软件设计原则，设计模型是否具有良好的质量属性，如有效性、可靠性、可扩展性、可修改性等。

一般地，以下人员需要参与软件设计规格说明书的评审，以从不同的角度来发现软件设计规格说明书中存在的问题，并就有关问题的解决达成一致，进而指导后续的编程实现。

- 用户（客户），评估和分析软件设计是否正确地实现了他们所提出的软件需求。
- 软件设计工程师，他们开展了软件设计工作，建立了设计模型，撰写了软件设计文档，需要根据评审意见来修改软件设计方案。
- 程序员，评估和分析软件设计规格说明书是否提供了足够详细的设计方案以指导编程，他们能否正确地理解软件设计规格说明书所描述的各项内容。
- 软件需求工程师，评估和分析软件设计方案对软件需求的理解和认识与软件需求规格说明书是否一致，是否实现了他们所定义的软件需求。
- 软件质量保证人员，发现软件设计模型和文档中的质量问题，并进行质量保证。
- 软件测试工程师，以软件设计规格说明书为依据，设计软件测试用例，开展相应的软件测试工作。
- 软件配置管理工程师，对软件设计规格说明书和设计模型进行配置管理。

9.8 本章小结和思维导图

本章围绕软件详细设计，介绍了详细设计的概念任务和原则、结构化详细设计方法和面向对象详细设计方法、支持详细设计的CASE工具；分析了每一种设计方法的步骤、输出及建模语言；讨论了软件详细设计的文档化及评审。本章知识结构的思维导图如图9.14所示。

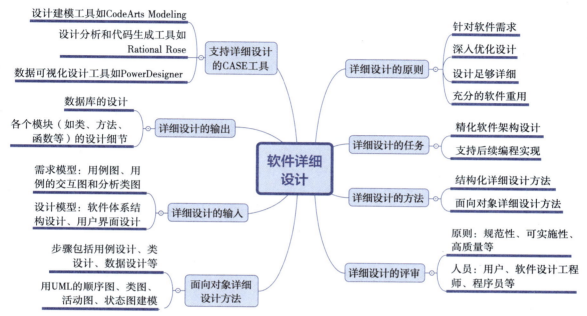

图9.14　本章知识结构的思维导图

- 软件详细设计的任务是对软件体系结构设计、用户界面设计等所产生的设计元素进行精化，要"详尽"到足以支持软件系统的编程实现。
- 软件详细设计需要充分考虑软件需求、软件体系结构设计和用户界面设计的结果。
- 软件详细设计的方法有多种，包括结构化详细设计方法、面向对象详细设计方法等。
- 面向对象详细设计方法包括用例设计、类设计、数据设计等环节。
- 可以用流程图及UML的类图、活动图、顺序图、状态图等来描述软件详细设计的成果，形成软件详细设计模型。
- 用例设计是基于软件体系结构设计和用户界面设计所产生的设计元素，提供需求用例的实现方案。
- 类设计是细化各个设计类，确定其可见范围，精化类间关系、类的属性和方法等，输出更为详实的类图，必要时需要绘制类对象的状态图。
- 数据设计的主要任务是确定软件系统中需要持久存储的数据，并定义其存储和组织方式，设计数据操作，输出用类图、活动图等描述的数据模型。
- 软件设计工程师需要采用图文并茂的方式撰写软件设计规格说明书，描述软件设计成果。
- 软件设计工程师需要邀请多方人员，包括程序员、软件需求工程师、软件测试工程师等对软件详细设计方案进行评审，以发现并解决其中存在的问题。

9.9　阅读推荐

● BRUEGGE B，DUTOIT A.H.面向对象软件工程：使用UML、模式与Java：第3版[M].叶俊民，汪望珠，等译.北京：清华大学出版社，2011.

该书作者曾在CMU进行过多年的软件工程课程教学，具有非常丰富的软件工程教学经验。书中的内容反映了作者十多年来开发软件系统以及教授软件工程课程的体会。该书结合了面向对象软件工程的相关技术来介绍软件工程的具体内容，包括面向对象建模语言UML、面向对象的软件设计模式、面向对象的程序设计语言Java，有助于读者深入理解面向对象软件工程的方法和技术。该书还基于具体的案例给予了详实的知识点解释。

9.10　知识测验

9-1　为什么要进行软件详细设计？直接根据软件体系结构设计的结果来指导编程是否可以？

9-2　软件详细设计需要参考哪些软件需求模型？为什么需要参考这些软件需求模型？

9-3　软件详细设计与软件体系结构设计、用户界面设计之间存在什么样的关系？与编程实现活动存在什么样的关系？

9-4　流程图与数据流图有何区别？分别用于什么方面的建模？

9-5　面向对象详细设计要完成哪些方面的设计工作？这些工作需要用到UML的哪些图来进行建模？

9-6　软件设计阶段的用例设计与需求分析阶段的用例分析这两个活动都涉及对用户的用例进行深入研究，请说明这两项活动有何区别和联系。

9-7　以下是铁路12306软件旅客退票功能的设计方案：旅客选择需要退的车票，向"退票管理者"提出退票申请，"退票管理者"向"票务中心"提出请求，检查车票的合法性；如果合法，则向"票务中心"提出退票申请；如果退票成功，则进一步向"财务中心"发出请求，将车票的费用退回旅客的原先银行卡号中。

　　（1）绘制出实现上述功能设计的顺序图。

　　（2）绘制出实现上述功能设计的类图。

9-8　分析类和设计类有何区别和联系？说明如何将需求分析阶段的分析类转换为软件设计阶段的设计类。

9-9　类间存在多种关系，包括关联、继承、聚合、组合、实现、依赖等，说明这些关系有何区别和联系。

9-10　说明如何使用类图来描述数据库表的设计。

9-11　软件详细设计评审应遵循哪些原则？哪些人员需要参加软件详细设计的评审工作？

9.11　工程实训

本章的实训任务需要完成头歌平台上相关章节的闯关实训，借助软件详细设计CASE工具开展软件详细设计的建模和分析实训。

● 基于CodeArts Modeling工具来进行详细设计。访问华为云CodeArts Modeling 平台（support.

huaweicloud.com/codeartsmodeling /index.html），针对Mini-12306软件，尝试利用该工具来绘制Mini-12306软件的详细设计模型，包括用例的设计模型、设计类图、数据库模型等。

- 基于数据库设计工具来进行数据设计及建模。针对开源软件MySQL，寻找支持其数据库设计的前端软件工具，并基于该工具来设计Mini-12306软件的数据库模型，创建相关的数据库及其表格。
- 访问头歌实践教学平台"国防科技大学课程社区"→"软件工程学习社区"→软件工程课程实训，完成"软件详细设计"中的实训任务。

9.12　综合实践

1. 综合实践一
- 任务：开源软件的详细设计。
- 方法：针对开源软件新增加的软件需求，考虑软件的体系结构设计和用户界面设计，对开源软件进行详细设计，以实现开源软件的新功能。
- 要求：基于开源软件新构思的软件需求，结合体系结构设计和用户界面设计的成果，开展详细设计，要详细到足以支持编程。
- 结果：使用用例图、顺序图、活动图、状态图等描述详细设计模型。

2. 综合实践二
- 任务：软件详细设计。
- 方法：基于软件系统的用例模型、用例的交互模型和分析类图，对软件体系结构设计和用户界面设计的具体成果进行精化和细化，通过用例设计、类设计、数据设计、子系统/软构件设计，产生软件详细设计模型。
- 要求：基于软件需求分析、体系结构设计、用户界面设计的具体成果，所产生的详细设计成果要详实到足以支持编程。
- 结果：使用用例图、顺序图、活动图、状态图等描述详细设计模型。

第10章
代码编写与部署

对软件开发而言，编写程序代码是其最终目标，即只有编写出高质量的程序代码，软件系统才可以顺畅运行，也才能为用户提供良好的功能和服务。软件开发前期的工作（如需求分析、软件设计）最终服务于代码的编写。因此，如何编写出高质量的程序代码是软件工程研究与实践需要解决的关键问题。本章聚焦于代码编写与部署，介绍编写代码的任务、依据、过程、原则，结构化编程与面向对象编程，代码缺陷及调试，代码质量保证方法，软件部署等，最后介绍支持代码编写和部署的CASE工具以及程序员在编写代码阶段扮演的角色及要求。

10.1 问题引入

代码编写是一项融合软件创作和软件生产的过程。一方面，程序员需要根据软件设计的结果（如设计模型和文档）来编写代码，这是一项典型的生产过程；另一方面，程序员还需要结合自己对软件的理解（如需求和设计），从质量（如模块化、可维护、易理解、可重用等）的视角，对设计进行精化和优化，对程序进行必要的封装和组织，从而得到高质量的程序代码，这是一项典型的创作过程。为了达成这一目标，程序员需要具备多方面的知识、能力和素质。为此，我们需要思考以下问题。

- 为什么需要编写代码？
- 如何编写高质量的代码？
- 如何解决代码中的缺陷？
- 高质量程序代码有何特征和要求？
- 如何确保程序代码的质量？
- 如何对代码进行部署以支持其运行？
- 有哪些CASE工具可以辅助代码的编写和部署工作？
- 程序员在编写代码阶段扮演什么角色？需要具有哪些方面的技能？

10.2 何为编写代码

微课视频

顾名思义，编写代码就是基于特定的程序设计语言，编写出可实现软件需求并与软件设计目标一致的程序代码。

10.2.1　编写代码的任务

编写代码旨在根据软件设计方案，通过程序设计语言编写软件系统的源代码，开展程序单元测试、代码审查等质量保证工作，以发现所编写代码中存在的缺陷和问题，并通过程序调试定位缺陷位置和发现问题根源，进而修复缺陷和解决问题。因此，编写代码既是一个代码生成的过程，也是对生成的代码进行质量保证的过程。

首先，编写代码是一个生成代码的过程。程序员需要根据软件需求所描述的问题、软件设计所提供的设计方案，借助程序设计语言自由地开展代码创作，编写出满足要求、可运行的程序代码。在此过程中，程序员既要参考和依据软件需求和设计结果来编写程序，还需要充分发挥其创新性和主观能动性，创作出算法精巧、运行高效、反映其编程技巧的代码。

其次，编写代码是一个质量保证的过程。如果程序代码出现问题，这些问题会直接反映在软件提供的功能和服务上，在某些情况下，会对软件的用户产生严重的影响（如软件直接作用在物理系统和人类社会之上）。为了确保代码的质量，程序员在代码编写过程中和代码编写完成之后，需要对程序代码进行质量保证，如软件重用、代码单元测试、代码静态分析等等。

10.2.2　编程语言的选择

程序员需要依赖于某个或者某些编程语言来编写代码。对现代软件系统而言，一个软件系统的开发往往需要多种不同编程语言的支持。例如，软件系统的前端代码采用JavaScript或超文本标记语言（Hyper Text Markup Language，HTML）来编写，后端代码采用Java、C++或Python来编写。

不同编程语言所提供的程序设计机制是不一样的，因而对程序编写的支持也不尽相同。结构化程序设计语言（如C语言等）采用过程和函数来封装模型，借助函数调用和过程调用来实现模块间的交互；面向对象程序设计语言（如C++和Java等）采用类来封装模块，采用消息传递来实现模块间的交互。用高级程序设计语言编写的程序可读性、可理解性较好，但运行时空性能不一定很高；用汇编语言编写的程序可读性差、不易于维护，但是其代码的运行时空性能会比较高。还有一些编程语言（如Python）提供了丰富多样的可重用库，可支持程序代码的快速和高质量编写。

至今，人们已经提出成百上千种编程语言。程序员对这些编程语言的喜好程度也不尽相同。有些编程语言的受众不断增加，因而影响力不断提升；还有些编程语言不受人们关注，逐渐淡出大众视野，甚至消亡。表10.1描述了2024年3月不同编程语言的排行榜。

表10.1　2024年3月不同编程语言的排行榜

排名	编程语言	占比	排名	编程语言	占比
1	Python	15.63%	6	JavaScript	3.38%
2	C	11.17%	7	SQL	1.92%
3	C++	10.70%	8	Go	1.56%
4	Java	8.95%	9	Scratch	1.46%
5	C#	7.54%	10	Visual Basic	1.42%

10.3　如何编写代码

对程序员而言，编写代码是一项非常有成就感的工作。编写代码不仅要生成软件系统的程序代码，还需要开展代码的单元测试和评审分析等工作，以确保程序代码的质量。

10.3.1 编写代码的依据和过程

程序员需要根据软件设计（尤其是详细设计）信息（包括文档和模型等）来开展编程工作。因此，软件设计结果是编写代码的主要依据。为此，程序员需要阅读软件设计规格说明书和模型，理解软件设计的详细信息（如架构设计、类设计、数据设计等），并以此编写出一个个基本模块（如过程、函数或类），实现这些模块单元的功能和接口。

如果软件开发没有提供设计文档和模型，或者所提供的设计文档和模型不够详细，在此情况下程序员就需要发挥其创造性和主观能动性，根据软件需求来开展必要的设计工作，并将设计结果用编程语言来加以表示。在这种情况下，程序员需要承担大量的软件设计工作，这势必会影响编程的效率和质量。

编程工作不仅仅是要编写出软件系统的程序代码，还需要对程序代码的质量进行保证。因此，编程工作包含一系列的活动和过程，如图10.1所示。

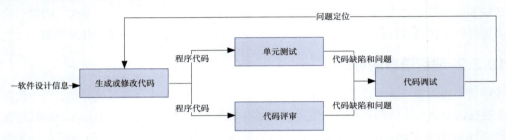

图10.1 编程工作的活动和过程

1. 生成或修改代码

该部分的工作是根据软件需求或者软件设计，采用人工或自动化的方式来产生软件系统的程序代码。人工方式是指通过程序员的逻辑思维活动编写出程序代码，自动化方式是指借助软件工具（如DeepSeek、ChatGPT、Copilot、Cursor等）自动生成代码。在此过程中，程序员还可以通过软件重用的方式获得他人编写的代码（如Stack Overflow中的代码片段），对其做适当的修改或适配，作为软件系统程序代码的组成部分。

2. 单元测试

程序员编写的代码或者软件工具生成的代码不一定是正确的，可能会存在缺陷。为此，程序员需要对编写的基本模块单元进行测试，以尽可能地发现代码中的缺陷，并通过调试等工作纠正这些缺陷。有关软件测试的内容请参阅第11章。

3. 代码评审

除了单元测试之外，程序员还可以通过人工或自动化的方式对代码进行评审，以发现代码中存在的问题和缺陷，并通过调试等工作来加以解决。

4. 代码调试

一旦知道了代码缺陷，程序员就可以通过调试的方式来定位缺陷的代码位置，进而对相关代码进行修改，修复缺陷。

10.3.2 编写代码的原则

为了高效、高质量地开展编程工作，程序员需要遵循以下原则。

微课视频

1.基于设计来编程

程序员要基于软件设计来编写程序代码，切忌"拍脑袋"写程序。有些程序员习惯抛开设计文档和模型，按照自己的理解和认识来编写代码，这会带来一系列的问题，如只关注某个程序模块单元的代码实现，无法从全局和宏观的层面来规划整个软件系统的设计以及程序结构，导致所编写的程序代码不易于扩展、可维护性差；将注意力聚焦于代码的功能实现，忽略和忽视程序代码的质量问题，尽管代码实现了相关的功能，但是代码可读性和可理解性差、程序不易于维护。

2. 保证代码的质量

程序员要有非常强的"质量"意识，要认识到程序代码质量的重要性，并将质量保证工作落实到编程的全过程。在编程阶段，程序员不仅要编写出相关的程序代码，还要求通过重用代码片段、遵循代码风格等提高程序代码的质量，不仅要关注代码的外部质量，也要重视代码的内部质量；每个程序员要对自己所编写代码的质量负责，要通过系统的单元测试来尽可能地发现程序代码中潜在的缺陷和问题，并加以纠正。

10.3.3 结构化编程与面向对象编程

现有编程语言主要提供了两种编程方式，一种是结构化编程，另一种是面向对象编程，以对程序基本模块进行封装，实现模块之间的交互。

1. 结构化编程

结构化编程采用过程或函数来封装基本模块单元，模块之间通过函数调用和过程调用等方式来实现交互。支持结构化编程的程序设计语言包括C语言、Pascal、COBOL、Python等。

2. 面向对象编程

面向对象编程采用类来封装基本模块单元，每个类是属性和操作的封装，类对象之间通过消息传递来进行交互。支持面向对象编程的程序设计语言包括Java、C++、Python等。

相较而言，面向对象编程的基本模块单元粒度更大，更加易于重用。需要注意的是，一些程序设计语言（如Python、C++等）既支持面向对象编程，也支持结构化编程。如果在软件设计阶段采用的是结构化设计方法，那么在编程阶段建议采用结构化程序设计语言和编程方式；如果在软件设计阶段采用的是面向对象设计方法，那么在编程阶段建议采用面向对象程序设计语言和编程方式。

10.3.4 大模型辅助智能化代码生成和推荐

目前一些基于大模型技术的软件开发工具（如DeepSeek、ChatGPT、Copilot、CodeArts Snap等）支持程序代码的自动生成和推荐。程序员通过与软件工具的对话，将要实现的功能性需求告诉软件工具，软件工具就会自动生成或推荐相关的程序代码。在该编程方式中，基于大模型的软件工具充当了程序员的助手，它与程序员之间构成了紧密的结对编程方式，极大地提高了程序员的编程效率。但是需要注意的是，基于大模型软件工具所生成和推荐的代码不一定完全正确，在此情况下，程序员要有一双"火眼金睛"，能够鉴别所生成代码的质量，发现其中存在的问题。

示例10.1 **基于DeepSeek的代码生成**

图10.2描述了程序员与DeepSeek的对话，DeepSeek根据程序员的需求自动生成相应的程序代码。

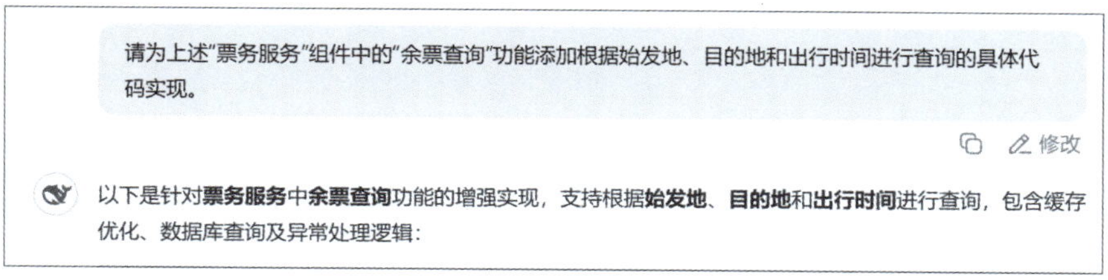

图10.2 DeepSeek根据与程序员的对话自动生成代码

1. 领域模型扩展

在原有 **Train** 和 **TicketInventory** 类基础上，增加**车次路线信息**：

```java
// 新增：车次路线信息实体
public class TrainRoute {
    private String trainId;
    private String departureStation;
    private String arrivalStation;
    private LocalDateTime departureTime;
    private LocalDateTime arrivalTime;
    private List<String> intermediateStations; // 经停站列表
}

// 修改：余票查询请求DTO
public class TicketQueryRequest {
    @NotBlank private String departure;
    @NotBlank private String arrival;
    @NotNull @FutureOrPresent private LocalDate travelDate;
    private SeatType seatType; // 可选：筛选特定座位类型
}
```

图10.2 DeepSeek根据与程序员的对话自动生成代码（续）

10.3.5 基于代码片段的重用来编写代码

程序代码由一系列的代码片段组织。每个代码片段包含一组语句以实现特定的功能，如与数据库管理系统建立连接、实现一次Socket通信等。代码片段的编写非常考验程序员的编程能力和水平。有经验的程序员可以基于详细设计模型以及对程序设计语言的深入理解，编写出精巧、优雅、高效的程序代码。当然，程序员也可以通过重用他人的程序代码来编写这些代码片段。

在软件开发技术问答社区（如Stack Overflow、CSDN等）中，大量的程序员在其中分享了许多形式多样、极有价值的代码片段。通常，这些代码片段都经过实践检验，因而表现出较高的代码质量。在编写代码的过程中，程序员可以针对其代码编写要求，到开源技术问答社区中去寻找相关的代码片段，然后通过对代码片段的理解，选定和重用所需的代码片段，进而完成相应的编程任务。

> **示例10.2** 软件开发技术问答社区中的代码片段及其重用

假设程序员需要编写一段代码，以建立与远端数据库服务器的连接。尽管程序员读懂了详细设计文档和UML模型，但是不知道如何借助Java来编写出该段代码。为此，程序员可以访问诸如Stack Overflow、CSDN等软件开发技术问答社区，在其中搜寻可有效实现数据库连接的代码片段。图10.3描述了在CSDN中找到的一段用Java编写的代码片段，完成与MySQL数据库服务器的连接功能。程序员需要阅读和理解该程序片段，掌握其实现的思路和方法。如果认为代码具有参考和借鉴价值，可以将该代码片段复制到自己的程序中，并通过对代码进行必要的修改以完成该部分代码片段的编写工作。

```
12    try{
13        Class.forName("com.mysql.jdbc.Driver");
14    } catch (ClassNotFoundException e){
15        System.out.println("未能成功加载驱动程序,请检查是否导入驱动程序!");
16        e.printStackTrace();
17    }
18    Connection conn = null;
19    try{
20        conn = DriverManager.getConnection(URL, NAME, PASSWORD);
21        System.out.println("获取数据库链接成功");
22    }catch (SQLException e){
23        System.out.println("获取数据库连接失败");
24        e.printStackTrace();
25    }
```

图10.3　在CSDN中找到的实现与数据库建立连接的Java代码片段

10.4　代码缺陷和调试

软件工程师在软件开发过程中（包括需求分析、软件设计和编程实现等）可能会犯错误（如设计和代码有误等），导致所开发的软件存在缺陷。为此，程序员需要通过测试来发现缺陷，借助调试来定位和修复缺陷。

10.4.1　软件缺陷、错误和失效的概念

软件缺陷（Defect）是指软件制品（如文档、模型和代码）中存在不正确的软件描述和实现。它具有以下3个方面的特点。第一，存在缺陷的软件制品不仅包括程序代码，而且包括需求软件和设计的模型和文档。当然，软件需求和设计中的缺陷会最终反映在程序代码中。例如，由于软件需求工程师对用户需求理解的偏差，导致需求模型未能正确地反映用户的实际要求，这就是一个典型的软件缺陷。软件缺陷还反映在程序代码中。例如，用户将某条语句中的"+"符号错写成了"−"符号，或者将判断相等的符号"=="错写成了赋值符号"="，这些都属于软件缺陷。第二，软件缺陷产生于软件开发全过程，只要有人介入的地方就有可能产生软件缺陷。在需求分析、软件设计、编程实现、软件测试等软件开发阶段，软件工程师都有可能犯这样或那样的错误，从而将缺陷引入到这些阶段的软件制品之中。第三，任何人都有可能在软件开发过程中犯错误，进而引入软件缺陷，包括软件需求工程师、软件架构师、软件设计工程师、程序员、软件测试工程师等。一些研究表明，对大型、复杂的软件系统而言，软件缺陷不可避免，要开发出零缺陷的软件系统几乎是不可能的。

软件缺陷最终会反映在程序代码之中。存在缺陷的程序代码在运行过程中会产生不正确或者不期望的运行状态，如经过计算后某个变量的取值不正确、接收到的消息内容不正确、打开一个非法的文件等，我们将这种情况称为程序出现了错误（Error）。当然，运行错误的程序无法为用户提供所需的功能和行为，如用户无法正常登录到系统中、车次查询结果不正确等，在此情况下我们称程序出现了失效（Failure）。

概括而言，程序运行错误的根源在于程序中存在缺陷，程序的错误运行必然导致软件失效。错误和失效是程序缺陷在程序运行时的内部展示和外在表现。

10.4.2　软件缺陷的描述

在软件开发过程中，软件工程师需要通过各种方式和手段（如文档和模型评审、代码走查、软件测试等）来发现软件制品中存在的缺陷，并对发现的缺陷进行详细的描述，以帮助相关人员（如程序员等）理解、分析、纠正和修复软件缺陷。一般地，软件工程师可从以下几个方面对软件缺陷进行描述。

微课视频

- 标识符：每个软件缺陷都被给予一个唯一的标识符。
- 症状：指出软件缺陷所引发的程序错误是什么，有何具体的运行表现。
- 发现者：指出是谁发现了软件缺陷。
- 发现时机：说明在什么状况下发现的软件缺陷，如在文档评审阶段、代码走查阶段、软件测试阶段等；程序是在输入什么样的数据时产生缺陷的等。
- 源头：指出软件缺陷的源头在哪里，如软件文档的哪一个部分、哪些分析和设计模型、哪个类代码等存在缺陷。
- 原因：说明导致软件缺陷的原因是什么。
- 类型：说明软件缺陷的类型，如需求缺陷、设计缺陷、代码缺陷；代码缺陷还可以进一步区分为逻辑缺陷、计算缺陷、判断缺陷等。
- 严重程度：不同软件缺陷所产生的后果是不一样的，大致可以分为危急、严重、一般、轻微。危急程度的软件缺陷是指缺陷会影响软件的正常运行，甚至危及用户安全；严重程度的缺陷是指缺陷会导致软件丧失某些重要的功能，或者出现错误的结果；一般程度的缺陷是指缺陷会使得软件丧失某些次要的功能；轻微的缺陷是指缺陷会导致软件出现小毛病，但是不影响正常的运行。
- 修复优先级：缺陷应该被修复的优先程度，包括非常紧迫、紧迫、一般和不紧迫等几种。缺陷修复的优先级与软件缺陷的严重程度密切相关。
- 处理状态：描述缺陷处理进展状态，如已安排人来处理、正在修复、修复已完成等。

10.4.3 程序调试

一旦发现程序代码中有缺陷，程序员就需要定位缺陷，即要知道软件错在哪里，以进一步修复缺陷。该项工作由程序调试来完成。

程序调试（Debug）通常由程序员完成，它是程序员必备的一项基本编程技能。程序调试针对已发现的软件缺陷，在了解软件缺陷的具体症状和错误结果的基础上，通过运行软件系统的程序代码，找到缺陷的代码位置、明确软件错误的具体原因，从而开展缺陷修复工作。一般地，程序调试要完成以下工作。

1. 理解缺陷及其症状

程序员首先需要获取软件缺陷的详实信息，弄清楚程序是在输入什么样的数据时产生了软件缺陷、软件缺陷具有什么样的症状、出现症状时程序运行处于什么样的状态、这些症状与哪些程序代码相关联等，以此来判断要对哪些程序代码进行什么样的调试。

2. 构想和假设原因

程序引发缺陷的原因是多样化的，对并发程序而言更是如此。在进行程序调试时，程序员不能盲目调试，而是要对程序可能出错的原因、缺陷的位置进行构想和假设，然后依次有针对性地进行调试，包括输入测试数据、设置程序断点、查看运行日志和程序变量等。

程序员可以采用多种方法来构想和假设软件缺陷的位置和产生缺陷的原因，并依此来指导程序调试。

首先是回溯法，其特点是从出现错误的程序代码处开始，沿着程序执行的控制流往回追踪，直到发现程序代码中的缺陷位置。这一方法的前提是通过测试（如程序单元测试）已知程序出现错误的位置。当然错误的位置不等同于缺陷的位置。例如，程序运行到某个位置弹出出错的信息，此处是程序错误的位置，出现这种状况可能是控制流的前面语句而引起的，因而需要往回追寻具体的缺陷代码。

其次是排除法，程序员基于软件缺陷的具体信息，通过对程序代码的理解，归纳和演绎出一组产生软件缺陷的原因和位置，然后输入相关的数据来逐一证明或者反驳这些假设，直到通过程序测试一一排除或者验证了某些假设。例如，针对"用户登录"功能，通过测试发现合法的用户无法正常地登录到系统之中，程序员可以此假设缺陷产生的原因，包括从数据库中读取用户账号和密码数据不正确、进行账号和密码数据比对时代码存在问题、判断的逻辑出现了错误等，然后逐一进行测试、检验和排除。

3. 运行数据调试代码

基于以上假设，程序员运行相关的程序代码，输入设定的运行数据，对比程序的实际运行与构想的状况，以此来判断程序缺陷产生的原因，定位程序缺陷的位置。例如，针对"用户登录"功能的缺陷，首先检验从数据库中读取用户账号和密码是否存在问题。为此，需要输入在数据库中存在的合法用户账号，运行数据库读取的程序代码，判断读取的用户信息是否正确。如果读取的用户账号和密码信息为空，那么意味着该部分的程序代码可能存在缺陷，从而导致程序出错。

4. 定位和修复缺陷

基于上述工作，程序员查清软件缺陷的产生原因，定位出软件缺陷的代码位置，并对程序代码进行修改，进而修复缺陷。当然，代码修复好之后还不能确定修复后的代码就没有问题，也不能保证错误已经排除。有时程序员所看到的只是表面现象，内在的深层次错误原因没有找到或者找准。导致程序运行错误的原因有多处，程序员只修复了其中的一处缺陷，这种情况下软件缺陷仍然存在。上述情况都无法保证程序经过修复后就可正常工作。此外，程序员在修复程序代码的过程中可能会再次犯错误，引入新的缺陷。为此，程序员需要进行回归测试，将原先运行的数据再次交给程序进行处理，查看程序是否会产生错误。

10.4.4 基于群智知识来解决代码调试和纠错问题

代码调试对程序员的知识、经验和技能提出了很高的要求。即使是经验丰富的程序员，也会遇到各种各样棘手的调试问题。例如，明明知道程序出现了错误，但是找不到错误的原因；程序中的错误有时会出现，有时不会出现，运行状态和结果不确定等。当出现上述情况时，程序员可以寻找团队成员帮忙，让有经验的编程高手帮助解决问题，也可以到软件开发技术问答社区（如CSDN）中去寻求互联网大众的帮助。

首先，程序员可以在软件开发技术问答社区中输入所遇到的问题，看看之前有没有其他人也遇到过类似的问题，并有相关的解决方法。如果有，看看他们是如何解决的，从而学习和理解这些软件开发知识来解决调试问题，如图10.4所示。其次，如果社区之前没有类似的问题，程序员此时可以描述和发布问题，以寻求社区中其他软件开发者的帮忙和解答。为此，程序员需要用简明扼要的语言来描述问题的标题，详细刻画问题的具体内容，甚至贴上相应的程序代码，并给问题打上标签以说明问题的特征（如用"Java""socket exception"等表示是针对Java语言中有关socket异常的问题）。一旦有社区用户回答了问题或者给出了问题的相关评论，系统将给程序员展示具体的内容。

图10.4 "连接MySQL数据库失败"问题的解答

10.5　代码质量保证

微课视频

不同的人会关注代码质量（Code Quality）的不同方面。在编程实现过程中，程序员需要通过多种方式和手段来确保程序代码的质量。

10.5.1　程序的外部质量和内部质量

微课视频

程序代码编写、运行和维护涉及多方利益相关者。一些利益相关者（如用户）要求程序代码正确实现他们的需求，还有一些利益相关者（如重用和维护程序代码的程序员）则期望程序代码易读、可维护。因此，站在不同利益相关者的视角，程序代码质量有多种形式。

1. 程序的外部质量

任何程序都有其用户。他们作为程序的使用者，会对程序所展现的功能、服务和性能提出以下质量要求，具体包括以下几个。

- 正确性，程序的运行要正确地实现用户的要求。
- 友好性，程序需提供友好的用户界面，方便用户与其进行交互，如输入和输出信息。
- 高效性，程序响应速度快，能够及时将处理的结果反馈给用户。
- 易用性，程序操作流程简单，易于用户使用。
- 可靠性，程序能可靠地运行，不会因用户的某些误操作而导致程序的异常报错或崩溃。

用户对程序提出的上述质量要求通常是用户可直接感受到的，也是程序在运行时需要向用户展示的，因而将程序的这些质量属性称为外部质量（External Quality）。

2. 程序的内部质量

程序代码编写好、投入使用之后，还会因为存在代码缺陷、需要扩展功能等原因，对其进行纠正和完善等维护工作，这就需要阅读和理解程序代码，并在此基础上开展代码的维护工作。这些工作可能由原先编写该代码的程序员来完成，也可能由其他的程序员来完成。从程序员视角来看，他们无论是编写新的程序还是对已有的程序进行修改，都希望所编写的程序代码易于理解、便于修改等，因而会对程序提出以下质量要求。

- 可理解，程序代码的可读性好，代码语句的内涵、作用和意图很容易理解。
- 可维护，代码结构清晰，很容易定位代码中的缺陷，易于对代码进行修改和完善。
- 可重用，程序代码易于被再次使用。

程序员和维护人员对程序提出的上述质量要求关注于程序的内在质量特征，目的是促进对代码的理解、修改和变更，因而将这些质量属性称为内部质量（Internal Quality）。

当前软件企业对代码的内部质量越来越重视，制定编程规范，明确编码要求。华为公司制定了"Clean Code"编程规范，要求程序员编写出简洁、规范、可读性强、易测试、健壮安全的程序代码。

10.5.2　编程风格

本质上，程序代码由一组有意义的符号组成。在编程过程中，如果将这些符号进行良好的组织、合理的命名并提供必要的注释，那么将增强代码的可读性和可理解性，进而提高代码的可维护性和可重用性，提高代码的内部质量。这就要求程序员在编程时要遵循特定的样式及要求，以规范编程行为以及所产生程序代码的样式，称为编程风格（Programming Style）。

尽管不同程序设计语言都有各自的编程风格，如C和C++编程风格、Java编程风格等，以体现不同语言的语法差异性，但总体而言，一个高质量的程序在编程风格方面需要注意并满足以下一组要求。

（1）代码的结构要清晰，通过缩进、空格符号使用、限制一行语句数量、用括号来表示优先级等多种方式来组织程序中的语句，使得代码的逻辑和层次结构非常清晰。例如，采用缩进的方式来清晰地展示语句所在的逻辑层次，直观地表述程序的整体结构；适当地使用空格符号来分隔不同的字符；一行至多只有一条语句等。

（2）符号命名要直观，要采用有意义、一目了然的符号来对程序中的变量、常数、参数、函数、类、方法、包等进行命名，使得程序语句及相关符号能够一看就懂，进而促进对程序的理解和分析。在编程实践中，一些程序员习惯性地使用x、y、z等符号来命名变量或常数。这种命名方式显然很难理解这些变量的内涵。编程风格要求用有意义的名词或名词短语来命名变量、参数、类等，如用Student来命名学生类，显然会比用S来命名要好；用有意义的动词和动词短语来命名函数、过程、方法、接口等，如用getAge来命名获取年龄的方法，显然要比用gAge命名要好。

（3）要给代码提供简明、准确和一致的注释，以加强对代码的理解。程序员可针对语句、语句块、函数、方法、类、程序包等进行注释，以说明相关注释对象做什么、为什么这么做以及注意事项。在编程实践中，一些程序代码由于缺乏必要的注释，常常导致程序员很难理解其内涵及意图，不知道如何下手对程序进行修改，不清楚相关的修改会产生什么样的影响。需要说明的是，程序员无须为每条语句都提供注释，只需对那些关键性语句、编程意图不易理解的语句进行注释。此外，代码的注释要简练，不要啰嗦和冗长；注释要随着代码的修改而进行修改，以确保注释与代码的一致性。

图10.5所示为遵循Java编程风格的程序代码示例。它采用良好的代码组织、有意义的命名、适当的代码注释等手段，所编写的程序代码易于阅读、理解和修改，具有较高的内部质量。在编程实践中，程序员应努力编写出这样的高质量代码。

```
1  /*
2   * Copyright (c) 2010-2011, The MiCode Open Source Community (www.micode.net)
3   *
4   * Licensed under the Apache License, Version 2.0 (the "License");
5   * you may not use this file except in compliance with the License.
6   * You may obtain a copy of the License at
7   *
8   *      http://www.apache.org/licenses/LICENSE-2.0
9   *
10  * Unless required by applicable law or agreed to in writing, software
11  * distributed under the License is distributed on an "AS IS" BASIS,
12  * WITHOUT WARRANTIES OR CONDITIONS OF ANY KIND, either express or implied.
13  * See the License for the specific language governing permissions and
14  * limitations under the License.
15  */
16
17  package net.micode.notes.tool;
18
19  import android.content.Context;
37
38
39  public class BackupUtils {
40      private static final String TAG = "BackupUtils";
41      // Singleton stuff
42      private static BackupUtils sInstance;
43
44      public static synchronized BackupUtils getInstance(Context context) {
45          if (sInstance == null) {
46              sInstance = new BackupUtils(context);
47          }
48          return sInstance;
49      }
50
51      /**
52       * Following states are signs to represents backup or restore
53       * status
54       */
55      // Currently, the sdcard is not mounted
56      public static final int STATE_SD_CARD_UNMOUONTED           = 0;
```

图10.5　遵循Java编程风格的程序代码示例

10.5.3 模块化程序设计

模块化程序设计方法的核心思想是要将程序组织和封装为一个个相对独立的模块，形成多个不同的代码文件，分别存放这些模块的代码。每个模块功能单一，不同模块间的关系松散，即模块之间低耦合度。每个功能模块都有明确的接口，以支持对该模块的访问。模块接口需包括模块名字、传递的参数、返回的结果等。程序员可通过模块接口，采用过程调用、消息传递等方式来访问这些模块，从而获得相应的功能和服务。上述程序设计方法可提升代码的可重用性、可理解性和可维护性等，提高程序的内部质量。

当前程序设计语言均提供了多样化的模块化机制和语言结构来支持程序的模块化设计，包括函数（Function）、过程、方法（Method）、类和包等。例如，结构化程序设计语言（如C语言）提供了函数和过程等语言结构，将相关的语句组织在一起，形成相对独立的功能模块；面向对象程序设计语言（如Java、C++）提供了类和包等语言结构，以将相关的语句封装为方法，将紧耦合的一组方法组织为类，通过包对多个不同的类进行结构化的组织，形成层次清晰的程序代码结构，促进程序的组织、理解和并行编程。

图10.6描述了MiNotes开源软件的模块化设计及某个模块的代码片段。左图描述了整个程序的模块化树形组织结构。它有7个程序包，每个程序包下面可能包含子包，或者一组代码类。例如，gtask包含data、exception和remote 3个子包，data包含Contact、Notes、NotesDatabaseHelper、NotesProvider 4个类。右图展示了Notes类的部分代码片段，用于实现Notes类的相关功能。

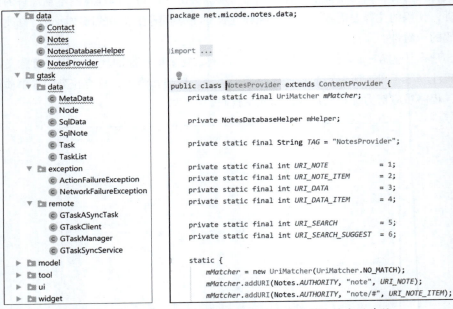

图10.6 MiNotes开源软件的模块化设计及某个模块的代码片段

10.5.4 代码重用

代码重用（Code Reuse）是指在编写代码过程中，充分利用已有的代码，并将其集成到程序之中，从而实现程序功能。由于被重用的代码经过多次反复的使用，代码质量得到充分检验，因此代码重用不仅可极大提高编程效率，而且可有效提高程序质量。一名优秀的程序员在编程时不仅需知道应编写什么样的代码，也需要知道如何重用已有的代码，甚至要编写出可被重用高质量代码。在编程实践中，程序员可根据具体的功能实现需求，采用多种方式和手段，实现不同粒度的代码重用。

1. 重用代码片段

在编程过程中，程序员常常需编写相关的关键语句或语句块来实现某些功能，如连接数据库服务器、建立Socket通信连接、进行安全验证等。在此过程中，他们往往会面临一系列的编程问题，如不知道如何编写这些代码、如何编写出高质量的代码等。在这种情况下，程序员可以访问软件开发技术问答社区，如Stack Overflow、CSDN等，通过查询获得相应的程序代码片段，并基于对程序代码片段的理解，将所需的代码片段复制和集成到程序之中，必要时做适当的修改，进而实现代码片段的重用。具体可参阅10.3.5小节。

2. 重用函数、类和软构件

程序设计语言的编程环境或运行设施通常会提供多样化的函数库或类库，它们预先封装和实现了一组常用的功能。例如，Visual Studio的C++编程环境提供了MFC类库（Microsoft Foundation Classes），它以C++类的形式封装和实现了Windows编程的一组API及相应的应用程序开发框架。程序员可以通过重用应用程序框架及MFC中的类来完成编程工作，从而减少编程的工作量，提高程序代码的质量。Java程序设计需要依赖于JDK（Java Development Kit），它以程序包的形式提供了一组Java API。每个程序包封装和实现了一组与该包相关的Java类，程序员可以通过重用这些程序包中的类来获得相关的功能和服务。

一些面向特定领域的软件开发包通常会提供各种代码库或软构件，以简化相关领域的应用编程工作。例如，ROS是一个专门支持机器人软件开发和运行的软件中间件，它提供了一组ROS开发包，封装和实现了机器人应用的常见功能，如任务规划、导航、目标识别等。

在编程过程中，程序员可以根据欲实现的功能，查询函数库、类库或软构件库，找到其中可以完全或部分满足其功能实现要求的函数、类、软构件及其访问接口，通过集成和访问这些函数、类和软构件来实现重用。与代码片段重用相比较，由于函数、类和软构件封装和实现了更大粒度的功能，因此基于函数库、类库和软构件库可以实现粗粒度的代码重用。

3. 重用开源代码

近年来，开源软件的建设和应用成绩斐然。开源软件的源代码（简称开源代码）可被公众自由地使用、修改和分发。大家所熟知的许多软件都是开源软件，如Linux、Ubuntu、Android、Apache、MySQL、Eclipse、Firefox等。由于开源代码被人们经常性地阅读和使用，因此代码中的缺陷、隐藏的"后门"更容易被人发现，进而得到修复，开源软件往往具有较高的质量。

一些开源软件托管平台，如GitHub、Gitee等，汇聚了大量、多样和高质量的开源代码。截至2024年5月，GitHub已有4.2亿个开源代码仓库，Gitee上有2800万个开源代码仓库。程序员可以通过访问这些平台，查询所感兴趣的开源代码，通过对这些开源软件的理解，选择所需的开源代码，并将其集成到所开发的程序之中。

10.5.5 程序质量分析

一旦代码编写完，程序员还需要对所编写的代码进行质量分析，以发现其中存在的质量问题（如代码缺陷），从而针对性地解决这些问题以提高代码质量。代码质量分析通常有两种方式：一是基于人工的代码审查；二是基于工具的自动分析。这两种方式均不需要运行程序，而是通过对程序代码的分析来发现质量问题，因而也被称为静态分析（Static Analysis）。

1. 代码审查

代码审查（Code Review）是指将编写好的代码交给相关人员做进一步的阅读和检查，以发现代码中存在的质量问题。负责代码审查的人员既可以是编写该代码的程序员，也可以是其他的人员。他们通过阅读代码，分析代码遵循编程风格的情况，发现代码中存在的可读性和可理解性等问题；在理解程序整体结构和代码语义的基础上，了解代码的设计水平，发现代码中的缺陷、不合理的模块设计、不恰当的程序结构等。

通常情况下，程序员编写完相关的代码后，应对其质量进行审查。在编程过程中，程序员的注意力主要聚焦于代码的设计和实现，代码质量往往会被忽视，因而编程后的代码审查非常重要。程序员可基于代码审查的结果和反馈，适当增加代码的注释；改变变量、函数、方法、类等的命名，纠正错写和误写的语句和符号，调整某些语句或语句块的设计等，以提高代码的内部质量和外部质量。

将代码交给他人（即非编写该代码的人员）进行审查时往往会取得更好的审查结果。当程序员对自己编写的代码进行审查时，会惯用自己在编写代码时的质量标准和要求，因而难以发现自己编写代码中的问题。一旦程序交给他人审查，这些审查人员会从他们的视角、基于他们的编程经验来发现代码中的问题，并提出改进的意见。

代码审查方法主要依靠人的分析来发现代码中的问题，工作效率低。对代码量大、内在逻辑复杂的程序而言，人工审查方法难以对所有的程序代码进行系统性的审查，不易发现一些深层次的代码质量问题。当然，人工审查也是一个学习的机会，在阅读、理解和审查他人代码的过程中，审查人员可以学到他人的高水平编程技巧，掌握高质量的代码编写方法。

2. 自动分析

代码质量的自动分析是指利用软件工具对程序代码进行静态分析，以发现代码中存在的缺陷和问题，产生代码质量分析报告。它无须运行程序代码，仅通过软件工具来扫描和分析程序代码的语法、结构、过程、接口等，以此来判断代码遵循编程风格的情况，发现代码中隐藏的缺陷和问题，如参数不匹配、有歧义的嵌套语句、错误的递归、非法的计算、可能出现的空指针引用等。据统计，自动化分析方法可发现程序代码中30%～70%的缺陷。

目前有许多软件工具可支持代码质量的自动化分析，如PMD、FindBugs、Checkstyle、SonarQube等。这些代码质量分析工具借助静态分析方法，基于一组预定义的检查规则集来分析和评估代码质量。用户也可以自定义或扩展代码的检查规则集，以引入新的代码质量检查要求。一些软件工具还可针对代码中的缺陷提供修复建议。借助于自动化分析工具，程序员可掌握所编写代码的整体质量状况，并根据分析结果和建议来针对性地修复代码。与人工审查方法相比较，自动化分析方法具有效率高、定位快、可有效发现隐藏的缺陷以及提供修改建议等优点。

10.6 软件部署

一旦软件开发完成之后，需要对其代码进行编译，生成可执行的二进制代码或中间码，并将其部署到计算平台上运行。随着软件系统及其运行环境复杂性的不断提升，软件部署工作也变得更为复杂。许多软件需要进行分布式部署，并对其运行环境进行配置和优化。

10.6.1 软件运行环境

软件的运行环境是指软件运行所依赖的上下文，它为软件系统的运行提供必要的基础服务和功能、必需的数据和基本的计算能力。在运行过程中，软件系统需要与其环境进行交互，从而获得软件运行所需的各种数据、服务和计算。一般地，软件的运行环境具有以下特点。

首先，环境是软件赖以生存的场所。环境为软件系统的运行提供各种要素，包括数据、计算、服务等。因此，软件不能独立于环境而存在。例如，Mini-12306智能手机端的软件依赖于智能手机操作系统，如Android和iOS等。它们为Mini-12306软件的运行提供各种计算、通信等基础服务支持，如图10.7所示。

其次，软件需要与环境进行持续的交互。既然软件与其环境之间存在依赖关系，那么意味着软件与其环境之间存在双向的交互。软件通过环境获得基础服务和计算能力，环境通过软件获得相应的运行进程和数据等。例如，Android 操作系统通过加载Mini-12306 软件来运行该软件，获得该软件的相关数据；Mini-12306 软件通过访问Android提供的基础服务来获得智能手机的计算资源。

然后，软件系统的运行环境可以表现为多种形式，既可以是物理和硬件设备（如计算机、服务器、机器人等），也可以是不同抽象层次的软件系统（如操作系统、软件开发框架、软件中间件、容器等）。例如，Mini-12306 软件的运行环境主要表现为智能手机及其操作系统Android。

最后，软件系统的运行环境不仅包括纵向层次的基础软件及平台，还包括横向层次上与其运行相关的其他软件系统。当前，越来越多的软件表现为一类系统之系统，这些软件系统自身可以独立存在和运行，但同时又需要与其他软件系统进行交互，以完成更为复杂的功能。例如，Mini-12306软件需要依赖于第三方的支付软件来完成购票和退票等功能。这些第三方软件构成了Mini-12306软件的运行环境。

图10.7 Mini-12306软件的运行环境

10.6.2 软件部署的概念和原则

微课视频

软件部署是指将软件系统（包括软构件、配置文件、用户手册、帮助文档等）进行收集、打包、安装、配置和发布到运行环境的过程。它通常涉及两方面的工作。

1. 软件运行环境的安装和配置

在将软件系统部署到运行环境之前，软件开发工程师需要安装和配置好运行环境，包括各类软硬件系统以及它们之间的相关性。

例如，在Mini-12306的部署过程中，软件开发工程师首先需要安装和配置好该软件系统的前后端运行环境。它主要包括两部分的工作。一是准备一部智能手机，安装和配置Android操作系统软件。二是准备好一台计算机，在其上安装Ubuntu操作系统，随后安装MySQL等重要的软件系统。

2. 软件系统自身的安装和配置

收集和打包目标软件系统中需要安装的软件要素，包括各个软构件、所依赖的软件包、必需的软件文档（如用户手册、帮助文档）和必要的数据（如配置文件），然后将这些软件要素安装到目标计算平台之中，并进行必要的配置，使得目标软件系统的软件要素（如软构件）能够与运行环境中的软硬件要素相交互。

例如，在Mini-12306软件的部署过程中，软件开发工程师需要将前端软件进行打包，制作出相关的安装软件，并在安装有Android操作系统的智能手机上进行安装和设置相关的参数。

在软件部署过程中，软件开发工程师需要遵循以下3个方面的原则。

1. 最小化原则

无论是运行环境的部署，还是软件系统的部署，它们只需要安装、部署和配置支撑软件运行和服务提供的最少软硬件要素，以提高软件系统和运行环境的精简性，提高目标软件系统的运行效率，降低运行和维护成本。

2. 相关性原则

所部署的运行环境和软件系统要素均与系统的建设和服务相关联，剔除那些不相关的软硬件要素，防止将无关的软件要素部署到计算平台之中，以简化软件系统的部署和配置，降低软件运行和维护的复杂度。

3. 适应性原则

当软件系统的运行环境发生变化时，目标软件系统的部署也要随之发生变化，以确保目标软件系统部署的灵活性，提高目标软件系统的健壮性，提升软件部署和运维的自动化程度。

微课视频

10.6.3 软件部署方式

按照软构件部署的物理节点数量及其分布性，可以将现有的软件部署方式大致分为两类：单机部署和分布式部署。

1. 单机部署

单机部署是指将软件的各个要素（如可运行软构件、数据、文档等）集中部署到某个单一的计算设备上。该部署方式的特点是软件的运行环境只依赖于单一的计算设施，不同软构件之间不存在网络通信，软件的部署、配置和维护相对简单。需要说明的是，这里所述的计算设施不仅仅是指各种计算机，如个人计算机、笔记本电脑或服务器等，还包括智能手机、智能手环等嵌入式计算设施。闹钟和时钟、光盘刻录软件、扫雷游戏软件等通常采用单机部署的方式。

例如，MiNotes开源软件就采用了单机部署的方式，其部署和运行环境是基于智能手机的Android操作系统。MiNotes开源软件的所有软件要素（包括可运行程序、数据等）均安装和部署在这一环境之中。

2. 分布式部署

分布式部署是一种将软件的各个要素（如可运行的软构件、数据和文档等）分散部署在多个计算设备上的部署方式。在20世纪90年代，随着网络技术的发展，多个计算设备通过网络连接在一起，实现数据共享和协同工作，从而构成分布式的计算环境。这一计算模式深刻影响软件系统的体系结构和部署方式。许多软件系统开始采用C/S软件架构。客户端的软件部署在前端的计算机上，完成与用户的交互等轻量级的计算，服务器端的软件部署在后端的服务器上，完成数据处理和存储等重量级的计算，客户端的软件与服务器端的软件通过网络进行连接，完成数据交互等功能。例如，客户端的软件将用户输入的数据发送给服务器端的软件进行处理，服务器端的软件将处理后的数据通过网络发送给客户端进行展示。

20世纪90年代中后期，基于C/S的计算模式得到了进一步的发展，逐步形成了以客户端-应用服务器-数据库服务器等为代表的多层软件架构和部署形式。进入21世纪，随着互联网技术的不断发展和应用，软件系统开始部署和运行在互联网平台上。

基于互联网的软件部署和运行方式不同于传统意义上的C/S部署和运行方式。首先，基于互联网的软件部署和运行采用的是一种发散式的方式，不存在集中控制的计算节点；其次，基于互联网的软件部署和运行方式具有动态和开放的特点，接入到系统中的计算节点和软构件动态变化且不确定。目前，分布式部署，尤其是基于互联网的分布式部署，已经成为绝大部分软件的基本部署和运行方式。

为了应对大规模、动态变化的服务访问，完成高并发的数据处理，当前越来越多的软件部署和运行在云端的多个服务器上，以使得整个系统具有更高的可靠性、可扩展性、弹性和灵活性，并降低软件部署和运维的成本。

例如，Mini-12306软件采用分布式部署方式，如图7.20所示。前端软件安装和部署在智能手机上，其运行依赖于Android操作系统。后端软件（包括业务处理软构件等）安装和部署在互联网服务器上，其运行需要依赖于MySQL等软件系统以及Linux操作系统。

10.7　支持代码编写和部署的CASE工具

在编程和部署阶段程序员可借助一系列的工具来开展代码编写、软件部署等工作，进而实现代码编辑和编译、代码的生成和推荐、代码质量分析、代码部署等具体工作。

1. 代码编辑、编译和调试工具

目前有诸多软件工具及集成环境支持程序代码的编辑、编译、调试等工作，如微软的Visual Studio Code、Visual Studio、华为的编译构建工具CodeArts Build和IDE Online，以及Eclipse、Android Studio等。

2. 代码静态分析工具

目前有诸多工具支持代码的静态分析，如CodeArts Check、SonarQube、CheckStyle等。其中SonarQube（简称Sonar）是一个基于Web、用于分析和管理代码质量的软件工具，它支持对Java、C/C++/C#、PL/SQL、COBOL、JavaScript等二十多种程序设计语言编写的程序进行代码质量问题（Code Quality Issue）分析，主要提供以下分析功能：代码遵循编程风格情况，如代码是否违反编程规则；代码中潜在的缺陷，如代码是否存在静态常规缺陷；代码的复杂度情况，如代码中模块、方法、类的复杂度是否过高；代码的冗余度，如是否存在重复、无效的代码；代码的注释情况，如代码的注释是否恰当和充分；软件体系结构设计质量情况，如通过分析代码中不同模块（如包、类等）间的依赖关系，判断软件体系结构设计是否合理。SonarQube完成代码分析后，会自动生成代码质量分析报告。

3. 代码生成和补全工具

一些智能化软件工具（如DeepSeek、ChatGPT、Copilot、Cursor等）可以根据程序员的需求，自动生成程序代码，或者推荐所需的程序代码，从而极大地提高软件开发的效率和质量。以GitHub 平台上的Copilot为例，该CASE工具由微软公司基于OpenAI的大语言模型实现，可以在IDE、命令行以及GitHub网站上使用。它提供了以下核心功能，包括自动化代码补全和生成，在用户输入时根据上下文提供代码补全建议；智能代码问答（Copilot Chat），在开发者编写代码界面与Copilot针对代码内容进行聊天，帮助开发者深入分析代码；拉取请求摘要（Copilot for PRs），帮助开发者描述在拉取请求中的更改，或帮助团队更快地审查和合并拉取请求；代码知识库（Knowledge Bases）管理，能够管理整个项目的文档，并构建上下文用于用户问答等场景。

4. 软件部署工具

目前支持软件部署的工具非常多，如Installer Projects、CodeArts Deploy等。其中，Installer Projects可作为Visual Studio的一个扩展组件，用于创建Windows应用的安装程序和安装包。它提供了一系列的功能，包括设置软件图标和快捷方式、设置软件安装路径、增加或删除安装包中的文件等，采用图形化的方式对软件进行打包。CodeArts Deploy是一款自动化部署工具，支持主机、容器、Serverless多种部署形态，部署能力覆盖Tomcat、Spring Boot、Go、Node.Js、Docker、Kubernetes等多种语言和技术栈，可帮助开发者实现软件的快速、高效发布。

10.8 程序员

程序员是软件开发团队中一类非常基础和重要的角色，主要承担编写代码的职责，是软件开发团队的中坚力量。他们需要在理解软件设计模型和文档的基础上，运用程序设计语言，借助编程实现工具（如编辑、编译、调试等工具）编写出高质量的程序代码。一般地，程序员需要具备以下知识和技能。

1. 掌握程序设计语言

程序员需要掌握一门甚至多门程序设计语言，并能熟练运用它们来编写程序。当前随着软件规模和复杂性不断提升，程序员的分工日趋细化，如有些程序员负责前端软件用户界面的设计和开发，有些负责后端软件的编写。

2. 自我学习能力

在编程实践中，程序员会接触到多样化的知识，如软件设计模型中的应用领域知识、程序设计语言中的编程知识、编程CASE工具的使用知识，也会遇到各种编程困难和实现问题。针对这种情况，程序员需要具备自我学习的能力，能够通过自身的学习来掌握各类知识，解决多样化的编程问题。

3. 独立解决问题的能力

编程实践有诸多的不确定性，会遇到各种各样的问题。例如，程序存在缺陷，运行出现错误，为此需要解决代码缺陷定位的问题；要与他人的程序进行集成，为此需要读懂他人编写的代码；要运用第三方的可重用软构件或者软件开发包，为此需要解决软件重用的问题等。因此，程序员需要具备应对和解决各类编程实现问题的能力。

4. 良好的编程习惯

代码质量对一个程序而言极为重要，它反映了程序员的编程技能和水平。这些技能和水平蕴含在程序员的编程习惯和经验之中。一个最直接的体现就是程序的编程风格。此外，许多有经验的程序员常常在编写完程序后开展代码走读和评审工作，以厘清代码的执行逻辑、发现代码中存在的问题。好的编程习惯往往意味着高质量、高水平的程序代码。

5. 质量意识

程序员必须要有质量意识。他们的职责不仅是编写出目标软件系统的代码，更要确保程序代码的质量。因此，程序员要在思想上有质量意识、在行动上有质量保证。在编写程序代码的同时，要想到所编写代码的质量如何、如何保证代码的质量等。

6. 学会软件测试

程序单元测试是程序员在编程过程中需要完成的一项工作，以揭示和发现代码中存在的缺陷和问题。因此，程序员不仅要学会编程，也要学会软件测试，包括如何根据代码来设计测试用例、如何运行程序代码来开展程序单元测试、如何发现程序单元中存在的代码缺陷等。

7. 阅读和学习他人的代码

程序员在编写代码的过程中不可避免地需要阅读他人编写的代码。阅读代码既是理解程序代码的过程，也是学习他人编程经验和技能的过程。在阅读代码过程中，程序员会遇到各种代码理解方面的问题，如某条代码语句的含义、编写意图等，为此，程序员需要具备查阅各种资料（如软件开发技术问答社区中的群智知识）来解决这些问题的能力。

8. 善于利用CASE工具

"工欲善其事，必先利其器"，好的软件工具可以极大地提高编程的效率和质量，起到事半功倍的作用。至今，人们开发出了诸多软件实现工具，以支持代码编辑、编译、链接、调试、集成、测试、部署等工作。程序员需能掌握有效的软件工具，并应用它们来辅助软件编程实现工作。

9. 团队合作和沟通

软件开发是一项集体性的团队协作行为，软件实现也不例外。例如，程序员编写的代码需要和他人的代码进行集成；在集成和确认测试中，程序员需要与他人一起调试程序以定位和发现代码缺陷的位置。显然，这些工作都需要程序员与他人进行沟通与合作，以推动软件实现的开展以及相关问题的解决。

10.9　本章小结和思维导图

本章聚焦于代码编写与部署，介绍了编写代码的任务依据、过程、原则，讲解了编写代码的方法和策略、确保代码质量的方法和手段、软件部署的方式和方法等，详细阐述了如何基于设计模型和文档、通过重用代码片段、利用群智知识、借助智能化工具等来编写代码和解决代码缺陷。本章知识结构的思维导图如图10.8所示。

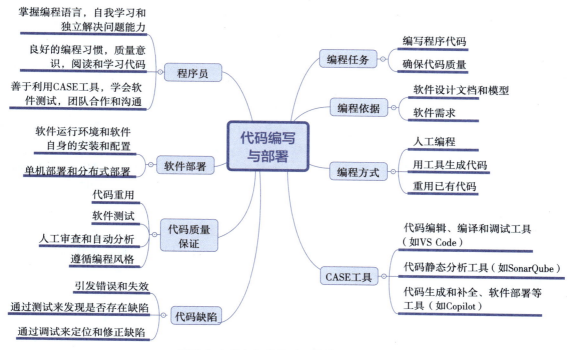

图10.8　本章知识结构的思维导图

- 编写代码的任务是产生可实现软件需求的高质量程序代码。
- 编写代码除了要产生代码外，还需要开展单元测试、程序调试、代码分析等活动，以确保程序代码的质量。
- 程序员需要基于软件设计模型和文档来编写类代码、用户界面代码、数据设计代码等。
- 程序员可以通过重用软件开发技术问答社区中的代码片段、借助基于大模型的智能化软件工具来编写程序。
- 软件缺陷是指软件制品中不正确的描述和实现，它会引起软件运行出现错误，进而导致软件失效。
- 程序员需要对软件缺陷症状、源头、原因等信息信加以描述，以促进对软件缺陷的理解，推动程序调试和缺陷修复。
- 程序员可以通过单元测试来发现代码是否存在缺陷，通过调试来定位和纠正缺陷。
- 在发现和修复软件缺陷的过程中，程序员需对软件缺陷采取一系列的活动，如确认缺陷是否存在、安排人员来处理缺陷、确认缺陷修复状况等，从而使得软件缺陷处于不同的状态。
- 程序的质量存在内外之分。一般地，用户关注程序的外部质量，开发者和维护者关心程序的内部质量。
- 在编程过程中程序员需要通过遵循编程风格、模块化编程、代码重用、代码分析等手段来确保程序代码的质量。
- 软件开发完成之后，还需要将其部署到运行环境上。目前大部分的软件采用分布式部署方式。

- 程序员需要具备多样化的知识、能力和经验，以满足编程实践的需要。
- 目前有诸多工具可帮助程序员开展代码编辑、编译、部署、分析等工作。

10.10　阅读推荐

- SUTTER H,ALEXANDRESCU.C++编程规范 101条规则、准则与最佳实践[M]. 刘基诚，译.北京：人民邮电出版社，2016.

该书作者将全球C++领域多年的集体智慧和经验凝结成一套编程规范。该规范可以作为开发团队制定实际开发规范的基础，也是C++程序员应该遵循的行事准则。该书内容涵盖了C++程序设计的诸多方面，包括设计和编程风格、函数、操作符、类的设计、继承、构造与析构、赋值、名字空间、模块、模板、泛型、异常、STL容器和算法等。书中对每条规范都给出了言简意赅的描述，并辅以实例说明；另外，还给出了从类型定义到错误处理等方面的大量实践例子。

- 张银奎软件调试[M]. 2版.北京：人民邮电出版社，2020年出版。

该书作者长期从事软件开发和研究工作，曾在英特尔公司工作13年，对 IA-32 架构、操作系统内核、驱动程序、软件调试等有深入的研究。该书是软件调试领域的百科全书，围绕软件调试的生态系统、异常和调试器3条主线，介绍软件调试的相关原理和机制，探讨可调试性的内涵和意义，以及实现软件可调试性的原则和方法，总结软件调试的理论和最佳实践。

10.11　知识测验

10-1　程序员根据什么来进行编程？如果缺乏软件设计信息（尤其是详细设计信息），程序员又将如何编程，这样做会带来什么样的问题？

10-2　编写代码需要完成哪些任务？为什么说质量保证要贯穿于编写代码全过程？

10-3　简要说明如何根据软件设计模型和文档来编写程序代码。

10-4　访问Stack Overflow、CSDN等软件开发技术问答社区，从中寻找你想要的程序代码片段。

10-5　对程序员而言，除了要编写代码之外，还要进行哪些方面的工作？

10-6　软件缺陷、错误和失效3个概念之间存在什么样的区别和联系？

10-7　有人说缺陷只存在于程序代码之中，这一说法是否正确？为什么？

10-8　程序代码的内部质量和外部质量有何区别？哪些人会关注内部质量？哪些人会关注外部质量？

10-9　为什么说软件缺陷不可避免？软件开发团队能否开发出零缺陷的软件系统？为什么？

10-10 既然软件缺陷不可避免，如果任由缺陷产生和影响软件运行，显然会影响软件的质量，甚至会导致软件项目失败。请说明在软件开发过程中如何有效应对软件缺陷。

10-11 结合你的软件开发实践，说明如何开展程序调试工作。

10-12 软件运行环境通常表现为哪些形式？

10-13 Microsoft Office是一款常见的软件，请说明该软件的运行环境是什么。

10-14 访问Stack Overflow、CSDN等软件开发技术问答社区，结合你在软件开发实践中遇到的问题，尝试能否在Stack Overflow、CSDN等社区中找到相关的解答。

10.12　工程实训

本章的实训任务需要完成头歌平台上相关章节的闯关实训，并借助相关的CASE工具来完成代码编写、调试、纠错和质量分析等工作。

- 借助CASE工具来编写代码。结合课程实践，安装Visual Studio Code、Visual Studio、Android Studio、Eclipse等软件开发工具，辅助开展代码编辑、编译、连接、调试等工作。
- 借助CASE工具来分析代码质量。访问CodeArts Check平台、安装SonarQube等代码质量分析工具，对你编写的代码进行静态分析，查看分析结果，分析代码中存在的问题和不足，并开展针对性的修复工作。
- 借助群智知识来辅助编程和调试。访问Stack Overflow、CSDN等软件开发技术问答网站，结合你的软件开发实践，开展两方面的工作。一是搜寻和重用所需的代码片段，二是搜寻相关的群智知识来解决你的开发和调试问题。
- 访问头歌实践教学平台"国防科技大学课程社区"→"软件工程学习社区"→软件工程课程实训，完成"软件实现基础""编写代码""软件部署"3章的实训任务。

10.13　综合实践

1. 综合实践一
- 任务：编写开源软件的维护代码。
- 方法：针对开源软件代码，基于所选定的程序设计语言，借助CASE工具，编写开源软件的维护代码，并对代码进行单元测试和调试，以发现和解决代码中存在的缺陷和问题。
- 要求：基于设计模型和文档来编写维护代码，要对所编写的代码进行质量保证，以发现和解决代码中的缺陷。
- 结果：开源软件的维护代码。

2. 综合实践二
- 任务：编写所开发软件系统的程序代码。
- 方法：基于软件设计模型和文档，借助所选定的程序设计语言，利用编程、测试和调试等CASE工具，编写目标软件系统的源代码，并对代码进行单元测试和调试，以发现和解决代码中存在的缺陷。
- 要求：基于设计模型和文档来编写代码，要对所编写的代码进行质量保证，以发现和解决代码中的缺陷。
- 结果：目标软件系统的源代码。

第11章
软件测试

　　程序代码编写好之后，还不能立刻将软件交付给用户使用，原因是编写的代码可能存在缺陷。如果这些代码缺陷不能被及时发现并加以解决，编写的程序代码就有可能是一枚"定时炸弹"。一旦这些缺陷代码被触发，软件就会出现错误，不仅会导致软件失效，在严重情况下还可能会带来财产和生命损失。为此，软件工程师需要想尽一切办法找出潜藏在软件中的缺陷。软件测试就是达成这一目标的有效方法和手段。本章聚焦于软件测试，重点介绍软件测试的概念和原理，分析软件测试面临的挑战，详细阐述如何进行软件测试以及软件测试的过程和活动，介绍支持软件测试的CASE工具及软件测试工程师的职责。

11.1　问题引入

　　实际上任何产品都会有缺陷，如手机、电视机、汽车等。软件作为一种产品也不例外，也会存在缺陷。对于现实世界中的物理产品，人们已经总结出了许多行之有效的方法来发现这些产品中的缺陷并加以纠正。然而软件是一种逻辑产品，其缺陷的产生和存在形式有不同于物理产品的特点。例如，人们通常借助各种工具（如电流表）来对物理产品进行检测以发现其中的缺陷，但这一方法对软件这一逻辑产品而言并不适用。实际上，要在几万甚至成百上千万行程序代码中找到软件缺陷是一项极具挑战性的工作。为此，我们需要思考以下问题。

- 软件缺陷表现为什么形式？
- 如何判断软件存在缺陷？
- 软件测试采用什么样的原理来发现软件缺陷？
- 为什么软件测试方法可有效发现软件缺陷？
- 软件测试要做哪些方面的工作？
- 应按照什么样的原则、步骤和采用什么样的技术来开展软件测试？
- 软件测试面临哪些方面的挑战？

11.2　何为软件测试

　　软件工程提供了诸多的方法和手段来发现软件中存在的缺陷，如文档评审、代码走查等。软件测试是发现代码缺陷的一种有效方法。

微课视频

11.2.1 软件测试的概念

软件测试是指通过运行程序代码来发现软件中潜在缺陷的过程。负责软件测试工作的人员称为软件测试工程师。关于软件测试概念，需要强调以下几点。

第一，软件测试的对象是软件系统的程序代码，而非高层的软件模型和文档。实际上，软件模型和文档也会引入错误、存在缺陷，这些错误和缺陷最终都会反映在软件系统的程序代码中。通过软件测试可以发现代码中的缺陷，这些缺陷可以进一步回溯到高层的软件模型和文档中。例如，如果通过测试发现软件运行所展示的功能与用户的需求不一致，导致这一缺陷的原因可追溯到需求分析阶段所产生的软件需求规格说明书，软件需求工程师所描述的软件需求与用户的实际需求存在偏差，这就是一个典型的软件需求缺陷。

第二，软件测试通过运行程序代码的方式来发现程序代码中潜藏的缺陷。这一点和代码走查、静态分析形成鲜明的对比。代码走查是指软件工程师在理解程序代码的基础上，在"脑子"里理解程序代码是如何运行的，从而发现代码存在的缺陷，如处理逻辑是否正确。静态分析是指通过软件工具扫描和分析程序代码，从中发现程序代码中存在的缺陷。无论是代码走查还是静态分析，它们虽然都想发现代码中的缺陷，但都不是通过运行程序代码来完成的。

第三，软件测试的目的是发现软件中的缺陷。软件测试只负责发现缺陷，不负责修复和纠正缺陷。因此，软件测试的结果是报告通过测试所发现的软件缺陷集合。一旦通过软件测试发现了软件中的缺陷，程序员需要开展程序调试以发现软件缺陷的形成原因以及产生缺陷的代码位置，进而修复和移除软件缺陷。

第四，软件测试的依据是软件的需求和设计文档。它们规定了软件系统的程序代码应该是怎样的。凭什么说程序代码存在缺陷呢？那就是看程序运行的过程和结果与软件设计或需求所规定的内容是否一致，如果不一致，就认为程序代码存在缺陷。

11.2.2 软件测试的原理

软件运行的本质是对数据进行处理。软件系统及其模块单元的工作流程大致描述如下。接收数据的输入，经过处理后，产生新的数据输出。因此，要判断一个软件系统及其模块单元是否存在缺陷，一个有效方法是给它一组数据，看它对该数据的处理流程和结果是否与预期（即设计和需求规约）的流程和结果一致。如果存在差异，就可断定软件存在缺陷。

软件测试的原理描述如下。针对被测试的程序代码，根据其内部的处理逻辑或外部展现的功能，设计出一组数据，通常称为测试用例（Test Case），交给程序代码处理，观察程序处理数据的逻辑流程或结果，判断它们与预期的流程或结果是否一致，如果存在不一致，该程序代码就存在缺陷。因此，软件测试的前提是需要为待测试的程序代码设计一组数据以进行处理，进而来判断处理结果是否存在偏差。图11.1描述了软件测试的基本原理，其中矩形内部的内容属于软件测试的工作范畴。一般地，开展软件测试需要完成以下几项关键性的工作。

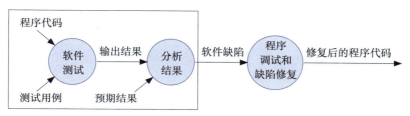

图11.1　软件测试的基本原理的示意

首先明确软件测试对象，也就是要对什么样的程序代码进行测试。根据代码粒度的大小，软件测试的对象可以是最基本的模块单元，如一个过程、函数、类方法；也可以是多个模块集成在一起而形成的更大粒度的软件模块，甚至是整个软件系统。根据测试对象的粒度差异，软件测试可分为单元测试、集成测试、确认测试和系统测试。

然后设计软件测试用例，这是开展软件测试的关键。设计的测试用例的好坏直接决定了软件测试能否有效地发现软件中的缺陷。软件测试工程师的主要任务之一就是设计测试用例。该项工作可以早在需求分析、软件设计等阶段开展，根据需求模型和文档、软件设计模型和文档来设计相应的测试用例。也就是说，无须等到软件测试阶段，在软件开发的早期就可以开展测试用例的设计工作。

接着运行被测的程序代码，输入测试用例，获得处理结果。该项工作是软件测试的前提。软件测试工作的开展必须让待测试的程序代码运行起来，接收测试用例的输入，并产生数据输出，分析输出的数据与预期的数据是否一致。显然，运行程序代码的前提是要编写出相应的程序代码。因此，该项工作通常是在相关程序代码编写完成之后开展。

最后形成测试的判断，该项工作直接反映了软件测试的结果，即将程序代码运行的情况和结果与预期的情况和结果对比，以此来判断软件系统是否存在缺陷。

软件测试结束后，软件测试工程师需要将软件测试的情况、观察到的测试结果、发现的软件缺陷等记录下来，形成软件测试报告。程序员需要基于软件测试报告，对发现的每一个软件缺陷进行针对性的调试，进而修复缺陷。

11.2.3 软件测试面临的挑战

软件测试对软件质量保证而言至关重要，因为它是发现软件缺陷的有效手段，也是程序代码开发完成之后进行软件质量保证必不可少的环节。在实际软件开发过程中，软件测试是工作量较多的一个阶段。在实际工作过程中，软件测试面临诸多挑战。

首先，如何有效地发现代码中的缺陷？通过软件测试没有发现问题并不等于软件就没有缺陷。可能原因是软件测试用例没有设计好，导致一些缺陷未被发现。就像我们参加体检，由于医疗设备或医生诊断的原因，一些潜在的疾病未能查出。这就需要我们思考，如何设计测试用例才能有效地揭示软件中的缺陷。

其次，如何提高软件测试的效率？软件开发数据表明，软件开发过程中有大量的工作用在软件测试上，软件测试的工作量大约占软件开发总工作量的三分之一以上。尤其是，随着软件的持续维护和演化，软件测试工程师不得不对软件进行反复测试。这就需要我们思考能否借助有效工具来提升软件测试的自动化程度，提高软件测试的工作效率。

11.3 如何进行软件测试

为了实现软件测试，软件测试工程师需要开展两项工作。一是设计测试用例；二是运行程序代码，输入测试用例，观察处理过程和结果，形成测试判断。

11.3.1 软件测试用例的描述

测试用例描述了对程序代码进行测试时所输入的数据以及预期的结果。一般地，一个测试用例可由以下四元偶加以描述：<输入数据，前置条件，测试步骤，预期输出>。

1. 输入数据

输入数据代表将交由待测试程序代码进行处理的数据，程序代码基于输入数据，执行相应的业务逻辑，并产生数据输出。例如，如果要测试用户登录的功能是否存在缺陷，那么软件测试工程师需设计出用户账号和密码的数据，并交由用户登录代码进行处理。

2. 前置条件

当待测试的程序代码对数据进行处理时，软件测试工程师需要明确程序处理输入数据的运行上下文，即要满足的前置条件。代码对输入数据的处理结果与运行上下文是密切相关的。例如，如果要测试用户登录的功能是否存在缺陷，软件测试工程师可以设计出某个合法的用户账号和密码，看看用户登录能否成功完成。在此情况下，合法的用户账号和密码必须事先存放于用户的数据库中，这是运行该测试用例的前提条件，也是开展该项测试的上下文。

3. 测试步骤

在软件测试的过程中，程序代码对输入数据的处理可能涉及一系列的步骤，如输入数据、单击按钮等。为此，软件测试工程师在设计测试用例时需要明确测试的每一个步骤，描述清楚每个步骤用户的输入数据情况。例如，测试用户登录的功能就包含以下步骤：首先，用户在界面输入用户的账号和密码；其次，用户单击"确认"按钮以登录系统；最后，系统将显示登录的结果。

4. 预期输出

根据待测试程序代码的功能及内部执行逻辑，输入不同的数据，程序代码应该有不同的预期输出结果。例如，如果是对合法的用户账号和密码进行测试，那么其预期的结果应该是成功地登录到系统之中；如果是对非法的用户账号和密码进行测试，那么其预期的结果应该是登录失败。

软件测试工程师在完成测试用例的设计之后，需要对测试用例做适当的描述，以刻画测试用例的相关内容，如测试用例的编号、名称、所针对的模块名称、测试用例的设计人员及设计日期等。针对待测试的同一个程序代码，软件测试工程师通常要设计出多个不同的测试用例，以尽可能地找出程序代码中的缺陷。

示例11.1 **"用户登录"模块单元的测试用例设计**

"用户登录"模块单元支持用户（即旅客和售票员）登录到Mini-12306软件系统中。要成功地登录系统，用户必须预先注册，并且其账号和密码信息需存放在T_Passenger或T_TickerSeller数据库表中。针对旅客登录这一具体的功能模块，设计了以下针对该模块的两个测试用例。

（1）测试用例1：针对合法用户的测试用例

用例描述：该用例旨在测试合法的旅客能否登录到该系统中。

测试用例编号：TC-102-1。

测试用例名称：合法旅客登录。

被测试模块：LoginManager类中的login()方法。

输入数据：旅客账号为Pass-1，登录密码为123456。

前置条件：旅客账号Pass-1是一个已经注册好的旅客账号，该账号及登录密码123456已经存在T_Passenger表中。

测试步骤：首先运行包含Login()被测模块的代码；然后用户输入上述登录数据后单击登录界面的"确认"按钮；最后，系统提示"旅客成功登录系统"的信息。

预期输出：系统将提示"旅客成功登录系统"的信息。

（2）测试用例2：针对非法用户的测试用例

用例描述：该用例旨在测试非法的旅客能否登录到该系统中。

测试用例编号：TC-102-2。

测试用例名称：非法旅客登录。

被测试模块：LoginManager类中的login()方法。

输入数据：旅客账号为Pass-2，登录密码为456789。

测试步骤：首先清除T_User表中名为Pass-2的用户账号；然后运行包含login()被测模块的代码，用户输入上述登录数据后单击登录界面的"确认"按钮；最后，系统提示"旅客无法登录系统"的信息。

预期输出：系统将提示"旅客无法登录系统"的信息。

11.3.2 软件测试用例的设计——白盒测试技术

微课视频

软件测试的成效与软件测试用例的设计密切相关。有效的测试用例有助于发现软件系统中的缺陷，反之如果测试用例设计不合理，则难以暴露软件系统中的潜在问题。本小节介绍如何根据待测程序的设计逻辑（即详细设计模型）来设计测试用例，以有效地发现代码缺陷。白盒测试是一类特殊的测试技术，开展白盒测试的前提是已知模块（被测对象）的内部控制结构（即详细设计模型），以此作为依据来设计软件测试用例。白盒测试技术非常多，下面仅介绍基本路径测试这一白盒测试技术。

基本路径测试是根据模块（如类方法、函数等）的控制流程（通常用流程图或者活动图来表示）来确定该模块的基本路径集合，然后针对每条基本路径，设计出一组测试用例，保证模块中的每条基本路径都被测试用例执行过。

模块的执行路径是指从模块的起始执行点开始到结束执行点的语句序列。一个模块的执行路径可能有多条（如存在循环的情况下），甚至有无限多条（如死循环的情况下）。如果按照执行路径来设计测试用例，虽然可以实现测试的执行路径覆盖，但是会使得测试用例数量非常多，测试效率会比较低。基本路径是指至少引入一个新处理或一个新判断的程度通道。对任何模块而言，其基本路径只有有限多条。基本路径测试不仅可以保证基本路径覆盖，而且基于该技术来设计测试用例可以确保测试用例的数量是有限多个，从而提高测试效率。基本路径测试技术属于白盒测试的范畴，因为其前提是掌握模块内部的执行流程，因而通常用于支持单元测试。基本路径测试技术主要包括以下步骤和活动。

1. 根据模块的详细设计绘出模块的流程图

在软件详细设计阶段，软件设计工程师会采用多种方式（如流程图、活动图等）描述模块的内部执行逻辑。在该步骤，软件测试工程师需要将模块的详细设计描述转换为流程图描述。一个流程图由若干个节点和边组成，节点可分为两类：计算节点和判断节点，边用于描述节点之间的数据流和控制流。流程图通常用于描述模块内部的实现算法。图11.2（a）所示为LoginManager类的login()方法的流程图。

2. 将流程图转换为流图

流图也是一种用于刻画程序控制逻辑的图。与流程图不同的是，流图不涉及程序的过程性细节，只描述模块的控制结构。因此将流程图转换为流图时需做以下处理。

- 增加控制结构，将流程图中的结合点转换为流图中的一个节点。结合点是指条件语句的汇聚点。例如，图11.2（a）中"返回result"位置就是结合点8。
- 将流程图中的过程块合并为流图中的一个节点。过程块是指一组必然会在一起顺序执行的语句集。例如，图11.2（a）中"向PassengerLib对象发出消息verifyPassenger()"这条语句执行后必然会执行"合法?"判断语句，因而这两条语句可以合并为一个过程块3。
- 将流程图中的判定点转换为流图中的一个节点。例如，图11.2（b）中编号为1、2、3的节点分别对应于图11.2（a）中的3个判定点。

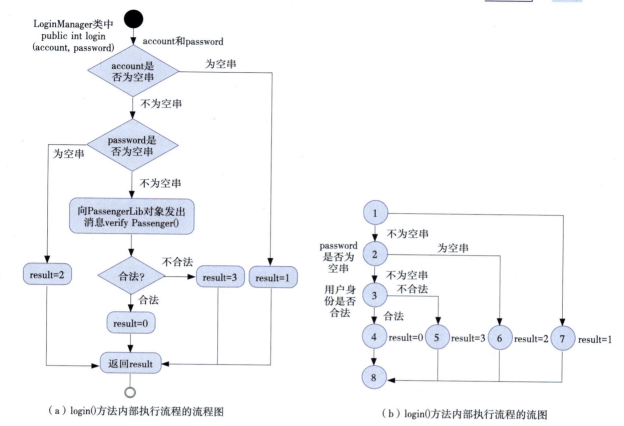

（a）login()方法内部执行流程的流程图   （b）login()方法内部执行流程的流图

图11.2 LoginManager类的login()方法的流程图和流图

经过上述转换，所得到的流图只包含了模块的内部控制逻辑，有关过程性的细节内容全部被封装在各个节点之中。图11.2（b）描述了将图11.2（a）进行转换后所得到的流图。

3. 确定基本路径集合

针对转换得到的流图D，计算该图的Cyclomatic复杂度(D) = Edge (D) – Node(D) + 2，即将流图D中边数量减去图中节点数量加2，所得到的数值就是该图所具有的基本路径数量。

4. 针对基本路径，设计测试用例

针对每条基本路径，设计测试用例，使得该测试用例输入到模块后，程序能够沿着该测试用例所对应的基本路径执行。

示例11.2 采用基本路径测试技术为LoginManager类的login()方法设计测试用例

（1）依据login()方法的流程图，如图11.2（a）所示，绘制出该方法的流图，如图11.2（b）所示。

（2）根据流图计算基本路径的数目，确定基本路径集合。

对照图11.2（b），该图的基本路径数目为10－8+2=4。基本路径是一条路径且其必须要引入新的语句或者判断。根据这一思想，login()方法具有以下4条基本路径。

- 基本路径1：1-7-8。
- 基本路径2：1-2-6-8。
- 基本路径3：1-2-3-5-8。
- 基本路径4：1-2-3-4-8。

（3）根据基本路径集合来设计测试用例。

针对每条基本路径为其设计测试用例，使得该基本路径被测试用例覆盖。

- 针对基本路径"1-7-8"，其测试用例为<account为空串，password为任意串，预期结果为result=1>。
- 针对基本路径"1-2-6-8"，其测试用例为<account为非空串，password为空串，预期结果为result=2>。
- 针对基本路径"1-2-3-5-8"，其测试用例为<account为非空串，password为非空串，account和password代表一个非法用户，即在T_Passenger数据库表中没有该account和password的记录项，预期结果为result=3>。
- 针对基本路径"1-2-3-4-8"，其测试用例为<account为非空串，password为非空串，account和password代表一个合法用户，即在T-Passenger数据库表中有该account和password的记录项，预期结果为result=0>。

11.3.3 软件测试用例的设计——黑盒测试技术

黑盒测试技术无须了解被测试模块（如函数、过程、类方法、构件和整个系统）的内部细节，而只需针对其功能和接口等来设计测试用例，进而发现代码中的缺陷。黑盒测试主要用来测试软件模块（如类、构件和整个系统）在满足功能要求方面是否存在缺陷，如不正确或遗漏的功能、界面错误、数据结构或外部数据库访问错误、初始化和终止条件错误等。下面介绍等价分类法和边界取值法两种黑盒测试技术。

1. 等价分类法

等价分类法的主要思想是把程序的输入数据集合按输入条件划分为若干个等价类，每个等价类中包含多项具有相同性质和特征的输入数据，但是在设计测试用例时只需选取等价类中的某个或者有限几个数据，即可代表整个等价类对目标模块进行测试，因而该方法可以有效减少测试用例的数量。

等价分类法的关键是确定被测试模块的输入数据，然后根据输入数据的类型和程序的功能说明来划分等价类。以下是划分等价类时常用的一些规则和策略。

- 如果输入值是一个范围，则可划分出一个有效等价类（输入值落在此范围内）和两个无效的等价类（大于最大值的输入值和小于最小值的输入值）。
- 如果输入值是一个特定值，则可类似地划分出一个有效等价类（即该值本身）和两个无效等价类（大于该值的输入值和小于该值的输入值）。
- 如果输入值是一个集合，则可划分出一个有效等价类（即此集合）和一个无效等价类（即此集合的补集）。
- 如果输入值是一个布尔量，则可划分出一个有效等价类（即此布尔量）和一个无效等价类（即此布尔量之非）。

当有多个输入变量时，需要对等价类进行笛卡儿组合。例如，一个模块的输入包括一个整型变量和一个字符串型变量。整型变量的等价类为正整数、0、负整数共3类，字符串型变量的等价类为全字母字符串和非全字母字符串两类，那么通过组合，整个输入的等价类就有6个，包括<正整数，全字母>、<0，全字母>、<负整数，全字母>、<正整数，非全字母>、<0，非全字母>、<负整数，非全字母>。

> **示例11.3** 采用等价分类法来设计"用户登录"功能的测试用例

"用户登录"是Mini-12306软件的一项基本模块功能，它要求用户（即旅客和售票员）输入账号和密码，以登录系统。其中，账号是由数字和字母构成的字符串，可以是手机号；密码是由数字和字母构成的长度为6的字符串。针对该功能描述，可以采用等价分类法为其设计测试用例。

首先，账号输入是一个受限的字符串，可以将其分为3个等价类，即非法的字符串（如包含数字、字母的其他非法符号）、合法的字符串但是属于非法的账号（如由数字、字母构成的字符串，但该账号不在T_Passenger数据库表中）、合法的字符串且是合法的账号（如由数字、字母和"@"构成的字符串，且该账号在T_Passenger数据库表中）。

同理，密码输入是一个受限的字符串且字符串长度必须为6，可以将其输入分为3个等价类，即非法的字符串（如包含数字、字母之外的其他非法符号，或者长度少于或大于6）、合法的字符串但是属于非法的密码（如由数字和字母构成的长度为6的字符串，但该密码不在T_Passenger数据库表中）、合法的字符串且是用户的合法密码（如由数字和字母构成的长度为6的字符串，且该密码在T_Passenger数据库表中）。

基于上述讨论，可以为"用户登录"功能设计出以下9个测试用例。其中的测试过程可以描述为"进入用户登录界面，输入登录account和password，单击确认按钮"。

- <account = "Pass-1&"（非法账号），password="rhfdc"（非法密码），测试步骤如上，预期结果为登录不成功>。
- <account = "Pass-1&"（非法账号），password="rhfdcf"（合法密码但该密码不在数据库中），测试步骤如上，预期结果为登录不成功>。
- <account = "Pass-1&"（非法账号），password="rhfdc2"（合法密码且该密码在数据库中），测试步骤如上，预期结果为登录不成功>。
- <account = "139****5643"（合法账号但该账号不在数据库中），password="rhfdc"（非法密码），测试步骤如上，预期结果为登录不成功>。
- <account = "139****5643"（合法账号但该账号不在数据库中），password="rhfdcf"（合法密码但该密码不在数据库中），测试步骤如上，预期结果为登录不成功>。
- <account = "139****5643"（合法账号但该账号不在数据库中），password="rhfdc2"（合法密码且该密码在数据库中），测试步骤如上，预期结果为登录不成功>。
- <account = "138****4583"（合法账号且该账号在数据库中），password="rhfdc"（非法密码），测试步骤如上，预期结果为登录不成功>。
- <account = "138****4583"（合法账号且该账号在数据库中），password="rhfdc"（合法密码但该密码不在数据库中），测试步骤如上，预期结果为登录不成功>。
- <account = "138****4583"（合法账号且该账号在数据库中），password="rhfdc2"（合法密码且该密码在数据库中，对应于该账号的密码），测试步骤如上，预期结果为登录成功>。

2. 边界取值法

大量的软件开发实践和经验表明，当输入数据处于范围边界值上时，程序非常容易出错，因为边界条件本身就是一类特殊的情况，因而在编程时需要特别考虑和关注，否则很容易导致代码出现缺陷。例如，一个整型变量的输入范围是正整数，那么输入数据分别为1和0时，程序可能会采取不同的处理方式；一辆汽车的定速巡航系统规定车速到达20km/h时才可以使用该项功能，那么当速度分别为19km/h和21km/h时，汽车控制软件会采用不同的处理方式。

边界取值法是指通过选择特定的测试用例，强迫程序在输入的边界值上执行。边界取值法可以看作对等价分类法的补充，即在一个等价类中不是任选一个或多个元素作为此等价类的代表数据进行软件测试，而是选择此等价类边界上的值。此外，采用边界取值法来设计测试用例时，不仅要考虑输入条件，还要考虑测试用例能否覆盖输出状态的边界。

采用边界取值法设计测试用例的策略描述如下，它与等价分类法有许多相似之处。

- 如果输入条件指定了由值a和值b括起来的一个范围，那么值a、值b和紧挨a、b左右的值应分别作为测试用例。

- 如果输入条件指定为一组数，那么这组数中的最大值、最小值和次大值、次小值应作为测试用例。
- 把上面两条规则应用于输出条件。例如，某程序输出为一张温度压力对照表，此时应设计测试用例正好产生表项所允许的最大值和最小值。
- 如果内部数据结构是有界的（例如，某数组有100个元素），那么应设计测试数据，使之能检查该数据结构的边界。

示例11.4 **采用边界取值法来设计"用户登录"功能的测试用例**

结合"用户登录"功能以及输入条件的描述，下面介绍如何采用边界取值法为其设计测试用例。

针对账号输入，可以根据其输入要求将其划分为3个等价类：{非法的字符串（如包含数字、字母之外的其他非法符号）}、{合法的字符串但是属于非法的账号（如由数字、字母构成的字符串，但是该账号不在T_Passenger数据库表中）}、{合法的字符串且是合法的账号（如由数字、字母和"@"构成的字符串，且该账号在T_Passenger数据库表中）}。针对第一个等价类，可以分以下两种情况来设计账号的输入数据：账号为空串、账号为包含了非法符号的非空字符串。

同理，针对密码输入，根据其输入要求，将其划分为3个等价类：{非法的字符串（如包含数字和字母之外的其他非法符号，或者长度少于或大于6）}、{合法的字符串但是属于非法的密码（如由数字、字母构成的长度为6的字符串，但是该密码不在T_Passenger数据库表中）}、{合法的字符串且是合法的密码（如由数字、字母构成的长度为6的字符串，且该密码在T_Passenger数据库表中）}。对于第一个等价类，可以分以下5种情况来设计密码的输入数据：密码为空串、密码是由非数字和字母构成的长度为5的字符串、密码是由数字和字母构成的长度为5的字符串、密码是由非数字和字母构成的长度为7的字符串、密码是由数字和字母构成的长度为7的字符串。

11.3.4 非功能性测试技术

软件需求不仅包括功能性需求，而且包括非功能性需求，如系统的可靠性、健壮性、灵活性、安全性等。前面所介绍的白盒测试技术和黑盒测试技术都是针对软件功能的测试技术，实际上软件系统还需要进行非功能性测试。

非功能性测试包括压力测试（Stress Test）、容量测试（Volume Test）、兼容性测试（Compatibility Test）、安全性测试（Security Test）、恢复测试（Recovery Test）、可用性测试（Usability Test）、可靠性测试（Reliability Test）等。

- 压力测试。当系统在短时间内达到其压力（如访问压力）极限时，对软件系统进行的测试，判断此时系统的运行状况（如稳定性、响应速度等）。如果软件需求要求系统需要处理高达某个数值的设备或用户，那么压力测试需要在满足这些数量要求的设备或用户同时处于工作状态时，测试软件系统的性能。例如，Mini-12306软件需要测试在春运期间同时有上百万人使用该软件时，系统是否会崩溃，响应速度如何。这一情况同样出现在诸如淘宝、京东等网上销售系统，在"双十一"期间，同时有几千万用户、上亿个订单需要处理时，系统还能否正常稳定地运行。对于那些需要对大量用户或数据进行处理的软件，压力测试非常重要。

- 容量测试。主要针对需要对大量数据进行处理的软件系统，分析系统所定义的数据结构（如列表、集合）等能否处理所有可能的情况，检查软件系统的持久数据存储；针对数据库、记录、文件等，分析它们能否容纳所预期规模的数据，评估软件系统在数据量达到最大限度时，能否对用户的操作做出适当的反应。一个典型的例子就是视频监控软件，持续的监控会积累大量的视频数据，此时需要测试该系统能够承受和处理多大的视频数据量，当数据超出界限时会出现什么样的问题。

- 兼容性测试。当所开发的软件系统需要与其他的系统进行交互时，就需要考虑该方面的测试。兼容性测试主要分析软件系统能否通过接口与其他的系统进行交互，交互的数据量、速度和准确度如何。
- 安全性测试。当前越来越多的软件部署在互联网上，软件系统中保存了用户的个人私密信息。安全性测试借助工具或手动手段来模拟"黑客"的入侵，以发现软件系统中存在的安全隐患，检查软件系统对非法入侵的防范能力。
- 恢复测试。任何系统都有可能因为某些异常情况而无法继续运行，整个系统需要重新恢复执行。恢复测试主要检查系统的容错能力，即当系统出错时，能否在指定时间内修正错误并重新启动系统。
- 可用性测试。软件系统最终要服务于用户的使用和操作。可用性测试是指检查软件系统的用户界面及其操作，分析软件的易用性等方面的情况。
- 可靠性测试。通过软件测试获得第一手的软件缺陷及修复数据，以此来计算软件系统的平均无故障时间、平均修复时间、发现和修复故障的平均时间、失效间隔平均时间等，从而计算软件系统的可靠性。

11.3.5　软件测试的实施

在软件测试阶段，程序员或软件测试工程师需要将待测试的程序代码运行起来并输入测试用例来开展软件测试工作。然而程序员编写的单个模块（如过程、函数、类等）是不可直接运行的。程序员或软件测试工程师需要采用图11.3所示的方法来运行测试模块和实施软件测试。

首先，实现一个类似于C程序中的main()函数作为测试驱动程序，以加载和运行被测程序，并使得测试驱动程序可以编译和运行。

其次，如果被测试的类方法（假设为类A对象的方法m1）在执行过程中需要向其他的类对象发送消息（假设为类B对象的方法m2），而类B的代码尚未编写完或者还没有经过单元测试。在这种情况下，软件测试工程师或程序员可以快速编写和构建出类B及其方法m2的程序代码，模拟实际的类B和方法m2，以便辅助类A的方法m1完整地执行其运行流程。为开展软件测试所编写的类B方法m2的程序代码可以非常简单，如仅仅只有一条返回语句，以表明执行成功或者失败。这个构建的类B模块称为测试的桩模块，其目的是支持被测试类代码的运行。

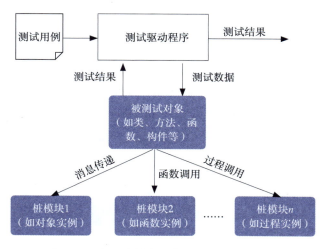

图11.3　运行测试模块和实施软件测试的方法

完成上述准备工作之后，就可以实施具体的软件测试工作了。

第一，在main()函数中对相关的被测试代码（如待测试的类、桩模块类等）进行实例化，创建被测试的对象，将待测试的类代码、桩模块代码与main()函数代码集成在一起编译和运行，从而加载和运行类实例。

第二，在main()函数中接收测试数据（如提供一个界面支持软件测试工程师输入测试数据），向被测试的类对象发送相应的消息，并将测试数据作为消息参数传送给被测试的对象方法。该步骤的本质就是执行待测试类的相关方法。

第三，在main()函数中获取类消息的执行结果，根据响应值、对象属性（状态）发生的变化等内容来分析测试用例的执行情况，据此判断实际执行结果是否与预期的结果一致。如果不一致，就意味着某个或某些类方法存在缺陷。

示例11.5 借助JUnit对LoginManager类的login()方法开展单元测试

假设程序员已经编写好LoginManager类代码，并且设计好了相应的单元测试用例，下面介绍如何借助JUnit对LoginManager类的login()方法进行单元测试。

首先，根据LoginManager类login()方法的实现算法可知，该方法需要向PassengerLib类对象发送消息verifyPassenger(account,password)。为此，程序员可以构建PassengerLib类这一桩模块，它仅有verifyPassenger(account,password)方法，并且该方法只有一条语句（如"return 0；"表示是合法的用户）。

其次，程序员针对被测试的LoginManager类，编写一个相应的测试类，即JUnitTest类。在测试类中，程序员编写相关的测试代码，以完成以下功能。

- 生成待测试的LoginManager类对象。
- 接收测试用例的输入，主要是用户的账号和密码。
- 向LoginManager类对象实例发送消息login(account,password)，其中的account和password两个参数的值来自输入的测试用例。
- 获取和分析待测试类对象的运行数据、判断测试结果等。例如，利用JUnit提供的assert()方法来判断运行结果是否与预期结果一致。

最后，将上述程序代码一起编译和运行，输入测试数据，查看JUnit的运行结果，从而判断待测试的类代码是否存在缺陷。

11.3.6 大模型辅助智能化软件测试

在软件测试过程中，软件测试工程师需要完成诸多工作，包括制订测试计划、设计测试用例、编写测试代码、撰写测试报告等。近年来，随着生成式人工智能技术的快速发展，利用大模型技术来自动生成测试用例、测试代码和测试报告等已成为现代软件开发实践的一种方式。软件测试工程师可以将DeepSeek、Copilot等工具作为软件开发助手，完成软件测试的诸多工作，从而提高软件测试的效率和质量。

示例11.6 借助智能化软件开发工具自动生成软件测试用例

图11.4展示了借助DeepSeek为"车票查询"功能自动生成测试用例的过程。软件测试工程师告诉DeepSeek具体的任务和要求，DeepSeek有序地生成针对该功能模块的测试用例，详细描述了针对不同场景的测试用例（包括输入数据和预期结果）及测试步骤。

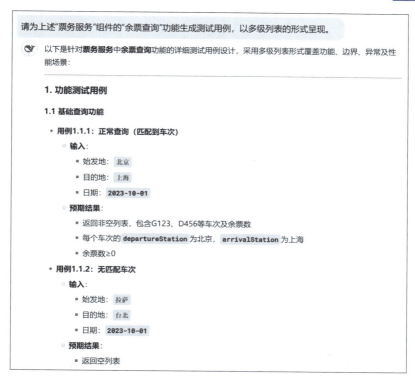

图11.4　通过大模型自动生成测试用例

11.4　软件测试的过程和活动

软件测试工作需要经历一系列步骤，包括单元测试、集成测试、确认测试等，完成诸多任务和活动，包括制订和评审软件测试计划、设计软件测试用例、执行软件测试活动、撰写软件测试报告等。

11.4.1　软件测试的过程

软件测试需要经历多个步骤。程序员先从单元测试入手以发现软件系统基本模块单元是否存在缺陷。单元测试通过以后，软件测试工程师需把多个程序单元集成在一起，形成更大粒度的软件模块，再对这些粗粒度的模块进行集成测试，以发现集成过程中存在的缺陷和问题。集成测试完成之后，软件测试工程师还要对整个软件系统进行确认测试，以分析所开发的软件系统是否满足用户的各项要求。最后，软件测试工程师需将所开发的软件系统与其他的系统（如遗留软件系统、硬件系统、云服务）等组合在一起进行系统测试和非功能性测试，看看软件系统能否满足整个系统的需求、达成非功能性需求。图11.5描述了软件开发活动与软件测试活动之间的对应关系。

整体而言，软件测试是一个"由里到外""由微观到宏观""从细粒度到粗粒度"的过程。

1. 单元测试

该项工作发生在编码阶段，由程序员负责完成。单元测试是对软件系统的基本"零件"（即程序模块）进行的测试。由于这些基本零件由各个程序员负责编写完成，他们最熟悉这些模块的基本情况（如功能、接口、算法等），因此单元测试通常由程序员来实施和完成。一般地，程序员根据软件设计的信息来设计测试用例，相关模块单元编写完成后就需对这些基本模块进行测试，以发现并解决模块中的缺陷，确保基本模块单元的代码质量。

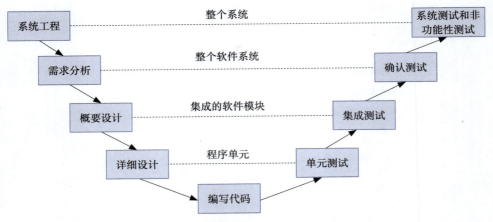

图11.5 软件开发活动与软件测试活动之间的对应关系

2. 集成测试

该项工作发生在软件测试阶段，由软件测试工程师负责完成。集成测试的任务是将经过单元测试后的各个模块组装在一起，形成更大粒度的模块单元，并分析在集成过程中是否会引入缺陷。需要注意的是，整个软件系统是诸多模块集成和组合的结果。软件测试工程师可根据软件体系结构的设计结果，掌握哪些模块需要进行什么样的集成，在此基础上设计集成测试用例。因此，集成测试用例的设计实际上在软件体系结构设计阶段就可同步开展。

3. 确认测试

该项工作发生在软件测试阶段，由软件测试工程师负责完成。确认测试的任务是对整个软件系统是否满足用户需求进行测试和检验。通过集成测试的软件模块并不意味着它们就没有问题，也不能保证所开发的软件系统能满足用户的需求。在该测试阶段，软件测试工程师可以根据软件需求分析的结果，知道软件需要提供哪些功能和服务，在此基础上设计确认测试用例。因此，确认测试用例的设计实际上在软件需求分析阶段就可同步开展。

4. 系统测试和非功能性测试

该项工作发生在软件测试阶段，由软件测试工程师负责完成。对许多软件系统（如人机物三元融合系统）而言，软件仅仅是更大系统（如飞机、汽车）的组成要素。在此情况下，软件测试工程师需要将软件与其他的系统（如硬件系统、其他遗留软件系统、云服务等）组织在一起，对整个软硬件系统进行测试。尤其是软件测试工程师需要针对软件的非功能性需求（如性能、并发、可靠性等）进行测试，以检验最终的软件系统是否满足非功能性需求。

11.4.2 软件测试的活动

整个软件测试涉及一系列的任务，有些任务是在测试阶段完成的，如运行测试代码、观察测试结果、撰写测试报告等，有些任务则可在软件开发早期开展，如制订软件测试计划、设计测试用例等。

1. 制订和评审软件测试计划

在软件开发早期，软件测试工程师需制订出整个软件测试计划，以描述在软件项目实施过程中将要开展的软件测试活动、参与测试的人员及其工作安排、投入的资源和工具、软件测试的进度安排等方面的内容。一旦软件测试计划制订完毕，软件测试工程师需要组织相关人员（如用户、软件设计工程师、软件质量保证人员等）对软件测试计划进行评审，以发现计划中存在的问题，并就相关的内容（如测试进度安排）达成一致。

2. 设计软件测试用例

在软件开发阶段，软件测试工程师需根据该阶段所产生的软件制品，设计出软件测试用例，以支持后续软件测试阶段的各项软件测试活动。在系统工程阶段，根据系统需求的描述，设计出支持系统测试的测试用例。软件需求分析完成之后，软件测试工程师可以基于软件需求模型和文档，设计出确认测试的测试用例。软件体系结构设计刻画了软件系统中的各个模块（如函数、过程、类等）是如何通过接口集成在一起，形成整个软件系统的。在此阶段，软件测试工程师须基于软件体系结构设计的模型和文档，设计出软件集成测试的测试用例。在软件详细设计阶段，程序员根据各个模块的内部实现流程，设计出每个模块的单元测试用例。

3. 执行软件测试活动

一旦进入到编程实现及后续的软件测试阶段，程序员和软件测试工程师就需要实施一系列软件测试活动。首先，针对模块单元，基于单元测试用例，程序员需开展程序单元测试，发现基本模块单元中存在的代码缺陷。一旦完成了程序单元的编程和测试，软件测试工程师可将各个基本模块单元集成在一起，并基于集成测试用例，开展软件的集成测试。集成测试完成之后，软件测试工程师基于确认测试用例，对整个软件系统进行确认测试。最后将软件系统与其他的系统组合在一起，基于系统测试的用例，开展系统测试和非功能性测试。

4. 撰写软件测试报告

在执行上述软件测试活动的过程中，程序员和软件测试工程师要根据软件测试活动的具体结果，撰写软件测试报告，详细描述通过软件测试发现的软件缺陷。程序员通过阅读和分析软件测试报告，掌握程序代码中的缺陷情况及其症状，并以此来开展相应的程序调试和缺陷修复工作。

5. 回归测试

程序员修复了程序缺陷后，还需要对修复后的代码进行回归测试，以判断缺陷是否已经被成功修复以及在修复代码过程中有没有引入新的缺陷。

11.5　支持软件测试的CASE工具

目前支持软件测试的CASE工具非常多，它们提供了测试用例生成、测试代码编写和运行、测试报告生成等一系列的功能和服务。程序员和软件测试工程师可以借助这些工具来提高软件测试的效率和质量，降低软件测试的成本。

1. 测试用例生成工具

一些软件工具可以帮助软件测试工程师完成测试用例设计工作。ChatGPT、CodeArts Snap和Copilot等均提供了测试用例生成的功能。AutoTCG可以帮助软件测试工程师选择不同的测试技术，自动生成测试用例。GraphWalker 是一款开源的软件测试工具，它使用有向图来表示系统的状态和行为，然后根据这个图模型自动生成测试用例。

2. 软件测试实施工具

一些软件工具可以帮助软件测试工程师完成测试代码的生成和运行工作。JUnit是一个用Java编写的、支持Java代码测试的软件框架。软件测试工程师可以借助JUnit工具来编写Java程序的测试代码，并与被测Java代码集成，完成软件测试工作，包括输入测试用例、运行测试代码、检查和提示测试结果等。类似JUnit的工具非常多，如CUnit、PyUnit等。一些智能化软件工具（如Copilot等）也支持测试代码的生成工作。

11.6 软件测试工程师

软件测试工程师负责软件系统的测试工作，发现软件系统中的缺陷，协助软件开发工程师定位和修复缺陷。虽然软件测试工程师不参加实际的软件开发工作，但是作为质量保证的重要成员，软件测试工程师把关软件系统的最终质量，这一岗位极为重要。

软件测试工程师通常扮演两类角色。一类是软件开发工程师的服务人员，软件测试工程师负责发现软件中的缺陷，提供详实的报告来记录缺陷及描述缺陷的具体信息，并将这些信息汇报给软件开发团队。因此，软件测试工程师需要服务于软件开发工程师，帮助他们理解和解决软件中的缺陷。一些软件项目（如微软公司的Windows项目团队）为一名软件开发工程师配备一名软件测试工程师，还有一些软件项目的配置比更大，一名软件开发工程师可以配备两名甚至3名软件测试工程师。另一类是充当客户的技术代表，帮助客户发现软件中存在的各类问题，通过测试来演练客户验收。如果软件测试工程师发现了软件缺陷，则意味着客户的需求未能得到正确的实现，软件产品存在问题，因而不宜交付客户使用。

软件测试工程师需具备一系列专业技能，包括质量过程规划和实施、质量过程监督和控制、质量过程度量和改进、软件审查、软件测试等。尤其在软件测试方面，他们不仅要完成具体的软件测试活动，还需要完成测试计划制订、测试用例设计、测试报告撰写等一系列的工作。

除了专业技能之外，软件测试工程师还需要具备良好的职业素质，具体包括：

（1）使命感，充分认识到质量保证工作的重要性；

（2）责任心，尽心尽力地找出软件系统中潜藏的软件缺陷；

（3）细心，不放过任何可能的缺陷；

（4）服务和协作意识，要在发现软件缺陷的基础上，做好软件开发工程师的助手，尽可能地协助他们修复缺陷。

11.7 本章小结和思维导图

本章聚焦于软件测试，分析了软件测试的概念、原理和面临的挑战；介绍了软件测试技术，包括测试用例的设计和描述、非功能性测试技术、软件测试实施技术、智能化软件测试等，尤其是基于基本路径的白盒测试技术、等价分类法和边界取值法等黑盒测试技术；阐述了软件测试的过程和活动，包括单元测试、集成测试、确认测试、系统测试和非功能性测试等；最后讨论了支持软件测试的CASE工具以及软件测试工程师的职责。本章知识结构的思维导图如图11.6所示。

- 软件测试的目的是发现和找出软件系统中的缺陷。
- 软件测试的原理是：针对软件系统设计一组数据，将数据输入到程序中进行处理，判断程序处理的结果与预期的结果是否一致，如果不一致，则意味着软件存在缺陷。
- 通过软件测试没有发现缺陷并不意味着软件就没有缺陷，可能的原因是软件测试数据不合理或不充分，导致无法发现软件中潜藏的缺陷。
- 软件测试用例是一个四元偶：<输入数据，前置条件，测试步骤，预期输出>。
- 软件测试的特点是要运行程序代码，它与代码走查、静态分析有根本的区别。
- 如何提高软件测试的有效性和高效性是软件测试面临的挑战。
- 白盒测试技术需要掌握软件模块的内部执行流程，并以此来设计测试用例。基本路径测试是一类典型的白盒测试技术。

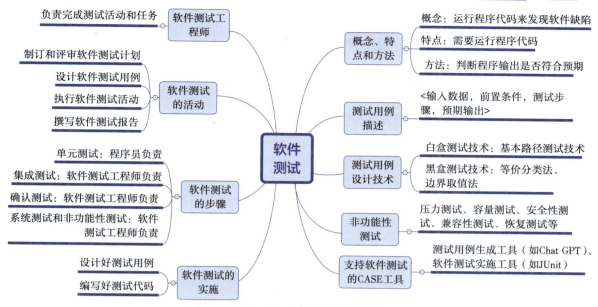

图11.6　本章知识结构的思维导图

- 黑盒测试技术只需知道模块的功能并以此来设计测试用例。等价分类法、边界取值法等属于黑盒测试技术。
- 为了运行程序代码以开展软件测试，软件测试工程师需要编写测试驱动程序和桩模块。也就是说，软件测试工程师需要为测试编写代码。
- 软件测试通常包括单元测试、集成测试、确认测试、系统测试和非功能性测试等阶段。
- 单元测试通常采用白盒测试技术，由程序员来完成。其他测试通常采用黑盒测试技术，由软件测试工程师来完成。
- 软件测试除了要测试软件的功能之外，还要进行非功能性测试，包括压力测试、容量测试、安全性测试等。
- 在软件开发的早期，软件测试小组需要制订软件测试计划、设计测试用例，以指导软件测试工作的开展。
- 可以用CASE工具来辅助软件测试工作，包括设计测试用例、生成测试代码、运行测试程序、撰写测试报告等。
- 软件测试工程师是一个使命光荣、工作重要的角色，他们是软件质量的检验员，其工作的成效直接决定软件系统的质量。

11.8　阅读推荐

- [美]Myers G J，Badgett T，Sandler C.软件测试的艺术. 第3版[M]. 张晓明，黄琳译，机械工业出版社，2012.

该书是软件测试领域的一本经典著作。该书结构清晰、讲解生动，简明扼要地介绍了诸多久经考验的软件测试方法，从软件测试的心理学和经济学入手，探讨了代码检查、代码走查与评审、测试用例的设计、模块单元测试、系统测试、系统调试等基本主题，以及极限测试、互联网应用测试等高级主题，全面展现了作者的软件测试思想。第3版在前两版的基础上，结合软件测试的新发展进行了内容更新，增加了可用性测试、移动应用测试以及敏捷开发测试等方面的内容。

11.9　知识测验

11-1　请简述软件测试的原理，分析软件测试与静态分析在发现软件缺陷方面有何区别。

11-2　能否通过软件测试证明程序是正确的？为什么？

11-3　软件测试没有发现错误是否意味着软件没有错误？为什么？

11-4　单元测试工作为什么要由程序员而非软件测试工程师来完成？

11-5　软件测试工作贯穿软件开发全过程，这一观点正确吗？为什么？

11-6　请结合软件测试的思想和原理来分析如何提高软件测试的有效性和高效性，以及软件测试面临什么样的挑战。

11-7　软件测试首先要进行单元测试，然后开展集成测试，随后进行确认测试，最后开展系统测试和非功能性测试。如果将软件测试的上述次序反过来，是否可以？请说明理由。

11-8　白盒测试技术和黑盒测试技术有何本质的区别？

11-9　请说明软件测试、程序调试、缺陷修复这3项工作之间的区别和联系。

11-10　请说明软件测试要完成哪些方面的工作，这些工作通常在软件生命周期的什么阶段完成。

11-11　以下是高铁剩余座位查询模块的功能描述及其接口设计，请采用等价分类法为该模块的集成测试设计测试用例，详细说明测试用例设计的步骤以及最终的测试用例结果。
"Integer: QueryRemainingSeats(TrainNo,SeatClass)"，该模块根据输入的车次号和座位类别（如一等座、二等座），查询当日该车次及座位等级的剩余座位数量。如果输入信息不合法，则返回结果为-1。

11-12　何为回归测试？为什么要进行回归测试？

11-13　某个函数有两个输入参数x、y，其中参数x是布尔型变量，参数y是取值范围为0≤ y ≤100的整数。请用边界取值法设计该函数的测试用例。

11.10　工程实训

　　本章的实训任务需要完成头歌平台上相关章节的闯关实训，了解和掌握如何借助相关的工具来开展软件测试工作，包括设计测试用例、运行测试代码、分析测试结果等。

- 设计软件测试用例。结合某个功能模块的设计流程图及其实现代码（如某个类、类中的某个方法），采用基本路径测试技术设计出该模块的测试用例，并详细描述其信息。将该功能模块信息提示给ChatGPT，请它为该模块设计测试用例。请对比你设计的测试用例与ChatGPT设计的测试用例，评估哪个更为合理。
- 开展软件测试工作。针对上述功能模块的测试用例及其实现代码，借助JUnit、CUnit或PyUnit等测试软件工具，编写出相应的测试代码，运行待测试的代码，输入测试用例，查看软件测试的结果，判断模块单元是否有缺陷，并撰写软件测试报告。
- 访问头歌实践教学平台"国防科技大学课程社区"→"软件工程学习社区"→软件工程课程实训，完成"软件测试"中的实训任务。

11.11　综合实践

1. 综合实践一

● 任务：对编写的代码进行软件测试，发现所维护的开源代码中存在的缺陷。

● 方法：在维护开源软件的过程中，针对所编写的代码，设计测试用例，开展软件集成测试和确认测试。

● 要求：针对软件设计规格说明书和需求文档来设计测试用例，确保软件测试覆盖所有功能。

● 结果：反馈通过测试发现的软件缺陷。

2. 综合实践二

● 任务：对编写的程序代码进行软件测试，发现所开发的软件中存在的代码缺陷。

● 方法：针对所编写的程序代码，设计测试用例，开展软件集成测试和确认测试。

● 要求：针对软件设计规格说明书和需求规格说明书来设计测试用例，确保软件测试覆盖所有功能。

● 结果：反馈通过测试发现的软件缺陷。

第12章
软件维护

软件开发完成并投入使用之后，软件系统将进入到漫长的维护（Maintenance）阶段。在该阶段，软件运维工程师需要面对软件运维的多方面问题（如用户发现新缺陷、用户提出新需求等），因而需要开展多方面的软件维护工作，包括修改软件中潜藏的缺陷、提供用户所需的软件新功能、增强软件系统的健壮性、将软件系统移植到新的运行环境等。在此过程中，软件系统会衍生出不同的版本，也有可能会引入新的缺陷。本章聚焦于软件维护，介绍何为软件维护，重点阐述为什么要对软件进行维护以及如何进行软件维护，介绍支持软件维护的CASE工具，讨论软件维护工程师的任务和职责。

12.1 问题引入

一旦软件投入使用，就需要进行软件维护。软件维护的成本和投入非常高，据统计，大型软件系统的维护成本是开发成本的4倍，软件开发组织60%以上的人力用于软件维护。不仅如此，软件维护的难度也会比软件开发的难度大，在缺失软件设计规格说明书的情况下更是如此。毕竟要读懂他人编写的代码并对它们进行修改是一项费时费力的工作。正因如此，许多软件维护工程师不大愿意参与到软件维护工作之中。此外，软件维护通常与软件使用交织在一起，一些软件（尤其是互联网软件）甚至要求一边使用一边维护。例如，我们在使用微信时，腾讯公司会组织软件工程师对该软件同步进行维护。一些软件的维护周期非常长，多达几年甚至几十年。例如，美军在20世纪70年代开发的许多军用软件系统到现在仍然在使用和维护。为此，我们需要思考以下问题。

- 何为软件维护？有哪些软件维护形式？它们各有什么特点？
- 为什么要对软件进行维护？
- 如何进行软件维护？软件维护有哪些技术？
- 软件维护会对软件产生什么样的影响？
- 软件维护的过程是怎么样的？
- 软件维护工程师的职责和任务是什么？
- 有哪些CASE工具可支持软件维护工作？

12.2 何为软件维护

微课视频

软件维护有其特定的内涵并展现出多种形式，无论是软件开发过程还是软件维护过程，软件工程师都必须确保软件系统的可维护性。

12.2.1 软件维护概念

软件维护是指软件交付给用户使用之后，修改软件系统及其他部件的过程，以修复缺陷，提高性能或其他属性，增强软件功能以及适应变化的环境。软件投入使用后对软件进行的任何变更都属于软件维护。根据不同的目的，软件维护大致有以下4种形式。

1. 纠正性维护

纠正性维护（Corrective Maintenance）是指为修复和纠正软件中的缺陷而开展的维护活动。在纠正性维护过程中，软件维护工程师需要根据发现的缺陷，定位软件缺陷的位置，修改相应的程序代码，并同时修改相关的软件文档。例如，在Mini-12306软件的使用过程中，用户发现了某个软件缺陷，系统将该缺陷的情况反馈给开发团队，他们基于缺陷信息对软件进行纠正性维护。

2. 完善性维护

完善性维护（Perfective Maintenance）是指对软件进行改造以增加新的功能、修改已有的功能等维护活动。在软件维护阶段，软件工程师通常需要投入大量的时间和精力进行完善性维护。例如，Mini-12306软件投入使用后，用户希望该软件能够提供旅客会员管理等功能，为此软件工程师需要基于这些新需求，对软件进行完善性维护。

3. 适应性维护

适应性维护（Adaptive Maintenance）是指为适应软件运行环境变化而对软件进行的维护活动。对那些使用寿命很长（如有十几年甚至几十年的寿命）的软件系统而言，适应性维护不可避免。例如，为了能够让Mini-12306软件能够在华为鸿蒙操作系统下运行，需要对该软件进行必要的适应性维护。

4. 预防性维护

预防性维护（Preventive Maintenance）是指对软件结构进行改造以便提高软件的可靠性和可维护性等的维护活动。例如，Mini-12306软件在使用和维护几年后，考虑到每次软件维护都会对软件架构产生负面影响，软件工程师决定对该软件进行预防性维护，在保证现有功能不变的情况下，重新调整软件架构和部分关键软构件的设计，使得维护后的软件系统具有更好的可靠性和可扩展性，可有效满足未来软件维护的需要。

表12.1对比分析了纠正性维护、完善性维护、适应性维护和预防性维护的差别。在软件维护过程中，这4种维护形式的投入有明显的差别。据统计，在所有的维护投入中，完善性维护占比大约为50%，纠正性维护占比大约为21%，适应性维护占比大约为25%，预防性维护占比大约为4%。

表12.1 软件维护形式的对比分析

类别	起因	目的
纠正性维护	软件存在缺陷	诊断、纠正和修复软件缺陷
完善性维护	增强软件的功能和服务	满足用户增长和变化的软件需求
适应性维护	软件运行所依赖的环境发生了变化	适应软件运行环境的变化和发展
预防性维护	软件的质量下降了	提高软件系统的质量，尤其是内部质量

12.2.2 软件维护的特点

与软件开发相比，软件维护具有以下特点。

1. 同步性

软件维护与软件使用要同步进行。软件维护工程师在对软件进行维护的同时，还不能影响软件系统的正常使用，这对软件维护工程师及软件维护活动带来了严峻的挑战。例如，银行的业务交易系统要为用户提供不间断的服务，如果为了进行维护而停止软件的运行，这对银行而言是不可接受的。

2. 周期长

与软件开发周期相比，软件维护的周期可能会更长，一些软件会使用十几年甚至几十年的时间。在这么长的时间里，软件维护需要长期、持续地进行，这对软件维护工程师、维护技术以及维护的活动等是一项严峻的挑战。与软件开发相比，软件维护更需要建立起一支人员稳定、经验丰富、富有创造力的维护队伍。

3. 费用高

软件维护的成本非常高，据统计，有些软件项目的维护成本为总成本的80%以上，软件维护费用是软件开发费用的3倍以上。一些软件开发组织不得不在持续一段时间的维护工作之后，终止软件维护的工作和服务。例如，Windows XP在应用12年后，微软公司不得不声明于2014年4月8日不再为 Windows XP 操作系统提供安全更新或技术支持，即停止该软件的维护工作。

4. 难度大

要对已有的软件进行维护，势必要充分理解待维护软件的架构、设计和代码，而要理解他人设计的软件、编写的代码是极困难的。尤其是在软件设计规格说明书缺失的情况下，这一问题更为突出。据统计，软件维护过程中有50%～90%的时间被消耗在理解程序上。此外，软件维护会产生副作用，引入新的问题，影响软件架构的健壮性，导致软件老化。统计表明，在软件维护阶段每修正一个缺陷就有25%～50%的概率引入新的缺陷。因此，如何在维护过程中减少代码缺陷、提高软件质量是软件维护工程师面临的一个重要挑战。

12.2.3 软件的可维护性

软件维护的难易程度以及投入的时间和成本与待维护软件的可维护性密切相关。软件的可维护性是指理解、更正、调整和增强软件的难易程度。它与软件的可读性、可理解性、可扩展性、易修改性等密切相关。

在软件开发和维护的过程中，软件的可维护性与诸多因素相关联。

（1）采用什么样的软件开发方法学？一般而言，采用面向对象软件开发方法学的软件较采用结构化软件开发方法学的软件可维护性更好。

（2）文档结构是否标准化？基于标准化规范所撰写的软件文档的可读性、可理解性会更好。

（3）是否采用标准的程序设计语言？一般而言，用标准化程序设计语言编写的程序具有更高的可维护性。

（4）是否遵循编程规范？遵循编程规范的程序代码具有更好的可读性和可理解性。

（5）软件设计和实现是否有前瞻性？是否预测到将来可能的变化和问题？如果有前瞻性的预测，所开发的软件制品就更能适应未来的变更。

（6）软件文档是否齐全和详实？相较而言，软件文档的详实程度越高，软件系统的可维护性就越好。

为了更好地支持软件维护工作，软件工程师需要在软件开发阶段就要考虑将来的软件维护问题，设计和编写出具有良好可维护性的软件架构和程序代码。为此，在软件开发和维护阶段，软件开发和软件维护工程师需要针对软件的可维护性开展以下工作。

（1）需求分析的复审，对将来可能修改和改进的部分加注释，对软件的可移植性加以讨论，并考虑可能影响软件维护的系统界面。

（2）设计阶段的复审，从易于维护和提高设计总体质量的角度全面评审数据设计、体系结构设计、详细设计和用户界面设计。

（3）编码阶段的复审，强调编程风格和代码注释，以提高代码的可读性和可理解性。

（4）阶段性测试，要进行必要的预防性维护。

（5）软件维护活动完成之际也要进行复审，不仅要判断是否完成了相关的维护工作，还要分析是否有助于将来的维护。

12.3　为什么要对软件进行维护

软件维护的起因有多种，这些起因的本质是软件逻辑老化问题。软件维护工作需要寻求有效的方法来解决软件逻辑老化问题。

12.3.1　软件逻辑老化问题

我们知道，人类会随着年龄的增长而逐步变老，出现各种病症，记忆力和运动机能下降。软件同人一样，随着不断的使用和维护，软件也会慢慢变"老"，在逻辑层面出现一些"老态"的症状，进而导致软件走向死亡。软件不会出现物理层面的老化问题，不会因为软件运行了多次而导致老化现象，但是会存在"软件逻辑老化"（Software Logically Aging），即软件在维护过程中出现的软件质量下降、变更成本增加、用户满意度降低的现象。

1. 软件质量下降

软件维护虽然可以解决软件中潜藏的某些缺陷，但也会引入新的缺陷。在对软件进行完善性维护的同时，尽管增加了新的功能，但也会破坏软件架构，从而引入新的软件问题，使得整个软件不易于维护，软件架构变得脆弱。因此，随着对软件的不断维护，必然会导致整个软件的质量下降。

2. 变更成本增加

随着软件规模的不断增大和软件质量的持续下降，软件变更成本也会不断增加。软件维护工程师需要阅读更多的文档和代码才能理解和掌握待维护的软件系统，要掌握软件系统的整体架构以及每一个软构件会变得更加困难，软件系统架构会变得更加脆弱，这意味着软件维护工程师不得不对软件进行更多的"缝缝补补"才能实现新的软件功能。总之，软件的不断维护会使软件变更变得更加困难。

3. 用户满意度降低

用户在刚刚使用软件的时候还有些新鲜感，随着对软件认识的不断深入，用户会逐步发现软件中存在的缺陷和不足，如用户界面不够友好、系统不够稳定、缺乏一些关键功能、响应速度太慢，因而会带着批判的眼光来看待软件系统。除非软件开发团队进行了有效的维护和演化，否则用户对软件的满意度会逐步降低。

如果一个软件比以往具有更低的质量和更高的维护成本，则意味着该软件已经进入到了逻辑老化的阶段。从软件整个生命周期的角度来看，软件逻辑老化是一种必然的现象。当然，如果对软件逻辑老化的现象置之不理，必然会导致软件"不可救药"，最终走向死亡。解决软件逻辑老化的有效方法之一就是对软件进行重构（Refactoring），重构意味着给软件注入"强心针"，使得软件在一定程度上"返老还童"。但重构之后，软件仍将步入一个逻辑老化的过程。图12.1描述了软件维护活动会导致软件质量和用户满意度降低，通过软件重构可在一定程度上提高软件质量和用户满意度。

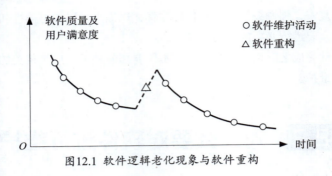

图12.1 软件逻辑老化现象与软件重构

12.3.2 导致软件逻辑老化的原因

从具体的症结层面上分析，导致软件逻辑老化的原因主要表现为以下3个方面。

1.设计恶化

设计恶化是指在软件维护过程中因设计变更而导致的软件可变性显著降低的现象。显然，设计恶化会导致软件出错率上升，软件变得脆弱，软件变更成本增加。设计恶化主要表现为以下"设计臭味"。

- 设计僵化。软件不易于变更，模块之间存在连带效应，对某个模块代码的变更会引起更多模块代码的变更。
- 设计脆弱。一些"小规模"的软件变更会带来"大范围"的软件变更，甚至会破坏软件系统的整体架构。
- 模块间紧耦合。软件内部的多个模块之间关系过于密切，软件铁板一块，难以对其中的模块进行变更，对一个模块的变更必然会带来对其他模块的变更。
- 无关的设计元素。软件设计方案中包含一些与软件无关的设计元素和内容，平白无故地增加了软件的设计复杂性。
- 重复的设计元素。软件设计方案中存在功能重复或重叠的设计元素，增加了软件设计的复杂性。
- 晦涩的软件设计。软件设计方案不易于理解。

2.代码腐烂

代码腐烂是指代码变更难度增加的现象。它主要表现为以下形式。

- 代码的复杂度提升，导致变更难度增加。
- 单位代码的变更工作量持续增加，意味着要对代码进行变更需要投入更多的时间和成本。
- 代码变更引入二次缺陷的概率增加，导致代码的质量下降。
- 频繁变更的代码，意味着代码的变更密度和频率增加。
- 不断发现代码中的缺陷，意味着代码缺陷密度增加。

3.文档荒废

- 文档的更新频率降低，意味着软件文档正日益变得"陈旧"。
- 包含缺陷的文档，意味着软件文档的质量下降。
- 文档的使用频率下降，意味着文档缺少价值。

这3个方面的原因之间是密切相关的，设计恶化必然导致代码腐烂和文档荒废，反过来也同样成立，代码腐烂和文档荒废必然会带来设计恶化。

12.3.3 处理软件逻辑老化问题的策略

针对软件逻辑老化问题，软件维护工程师可采取以下4种策略来应对。

1. 维护的策略

如果软件系统的价值较低，但是软件系统的可维护性较好，软件维护工程师可以采用积极的方式，对软件进行有限的维护工作，如仅提供纠正性维护，不再实施完善性维护。

2. 抛弃的策略

如果软件系统的价值较低，可维护性也不好，软件维护工程师可逐步抛弃该软件的维护，如冻结软件代码，后续不再对其提供维护工作，就像微软公司停止对Windows XP的维护一样。

3. 再工程（Re-Engineering）的策略

如果软件系统的价值较高，但是可维护性较弱，此时软件维护工程师可以主动地采取再工程的维护策略，如对软件系统进行重构，以提高软件系统的整体质量。

4. 演化的策略

如果软件系统的价值较高，可维护性较好，软件维护工程师可以采取积极和主动的演化策略，通过增强软件系统的功能以进一步提高软件系统的价值。

12.4　如何进行软件维护

软件维护工程师必须解决软件维护所面临的一系列问题，并采用一系列软件工程方法和技术来指导软件维护工作的开展。

12.4.1　软件维护面临的问题

在软件维护的过程中，软件维护工程师通常会面临以下问题。

1. 人员的问题

软件维护工作要依靠人来完成，因而人的因素极为重要。软件维护不仅与软件维护工程师密切相关，而且与软件开发工程师相关。

- 软件维护工程师认为软件维护缺乏成就感，从而影响他们的工作激情和投入。
- 软件维护工程师得不到足够的关注和重视，从而影响对他们的支持和帮助。
- 软件开发工程师流动大，软件维护工程师无法得到软件开发工程师的帮助。
- 软件开发工程师不愿意帮助软件维护工程师。

2. 软件制品的问题

软件维护高度依赖于待维护软件所能提供的软件制品及其质量。有无相关的软件制品、软件制品的质量水平等将直接影响软件维护的难易程度。

- 待维护的软件不能提供软件文档。
- 待维护的软件不能提供源代码。
- 待维护软件的源代码可读性和可理解性差，如缺乏必要的注释等。
- 待维护软件的文档可读性和可理解性差，如文字啰嗦、语言不简练等。
- 待维护软件的文档不完整、不详实，漏掉了重要内容，缺少细节性的描述。
- 待维护软件的文档与其代码不一致，影响对软件的理解和维护。
- 软件制品的版本混乱，无法获得合适版本的软件制品。

3. 维护的副作用问题

软件维护必然会带来对软件制品（包括模型、文档和代码）的修改。这种修改可能会引入潜在的错误和缺陷，从而引发维护的副作用问题。

- 代码副作用，如修改或者删除程序、修改或者删除语句标号、修改逻辑符号等。为此，软件维护工程师在变更代码时要非常慎重，切忌随意地修改代码。在变更代码之前要想清楚为什么进行变更、要对哪些代码进行变更以及如何进行代码的变更。对代码变更完之后，软件维护工程师需要通过回归测试，尽可能地发现因变更而引入的代码问题。

- 数据副作用，因修改信息结构而带来的不良后果，如局部和全局数据的再定义、记录或者文件格式的再定义等。数据结构的修改可能会导致已有的软件设计与数据不再吻合，对数据的查询、操作等会出现异常。软件系统中的数据常常是全局性的，因而软件维护工程师对数据的修改要慎之又慎。
- 文档和模型副作用，软件维护工程师在对程序代码进行修改的同时，必须同步修改相关的模型和文档，以确保模型与代码之间、文档与模型之间、文档与代码之间的一致性。

12.4.2 软件维护的过程

软件维护的工作始于客户和用户对软件提出的维护申请，如发现一个缺陷需要进行纠正性维护、提供某项功能性需求需要进行完善性维护等。软件维护工程师需要根据维护申请的先后次序、重要和紧迫程度等，对软件维护申请进行排序，进而形成一个维护申请队列，在此基础上从维护申请队列中取出队首的维护申请，并根据软件的配置情况（如文档、代码等）开展相应的软件维护工作（见图12.2）。

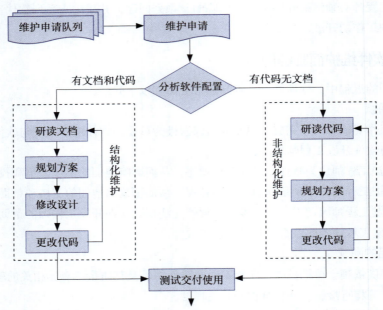

图12.2 软件维护的过程

1. 结构化维护

如果待维护的软件有相应的文档和代码，软件维护工程师就可以从阅读软件文档入手，理解待维护软件的整体情况，包括其实现的功能、软件架构、模块之间的关系、每个模块的接口等，并结合软件维护申请，清晰地规划出软件维护的方案，如需要对哪些模块进行修改、需要增加哪些模块等。软件维护工程师可进一步根据维护方案，编写出相应的程序代码，并对编写的代码进行测试，最后将维护后的软件交付给客户或用户使用。我们将这类维护形式称为结构化维护。

显然，结构化维护的前提是待维护的软件拥有相应的软件文档和程序代码。在此前提下，软件维护工程师是从阅读软件文档入手来开展维护。无疑，阅读文档会比阅读代码更加容易，更能清晰地掌握软件设计的思想和意图，从而在高层掌握软件的设计细节。结构化维护可以降低软件维护的难度和复杂性，减少软件维护的投入和成本。

2. 非结构化维护

如果待维护的软件只有程序代码没有软件文档，在这种情况下，软件维护工程师要对软件进行维护，将不得不从阅读代码入手。无疑，要读懂他人编写的代码是极为困难的。更为重要的是，对代码的阅读往往只能掌握软件系统的细节性、局部性的信息，难以获得关于软件系统的宏观性、全局性的架构信息。由于没有软件文档，尤其是设计文档，软件维护工程师不得不基于代码来规划维护方案，如要对哪几个模块的代码进行维护、要额外再增加哪几个模块等，并在此基础上进行软件编程和测试工作。

12.4.3　软件维护技术

许多软件交付使用后，仍存在许多问题，如文档不齐全，内容不完整，甚至只有代码没有文档，软件架构设计不合理、很脆弱。一些软件在维护一段时间后，软件老化得非常严重。在此情境下，软件工程师需要寻求一系列技术和手段来推动软件的维护。

1. 代码重构

如果软件的程序代码可维护性不好，不易于理解和变更，但是软件系统的价值较高，那么软件维护工程师可在不改变软件功能的前提下，对程序代码进行重新组织，使得重组后的代码具有更好的可维护性，能够有效支持对代码的变更。

目前业界有一些CASE工具支持代码重构。它们读入待重构的程序代码，理解代码的语义，生成具有相同语义信息的代码内部表示，然后利用某些规则以简化代码的内部表述，生成更易于理解和维护的程序代码。

2. 逆向工程

软件开发是一个正向的过程。程序员基于高层的抽象软件制品，借助软件工程方法和技术，产生低抽象层次的软件制品。例如，软件工程师基于软件需求模型和文档开展软件设计，产生软件设计模型和文档；程序员根据软件设计模型和文档，进行编程实现，产生更为具体的程序代码。

逆向工程正好相反。软件维护工程师基于低抽象层次的软件制品，通过对其进行理解和分析，产生高抽象层次的软件制品。例如，软件维护工程师通过对程序代码进行逆向的分析，产生与代码相一致的设计模型和文档；再基于对程序代码和设计模型的理解，逆向分析出软件系统的需求模型和文档。

在软件维护阶段，有诸多场景需要开展逆向工程。例如，如果软件维护工程师拿到了一个可运行的软件，并且需要对软件进行维护，那么他们可以通过反汇编、反编译等手段得到该软件系统的源代码，这项工作就属于逆向工程。如果只有软件系统的源代码，但是需要对软件系统进行维护，此时软件维护工程师可通过某些方式（如工具分析、代码阅读等），逆向产生该软件系统的设计文档或模型。

一般地，人们将某种形式的软件制品描述转换为更高抽象形式描述的活动称为逆向工程。逆向工程主要表现为分析已有程序，寻求比源代码更高层次的抽象形式（如设计甚至需求）。

3. 设计重构

如果一个软件系统的设计文档缺失，软件文档与程序代码不一致，或者软件设计的内容不详实，那么软件维护工程师可以采用设计重构的手段来获得软件设计方面的文档信息。通过读入程序代码，理解和分析代码中的变量使用、模块内部的封装、模块之间的调用或消息传递、程序的控制路径等方面的信息，产生用自然语言或图形化信息所描述的软件设计规格说明书。业界也有相关的软件工具支持设计重构，本质上它是逆向工程的一种具体表现形式。

4. 再工程

如果一个软件老化得比较厉害，软件维护工程师可以考虑对该软件进行更为系统的再工程，在不改变软件系统功能的前提下，得到更加易于维护、易于变更的软件系统，包括其设计信息和程序代码。再工程是指通过分析和变更软件的架构，实现更高质量的软件系统的过程。

再工程既包括逆向工程，也包括正向工程。软件维护工程师基于软件的源代码，通过逆向工程获得关于该软件的设计模型和文档；在此基础上对软件的架构进行变更和改造，使得变更后的软件设计具有更高的质量；随后通过正向工程，基于改造后的软件架构，实现软件系统，产生易于理解和维护的程序代码。

图12.3刻画了软件逆向工程、文档重构、代码重构和再工程之间的关系。从低层次的抽象到高层次的抽象属于逆向工程，文档重构是基于代码构造出设计模型和文档，因而它属于逆向工程的范畴。再工程包括从源代码到设计信息的重构以及从软件设计到源代码的正向工程。代码重构是指在同一个抽象层次的代码重新组织工作。

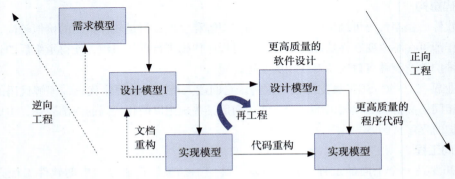

图12.3 逆向工程、文档重构、代码重构和再工程之间的关系

12.5 支持软件维护的CASE工具

目前，有诸多CASE工具可支持软件维护工作，包括反汇编和反编译、对程序代码进行分析生成高层UML模型等。

1. 反汇编和反编译的逆向工程软件工具

一些软件工具可对二进制的可执行代码或者中间码进行反汇编和编译，生成用汇编语言或高级语言（如C语言、C++、Java、Python等）所描述的程序代码，以帮助软件工程师开展软件维护和程序分析等工作。

（1）IDA是一个交互式、可编程、可扩展的多处理器反编译程序。它运行在Windows、Linux、macOS等平台上，不仅可以帮助软件工程师理解二进制代码，而且可帮助他们分析和发现恶意代码和软件漏洞。

（2）JD-GUI是一款面向Java的反编译软件工具。它运行在Windows、Linux和macOS等平台上，可以生成代码及其注释等源代码信息，可以在源代码中自由跳转。此外，JD-GUI还具有强大的搜索功能，可以帮助软件工程师快速查找和定位需要修改的代码。

2. 根据代码逆向生成UML模型的逆向工程软件工具

阅读代码不仅是一项费时费力的工作，而且很难获得软件的高层设计信息。一些软件工具可对源代码进行分析，逆向生成源代码的高层设计UML模型，如软件架构图、设计类图等，以帮助软件工程师理解源代码的高层设计信息，进而支持他们开展软件维护工作。

（1）Umbrello

这是一个跨平台的UML建模工具，它不仅支持所有标准UML图的绘制，而且可以对用C++、IDL、Pascal、Ada、Python和Java等语言编写的代码进行逆向工程，得到相对应的UML高层模型，以加强对程序代码的理解以及开展相应的代码维护工作。

（2）IntelliJ IDEA

IntelliJ IDEA 是由JetBrains公司研发的一款集成的Java编程开发环境。它提供了智能代码助手、代码自动提示、重构、Java EE支持、版本管理、基于JUnit的单元测试、代码分析、GUI设计等一系列的功能，还支持将Java代码进行逆向分析生成UML类图。

其他支持代码逆向分析的CASE工具有Eclipse MDT、MinJava、Model Goon UML4Java等。许多UML建模工具也提供了逆向分析生成UML模型的功能，如StarUML、Rational Rose等。

12.6　软件维护工程师

软件维护工程师负责完成软件维护的各项具体工作，包括阅读文档、理解代码、修复缺陷、重构软件、编写程序、撰写文档等。尽管许多软件维护工程师认为担任这一岗位缺乏成就感，但是软件维护工程师这一角色对人员的能力和素质提出了更高的要求。

1. 阅读理解能力

要对软件进行维护势必要搞清楚待维护软件的整体情况，这就需要软件维护工程师阅读待维护软件的相关文档和代码，以掌握软件的架构和相关设计。尤其在软件文档缺失或者内容不详实和不完整的情况下，软件维护工程师要有足够的耐心和毅力来阅读待维护软件的程序代码，理解局部代码的语义及编写意图，在此基础上形成对软件系统的整体认识，从而为开展软件维护奠定基础。

2. 掌握技术能力

对软件进行维护的一个重要原因在于，软件所在的外部技术环境发生了变化。这里所说的技术环境不仅包括软件运行所依赖的计算环境，还包括指导软件开发的技术环境，如各种软件开发技术、CASE工具等。在长期的维护过程中，软件维护工程师需要有非常强的掌握新技术能力，以此来指导软件维护。

3. 洞察和分析能力

待维护的软件规模可能会非常庞大。对软件维护工程师而言，他需要具备非常强的洞察和分析能力，能够根据软件缺陷的症状快速定位缺陷的可能位置，能够针对增强的软件需求对软件进行重设计。

4. 沟通能力

软件维护工程师需要有非常强的沟通能力。通过与客户或用户的沟通，软件维护工程师可以了解和掌握客户或用户的维护诉求及具体的内容。通过与软件开发工程师进行沟通，软件维护工程师可以掌握待维护软件的设计和实现细节，以更好地支持软件维护。

12.7　本章小结和思维导图

本章围绕软件维护，介绍了软件维护的概念、类别及特点，分析了软件逻辑老化现象及其原因和解决方法，阐述了软件维护面临的问题以及维护的过程和方法，重点讨论逆向工程、代码重构、设计重构、再工程等软件维护技术，最后介绍支持软件维护的CASE工具及软件维护工程师的职责和要求。本章知识结构的思维导图如图12.4所示。

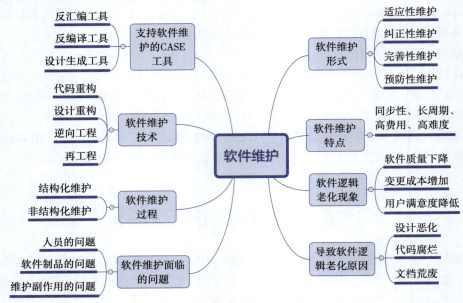

图12.4　本章知识结构的思维导图

- 软件维护是指软件在投入使用后为维持软件正常运行而开展的一系列活动。
- 软件维护有4种形式：纠正性维护、适应性维护、完善性维护和预防性维护。
- 软件维护具有同步性、周期长、费用高、难度大等特点。
- 在软件开发和维护阶段，软件工程师必须确保软件系统的可维护性，以降低软件维护的难度和复杂性。
- 软件在物理上不会老化，但是在逻辑上存在老化问题。软件逻辑老化是指软件出现的用户满意度降低、质量逐渐下降、变更成本不断增加等现象。
- 导致软件逻辑老化的原因包括设计恶化、代码腐烂、文档荒废等。
- 重构是提高软件质量，解决代码逻辑老化的一种有效方法。
- 软件维护通常会面临人员不愿参与、软件制品缺失或不一致、维护副作用等问题。
- 软件维护的常用技术包括代码重构、设计重构、逆向工程和再工程。
- 软件维护分为结构化维护和非结构化维护。
- 充分借助CASE工具进行软件维护。
- 在软件开发和维护过程中，软件开发工程师和软件维护工程师需要高度重视软件的可维护性。

12.8　阅读推荐

- TRIPATHY PNAIKK，软件演化与维护：实践者的研究方法[M].张志祥，毛晓光，谢茜译. 北京：电子工业出版社，2019.

　　该书主要介绍软件演化及维护发展的最新实践方法。书中每章对于软件演化的特定主题给出了清晰的解释和分析，作者从基本概念讲起，深入、详细地讲解了软件演化的各个重要方面。该书包含以下内容：软件演化规律及控制手段、演化和维护模型、迁移遗留信息系统的再工程技术和过程、影响分析和变更传播技术、程序理解和重构、重用和领域工程模型。

12.9　知识测验

12-1　何为软件维护？软件维护有哪些形式？这些形式之间存在什么样的差别？

12-2　与软件开发相比，软件维护有何特点？会面临哪些方面的问题？

12-3　何为软件的可维护性？为什么软件开发和维护时要特别重视软件的可维护性？

12-4　为什么软件不会有物理老化现象，但会出现逻辑层面的老化现象？请举例说明。

12-5　软件开发和维护过程中有哪些因素会引发软件的逻辑老化？

12-6　为什么说软件老化不可避免？只要有维护就必然会导致软件老化？能否通过软件维护来解决软件老化问题？为什么？

12-7　如果待维护的软件缺失文档，对该软件进行维护会出现什么样的问题？此时该如何对该软件进行维护？

12-8　软件重构、逆向工程和再工程有何区别？请举例说明。

12-9　如何在软件开发过程中提高软件的可维护性？

12-10　软件维护工程师与软件开发工程师之间有何区别和联系？

12.10　工程实训

本章的实训任务需要完成头歌平台上相关章节的闯关实训，了解和掌握支持逆向工程的相关CASE工具和环境。

- 安装StarUML、Rational Rose等UML建模工具，读入MiNotes开源软件，通过逆向分析获得高层UML模型，如软件架构图、设计类图等，并与你对MiNotes开源软件的阅读分析对比，评估工具逆向分析结果的准确性和正确性。

- 安装StarUML、Rational Rose等UML建模工具，读入你所开发软件系统的源代码，通过逆向分析获得该软件的高层设计模型，如软件架构图、设计类图等，将这些设计信息与你在设计阶段所产生的设计模型进行对比，从而评估你的设计工作及成果的准确性和正确性。

- 访问头歌实践教学平台"国防科技大学课程社区"→"软件工程学习社区"→软件工程课程实训，完成"软件维护与演化"中的实训任务。

12.11　综合实践

1. 综合实践一

- 任务：总结和考核综合实践一。

- 方法：准备PPT，汇报综合实践一的整体完成情况；撰写技术博客总结综合实践一的心得体会、收获、经验和成果；评估综合实践一的整体成果及个人的实践投入情况。

- 要求：基于PPT模板来准备汇报材料，技术博客要真实反映个人的认识，实践整体成果和个人投入情况的介绍要实事求是。

- 结果：汇报PPT、技术博客等。

2. 综合实践二

- 任务：总结和考核综合实践二。
- 方法：准备PPT，汇报综合实践二的整体完成情况；撰写技术博客总结综合实践二的心得体会、收获、经验和成果；评估综合实践二的整体成果及个人的投入情况。
- 要求：基于PPT模板来准备汇报材料，技术博客要真实反映个人的认识，实践整体成果和个人投入情况的介绍要实事求是。
- 结果：汇报PPT、技术博客等。

常用的CASE工具和平台

- 华为CodeArts 软件开发和运维平台
- 华为CodeArts Snap平台（基于大模型的智能化软件开发）
- 华为CodeArts Modeling平台（UML 建模）
- StarUML建模开源软件工具
- DeepSeek、ChatGPT 、文心一言等大模型工具
- Gemini Code Assist
- GitHub Copilot、Cursor等智能化开发工具

- Git 分布式版本控制工具
- GitHub开源软件托管平台
- Gitee开源软件托管平台
- Stack Overflow软件开发技术问答社区
- CSDN软件开发技术问答社区
- JUnit软件测试工具
- Visual Studio Code 代码编辑工具
- SonarQube 代码静态分析工具

参考文献

[1] 梅宏. 软件科学与工程-学科发展战略[M]. 北京：科学出版社，2021.

[2] 毛新军，董威. 软件工程：理论与实践. 北京：高等教育出版社，2024.

[3] 王怀民, 余跃, 王涛, 丁博, 群智范式：软件开发范式的新变革, 中国科学，2023，53(8):1490-1502.

[4] 杨芙清. 软件工程技术发展思索. 软件学报，2005，16(1):1-7.

[5] 马晓星，刘譞哲，谢冰，余萍，张天，卜磊，李宣东. 软件开发方法发展回顾与展望，软件学报，2019, 30(1):3-21.

[6] 王怀民, 尹刚. 网络时代的软件可信演化. 中国计算机学会通讯，2010，6(2): 28-35.

[7] 齐治昌，谭庆平，宁洪. 软件工程（第四版）. 北京：高等教育出版社，2019.

[8] 毛新军, 王涛, 余跃. 软件工程实践教程——基于开源和群智的方法. 北京：高等教育出版社，2024.

[9] 雷蒙德（Raymond, E. S.）. 大教堂与集市. 卫剑钒译. 北京: 机械工业出版社[M], 2014.

[10] 荣国平. DevOps：原理、方法与实践. 北京：机械工业出版社，2021.

[11] [美]史蒂夫·迈克康奈尔（Steve McConnell）. 卓有成效的敏捷. 北京：人民邮电出版社，2021.

[12] 卡珀斯·琼斯（Capers Jones）. 软件工程通史: 1930-2019. 李建昊，傅庆冬，戴波译. 北京：清华大学出版社, 2017.

[13] Brooks, Frederick Phillips. 人月神话(英文版). 北京：人民邮电出版社，2010.

[14] Ian Sommerville, Dave Cliff, Radu, etc. Large-Scale Complex IT System, Communication of ACM, 2012, 55(7): 71-77.

[15] Linda Northrop, et.al. Ultra-Large-Scale Systems: The Software Challenge of the Future, Software Engineering Institute. Carnegie Mellon University, 2006.

[16] CMU SEI. Architecting the Future of Software Engineering: A National Agenda for Software Engineering Research & Development, 2021.

[17] USA Department of Defense. Software Modernization Strategy，2021.

[18] 毛新军. 升级软件工程教学-开源软件的启示. 中国计算机学会通讯，2021，17(10): 66-71.

[19] 毛新军. 基于开源和群智的软件工程实践教学方法. 软件导刊，2020，1:1-6.

[20] 毛新军. 面向主体软件工程: 模型、方法学和语言. 北京: 清华大学出版社，2015.

[21] 毛新军, 尹刚等. 新工科背景下的软件工程课程实践教学建设: 思考与探索. 计算机教育，2018, 7: 5-8.

[22] 尹良泽, 毛新军等. 基于高质量开源软件的阅读维护培养软件工程能力. 计算机教育，2018, 7: 9-13.

[23] 毛新军, 尹良泽等. 基于群体化方法的软件工程课程实践教学. 计算机教育，2018, 7:14-17.

[24] 王怀民, 吴文峻, 毛新军. 复杂软件系统的成长性构造与适应性演化[J]. 中国科学: 信息科学, 2014, 44(6): 743-761.

[25] Priyadarshi Tripathy, Kshirasagar Naik. 软件演化与维护. 张志祥, 毛晓光, 谢茜译. 北京: 电子工业出版社, 2019.

[26] 计算机科学技术名词（第三版）. 北京: 科学出版社, 2020.

[27] 孙凝晖. 论开源精神. 中国计算机学会通讯, 2021, 17(4):7.

[28] 2020年中国软件行业分析报告: 行业供需现状与发展商机研究, 2020.

[29] 蔡俊杰. 开源软件之道[M]. 北京: 电子工业出版社, 2010.

[30] 蒋鑫. Git 权威指南[M]. 北京: 机械工业出版社, 2011.

[31] 韩炜. 可信嵌入式软件开发方法与实践[M]. 北京: 航空工业出版社, 2017.

[32] 教育部高等学校软件工程专业教学指导委员会C-SWEBOK编写组. 中国软件工程知识体 C-SWEBOK. 北京: 高等教育出版社, 2018.

[33] 中国开源软件推进联盟. 中国开源发展蓝皮书, 2022.

[34] 格拉斯. 软件开发的滑铁卢-重大失控项目的经验与教训. 北京: 电子工业出版社, 2002.

[35] TrevorMisfet, AndrewGray. C++编程风格. 北京: 人民邮电出版社, 2008.

[36] Allan Vermeulen, Greg Bumgardner, Eldon Metz, Jim Shur, Patrick Thompson, Trevor Misfeldt, Scott W.Ambler. Java编程风格. 北京: 人民邮电出版社, 2008.

[37] 伊恩·萨默维尔 (Ian Sommerville). 软件工程(原书第10版)[M]. 彭鑫等译. 北京: 机械工业出版社, 2018.

[38] Sommerville I. Software engineering[M]. Boston: Pearson, 2011.

[39] 罗杰 S.普莱斯曼 (Roger S.Pressman), 布鲁斯 R.马克西姆 (Bruce R.Maxim). 软件工程:实践者的研究方法（原书第8版）（本科教学版）[M]. 北京: 机械工业出版社, 2017.

[40] 梅森. 版本控制之道: Pragmatic version control using subversion[M]. 北京: 电子工业出版社, 2007.

[41] Frank Buschmann, Regine Meunier等. 面向模式的软件体系结构—卷1: 模式系统[M]. 贲可荣, 郭福亮等译. 北京: 机械工业出版社, 2003.